施工图预算与工程造价控制

(第二版)

袁建新 迟晓明 编著

中国建筑工业出版社

图书在版编目(CIP)数据

施工图预算与工程造价控制/袁建新，迟晓明编著. —2版.
北京：中国建筑工业出版社，2007
ISBN 978-7-112-09614-5

Ⅰ.施… Ⅱ.①袁…②迟… Ⅲ.①建筑预算定额②建筑造价管理 Ⅳ.TU723.3

中国版本图书馆 CIP 数据核字(2007)第 144785 号

本书分二篇十章，主要内容包括：施工图预算编制理论、预算定额及其应用、土建工程量计算、直接费计算及工料分析、建筑安装工程费用、施工图预算编制实例、建设工程合同价的控制、建设工程实施阶段工程造价控制、工程结算、工程量清单计价等内容。

本书内容深入浅出、通俗易懂、理论与实践紧密结合，是具体从事工程造价工作人员的实用性参考资料，也可供工程造价本科、高职高专师生学习参考。本书可供造价工程师、建造师参考使用。

* * *

责任编辑：尹珺祥　郭　栋
责任设计：赵明霞
责任校对：王　爽　张　虹

施工图预算与工程造价控制
（第二版）

袁建新　迟晓明　编著

*

中国建筑工业出版社出版、发行（北京西郊百万庄）
各地新华书店、建筑书店经销
北京天成排版公司制版
北京建筑工业印刷厂印刷

*

开本：787×1092毫米　1/16　印张：29　字数：701千字
2008年1月第二版　2014年3月第十八次印刷
定价：**48.00**元
ISBN 978-7-112-09614-5
(16278)

版权所有　翻印必究
如有印装质量问题，可寄本社退换
（邮政编码 100037）

第二版前言

本书从2000年第一版发行以来，国家先后颁发了《建设工程工程量清单计价规范》GB 50500—2008、《建筑工程建筑面积计算规范》、《建筑安装工程费用项目组成》等文件，对工程造价某些方面作了新的规定。为此，第二版在第一版的基础上改写了建筑面积计算、钢筋工程量计算、建筑安装工程费用等内容。增加了工程量清单计价，工程结算等内容。

本书由四川建筑职业技术学院袁建新、迟晓明编著，其中第一篇的第二章、第五章，第二篇的第三章由迟晓明编写，其余由袁建新编写。

由于作者水平有限，难免出现错误，不足之处敬请广大读者批评指正。

目 录

第一篇 施工图预算编制 ... 1

第一章 施工图预算编制理论 ... 3
- 第一节 建设项目与施工图预算 ... 3
- 第二节 施工图预算编制原理 ... 4

第二章 预算定额及其应用 ... 10
- 第一节 概述 ... 10
- 第二节 预算定额的构成与内容 ... 13
- 第三节 人工单价 ... 16
- 第四节 材料单价 ... 17
- 第五节 机械台班单价 ... 20
- 第六节 预算定额的应用 ... 23

第三章 土建工程量计算 ... 32
- 第一节 建筑面积计算 ... 32
- 第二节 工程量的概念及有关规定 ... 46
- 第三节 土方工程 ... 47
- 第四节 桩基工程 ... 58
- 第五节 脚手架工程 ... 59
- 第六节 砌筑工程 ... 62
- 第七节 混凝土及钢筋混凝土工程 ... 81
- 第八节 构件运输及安装工程 ... 113
- 第九节 门窗及木结构工程 ... 115
- 第十节 楼地面工程 ... 124
- 第十一节 屋面及防水工程 ... 127
- 第十二节 防腐、保温、隔热工程 ... 132
- 第十三节 装饰工程 ... 133
- 第十四节 金属结构制作工程 ... 139
- 第十五节 建筑工程垂直运输 ... 140
- 第十六节 建筑物超高增加人工、机械费 ... 141

第四章 直接工程费计算、工料分析与材料价差调整 ... 144
- 第一节 直接费内容 ... 144
- 第二节 直接费计算及工料分析 ... 148
- 第三节 材料价差调整 ... 152

第五章 建筑安装工程费用 ... 155

  第一节 建筑安装工程费用的构成 ·· 155
  第二节 建筑安装工程费用的内容 ·· 156
  第三节 建筑安装工程费用计算方法 ··· 159
  第四节 确定计算建筑安装工程费用的条件 ·· 161
  第五节 建筑安装工程费用费率实例 ··· 163
  第六节 建筑工程费用计算实例 ·· 165

 第六章 施工图预算编制实例 ·· 168
  第一节 食堂工程施工图 ·· 168
  第二节 工程量计算 ·· 168
  第三节 工料分析及汇总 ·· 226
  第四节 直接费计算 ·· 246
  第五节 工程造价计算 ·· 250

第二篇 工程造价控制 ··· 253

 第一章 建设工程合同价的控制 ·· 255
  第一节 建设工程招标投标概述 ·· 255
  第二节 建设工程标底的确定 ·· 258
  第三节 标底价及中标价的控制方法 ··· 261
  第四节 建设工程投标价的确定 ·· 274
  第五节 建设工程投标价的控制方法 ··· 275

 第二章 建设工程实施阶段工程造价控制 ·· 287
  第一节 施工组织设计的优化 ·· 287
  第二节 用施工预算控制工程成本 ·· 290
  第三节 工程直接费的控制 ·· 296
  第四节 工程变更的控制 ·· 299
  第五节 施工索赔 ··· 302
  第六节 工程价款结算 ·· 312

 第三章 工程结算 ··· 322
  第一节 概述 ··· 322
  第二节 工程结算的内容 ·· 322
  第三节 工程结算编制依据 ·· 323
  第四节 工程结算的编制程序和方法 ··· 323
  第五节 工程结算编制实例 ·· 323

 第四章 工程量清单计价 ·· 332
  第一节 概述 ··· 332
  第二节 工程量清单计价示例 ·· 334

附录一 《全国统一建筑工程基础定额》工程量计算规则 ·························· 340
附录二 《全国统一建筑工程基础定额》(摘录) ···································· 366
参考文献 ··· 456

第一篇　施工图预算编制

第一編　施工図象形時代

第一章 施工图预算编制理论

第一节 建设项目与施工图预算

一、建设项目的划分

建设项目按照合理确定工程造价和建设管理工作的需要，划分为建设项目、单项工程、单位工程、分部工程、分项工程五个层次。

1. 建设项目

建设项目一般是指在一个总体设计范围内，由一个或几个工程项目组成，经济上实行独立核算，行政上实行独立管理，并且具有法人资格的建设单位。通常，一个企业、事业单位就是一个建设项目。

2. 单项工程

单项工程又称工程项目，它是建设项目的组成部分，是指具有独立的设计文件，竣工后可以独立发挥生产能力或使用效益的工程。如：一个工厂的生产车间、仓库等，学校的教学楼、图书馆、住宅等。

3. 单位工程

单位工程是单项工程的组成部分。

单位工程是指具有独立的设计文件，能单独施工，但建成后不能独立发挥生产能力或使用效益的工程。如一个生产车间的土建工程、电气照明工程、给排水工程、机械设备安装工程、电气设备安装工程等都是生产车间这个单项工程的组成部分，即单位工程。又如，住宅工程中的土建、给排水、电照等分别是一个单位工程。

4. 分部工程

分部工程是单位工程的组成部分。

分部工程一般按工种工程来划分。例如：土石方工程、砖石工程、脚手架工程、钢筋混凝土工程、木结构工程、金属结构工程、装饰工程等等。也可按单位工程的构成部分来划分，例如：基础工程、墙体工程、梁柱工程、楼地面工程、门窗工程、屋面工程等等。一般建筑工程预算定额的分部工程划分综合了上述两种方法。

5. 分项工程

分项工程是分部工程的组成部分。

一般按照分部工程划分的方法，再将分部工程划分为若干个分项工程。例如基础工程还可以划分为基槽开挖、基础垫层、基础砌筑、基础防潮层、基槽回填土、土方运输等分项工程项目。分项工程划分的粗细程度，视具体编制概预算的不同要求而确定。一般情况下，概算定额的项目较粗，预算定额的项目较细。

分项工程是建筑工程的基本构造要素。通常，我们把这一基本构造要素称为"假定建筑产品"。假定建筑产品虽然没有独立存在的意义，但这一概念在预算编制原理、计划统计、建筑施工、工程概预算、工程成本核算等方面都是必不可少的重要概念。

建设项目划分示意图见图1-1。

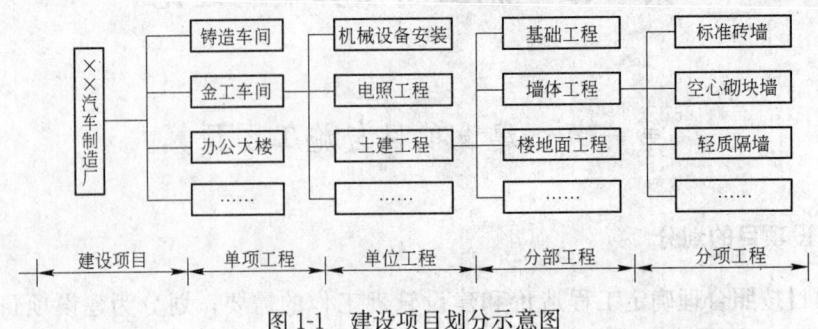

图1-1　建设项目划分示意图

二、建设项目与施工图预算

1. 施工图预算的编制对象

建筑工程预算、安装工程预算、装饰工程预算等等，统称为施工图预算，因为它们都是根据施工图和预算定额编制的。

一个完整的施工图预算是以单位工程为对象编制，即施工图预算确定单位工程的工程造价。

2. 建设项目与施工图预算项目

虽然施工图预算以单位工程为对象编制，但计算工程量时，必须以分项工程为对象进行一项一项地计算。

按建设项目划分即建设项目→单项工程→单位工程→分部工程→分项工程之间是层层分解的关系。因此，从分项工程开始计算工程量后，就可以层层汇总为一个单位工程。施工图预算就是从分项工程计算工程量开始，然后套用对口的预算定额基价算出分项工程直接费后，再汇总成单位工程直接费，最后再根据有关费率计算和汇总成单位工程造价。

由此可见，建设项目划分的规则，确定了施工图预算的编制对象和工程量计算对象的范围，也确定了施工图预算编制的主要顺序。

第二节　施工图预算编制原理

一、施工图预算的概念

施工图预算是对建筑工程预算、安装工程预算、装饰工程预算、给排水工程预算等的统称。

施工图预算是确定单位工程造价的经济文件。

二、工程造价的费用构成

从理论上讲，建筑产品与其他产品一样，都是由构成这个商品价值的社会必要劳动量确定，即包括 C 和 $V+m$ 两部分价值。按照现行的预算制度，这两部分价值又划分为四个组成部分，即由直接费、间接费、利润和税金构成。

1. 直接费

直接费是与建筑产品生产直接有关的各项费用，包括直接工程费和措施费。

（1）直接工程费

直接工程费是指构成工程实体的各项费用，主要包括人工费、材料费和机械使用费。

（2）措施费

措施费是指有助于构成工程实体形成的各项费用，主要包括冬雨期施工增加费、夜间施工增加费、材料二次搬运费、脚手架费、临时设施费等。

2. 间接费

间接费是指费用发生后，不能直接计入某个建筑工程，而只有通过分摊的办法间接计入工程成本的费用，主要包括企业管理费和规费。

3. 利润

利润是劳动者为企业劳动创造的价值。利润按国家或地方规定的计算基础和利润率计取。

4. 税金

税金是劳动者为社会劳动创造的价值。按现行规定，主要包括营业税、城市维护建设税和教育费附加。与利润的不同点是他具有法令性和强制性。

三、建筑产品的特点

建筑产品具有单件性、建筑地点固定性、施工生产流动性等特点是必须用施工图预算来确定其工程造价的根本原因。

1. 单件性

建筑产品的单件性，是指每一个建筑产品都具有特定的功能和用途，在建筑物的造型、结构、尺寸、设备配置和内外部装修等方面都有具体的要求，就是用途相同的工程项目，在建筑等级，基础工程等方面也往往有不相同的特性。可以说不能找到两个完全相同的建筑产品。因而，建筑产品的单件性使得基本建设产品在实物形态上千差万别，各不相同。

2. 固定性

建筑产品的固定性是指必须固定在某一地点，不能随便移动的特性。这一客观事实必然会使产品的结构和造型受当地自然气候、地质、水文等因素的影响和制约，以致功能相同的建筑产品在实物形态上仍有较大的差别，从而使得每一个建筑产品都有不相同的工程造价。

3. 流动性

建筑产品的固定性是产生施工生产流动性的根本原因。流动性是指施工企业必须分别在不同的建设地点组织施工、建造房屋。每个建设地点由于离施工单位基地的距离不同、资料条件不同、运输条件不同、工资地区类别不同等等，都会影响建筑产品的工程造价。

四、施工图预算确定工程造价的必要性

建筑产品的三大特性，决定了其在实物形态上和价格要素上千差万别的特性，这种差别构成了制定建筑产品统一价格的障碍。

一方面，我们不能以一个建筑产品为单位来定价；另一方面，又必须贯彻执行价格法，必须对建筑产品在统一的价格水平下，单独计算各自的工程造价。于是我们就采用了以编制施工图预算确定工程造价的方法来解决这个矛盾。因此，施工图预算是确定建筑产品价格的特殊方法。

五、确定建筑工程造价的基本理论

将一个复杂的建筑工程分解为基本构造要素——分项工程；编制单位分项工程人工、材料、机械台班消耗量及其货币量的预算定额，是确定建筑工程造价基本原理的重要基础。

1. 建筑产品的基本构造要素——分项工程

建筑产品是结构复杂、体形庞大的工程，要对这样一个完整产品进行统一定价，不太容易办到，需要按照一定的规则，将建筑产品进行合理分解，层层分解到构成完整建筑产品的基本构造要素——分项工程为止。

从建设项目划分的内容来看，将建筑工程按结构部位和工程工种来划分，可以划分为若干个分部工程。但是，从对建筑产品定价的要求来看，分解到分部工程仍然不能满足要求，因为影响分部工程的人工、材料等的消耗因素较多。例如，同样是砖墙，由于它的构造不同（实砌墙或空花墙）、材料不同（标准砖或混凝土砌块）等因素影响，其人工、材料消耗的差别较大。所以，还必须按照不同的构造材料等要求，划分为更简单的组成部分，即分项工程。

分项工程是经过逐步分解，最后得到能够用较为简单的施工过程生产出来的，可以用适当计量单位计算的工程基本构造要素。

2. 单位分项工程的消耗量标准——预算定额

将建筑工程划分出分项工程后，就可以采用一定的方法，编制出确定单位分项工程的人工、材料、机械台班消耗量标准——预算定额。

虽然不同的建筑工程由不同的分项工程项目和不同的工程数量构成，但是由预算定额确定的每一单位分项工程的人工、材料、机械台班消耗量起到了统一建筑产品劳动消耗水平的作用，从而使我们能够将千差万别的不同工程计算出符合统一价格要求的工程造价成为现实。

如果在预算定额的基础上，再考虑价格因素，用货币指标计算工程直接费、间接费、计划利润和税金，就能算出整个建筑产品的工程造价。

3. 确定工程造价的数学模型

用施工图预算确定工程造价，一般采用下列三种方法。

（1）单位估价法

单位估价法是目前普遍采用的方法。该方法根据施工图和预算定额，通过计算分项工程量、分项工程直接费，将直接费汇总成单位工程直接费后，再根据其他直接费率、间接费率、计划利润率、税率分别计算各项费用和税金，最后再汇总成单位工程造价，其数学模型如下：

$$建筑安装工程造价＝直接工程费＋间接费＋利润＋税金$$

$$建筑工程造价＝[\Sigma(分项工程量\times 定额基价)]\times(1＋其他直接费费率＋间接费费率)$$
$$\times(1＋利润率)\times(1＋税率)$$

$$安装(装饰)工程造价＝\{[\Sigma(分项工程量\times 定额基价)]＋[\Sigma(分项工程量$$
$$\times 定额基价中人工费单价)]\times(1＋其他直接费费率$$
$$＋间接费费率＋计划利润率)\}\times(1＋税率)$$

(2) 实物金额法

当建筑(安装、装饰)工程预算定额只有人工、材料、机械台班等实物消耗量，没有反映货币消耗量(定额基价)时，就可以采用实物金额法来确定建筑工程造价。

实物金额法的基本方法是先算人工、材料、机械台班消耗量，然后汇总成单位工程的消耗量，再分别乘上各自的单价，最终汇总成工程直接费。其具体做法是：依据施工图和预算定额，算出分项工程量，再套用对应的预算定额后算出人工、材料、机械台班消耗量，然后将分项工程的实物消耗量汇总成单位工程人工、材料、机械台班消耗量，并分别乘上本地区的工日单价、材料价格、机械台班价格后，汇总成单位工程直接费，最后再按有关规定计算其他直接费、间接费、利润和税金，最终汇总成工程造价，其数学模型如下：

$$建筑安装工程造价＝单位工程直接费＋间接费＋利润＋税金$$

$$建筑工程造价＝\{[\Sigma(分项工程量\times 定额用工数量)]\times 地区工日单价＋[\Sigma(分项工程量$$
$$\times 定额材料消耗量)]\times 地区材料价格＋[\Sigma(分项工程量\times 定额机械台班量)]$$
$$\times 地区机械台班价格\}\times(1＋其他直接费费率＋间接费费率)\times(1＋利润率)$$
$$\times(1＋税率)$$

$$安装(装饰)工程造价＝\{[\Sigma(分项工程量\times 定额用工数量)]\times 地区工日单价\times(1＋其他直接费费率$$
$$＋间接费费率＋利润率)＋[\Sigma(分项工程量\times 定额材料消耗量)]\times 地区材料价格$$
$$＋[\Sigma(分项工程量\times 定额机械台班量)]\times 地区机械台班价格\}\times(1＋税率)$$

(3) 分项工程完全造价计算法

分项工程完全造价计算法与国际上通用的工程估价方法类似。

分项工程完全造价计算法是以分项工程为对象，根据预算定额和有关费用定额、税率直接计算出其工程造价的方法。也能根据需要汇总成分部工程造价或单位工程造价等等。其数学模型如下：

$$单位工程造价＝\Sigma(分项工程完全造价)$$

$$建筑分项工程完全造价＝[分项工程量\times 定额基价\times(1＋其他直接费费率$$
$$＋间接费费率)]\times(1＋利润率)\times(1＋税率)$$

$$安装(装饰)分项工程完全造价＝[分项工程量\times 定额基价＋分项工程量\times 定额用工数量\times 地区工日单价$$
$$\times(1＋其他直接费费率＋间接费费率＋利润率)]\times(1＋税率)$$

注：上述各数学模拟分为二种情况来表述的原因是，建筑工程造价以定额直接费为计取各项费用的基础；安装(装饰)工程造价以定额人工费为计取各项费用的基础。

六、施工图预算编制程序

施工图预算编制程序是指编制施工图预算有规律的步骤和顺序。包括施工图预算的编制依据、编制内容和编制顺序。

1. 编制依据

(1) 施工图

施工图是计算工程量的依据。从广义的角度讲，施工图除了蓝图以外，还包括标准图、图纸会审记录和设计变更通知等资料。

(2) 施工组织设计或施工方案

施工组织设计或施工方案是编制施工图预算过程中在计算工程量、套用定额时用以确定土壤类别、基础工作面大小、构件运输距离及运输方式等的依据。

(3) 建筑安装工程预算定额(单位估价表)

建筑安装工程预算定额(单位估价表)是确定分项工程项目、计算分项工程量、计算分项工程直接费、计算分项工程人工、材料、机械台班消耗量的依据。

(4) 地区材料价格

地区材料价格是计算工程材料费和调整材料价差的依据。

(5) 间接费定额、利润率和税率

间接费定额、利润率和税率是分别计算间接费、利润和税金的依据。

(6) 施工合同

施工合同是确定取费等级的依据。

2. 施工图预算的编制内容

施工图预算的编制内容包括：

(1) 列项、计算工程量；

(2) 套用预算定额(含定额基价换算)；

(3) 工料分析及汇总；

(4) 计算直接费；

(5) 材料价差调整；

(6) 计算间接费；

(7) 计算利润；

(8) 计算税金；

(9) 汇总工程造价；

(10) 编写编制说明。

3. 施工图预算编制程序

施工图预算编制程序示意图见图 1-2。

按这一图示可将编制程序描述为：

(1) 根据施工图、施工方案和预算定额列出分项工程项目，并计算工程量；

(2) 根据分项工程量名称套用预算定额；

(3) 根据工程量和套用定额的数据计算定额人工费、材料费、机械费，并进行工料分析和汇总；

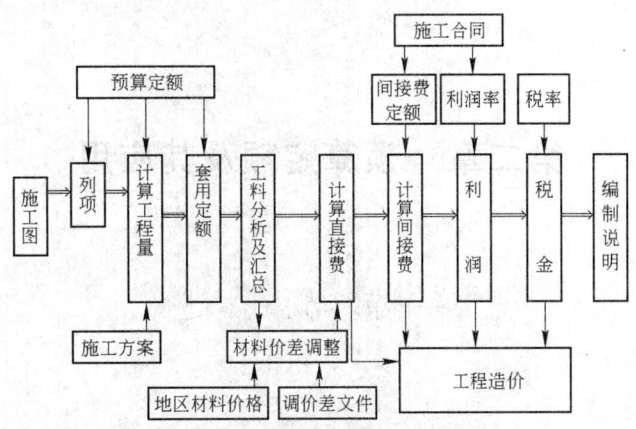

图 1-2 施工图预算编制程序示意图

(4) 将分部分项工程直接费汇总成单位工程直接费;

(5) 根据材料价差调整文件、材料价格和汇总的材料量,调整单位工程材料价差;

(6) 根据定额直接费(或定额人工费)和其他直接费费率计算其他直接费;

(7) 根据定额直接费(或定额人工费)和间接费费率计算间接费;

(8) 根据工程预算成本(定额直接费+其他直接费+间接费)或定额人工费乘上利润率计算利润;

(9) 根据直接费、间接费、利润之和及有关税率计算营业税、城市维护建设税和教育费附加;

(10) 将各项费用汇总成工程造价;

(11) 编写编制说明。

第二章 预算定额及其应用

第一节 概 述

一、定额的概念

定额是国家主管部门颁发的用于规定完成建筑安装产品所需消耗的人力、物力和财力的数量标准。

定额反映了在一定生产力水平条件下,施工企业的生产技术水平和管理水平。

二、定额的起源和发展

定额是企业科学管理的产物,最先由美国工程师泰勒(F·W·Taylor,1856～1915)开始研究。

20世纪初,在资本主义国家,企业的生产技术得到了很大的提高,但由于管理跟不上,经济效益仍然不理想。为了通过加强管理提高劳动生产率,泰勒开始研究管理方法。它首先将工人的工作时间划分为若干个组成部分,如划分为准备工作时间、基本工作时间、辅助工作时间等等,然后用秒表来测定完成各项工作所需的劳动时间,以此为基础制定工时消耗定额,作为衡量工人工作效率的标准。

在研究工人工作时间的同时,泰勒把工人在劳动中的操作过程分解为若干个操作步骤,去掉那些多余和无效的动作,制定出最佳操作顺序、付出体力最少、节省工作时间的操作方法,以期达到提高工作效率的目的。可见,运用该方法制定工时消耗定额是建立在先进合理的操作方法基础上的。

制定科学的工时定额、实行标准的操作方法、采用先进的工具和设备,再加上有差别的计件工资制,就构成了"泰勒制"的主要内容。

泰勒制给资本主义企业管理带来了根本的变革。因而,在资本主义管理史上,泰勒被尊为"科学管理之父"。

在企业管理中采用实行定额管理的方法来促进劳动生产率的提高,正是泰勒制中科学的有价值的内容,我们应该用来为社会主义市场经济建设服务。

定额虽然是管理科学发展初期的产物,但它在企业管理中占有重要地位。因为定额提供的各项数据,始终是实现科学管理的必要条件。所以,定额是企业科学管理的基础。

三、建筑安装工程定额的分类

建筑安装工程定额可以从不同角度,按以下方法分类。
1. 按定额包含的不同生产要素分类

(1) 劳动定额

劳动定额是施工企业内部使用的定额。它规定了在正常施工条件下，某工种某等级的工人或工人小组，生产单位合格产品所需消耗的劳动时间；或是在单位工作时间内生产合格产品的数量标准。前者称为时间定额，后者称为产量定额。

(2) 材料消耗定额

材料消耗定额是施工企业内部使用的定额。它规定了在正常施工条件下，节约和合理使用条件下，生产单位合格产品所必须消耗的一定品种规格的原材料、半成品、成品和结构构件的数量标准。

(3) 机械台班使用定额

机械台班使用定额用于施工企业。它规定了在正常施工条件下，利用某种施工机械，生产单位合格产品所必须消耗的机械工作时间；或者在单位时间内施工机械完成合格产品的数量标准。

2. 按定额的不同用途分类

(1) 施工定额

施工定额主要用于编制施工预算，是施工企业管理的基础，施工定额一般由劳动定额、材料消耗定额、机械台班定额组成。

(2) 预算定额

预算定额主要用于编制施工图预算，是确定一定计量单位的分项工程或结构构件的人工、材料、机械台班耗用量（及货币量）的数量标准。

(3) 概算定额

概算定额主要用于编制设计概算，是确定一定计量单位的扩大分项工程的人工、材料、机械台班消耗量（及货币量）的数量标准。

(4) 概算指标

概算指标主要用于估算或编制设计概算，是以每个建筑物或构筑物为对象，以"m^2"、"m^3"或"座"等计量单位规定人工、材料、机械台班耗用量的数量标准。

3. 按定额的编制单位和执行范围分类

(1) 全国统一定额

由主管部门根据全国各专业的技术水平与组织管理状况而编制，在全国范围内执行的定额，如《全国统一安装工程预算定额》等。

(2) 地区定额

参照全国统一定额或根据国家有关规定编制，在本地区使用的定额，如各省、市、自治区的《建筑工程预算定额》等。

(3) 企业定额

根据施工企业生产力水平和管理水平编制供内部使用的定额，如《施工定额》等。

(4) 临时定额

当现行的概预算定额不能满足需求时，根据具体情况补充的一次性使用定额。编制补充定额必须按有关规定执行。

四、建筑安装工程定额的作用

定额是企业和基本建设实行科学管理的必备条件，没有定额根本谈不上科学管理。

1. 定额是企业计划管理的基础。

施工企业为了组织和管理施工生产活动，必须编制各种计划，而计划中的人力、物力和财力需用量都要根据定额来计算。因此，定额是企业计划管理的重要基础。

2. 定额是提高劳动生产率的重要手段

施工企业要提高劳动生产率，除了合理的组织外，还要贯彻执行各种定额，把企业提高劳动生产率的任务，具体落实到每位职工身上，促使他们采用新技术、新工艺、改进操作方法，改进劳动组织，减少劳动强度，使用较少的劳动量，生产较多的产品，进而提高劳动生产率。

3. 定额是衡量设计方案优劣的标准

使用定额或概算指标对一个拟建工程的若干设计方案进行技术经济分析，就能选择经济合理的最优设计方案。因此，定额是衡量设计方案经济合理性的标准。

4. 定额是实行责任承包制的重要依据

以招标投标承包制为核心的经济责任制是建筑市场发展的基本内容。

在签订投资包干协议、计算标底和标价、签订承包合同，以及企业内部实行各种形式的承包责任制，都必须以各种定额为主要依据。

5. 定额是科学组织施工和管理施工生产的有效工具

建筑安装工程施工是由多个工种、部门组成的一个有机整体而进行施工生产活动的。在安排各部门各工种的生产计划中，无论是计算资源需用量或者平衡资源需用量，组织供应材料，合理配备劳动组织，调配劳动力，签发工程任务单和限额领料单，还是组织劳动竞赛，考核工料消耗，计算和分配劳动报酬等等，都要以各种定额为依据。因此，定额是组织和管理施工生产的有效工具。

6. 定额是企业实行经济核算的重要基础

企业为了分析和比较施工生产中的各种消耗，必须以各种定额为依据。企业进行工程成本核算时，要以定额为标准，分析比较各项成本，肯定成绩，找出差距，提出改进措施，不断降低各种消耗，提高企业的经济效益。

五、建筑安装工程定额的特性

在社会主义市场经济条件下，定额具有以下三个方面的特性。

1. 科学性

建筑安装工程定额是采用技术测定法等科学方法，在认真研究施工生产过程中的客观规律的基础上，通过长期的观察、测定、总结生产实践经验以及广泛搜集资料的基础上编制的。

在编制过程中，必须对工作时间分析、动作研究、现场布置、工具设备改革，以及生产技术与组织管理等各方面，进行科学的综合研究。因而，制定的定额客观地反映了施工生产企业的生产力水平，所以定额具有科学性。

2. 权威性

在计划经济体制下，定额具有法令性，即建筑安装工程定额经国家主管机关批准颁发后，具有经济法规的性质，执行定额的所有各方必须严格遵守，未经许可，不得随意改变定额的内容和水平。

但是，在市场经济条件下，定额在执行过程中允许企业根据招投标等具体情况进行调整，使其体现市场经济的特点，故定额的法令性淡化了，建筑安装工程定额既能起到国家宏观调控市场，又能起到让建筑市场充分发展的作用，就必须要有一个社会公认的，在使用过程中可以有根据地改变其水平的定额。这种具有权威性控制量的定额，各业主和工程承包商可以根据生产力水平状况进行适当调整。

具有权威性和灵活性的建筑安装工程定额是符合社会主义市场经济条件下建筑产品的生产规律。

定额的权威性是建立在采用先进科学的编制方法基础之上的，能正确反映本行业的生产力水平，符合社会主义市场经济的发展规律。

3. 群众性

定额的群众性是指定额的制定和执行都必须有广泛的群众基础。因为定额水平的高低主要取决于建筑安装工人所创造的劳动生产力水平的高低；其次，工人直接参加定额的测定工作，有利于制定出容易掌握和推广的定额；最后，定额的执行要依靠广大职工的生产实践活动方能完成。

六、定额的编制方法

1. 技术测定法

技术测定法是一种科学的调查研究方法。它是通过对施工过程的具体活动进行实地观察，详细记录工人和施工机械的工作时间消耗，测定完成产品的数量和有关影响因素，将记录结果进行分析研究，整理出可靠的数据资料，为编制定额提供可靠数据的一种方法。

常用的技术测定方法包括：测时法、写实记录法、工作日写实法。

2. 经验估计法

经验估计法是根据定额员、技术员、生产管理人员和老工人的实际工作经验，对生产某一产品或某项工作所需的人工、材料、机械台班数量进行分析、讨论和估算后，确定定额消耗量的一种方法。

3. 统计计算法

统计计算法是一种用过去统计资料编制定额的一种方法。

4. 比较类推法

比较类推法也叫典型定额法。

比较类推法是在相同类型的项目中，选择有代表性的典型项目，用技术测定法编制出定额，然后根据这些定额用比较类推的方法编制其他相关定额的一种方法。

第二节　预算定额的构成与内容

一、预算定额的构成

预算定额一般由总说明、分部说明、分节说明、建筑面积计算规则、分项工程消耗指标、分项工程基价、机械台班预算价格、材料预算价格、砂浆和混凝土配合比表、材料损耗率表等内容构成，见图2-1。

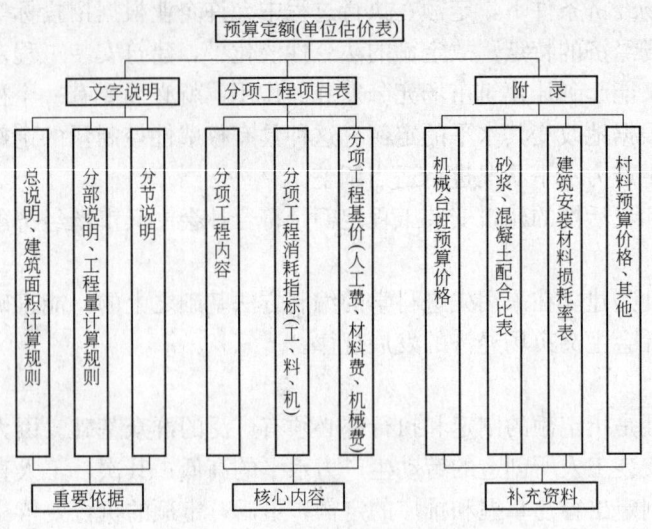

图 2-1 预算定额构成示意图

二、预算定额的内容

1. 文字说明

(1) 总说明

总说明综合叙述了定额的编制依据、作用、适用范围及编制此定额时有关共性问题的处理意见和使用方法等。

(2) 建筑面积计算规则

建筑面积计算规则严格、较全面地规定了计算建筑面积的范围和方法。建筑面积是基本建设中重要的技术经济指标，也是计算其他技术经济指标的基础。

(3) 分部说明

分部说明是预算定额的重要内容，它介绍了分部工程定额中使用各定额项目的具体规定。例如砖墙身如为弧形时，其相应定额的人工费要乘以大于 1 的系数等。

(4) 工程量计算规则

工程量计算规则是按分部工程归类的。工程量计算规则统一规定了各分项工程量计算的处理原则，不管是否完全理解，在没有新的规定出现之前，必须按该规则执行。

工程量计算规则是准确和简化工程量计算的基本保证。因为，在编制定额的过程中就运用了计算规则，在综合定额内容时就确定了计算规则，所以，工程量计算规则具有法规性。

(5) 分节说明

分节说明主要包括了该章节项目的主要工作内容。通过对工作内容的了解，帮助我们判断在编制施工图预算时套用定额的准确性。

2. 分项工程项目表

分项工程项目表是按分部工程归类的，它主要包括以下三个方面的内容：

(1) 分项工程内容

分项工程内容是以分项工程名称来表达的。一般来说，每一个定额号对应的内容就是一个分项工程的内容。例如,"M5 混合砂浆砌砖墙"就是一个分项工程的内容。

(2) 分项工程消耗指标

分项工程消耗指标是指人工、材料、机械台班量的消耗。例如,某地区预算定额摘录见表 2-1。其中 1—1 号定额的项目名称是花岗石板贴楼地面,每 100m² 的人工消耗指标是 20.57 个工日;材料消耗指标分别是花岗石板 102m²、1:2 水泥砂浆 2.20m³、白水泥 10kg、素水泥浆 0.1m³、棉纱头 1kg、锯木屑 0.60m³、石料切割锯片 0.42 片、水 2.60m³;机械台班消耗指标为 200L 砂浆搅拌机 0.37 台班、2t 内塔吊 0.74 台班、石料切割机 1.60 台班。

预算定额摘录   表 2-1

工程内容:清理基层、调制砂浆、锯板磨边
　　　　贴花岗石板、擦缝、清理净面

单位:100m²

定额编号				1—1	1—2	1—3
项 目		单 位	单 价	花岗石楼地面	花岗石踢脚板	花岗石台阶
基 价		元		26774.12	27285.84	41886.55
其中	人工费	元		514.25	1306.25	1541.75
	材料费	元		26098.27	25850.25	40211.69
	机械费	元		161.60	129.34	133.11
综合用工		工日	25.00	20.57	52.25	61.67
材料	花岗石板	m²	250.00	102.00	102.00	157.00
	1:2 水泥砂浆	m³	230.02	2.20	1.10	3.26
	白水泥	kg	0.50	10.00	20.00	15.00
	素水泥浆	m³	461.70	0.10	0.10	0.15
	棉纱头	kg	5.00	1.00	1.00	1.50
	锯木屑	m³	8.50	0.60	0.60	0.89
	石料切割锯片	片	70.00	0.42	0.42	1.68
	水	m³	0.60	2.60	2.60	4.00
机械	200L 砂浆搅拌机	台班	15.92	0.37	0.18	0.59
	2t 内塔吊	台班	170.61	0.74	0.56	—
	石料切割机	台班	18.41	1.60	1.68	6.72

(3) 分项工程基价

分项工程基价亦称分项工程单价,是确定单位分项工程人工费、材料费和机械使用费的标准。例如表 2-1 中 1—1 定额的基价为 26774.12 元。该基价是由人工费 514.25 元、材料费 26098.27 元、机械费 161.60 元合计而成。这三项费用的计算过程是:

人工费 = 20.57 工日 × 25.00 元/工日 = 514.25 元

材料费 = 102.00 × 250.00 + 2.20 × 230.02 + 10.00 × 0.50 + 0.10 × 461.70
　　　　+ 1.00 × 5.00 + 0.60 × 8.50 + 0.42 × 70.00 + 2.60 × 0.60 = 26098.27 元

机械费 = 0.37 × 15.92 + 0.74 × 170.61 + 1.60 × 18.41 = 161.60 元

3. 附录

附录主要包括以下几部分内容:

(1) 机械台班预算价格

机械台班预算价格确定了各类各种施工机械的台班使用费。例如，表2-1中1—1定额的200L砂浆搅拌机的台班预算价格为15.92元/台班。

(2) 砂浆、混凝土配合比表

砂浆、混凝土配合比表确定了各种砂浆、混凝土每m³的原材料消耗量，它是计算工程材料消耗量的依据。例如表2-2中F—2号定额规定了1∶2水泥砂浆每m³需用32.5级普通水泥635kg，中砂1.04m³。

抹灰砂浆配合比表（摘录）　　　　　　　　　　　　　　　　　　　表 2-2

单位：m³

定 额 编 号			F—1	F—2
项　目	单　位	单　价	水　泥　砂　浆	
			1∶1.5	1∶2
基　　价	元		254.40	230.02
材料　32.5级水泥	kg	0.30	734	635
中　　砂	m³	38.00	0.90	1.04

(3) 建筑安装材料损耗率表

该表表示了编制预算定额时，各种材料损耗率的取定值，为使用定额者换算定额和补充定额提供依据。

(4) 材料预算价格表

材料预算价格表汇总了预算定额中所使用的各种材料的单价，它是在编制施工图预算时，材料价差调整的依据。

第三节　人　工　单　价

一、人工单价的概念

人工单价是指工人一个工作日应该得到的劳动报酬。一个工作日一般指工作8小时。

二、人工单价的内容

人工单价一般包括基本工资、工资性津贴、养老保险费、失业保险费、医疗保险费、住房公积金等。

基本工资是指完成基本工作内容所得的劳动报酬。

工资性津贴是指流动施工津贴、交通补贴、物价补贴、煤（燃）气补贴等。

养老保险费是指工人在工作期间所交养老保险所发生的费用。

失业保险费是指工人在工作期间所交失业保险所发生的费用。

医疗保险费是指工人在工作期间所交医疗保险所发生的费用。

住房公积金是指工人在工作期间所交住房公积金所发生的费用。

三、人工单价的编制方法

人工单价的编制方法主要有以下几种：

1. 根据劳务市场行情确定人工单价

目前,根据劳务市场行情确定人工单价已经成为计算工程劳务费的主流,这是社会主义市场经济发展的必然结果。根据劳务市场行情确定人工单价应注意以下几个方面的问题。

一是要尽可能掌握劳动力市场价格中长期历史资料,这对于我们以后采用数学模型预测人工单价将成为可能;

二是在确定人工单价时要考虑用工的季节性变化。当大量聘用农民工时,要考虑农忙季节时人工单价的变化;

三是在确定人工单价时要采用加权平均的方法综合各劳务市场的劳动力单价;

四是要分析拟建工程的工期对人工单价的影响。如果工期紧,那么人工单价按正常情况确定后要乘以大于1的系数。如果工期有拖长的可能,那么也要考虑工期延长带来的风险。

根据劳务市场行情确定人工单价的数学模型描述如下:

$$人工单价 = \sum_{i=1}^{n}(某劳务市场人工单价 \times 权重)_i \times 季节变化系数 \times 工期风险系数$$

【例 2-1】 据市场调查取得的资料分析,抹灰工在劳务市场的价格分别是:甲劳务市场 35 元/工日,乙劳务市场 38 元/工日,丙劳务市场 34 元/工日。调查表明,各劳务市场可提供抹灰工的比例分别为,甲劳务市场 40%,乙劳务市场 26%,丙劳务市场 34%,当季节变化系数、工期风险系数均为 1 时,试计算抹灰工的人工单价。

【解】 抹灰工的人工单价 = (35.00×40%+38.00×26%+34.00×34%)×1×1
　　　　　　　　　　　= (14+9.88+11.56)×1×1
　　　　　　　　　　　= 35.44 元/工日(取定为 35.50 元/工日)

2. 根据以往承包工程的情况确定

如果在本地以往承包过同类工程,可以根据以往承包工程的情况确定人工单价。

例如,以往在某地区承包过三个与拟建工程基本相同的工程,砖工每个工日支付了 30.00~35.00 元,这时我们就可以进行具体对比分析,在上述范围内(或超过一点范围)确定投标报价的砖工人工单价。

3. 根据预算定额规定的工日单价确定

凡是分部分项工程项目含有基价的预算定额,都明确规定了人工单价,我们可以以此为依据确定拟投标工程的人工单价。

例如,某省 2000 年预算定额,土建工程的技术工人每个工日 20.00 元,我们可以根据市场行情在此基础上乘以 1.2~1.6 的系数,确定拟投标工程的人工单价。

第四节　材　料　单　价

材料单价类似于以前的材料预算价格,但是随着工程承包计价的发展,原来材料预算价格的概念已经包含不了更多的含义了。

一、材料单价的概念

材料单价是指材料从采购时起运到工地仓库或堆放场地后的出库价格。

材料从采购、运输到保管,在使用前所发生的全部费用构成了材料单价。

二、材料单价的费用构成

按照材料采购和供应方式的不同,其构成材料单价的费用也不同。一般有以下几种:

(1) 材料供货到工地现场

当材料供应商将材料送到施工现场时,材料单价由材料原价、采购保管费构成。

(2) 到供货地点采购材料

当需要派人到供货地点采购材料时,材料单价由材料原价、运杂费、采购保管费构成。

(3) 需二次加工的材料

当某些材料采购回来后,还需要进一步加工的材料,材料单价除了上述费用外还包括二次加工费。

综上所述,材料单价包括材料原价、运杂费、采购及保管费和二次加工费。

三、材料原价计算

材料原价是指付给材料供应商的材料单价。当某种材料有两个或两个以上的材料供应商供货且材料原价不同时,要计算加权平均材料原价。

加权平均材料原价的计算公式为:

$$\text{加权平均材料原价} = \frac{\sum_{i=1}^{n}(\text{材料原价} \times \text{材料数量})_i}{\sum_{i=1}^{n}(\text{材料数量})_i}$$

注:① 式中 i 是指不同材料供应商。
② 包装费和手续费均已包含在材料原价中。

【例 2-2】 某工地所需的墙面面砖由三个材料供应商供货,其数量和原价如下。试计算墙面砖的加权平均原价。

供 应 商	墙面砖数量(m²)	供货单价(元/m²)
甲	250	32.00
乙	680	31.50
丙	900	31.20

【解】 墙面砖加权平均原价 $= \left[\dfrac{32.00 \times 250 + 31.50 \times 680 + 31.20 \times 900}{250 + 680 + 900}\right] 元/m^2$

$= \dfrac{57500}{1830} 元/m^2 = 31.42 \; 元/m^2$

四、材料运杂费计算

材料运杂费是指在采购材料后运回工地仓库发生的各项费用。包括装卸费、运输费和合理的运输损耗费等。

材料装卸费按行业标准支付。

材料运输费按运输价格计算,若供货来源地不同且供货数量不同时,需要计算加权平均运输费,其计算公式为:

$$加权平均运输费 = \frac{\sum_{i=1}^{n}(运输单价 \times 材料数量)_i}{\sum_{i=1}^{n}(材料数量)_i}$$

材料运输损耗费是指在运输和装卸材料过程中不可避免产生的损耗所发生的费用，一般按下列公式计算：

$$材料运输损耗费 = (材料原价 + 装卸费 + 运输费) \times 运输损耗率$$

【例2-3】 上例墙面面砖由三个供应地点供货，根据下列资料计算墙面面砖运杂费。

供货地点	面砖数量(m²)	运输单价(元/m²)	装卸费(元/m²)	运输损耗率(%)
甲	250	1.20	0.80	1.5
乙	680	1.80	0.95	1.5
丙	900	2.40	0.85	1.5

【解】 (1) 计算加权平均装卸费

$$墙面面砖加权平均装卸费 = \left[\frac{0.80 \times 250 + 0.95 \times 680 + 0.85 \times 900}{250 + 680 + 900}\right]元/m^2 = \frac{1611}{1830}元/m^2$$
$$= 0.88 \, 元/m^2$$

(2) 计算加权平均运输费

$$墙面面砖加权平均运输费 = \left[\frac{1.20 \times 250 + 1.80 \times 680 + 2.40 \times 900}{250 + 680 + 900}\right]元/m^2 = \frac{3684}{1830}元/m^2$$
$$= 2.01 \, 元/m^2$$

(3) 计算运输损耗费

$$墙面面砖运输损耗费 = (31.42 + 0.88 + 2.01)元/m^2 \times 1.5\%$$
$$= 34.31 \, 元/m^2 \times 1.5\% = 0.51 \, 元/m^2$$

(4) 计算运杂费

$$墙面面砖运杂费 = (0.88 + 2.01 + 0.51)元/m^2 = 3.40 \, 元/m^2$$

五、材料采购及保管费计算

材料采购及保管费是指施工企业在组织采购材料和保管材料过程中发生的各项费用。包括采购人员的工资、差旅交通费、通信费、业务费、仓库保管的各项费用等。采购及保管费一般按前面各项费用之和乘以一定的费率计算，通常取2%左右。计算公式为：

$$材料采购及保管费 = (材料原价 + 运杂费) \times 采购及保管费率$$

【例2-4】 上述墙面面砖的采购保管费率为2%，根据前面计算结果试计算墙面面砖的采购及保管费。

【解】 墙面面砖采购及保管费 $= (31.42 + 3.40)元/m^2 \times 2\% = 34.82 \, 元/m^2 \times 2\% = 0.70 \, 元/m^2$

六、材料单价汇总

通过以上分析，可以知道，材料单价的计算公式为：

$$材料单价=\left(\begin{array}{c}加权平均\\材料原价\end{array}+\begin{array}{c}加权平均\\材料运杂费\end{array}\right)\times\left(1+\begin{array}{c}采购及保\\管费费率\end{array}\right)$$

【例 2-5】 根据已经算出的结果,试计算墙面面砖的材料单价。

【解】 $\begin{array}{c}墙面面砖\\材料单价\end{array}=(31.42+3.40)元/m^2\times(1+2\%)=35.52\ 元/m^2$

$或=(31.42+3.40+0.70)元/m^2=35.52\ 元/m^2$

第五节 机械台班单价

一、机械台班单价的概念

机械台班单价亦称施工机械台班单价,是指在单位工作台班中为使机械正常运转所分摊和支出的各项费用。

二、机械台班单价的费用构成

按现行的规定,机械台班单价由七项费用构成。这些费用按其性质划分为第一类费用和第二类费用。

(1) 第一类费用

第一类费用亦称不变费用,是指属于分摊性质的费用,包括折旧费、大修理费、经常修理费、安拆及场外运输费。

(2) 第二类费用

第二类费用亦称可变费用,是指属于支出性质的费用,包括燃料动力费、人工费、养路费及车船使用税。

三、第一类费用计算

(1) 折旧费

折旧费是指机械设备在规定的使用期限内(耐用总台班),陆续收回其原值及支付贷款利息等费用。计算公式为:

$$台班折旧费=\frac{机械预算价格\times(1-残值率)+贷款利息}{耐用总台班}$$

式中,若是国产运输机械,则

$$机械预算价格=销售价\times(1+购置附加费)+运杂费$$

【例 2-6】 6t 载重汽车的销售价为 83000 元,购置附加费率为 10%,运杂费为 5000 元,残值率为 2%,耐用总台班为 1900 个,贷款利息为 4650 元。试计算台班折旧费。

【解】 ① 求 6t 载重汽车预算价格

6t 载重汽车预算价格 $=83000\ 元\times(1+10\%)+5000\ 元=96300\ 元$

② 求台班折旧费

$$\begin{array}{c}6t\ 载重汽车\\台班折旧费\end{array}=\frac{96300\ 元\times(1-2\%)+4650\ 元}{1900\ 台班}$$

$$=\frac{99024\ 元}{1900\ 台班}=52.12\ 元/台班$$

（2）大修理费

大修理费是指机械设备按规定的大修理间隔台班进行大修理，以恢复正常使用功能所需支出的费用。计算公式为：

$$台班大修理费 = \frac{一次大修理费 \times (大修理周期 - 1)}{耐用总台班}$$

【例2-7】 6t载重汽车一次大修理费为9900元，大修理周期为3个，耐用总台班为1900个。试计算台班大修理费。

【解】 $6t载重汽车台班大修理费 = \frac{9900 \times (3-1)元}{1900 台班} = \frac{19800 元}{1900 台班} = 10.42 元/台班$

（3）经常修理费

经常修理费是指机械设备除大修理外的各级保养及临时故障所需支出的费用，包括为保障机械正常运转所需替换设备、随机配置的工具、附具的摊销及维护费用，机械正常运转及日常保养所需润滑、擦拭材料费用和机械停置期间的维护保养费用等。

台班经常修理费可以用以下简化公式计算：

$$台班经常修理费 = 台班大修理费 \times 经常修理费系数$$

【例2-8】 经测算6t载重汽车的台班经常修理系数为5.8，根据例2-7计算出的台班大修理费，试计算台班经常修理费。

【解】 $6t载重汽车台班经常修理费 = 10.42 元/台班 \times 5.8 = 60.44 元/台班$

（4）安拆费及场外运输费

安拆费是指机械在施工现场进行安装、拆卸所需人工、材料、机械和试运转费用，以及机械辅助设施（如行走轨道、枕木等）的折旧、搭设、拆除等费用。

场外运输费是指机械整体或分体自停置地点运至施工现场或由一工地运至另一工地的运输、装卸、辅助材料以及架线费用。计算公式为：

$$台班安拆及场外运输费 = 台班辅助设施摊销费 + \frac{机械一次安拆费 \times 年平均安拆次数 + (一次运输装卸费 + 辅助材料一次摊销费 + 一次架线费) \times 年平均场外运输次数}{年工作台班}$$

四、第二类费用计算

（1）燃料动力费

燃料动力费是指机械设备在运转作业中所耗用的各种燃料、电力、风力、水等的费用。计算公式为：

$$台班燃料动力费 = 每台班耗用的燃料或动力数量 \times 燃料或动力单价$$

【例2-9】 6t载重汽车每台班耗用柴油32.19kg，每1kg单价2.40元。试求台班燃料费。

【解】 $6t汽车台班燃料费 = 32.19 kg/台班 \times 2.40 元/kg = 77.26 元/台班$

（2）人工费

人工费是指机上司机、司炉和其他操作人员的工作日工资。计算公式为：

$$台班人工费 = \frac{机上操作人员}{人工工日数} \times 工日单价$$

【例 2-10】 6t 载重汽车每个台班的机上操作人工工日数为 1.25 个，人工工日单价为 25 元。试求台班人工费。

【解】 $\dfrac{6t 载重汽车}{台班人工费} = 1.25\ 工日/台班 \times 25\ 元/工日 = 31.25\ 元/台班$

（3）养路费及车船使用税

养路费及车船使用税是指按国家规定缴纳的养路费和车船使用税。计算公式为：

$$台班养路费及车船使用税 = \frac{载重量或核定吨位 \times \{养路费[元/(t \cdot 月)] \times 12 月 + 车船使用税[元/(t \cdot 车)]\}}{年工作台班} + 保险费及年检费$$

$$保险费及年检费 = \frac{年保险费及年检费}{年工作台班}$$

【例 2-11】 6t 载重汽车每月应缴纳养路费 150 元/(t·月)，每年应缴纳保险费 900 元、车船使用税 50 元/t，每年工作台班 240 个，保险费及年检费共计 2000 元。试计算台班养路费及车船使用税。

【解】 $\dfrac{6t 载重汽车养路费及车船使用税}{} = \dfrac{6t \times [150\ 元/(t \cdot 月) \times 12\ 月 + 50\ 元/t] + 900\ 元}{240\ 台班} + \dfrac{2000\ 元}{240\ 台班}$

$= \dfrac{14000\ 元}{240\ 台班} = 58.33\ 元/台班$

五、工程台班单价计算表

将上述 6t 载重汽车台班单价的计算过程汇总在机械台班单价计算表内的情况见表 2-3。

机械台班单价计算表　　　　　表 2-3

项目		6t 载重汽车		
		单位	金额	计算式
台班单价		元	289.82	122.98+166.84=289.82
第一类费用	折旧费	元	52.12	$\dfrac{96300 \times (1-2\%) + 4650}{1900} = 52.12$
	大修理费	元	10.42	9900×(3-1)÷1900=10.42
	经常修理费	元	60.44	10.42×5.8=60.44
	安拆及场外运输费	元	—	—
	小计	元	122.98	
第二类费用	燃料动力费	元	77.26	32.19×2.40=77.26
	人工费	元	31.25	1.25×25.00=31.25
	养路费及车船使用税	元	58.33	$\dfrac{6 \times (150 \times 12 + 50) + 900 + 2000}{240} = 58.33$
	小计	元	166.84	

第六节 预算定额的应用

一、预算定额基价的确定

人工、材料、机械台班消耗量是定额中的主要指标，它以实物量来表示。为了方便使用，目前，各地区编制的预算定额普遍反映货币量指标，也就是由人工费、材料费、机械台班使用费构成定额基价。

所谓基价，即指工程单价。它可以是完全工程单价，也可以是不完全工程单价。

作为建筑工程预算定额，它以完全工程单价的形式来表现，这时也可称为建筑工程单位估价表；作为不完全工程单价表现形式的定额，常用于安装工程预算定额和装饰工程预算定额，因为上述定额中一般不包括主要材料费。

预算定额中的基价是根据某一地区的人工单价、材料价格、机械台班价格计算的，其计算公式如下：

$$定额基价＝人工费＋材料费＋机械使用费$$

式中

$$人工费＝\Sigma（定额工日数\times 工日单价）$$
$$材料费＝\Sigma（材料数量\times 材料价格）$$
$$机械使用费＝\Sigma（机械台班量\times 台班价格）$$

公式中的实物量指标是预算定额规定的，但人工单价、材料价格、机械台班价格则按某地区的价格确定的。通常，全国统一预算定额的基价，采用北京地区的价格；省、市、自治区预算定额的基价采用省会所在地或自治区首府所在地的价格。

定额基价的计算过程可以通过表2-4来表达。

预算定额项目基价计算表　　　　表2-4

定额编号				1—1	
项目		单位	单价	花岗石楼地面 (100m²)	计算式
基价		元	—	26774.12	基价=514.25+26098.27+161.60=26774.12
其中	人工费	元	—	514.25	见计算式
	材料费	元	—	26098.27	见计算式
	机械费	元	—	161.60	见计算式
	综合用工	工日	25.00	20.57	人工费=20.57×25.00=514.25元
材料	花岗石板	m²	250.00	102.00	材料费：
	1:2水泥砂浆	m³	230.02	2.20	102.00×250.00=25500
	白水泥	kg	0.50	10.00	2.20×230.02=506.04
	素水泥浆	m³	461.70	0.10	10.00×0.50=5.00
	棉纱头	kg	5.00	1.00	0.10×461.70=46.17 ⎫ 26098.27
	锯木屑	m³	8.50	0.60	1.00×5.00=5.00
	石料切割锯片	片	70.00	0.42	0.60×8.50=5.10
	水	m³	0.60	2.60	0.42×70.00=29.40
					2.60×0.60=1.56
机械	200L砂浆搅拌机	台班	15.92	0.37	机械费：
	2t内塔吊	台班	170.61	0.74	0.37×15.92=5.89 ⎫ 161.60
	石料切割机	台班	18.41	1.60	0.74×170.61=126.25
					1.60×18.41=29.46

二、预算定额项目中材料费与配合比表的关系

预算定额项目中的材料费是根据材料栏目中的半成品(砂浆、混凝土)、原材料用量乘以各自的单价汇总而成的,其中,半成品的单价是根据半成品配合比表中各项目的基价来确定的。例如,"定—1"定额项目中 M5 水泥砂浆的单价是根据"附—1"砌筑砂浆配合比的基价 124.32 元/m^3 确定的。还需指出, M5 水泥砂浆的基价是该附录号中 32.5 水泥、中砂的材料费,即:$270×0.30+1.14×38.00=124.32$ 元/m^3。

三、预算定额项目中工料消耗指标与砂浆、混凝土配合比表的关系

定额项目中材料栏内含有砂浆或混凝土半成品用量时,其半成品的原材料用量要根据定额附录中砂浆、混凝土配合比表的材料消耗量来计算。因此,当定额项目中的配合比与施工图设计的配合比不同时,附录半成品配合比表是定额换算的重要依据。

【例 2-12】 根据表 2-5 中"定—1"号定额和表"附—1"号定额计算砌 $10m^3$ 砖基础需用 $2.36m^3$ 的 M5 水泥砂浆的原材料用量。

【解】 32.5 水泥:$2.36×270=637.20$ kg

中砂:$2.36×1.14=2.690m^3$

建筑工程预算定额(摘录)　　　表 2-5

工程内容:略

	定 额 编 号			定—1	定—2	定—3	定—4
	定 额 单 位			$10m^3$	$10m^3$	$10m^3$	$100m^2$
	项　　目	单位	单价	M5 水泥砂浆砌砖基础	现浇 C20 钢筋混凝土矩形梁	C15 混凝土地面垫层	1:2 水泥砂浆墙基防潮层
	基　　价	元		1277.30	7673.82	1954.24	798.79
其中	人工费	元		310.75	1831.50	539.00	237.50
	材料费	元		958.99	5684.33	1384.26	557.31
	机械费	元		7.56	157.99	30.98	3.98
人工	基本工	d	25.00	10.32	52.20	13.46	7.20
	其他工	d	25.00	2.11	21.06	8.10	2.30
	合计	d	25.00	12.43	73.26	21.56	9.5
材料	标准砖	千块	127.00	5.23			
	M5 水泥砂浆	m^3	124.32	2.36			
	木材	m^3	700.00		0.138		
	钢模板	kg	4.60		51.53		
	零星卡具	kg	5.40		23.20		
	钢支撑	kg	4.70		11.60		
	ϕ10 内钢筋	kg	3.10		471		
	ϕ10 外钢筋	kg	3.00		728		
	C20 混凝土(0.5~4)	m^3	146.98		10.15		
	C15 混凝土(0.5~4)	m^3	136.02			10.10	

续表

建筑工程预算定额(摘录) 表2-6

	定额编号			定—1	定—2	定—3	定—4
	定额单位			10m³	10m³	10m³	100m²
	项 目	单位	单价	M5水泥砂浆砌砖基础	现浇C20钢筋混凝土矩形梁	C15混凝土地面垫层	1:2水泥砂浆墙基防潮层
材料	1:2水泥砂浆	m³	230.02				2.07
	防水粉	kg	1.20				66.38
	其他材料费	元			26.83	1.23	1.51
	水	m³	0.60	2.31	13.52	15.38	
机械	200L砂浆搅拌机	台班	15.92	0.475			0.25
	400L混凝土搅拌机	台班	81.52		0.63	0.38	
	2t内塔吊	台班	170.61		0.625		

工程内容：略

	定额编号			定—5	定—6
	定额单位			100m²	100m²
	项 目	单位	单价	C15混凝土地面面层(60厚)	1:2.5水泥砂浆抹砖墙面(底13厚、面7厚)
	基 价	元		1191.28	888.44
其中	人工费	元		332.50	385.00
	材料费	元		833.51	451.21
	机械费	元		25.27	52.23
人工	基本工	d	25.00	9.20	13.40
	其他工	d	25.00	4.10	2.00
	合计	d	25.00	13.30	15.40
材料	C15混凝土(0.5~4)	m³	136.02	6.06	
	1:2.5水泥砂浆	m³	210.72		2.10 (底:1.39 面:0.71)
	其他材料费	元			4.50
	水	m³	0.60	15.38	6.99
机械	200L砂浆搅拌机	台班	15.92		0.28
	400L混凝土搅拌机	台班	81.52	0.31	
	塔式起重机	台班	170.61		0.28

砌筑砂浆配合比表(摘录) 表2-7

单位：m³

	定额编号			附—1	附—2	附—3	附—4
	项 目	单位	单价	水泥砂浆			
				M5	M7.5	M10	M15
	基 价	元		124.32	144.10	160.14	189.98
材料	32.5级水泥	kg	0.30	270.00	341.00	397.00	499.00
	中砂	m³	38.00	1.140	1.100	1.080	1.060

抹灰砂浆配合比表(摘录)　　　　　表 2-8

单位：m³

定额编号			附—5	附—6	附—7	附—8
项目	单位	单价	水泥砂浆			
			1:1.5	1:2	1:2.5	1:3
基价	元		254.40	230.02	210.72	182.82
材料	32.5级水泥	kg	0.30	734	635	558	465
	中砂	m³	38.00	0.90	1.04	1.14	1.14

普通塑性混凝土配合比表(摘录)　　　　　表 2-9

单位：m³

定额编号			附—9	附—10	附—11	附—12	附—13	附—14
项目	单位	单价	粗集料最大粒径：40mm					
			C15	C20	C25	C30	C35	C40
基价	元		136.02	146.98	162.63	172.41	181.48	199.18
材料	32.5级水泥	kg	0.30	274	313				
	42.5级水泥	kg	0.35			313	343	370	
	52.5级水泥	kg	0.40						368
	中砂	m³	38.00	0.49	0.46	0.46	0.42	0.41	0.41
	0.5~4砾石	m³	40.00	0.88	0.89	0.89	0.91	0.91	0.91

四、预算定额的套用

套用定额包括直接使用定额项目中的基价、人工费、机械费、材料费、各种材料用量及各种机械台班耗用量。

当施工图的设计要求与预算定额的项目内容一致时，可直接套用预算定额。

在编制单位工程施工图预算的过程中，大多数分项工程项目可以直接套用预算定额。套用预算定额时应注意以下几点：

1. 根据施工图、设计说明、标准图作法说明，选择预算定额项目。

2. 应从工程内容、技术特征和施工方法上仔细核对，才能较准确地确定与施工图相对应的预算定额项目。

3. 施工图中分项工程的名称、内容和计量单位要与预算定额项目相一致。

五、预算定额的换算

编制预算时，当施工图中的分项工程项目不能直接套用预算定额时，就产生了定额的换算。

1. 换算原则

为了保持原定额的水平，在预算定额的说明中规定了有关换算原则，一般包括：

(1) 如施工图设计的分项工程项目中砂浆、混凝土强度等级与定额对应项目不同时，允许按定额附录的砂浆、混凝土配合比表进行换算，但配合比表中规定的各种材料用量不得调整。

(2) 定额中的抹灰项目已考虑了常用厚度,各层砂浆的厚度一般不作调整。如果设计有特殊要求时,定额中工、料可以按比例换算。

(3) 是否可以换算、怎样换算,必须按预算定额中的各项规定执行。

2. 预算定额的换算类型

预算定额的换算类型常有以下几种:

(1) 砂浆换算:即砌筑砂浆换强度等级、抹灰砂浆换配合比及砂浆用量。

(2) 混凝土换算:即构件混凝土的强度等级、混凝土类型换算;楼地面混凝土的强度等级、厚度换算等。

(3) 系数换算:按规定对定额基价、定额中的人工费、材料费、机械费乘以各种系数的换算。

(4) 其他换算:除上述三种情况以外的预算定额换算。

3. 预算定额换算的基本思路

预算定额换算的基本思路是:根据选定的预算定额基价,按规定换入增加的费用,换出应扣除的费用。这一思路可用下列表达式表述:

$$\text{换算后的定额基价} = \text{原定额基价} + \text{换入的费用} - \text{换出的费用}$$

例如,某工程施工图设计用C20混凝土作地面垫层,查预算定额,只有C15混凝土地面垫层的项目,这就需要根据该项目,再根据定额附录中C20混凝土的基价进行换算,其换算式如下:

$$\frac{C20 混凝土}{地面垫层基价} = \frac{C15 混凝土地面}{垫层定额基价} + \frac{定额混凝}{土用量} \times \frac{C20 混凝}{土基价} - \frac{定额混凝}{土用量} \times \frac{C15 混凝}{土基价}$$

六、砌筑砂浆换算

1. 换算原因

当设计图纸要求的砌筑砂浆强度等级在预算定额中缺项时,就需要根据同类相似定额调整砂浆强度等级,求出新的定额基价。

2. 换算特点

由于该类换算的砂浆用量不变,所以人工、机械费不变,因而只需换算砂浆强度等级和计算换算后的材料用量。

砌筑砂浆换算公式:

换算后定额基价 = 原定额基价 + 定额砂浆用量 × (换入砂浆基价 - 换出砂浆基价)

【例 2-13】 M10 水泥砂浆砌砖基础。

【解】 换算定额号:定—1

换算附录定额号:附—1、附—3

(注:本节中换算举例中的定额号和附录定额号均采用表 2-6、表 2-7、表 2-8、表 2-9、表 2-5 中的有关定额。)

(1) 换算后定额基价 = 定—1 1277.30 + $2.36 \times$ (附—3 160.14 − 附—1 124.32) = $1277.30 + 2.36 \times 35.82$

= $1277.30 + 84.54 = 1361.84$ 元/$10m^3$

(2) 换算后材料用量($10m^3$ 砖砌体)

32.5 水泥：2.36×397.00＝936.92kg

中砂：2.36×1.08＝2.549m³

七、抹灰砂浆换算

1. 换算原因

当设计图纸要求的抹灰砂浆配合比或抹灰厚度与预算定额的抹灰砂浆配合比或厚度不同时，就需要根据同类相似定额进行换算，求出新的定额基价。

2. 换算特点

第一种情况：当抹灰厚度不变只换配合比时，只调整材料费和材料用量；

第二种情况：当抹灰厚度发生变化时，砂浆用量要改变，因而定额人工费、材料费、机械费和材料用量均要换算。

3. 换算公式

第一种情况：

$$\text{换算后定额基价} = \text{原定额基价} + \Sigma\left[\text{各层砂浆定额用量} \times \left(\text{换入砂浆基价} - \text{换出砂浆基价}\right)\right]$$

第二种情况：

$$\text{换算后定额基价} = \text{原定额基价} + \left(\text{定额人工费} + \text{定额机械费}\right) \times (K-1)$$
$$+ \Sigma\left(\text{各层换入砂浆用量} \times \text{换入砂浆基价} - \text{各层砂浆定额用量} \times \text{换出砂浆基价}\right)$$

式中　K——人工、机械费换算系数；

$$K = \frac{\text{设计抹灰砂浆总厚}}{\text{定额抹灰砂浆总厚}}$$

各层换入砂浆用量＝$\dfrac{\text{定额砂浆用量}}{\text{定额砂浆厚度}}$×设计厚度。

【例2-14】　1∶3水泥砂浆底13厚，1∶2水泥砂浆面7厚抹砖墙面。

【解】　该例题属于第一种情况换算。

换算定额号：定—6

换算附录定额号：附—6、附—7、附—8

(1) 换算后定额基价＝888.44＋(0.71×230.02＋1.39×182.82－2.10×210.72)

＝888.44＋(417.43－442.51)

＝888.44－25.08＝863.36 元/100m²

(2) 换算后材料用量(100m²)

32.5 水泥：0.71×635＋1.39×465＝1097.20kg

中砂：0.71×1.04＋1.39×1.14＝2.323m³

【例2-15】　1∶3水泥砂浆底15厚，1∶2.5水泥砂浆面8厚抹砖墙面。

【解】　该例题属于第二种情况换算。

换算定额号：定—6

换算附录定额号：附—7、附—8

$$人工机械费换算系数=\frac{15+8}{13+7}=\frac{23}{20}=1.15$$

$$1:3\text{ 水泥砂浆用量}=\frac{1.39}{13}\times15=1.604\text{m}^3$$

$$1:2.5\text{ 水泥砂浆用量}=\frac{0.71}{7}\times8=0.811\text{m}^3$$

(1) 换算后定额基价 $=888.44+(385.00+52.23)\times(1.15-1)+[(1.604\times182.82+0.811\times210.72)-(2.10\times210.72)]=888.44+437.23\times0.15+(464.14-442.51)=888.44+65.58+21.63=975.65$ 元/100m²

(2) 换算后材料用量(100m²)

32.5 水泥：$1.604\times465+0.811\times558=1198.40$ kg

中砂：$1.604\times1.14+0.811\times1.14=2.753$ m³

八、构件混凝土换算

1. 换算原因

当施工图设计要求构件采用的混凝土强度等级，在预算定额中没有相符合的项目时，就产生了混凝土品种、强度等级和石子粒径的换算。

2. 换算特点

由于混凝土用量不变，所以人工费、机械费不变，只换算混凝土品种、强度等级和石子粒径。

3. 换算公式

$$\text{换算后定额基价}=\text{原定额基价}+\text{定额混凝土用量}\times(\text{换入混凝土基价}-\text{换出混凝土基价})$$

【例 2-16】 现浇 C30 钢筋混凝土矩形梁。

【解】 换算定额号：定—2

换算附录定额号：附—10、附—12

(1) 换算后定额基价 $=\underset{7673.82}{\text{定}-2}+10.15\times(\underset{172.41}{\text{附}-12}-\underset{146.98}{\text{附}-10})=7673.82+10.15\times25.43$
$=7673.82+258.11=7931.93$ 元/10m³

(2) 换算后材料用量(10m³)

42.5 水泥：$10.15\times343=3481.45$ kg

中砂：$10.15\times0.42=4.263$ m³

0.5～4 砾石：$10.15\times0.91=9.237$ m³

九、楼地面混凝土换算

1. 换算原因

预算定额楼地面混凝土面层项目的定额单位一般以平方米为单位。因此，当图纸设计的面层厚度与定额规定的厚度不同时，就产生了楼地面项目的定额基价和材料用量换算。

2. 换算特点

(1) 同抹灰砂浆的换算特点。

(2) 如果预算定额中有楼地面面层厚度增加或减少定额时，可以用两个定额加或减的方式来换算，由于该方法较简单，此处不再介绍。

3. 换算公式

$$\begin{matrix}\text{换算后定}\\\text{额 基 价}\end{matrix}=\begin{matrix}\text{原定额}\\\text{基 价}\end{matrix}+\left(\begin{matrix}\text{定 额}\\\text{人工费}\end{matrix}+\begin{matrix}\text{定 额}\\\text{机械费}\end{matrix}\right)\times(K-1)$$

$$+\begin{matrix}\text{换入混凝}\\\text{土用量}\end{matrix}\times\begin{matrix}\text{换入混凝}\\\text{土基价}\end{matrix}-\begin{matrix}\text{定额混凝}\\\text{土用量}\end{matrix}\times\begin{matrix}\text{换出混凝}\\\text{土基价}\end{matrix}$$

式中 K——人工、机械费换算系数；

$$K=\frac{\text{混凝土设计厚度}}{\text{混凝土定额厚度}};$$

$$\begin{matrix}\text{换入混凝土}\\\text{用 量}\end{matrix}=\frac{\text{定额混凝土用量}}{\text{定额混凝土厚度}}\times\text{设计混凝土厚度}。$$

【例 2-17】 C25 混凝土地面面层 80 厚。

【解】 换算定额号：定—5

换算附录定额号：附—9、附—11

人工机械费换算系数 $K=\dfrac{80}{60}=1.333$

换入 C25 混凝土用量 $=\dfrac{6.06}{60}\times 80=8.08\text{m}^3$

(1) $\begin{matrix}\text{换算后定}\\\text{额 基 价}\end{matrix}=1191.28+(332.50+25.27)\times(1.333-1)+8.08\times 162.63-6.06\times$

$136.02=1191.28+119.14+1314.05-824.28=1800.19$ 元$/100\text{m}^2$

(2) 换算后材料用量(100m^2)

42.5 水泥：$8.08\times 313=2529.04\text{kg}$

中砂：$8.08\times 0.46=3.717\text{m}^3$

0.5~4 砾石：$8.08\times 0.89=7.191\text{m}^3$

十、乘系数换算

乘系数的换算是指在使用某些预算定额项目时，定额的一部分或全部乘以规定的系数。例如，某地区预算定额规定，砌弧形砖墙时，定额人工费乘以 1.10 系数；圆弧形、锯齿形、不规则形墙的抹面、饰面，按相应定额项目套用，但人工费乘以系数 1.15。

【例 2-18】 1∶2.5 水泥砂浆抹锯齿形砖墙面。

【解】 根据题意，按某地区预算定额规定，套用定—6 定额后，人工费增加 15%。换算后定额基价=$888.44+385.00\times(1.15-1)=888.44+57.75=946.19$ 元$/100\text{m}^2$

十一、其他换算

其他换算是指不属于上述几种换算情况的定额基价换算。

【例 2-19】 1∶2 防水砂浆墙基防潮层（加水泥用量的 9%防水粉）。

【解】 根据题意和定额"定—4"内容应调整防水粉的用量。

换算定额号：定—4
换算附录定额号：附—6

$$\frac{防水粉}{用\ \ 量} = \frac{定额砂}{浆用量} \times \frac{砂浆配合比中}{的水泥用量} \times 9\% = 2.07 \times 635 \times 9\% = 118.30 \text{kg}$$

(1) 换算后定额基价 = $\underset{798.79}{定—4} + 1.20(防水粉单价) \times (\underset{118.30}{换入量} - \underset{66.38}{定额原用量})$

$= 798.79 + 1.20 \times 51.92 = 798.79 + 62.30 = 861.09$ 元/100m²

(2) 换算后材料用量(100m²)

32.5 水泥：$2.07 \times 635 = 1314.45$ kg

中砂：$2.07 \times 1.04 = 2.153$ m³

防水粉：$2.07 \times 635 \times 9\% = 118.30$ kg

第三章 土建工程量计算

第一节 建筑面积计算

一、建筑面积的概念

建筑面积是建筑物各层面积的总和,是建筑物的水平平面面积。

建筑面积包括使用面积、辅助面积和结构面积三部分。

使用面积:是指建筑物各层平面中直接作为生产或生活使用的净面积之和。例如,住宅建筑中的各居室、客厅等。

辅助面积:是指建筑物各层平面中为辅助生产或辅助生活所占净面积之和。例如,住宅建筑中的楼梯、走道、厕所、厨房等。使用面积与辅助面积的总和称有效面积。

结构面积:是指建筑物各层平面中的墙、柱等结构所占面积的总和。

二、建筑面积的作用

(1) 建筑面积是基本建设投资、建设项目可行性研究、建筑项目勘察设计、建设项目评估、建筑工程施工和竣工验收、建筑工程造价管理等一系列工作的重要指标。

(2) 建筑面积是计算开工面积、竣工面积、优良工程率等重要指标的依据。

(3) 建筑面积是计算单位面积造价、人工单耗指标、材料单耗指标、工程量单耗指标的依据。

$$工程单位面积造价 = \frac{工程造价}{建筑面积}$$

$$人工单耗指标 = \frac{工程人工工日耗用量}{建筑面积}$$

$$材料单耗指标 = \frac{工程材料耗用量}{建筑面积}$$

(4) 建筑面积是计算有关分项工程量的依据。例如,平整场地、综合脚手架、高层建筑施工增加费等。

综上所述,建筑面积是技术经济指标的计算基础,对全面控制建设工程造价具有重要意义,并在整个基本建设工作中起着重要作用。

三、建筑面积计算规则

由于建筑面积是计算各种技术指标的重要依据,这些指标又起着衡量和评价建设规模、投资效益、工程成本等方面重要尺度的作用。因此,中华人民共和国建设部颁发了

《建筑工程建筑面积计算规范》(GB/T 50353—2005),规定了建筑面积的计算方法。

《建筑工程建筑面积计算规范》主要规定了三个方面的内容:计算全部建筑面积的范围和规定;计算部分建筑面积的范围和规定;不计算建筑面积的范围和规定。这些规定主要基于以下几个方面的考虑。

首先,尽可能准确地反映建筑物各组成部分的价值量。例如,有永久性顶盖,无围护结构的走廊,按其结构底板水平面积1/2计算建筑面积;有围护结构的走廊(增加了围护结构的工料消耗)则计算全部建筑面积。又如,多层建筑坡屋顶内和场馆看台下,当设计加以利用时,净高在超过2.10m的部位应计算建筑面积;净高在1.20m至2.10m的部位应计算1/2面积;净高不足1.20m时不应计算面积。

其次,通过建筑面积计算的规定,简化了建筑面积计算过程。例如,附墙柱、垛等不应计算建筑面积。

四、应计算建筑面积的范围

1. 单层建筑物

(1) 计算规定

单层建筑物的建筑面积,应按其外墙勒脚以上结构外围水平面积计算,并应符合下列规定:

① 单层建筑物高度在2.20m及其以上应计算全面积;高度不足2.20m者应计算1/2面积。

② 利用坡屋顶内空间时,净高超过2.10m的部位应计算全面积;净高在1.20m至2.10m的部位应计算1/2面积;净高不足1.20m的部位不应计算面积。

(2) 计算规定解读

① 单层建筑物可以是民用建筑、公共建筑,也可以是工业厂房。

② "应按其外墙勒脚以上结构外围水平面积计算"的规定,主要强调,勒脚是墙根部很矮的一部分墙体加厚,不能代表整个外墙结构,因此要扣除勒脚墙体加厚部分。另外还强调,建筑面积只包括外墙的结构面积,不包括外墙抹灰厚度、装饰材料厚度所占的面积。如图3-1所示,其建筑面积为$S=a\times b$(外墙外边尺寸,不含勒脚厚度)。

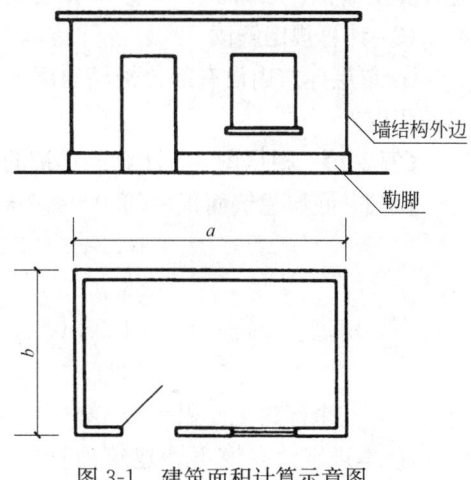

图3-1 建筑面积计算示意图

③ 利用坡屋顶空间净高计算建筑面积的部位举例如下,如图3-2所示。

a. 应计算1/2面积:(Ⓐ轴~Ⓑ轴)

$$S_1 = \underset{\text{符合1.2m高的宽}}{(2.70-0.40)} \times \underset{\text{坡屋面长}}{5.34} \times 0.50 = 6.15 \text{m}^2$$

b. 应计算全部面积:(Ⓑ轴~Ⓒ轴)

$$S_2 = 3.60 \times 5.34 = 19.22 \text{m}^2$$

小计:$S_1 + S_2 = 6.15 + 19.22 = 25.37 \text{m}^2$

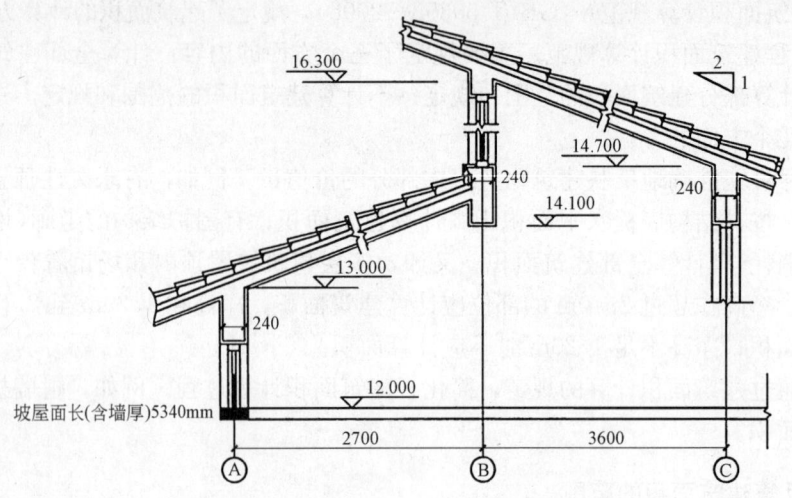

图 3-2 利用坡屋顶空间应计算建筑面积示意图

④ 单层建筑物应按不同的高度确定面积的计算。其高度指室内地面标高至屋面板板面结构标高之间的垂直距离。遇有以屋面板找坡的平屋顶单层建筑物,其高度指室内地面标高至屋面板最低处板面结构标高之间的垂直距离。

2. 单层建筑物内设有局部楼层

(1) 计算规定

单层建筑物内设有局部楼层者,局部楼层以及以上楼层,有围护结构的应按其围护结构外围水平面积计算,无围护结构的应按其底板水平面积计算。层高在 2.20m 及其以上者应计算全面积;层高不足 2.20m 者应该计算 1/2 面积。

(2) 计算规定解读

① 单层建筑内设有部分楼层的例子如图 3-3 所示。这时,局部楼层的墙厚应包括在楼层面积内。

【例 3-1】 根据图 3-3 计算该建筑的建筑面积(墙厚均为 240mm)

【解】 底层建筑面积 $=(6.0+4.0+0.24)\times(3.30+2.70+0.24)$
$\qquad=10.24\times 6.24$
$\qquad=63.90\text{m}^2$
楼隔层建筑面积 $=(4.0+0.24)\times(3.30+0.24)$
$\qquad=4.24\times 3.54=15.01\text{m}^2$
全部建筑面积 $=69.30+15.01=78.91\text{m}^2$

② 本规定没有说不算建筑面积的部位,我们可以理解为局部楼层层高一般不会低于 1.20m。

3. 多层建筑物

(1) 计算规定

① 多层建筑物首层应按其外墙勒脚以上结构外围水平面积计算;二层及以上楼层应按其外墙结构外围水平面积计算。层高在 2.20m 及以上者应计算全面积;层高不足 2.20m 者应计算 1/2 面积。

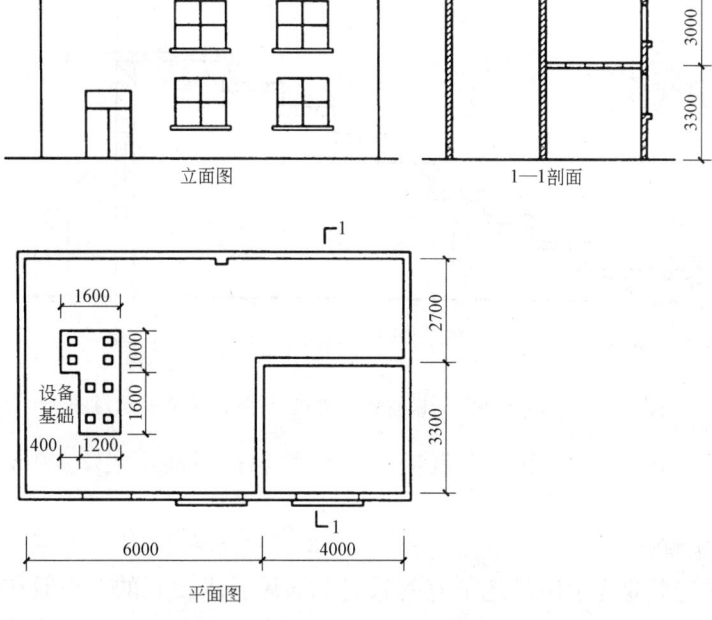

图 3-3 建筑面积计算示意图

② 多层建筑坡屋顶内和场馆看台下,当设计加以利用时,净高超过 2.10m 的部位应计算全面积;净高在 1.20m 至 2.10m 的部位应计算 1/2 面积;当设计不利用或室内净高不足 1.20m 时不应计算面积。

(2)计算规定解读

① 其规定明确了外墙上的抹灰厚度或装饰材料厚度不能计入建筑面积。

②"二层及以上楼层"是指,有可能各层的平面布置不同,面积也不同,因此要分层计算。

③ 多层建筑物的建筑面积应按不同的层高分别计算。层高是指上下两层楼面结构标高之间的垂直距离。建筑物最底层的层高指,当有基础底板时按基础底板上表面结构标高至上层楼面的结构标高之间的垂直距离确定;当没有基础底板时按地面标高至上层楼面结构标高之间的垂直距离确定。最上一层的层高是指楼面结构标高至屋面板板面结构标高之间的垂直距离;若遇到以屋面板找坡的屋面,层高指楼面结构标高至屋面板最低处板面结构标高之间的垂直距离。

④ 多层建筑坡屋顶内和场馆看台下的空间应视为坡屋顶内的空间,设计加以利用时,应按其净高确定其面积的计算;设计不利用的空间,不应计算建筑面积。其示意图如图 3-4 所示。

4. 地下室

(1)计算规定

地下室、半地下室(车间、商店、车站、车库、仓库等),包括相应的有永久性顶盖的出入口,应按其外墙上口(不包括采光井、外墙防潮层及其保护墙)外边线所围水

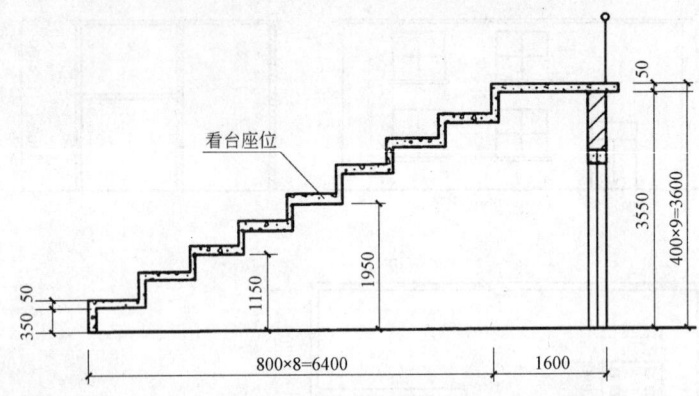

图 3-4 看台下空间(场馆看台剖面图)计算建筑面积示意图

平面积计算。层高在 2.20m 及以上者应计算全面积；层高不足 2.20m 者应计算 1/2 面积。

(2) 计算规定解读

① 地下室采光井是为了满足地下室的采光和通风要求设置的。一般在地下室围护墙上口开设一个矩形或其他形状的竖井，井的上口一般设有铁栅，井的一个侧面安装采光和通风用的窗子，如图 3-5 所示。

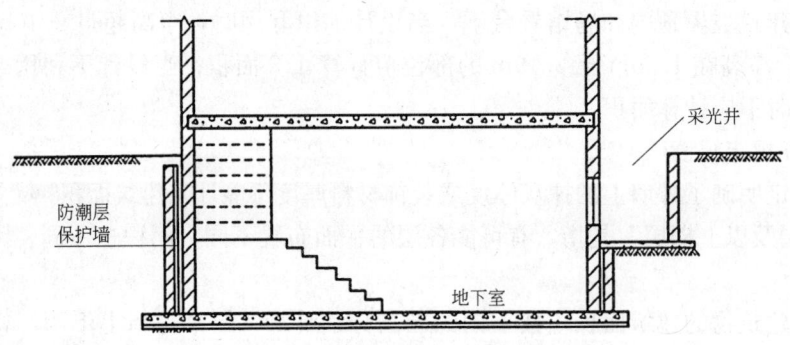

图 3-5 地下室建筑面积计算示意图

② 地下室、半地下室应以其外墙上口外边线所围水平面积计算。以前的计算规则规定：按地下室、半地室上口外墙外围水平面积计算，文字上不甚严密，"上口外墙"容易被理解成为地下室、半地下室的上一层建筑的外墙。因为通常情况下，上一层建筑外墙与地下室墙的中心线不一定完全重叠，多数情况是凹出或凸进地下室外墙中心线。

5. 建筑物吊脚架空层、深基础架空层

(1) 计算规定

坡地的建筑物吊脚架空层、深基础架空层，设计加以利用并有围护结构的，层高在 2.20m 及以上的部位应计算全面积；层高不足 2.20m 的部位应该计算 1/2 面积；设计加以利用的无围护结构的建筑物吊脚架空层，应按其利用部位水平面积的 1/2 计算；设计不利用的深基础架空层、坡地吊脚架空层不应计算面积。

(2) 计算规定解读

① 建于坡地的建筑物吊脚架空层示意图如图3-6所示。
② 层高在2.20m及以上的吊脚架空层可以设计用来作为一个房间使用。
③ 深基础架空层2.20m及以上层高时,可以设计用来作为安装设备或作为储藏间使用。

6. 建筑物内门厅、大厅

(1) 计算规定

建筑物的门厅、大厅按一层计算建筑面积。门厅、大厅内设有回廊时,应按其结构底板水平面积计算。层高在2.20m及以上者应计算全面积;层高不足2.20m者应计算1/2面积。

(2) 计算规定解读

① "门厅、大厅内设有回廊"是指,建筑物大厅、门厅的上部(一般该大厅、门厅占两个或两个以上建筑物层高)四周向大厅、门厅、中间挑出的走廊称为回廊,如图3-7所示。

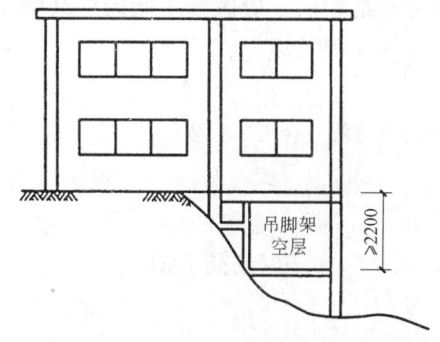

图3-6 坡地建筑物吊脚架空层示意图

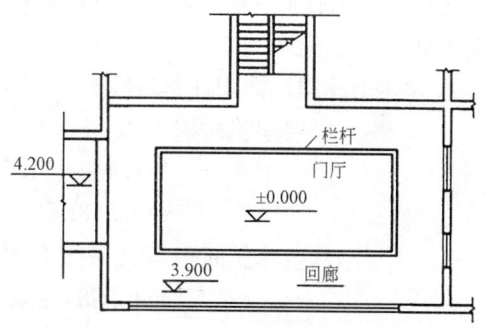

图3-7 大厅、门厅内设有回廊示意图

② 宾馆、大会堂、教学楼等大楼内的门厅或大厅,往往要占建筑物的两层或两层以上的层高,这时也只能计算一层面积。

③ "层高不足2.20m者应计算1/2面积"应该指回廊层高可能出现的情况。

7. 架空走廊

(1) 计算规定

建筑物间有围护结构的架空走廊,应按其围护结构外围水平面积计算。层高在2.20m及以上者应计算全面积;层高不足2.20m者应计算$\frac{1}{2}$面积。有永久性顶盖无围护结构的应按其结构底板水平面积1/2计算。

(2) 计算规定解读

架空走廊是指建筑物与建筑物之间,在两层或两层以上专门为水平交通设置的走廊,如图3-8所示。

8. 立体书库、立体仓库、立体车库

(1) 计算规定

立体书库、立体仓库、立体车库,无结构层的应按一层计算;有结构层的应按其结构层面积分别计算。层高在2.20m及以上者应计算全面积;层高不足2.20m者应计算1/2面积分别计算。

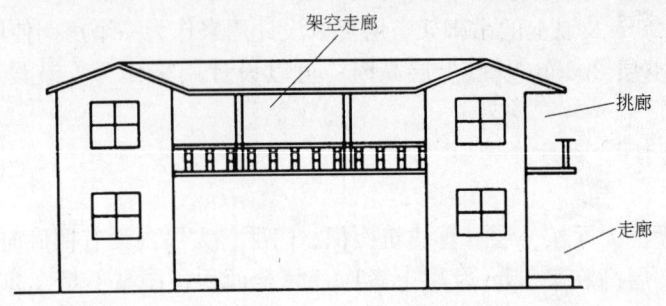

图 3-8　有永久性顶盖架空走廊示意图

(2) 计算规定解读

① 计算规范对以前的计算规则进行了修订,增加了立体车库的面积计算。立体车库、立体仓库、立体书库不规定是否有围护结构,均按是否有结构层,应区分不同的层高确定建筑面积计算的范围。改变了以前按书架层和货架层计算面积的规定。

② 立体书库建筑面积计算(按图 3-9 计算)如下:

$$底层建筑面积 = (2.82+4.62) \times (2.82+9.12) + 3.0 \times 1.20$$
$$= 7.44 \times 11.94 + 3.60$$
$$= 92.43 m^2$$

$$结构层建筑面积 = (4.62+2.82+9.12) \times 2.82 \times 0.50 (层高 2m)$$
$$= 16.56 \times 2.82 \times 0.50$$
$$= 23.35 m^2$$

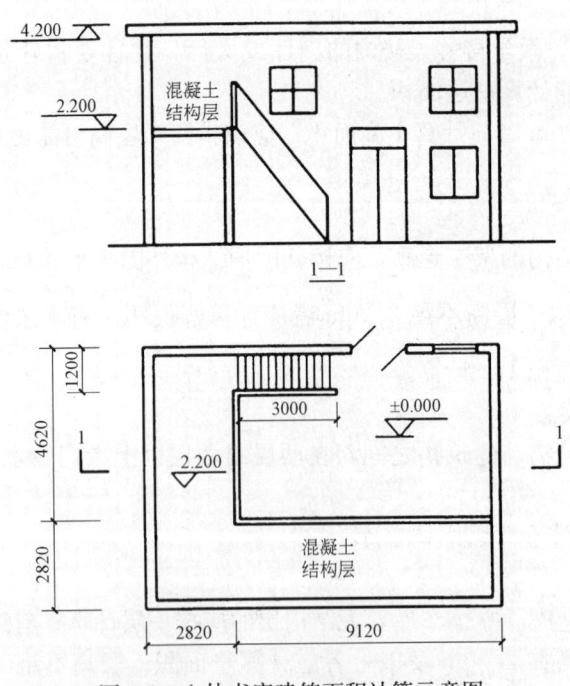

图 3-9　立体书库建筑面积计算示意图

9. 舞台灯光控制室

(1) 计算规定

有围护结构的舞台灯光控制室,应按其围护结构外围水平面积计算。层高在2.20m及以上者应计算全面积;层高不足2.20m者应计算1/2面积。

(2) 计算规定解读

如果舞台灯光控制室有围护结构且只有一层,那么就不能另外计算面积。因为整个舞台的面积计算已经包含了该灯光控制室的面积。

10. 落地橱窗、门斗、挑廊、走廊、檐廊

(1) 计算规定

建筑物外有围护结构的落地橱窗、门斗、挑廊、走廊、檐廊,应按其围护结构外围水平面积计算。层高在2.20m及以上者应计算全面积;层高不足2.20m者应计算1/2面积。有永久性顶盖无围护结构的应按其结构底板水平面积的1/2计算。

(2) 计算规定解读

① 落地橱窗是指突出外墙面,根基落地的橱窗。

② 门斗是指在建筑物出入口设置的起分隔、挡风、御寒等作用的建筑过渡空间。保温门斗一般有围护结构,如图3-10所示。

③ 挑廊是指挑出建筑物外墙的水平交通空间,如图3-11所示;走廊指建筑物的水平交通空间,如图3-12所示;檐廊是指设置在建筑物底层檐下的水平交通空间,如图3-12所示。

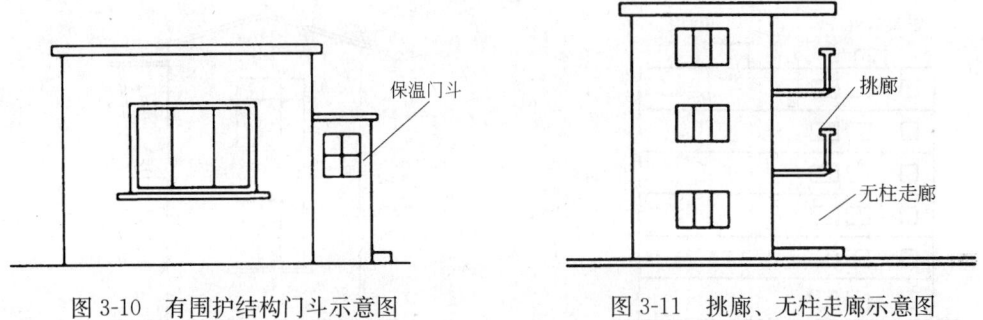

图3-10 有围护结构门斗示意图　　图3-11 挑廊、无柱走廊示意图

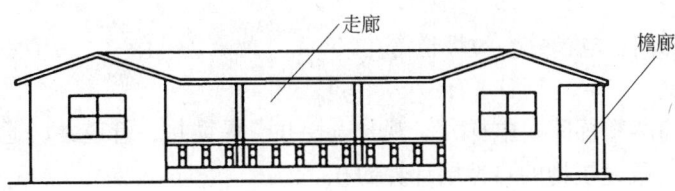

图3-12 走廊、檐廊示意图

11. 场馆看台

(1) 计算规定

有永久性顶盖无围护结构的场馆看台,应按其顶盖水平投影面积的1/2计算。

(2)计算规定解读

这里所称的"场馆"实际上是指"场"(如足球场、网球场等)看台上有永久性顶盖部分。"馆"应是有永久性顶盖和围护结构的,应按单层或多层建筑相关规定计算面积。

12．建筑物顶部楼梯间、水箱间、电梯机房

(1)计算规定

建筑物顶部有围护结构的楼梯间、水箱间、电梯机房等,层高在2.20m及以上者应计算全面积;层高不足2.20m者应计算1/2面积。

(2)计算规定解读

① 如遇建筑物屋顶的楼梯间是坡屋顶时,应按坡屋顶的相关规定计算面积。

② 单独放在建筑物屋顶上的混凝土水箱或钢板水箱,不计算面积。

③ 建筑物屋顶水箱间、电梯机房示意图如图3-13所示。

13．不垂直于水平面而超出底板外沿的建筑物

(1)计算规定

设有围护结构不垂直于水平面而超出底板外沿的建筑物,应按其底板面的外围水平面积计算。层高在2.20m及以上者应计算全面积;层高不足2.20m者应计算1/2面积。

(2)计算规定解读

设有围护结构不垂直于水平面而超出底板外沿的建筑物是指向建筑物外倾斜的墙体(图3-14)。若遇有向建筑物内倾斜的墙体,应视为坡屋面,应按坡屋顶的有关规定计算面积。

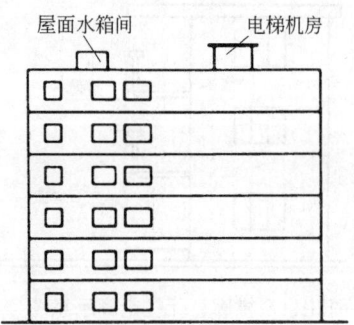
图3-13 屋面水箱间、电梯机房示意图

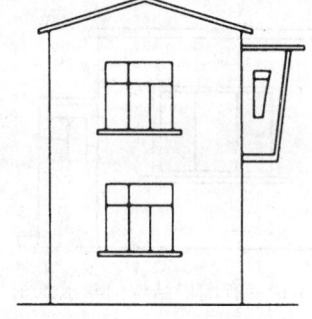
图3-14 不垂直于水平面超出底板外沿的建筑物

14．室内楼梯间、电梯井、垃圾道等

(1)计算规定

建筑物内的室内楼梯间、电梯井、观光电梯井、提物井、管道井、通风排气竖井、垃圾道、附墙烟囱应按建筑物的自然层计算面积。

(2)计算规定解读

① 室内楼梯间的面积计算,应按楼梯依附的建筑物的自然层数计算,合并在建筑物面积内。若遇跃层建筑,其共用的室内楼梯应按自然层计算面积;上下两错层户室共用的室内楼梯,应选上一层的自然层计算面积,如图3-15所示。

② 电梯井是指安装电梯用的垂直通道,如图3-16所示。

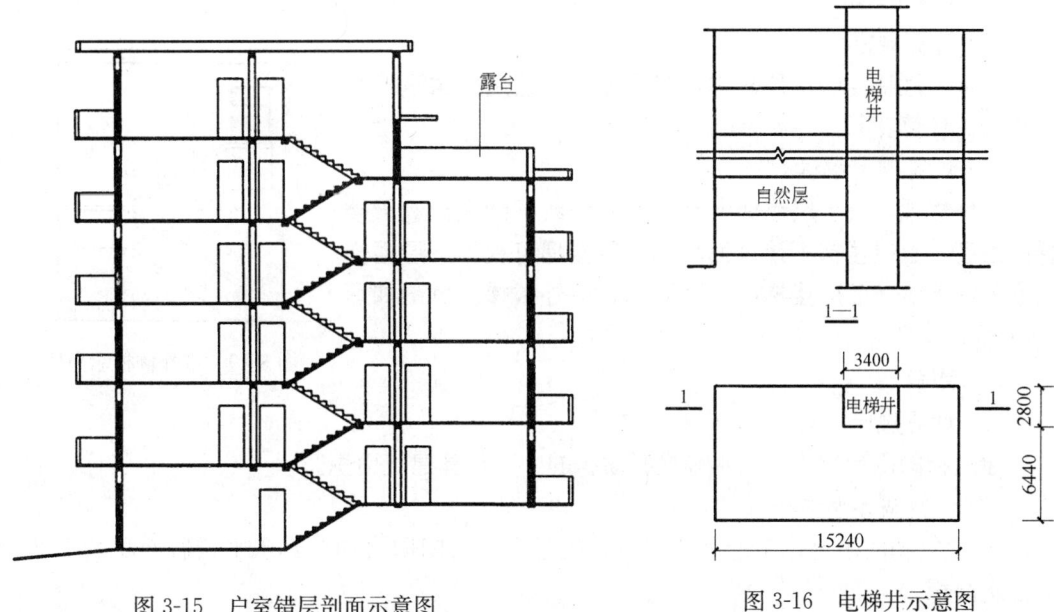

图 3-15 户室错层剖面示意图　　图 3-16 电梯井示意图

【例 3-2】 某建筑物共 12 层，电梯井尺寸（含壁厚）如图 3-16 所示。试求电梯井面积。

【解】 $S=2.80\times3.40\times12=114.24\text{m}^2$

③ 提物井是指图书馆提升书籍、酒店提升食物的垂直通道。

④ 垃圾道是指写字楼等大楼内每层设垃圾倾倒口的垂直通道。

⑤ 管道井是指宾馆或写字楼内集中安装给排水、采暖、消防、电线管道用的垂直通道。

15. 雨篷

(1) 计算规定

雨篷结构的外边线至外墙结构外边线的宽度超过 2.10m 者，应按雨篷结构板的水平投影面积的 1/2 计算面积。

(2) 计算规定解读

① 雨篷均以其宽度超过 2.10m 或不超过 2.10m 划分。超过者按雨篷结构板水平投影面积的 1/2 计算；不超过者不计算。上述规定不管雨篷是否有柱或无柱，计算应一致。

② 有柱的雨篷、无柱的雨篷、独立柱的雨篷如图 3-17、图 3-18 所示。

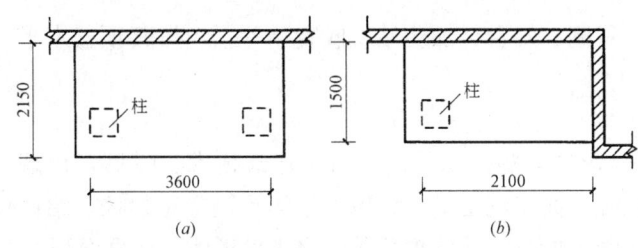

图 3-17 有柱雨篷示意图
(a) 计算 1/2 面积；(b) 不计算面积

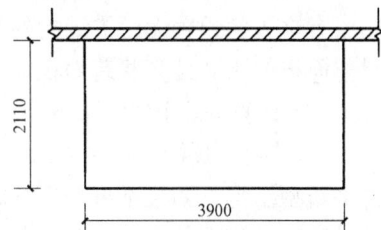

图 3-18 无柱雨篷平面图（计算 1/2 面积）

16. 室外楼梯

(1) 计算规定

有永久性顶盖的室外楼梯,应按建筑自然层的水平投影面积1/2计算。

(2) 计算规定解读

室外楼梯,最上层楼梯无永久性顶盖或不能完全遮盖楼梯的雨篷,上层楼梯不计算面积;上层楼梯可视为下层楼梯的永久性顶盖,下层楼梯应计算面积。室外楼梯示意图如图3-19所示。

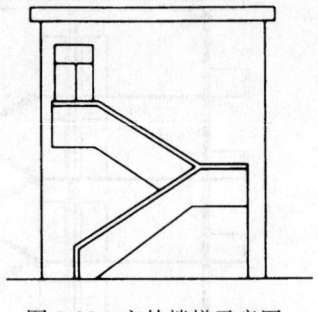

图3-19 室外楼梯示意图

17. 阳台

(1) 计算规定

建筑物的阳台均应按其水平投影面积的1/2计算建筑面积。

(2) 计算规定解读

① 建筑物的阳台,不论是凹阳台、挑阳台、封闭阳台均按其水平投影面积的1/2计算建筑面积。

② 挑阳台、凹阳台示意图如图3-20、图3-21所示。

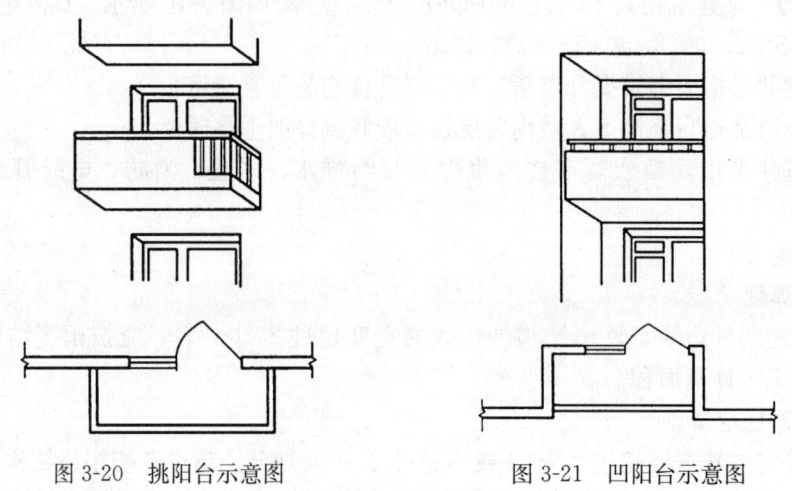

图3-20 挑阳台示意图　　　　图3-21 凹阳台示意图

18. 车棚、货棚、站台、加油站、收费站等

(1) 计算规定

有永久性顶盖无围护结构的车棚、货棚、站台、加油站、收费站等,应按其顶盖水平投影面积的1/2计算建筑面积。

(2) 计算规定解读

① 车棚、货棚、站台、加油站、收费站等的面积计算,由于建筑技术的发展,出现许多新型结构,如柱不再是单纯的直立柱,而出现正V形、倒∧形等不同类型的柱,给面积计算带来许多争议。为此,不以柱来确定面积,而依据顶盖的水平投影面积计算面积。

② 在车棚、货棚、站台、加油站、收费站内设有带围护结构的管理房间、休息室等,应另按有关规定计算面积。

③ 站台示意图如图 3-22 所示。

其面积为：
$$S = 2.0 \times 5.50 \times 0.5$$
$$= 5.50 \text{m}^2$$

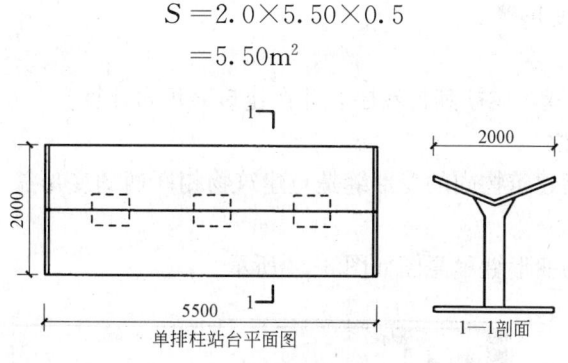

图 3-22 单排柱站台示意图

19. 高低联跨建筑物

（1）计算规定

高低联跨的建筑物，应以高跨结构外边线为界，分别计算建筑面积；其高低跨内部联通时，其变形缝应计算在低跨面积内。

（2）计算规定解读

① 高低联跨建筑物示意图如图 3-23 所示。

② 建筑面积计算示例。

【例 3-3】 如图 3-23 所示，当建筑物长为 L 时，试计算建筑面积。

【解】 $S_{高1} = b_1 \times L$

$S_{高2} = b_4 \times L$

$S_{低1} = b_2 \times L$

$S_{低2} = (b_3 + b_5) \times L$

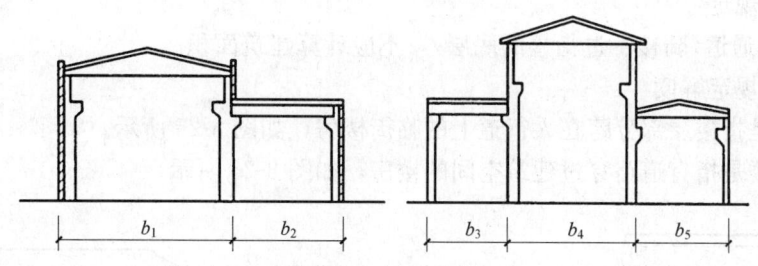

图 3-23 高低跨单层建筑物建筑面积计算示意图

20. 以幕墙作为围护结构的建筑物

（1）计算规定

以幕墙作为围护结构的建筑物，应按幕墙外边线计算建筑面积。

（2）计算规定解读

围护性幕墙是指直接作为外墙起围护作用的幕墙。

21. 建筑物外墙外侧有保温隔热层

计算规定：
建筑物外墙外侧有保温隔热层的，应按保温隔热层外边线计算建筑面积。

22. 建筑物内的变形缝

（1）计算规定

建筑物内的变形缝，应按其自然层合并在建筑面积内计算。

（2）计算规定解读

① 本条规定所指建筑物内的变形缝是与建筑物相联通的变形缝，即暴露在建筑物内，可以看得见的变形缝。

② 室内看得见的变形缝示意图如图 3-24 所示。

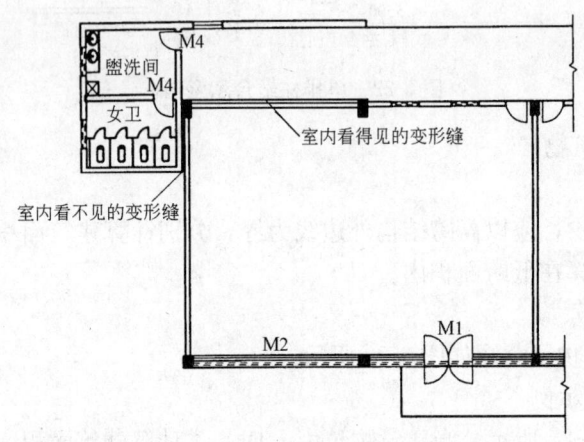

图 3-24　室内看得见的变形缝示意图

五、不计算建筑面积的范围

1. 建筑物通道

（1）计算规定

建筑物的通道（骑楼、过街楼的底层），不应计算建筑面积。

（2）计算规定解读

① 骑楼是指楼层部分跨在人行道上的临街楼房，如图 3-25 所示。

② 过街楼是指有道路穿过建筑空间的楼房，如图 3-26 所示。

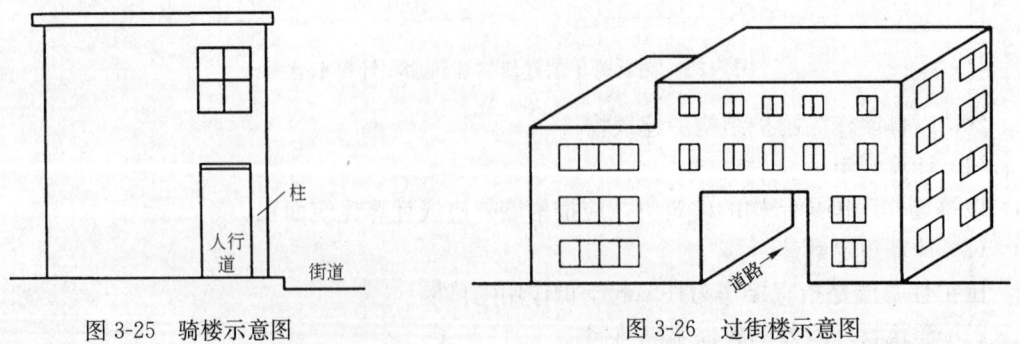

图 3-25　骑楼示意图　　　　　图 3-26　过街楼示意图

2. 设备管道夹层

(1) 计算规定

建筑物内的设备管道夹层不应计算建筑面积。

(2) 计算规定解读

高层建筑的宾馆、写字楼等，通常在建筑物高度的中间部分设置管道及设备层，主要用于集中放置水、暖、电、通风管道及设备。这一设备管道层不应计算建筑面积，如图 3-27 所示。

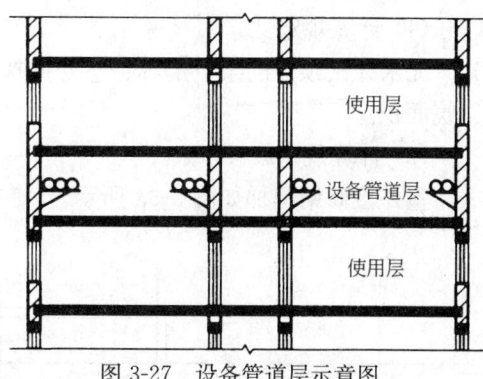

图 3-27 设备管道层示意图

3. 建筑物内单层房间、舞台及天桥等

建筑物内分隔的单层房间，舞台及后台悬挂幕布、布景的天桥、挑台等不应计算建筑面积。

4. 屋顶花架、露天游泳池等

屋顶水箱、花架、凉棚、露台、露天游泳池等不应计算建筑面积。

5. 操作、上料平台等

(1) 计算规定

建筑物内的操作平台、上料平台、安装箱和罐体的平台不应计算建筑面积。

(2) 计算规定解读

建筑物外的操作平台、上料平台等应该按有关规定确定是否应计算建筑面积。操作平台示意图如图 3-28 所示。

6. 勒脚、附墙柱、垛等

(1) 计算规定

勒脚、附墙柱、垛、台阶、墙面抹灰、装饰面、镶贴块料面层、装饰性幕墙、空调机外机搁板（箱）、飘窗、构件、配件、宽度在 2.10m 以内的雨篷及与建筑物内不相连的装饰性阳台、挑廊等不应计算建筑面积。

(2) 计算规定解读

① 上述内容均不属于建筑结构，所以不应计算建筑面积。

② 附墙柱、垛示意图如图 3-29 所示。

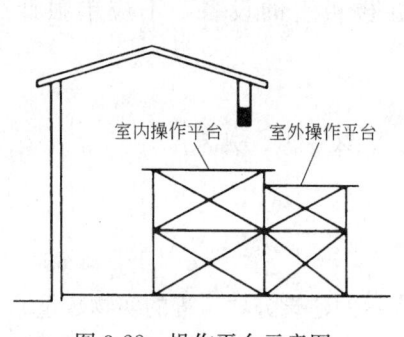

图 3-28 操作平台示意图

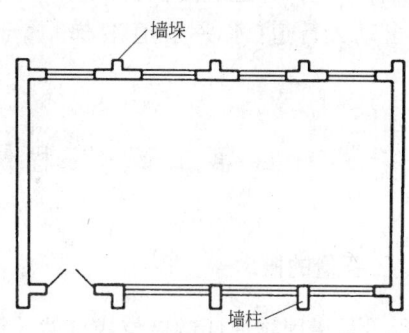

图 3-29 附墙柱、垛示意图

③ 飘窗是指为房间采光和美化造型而设置的突出外墙的窗,如图 3-30 所示。

④ 装饰性阳台、挑廊指人不能在其中间活动的空间。

7. 无顶盖架空走廊和检修梯等

(1) 计算规定

无永久性顶盖的架空走廊、室外楼梯和用于检修、消防等室外钢楼梯、爬梯不应计算建筑面积。

(2) 计算规定解读

室外检修钢爬梯如图 3-31 所示。

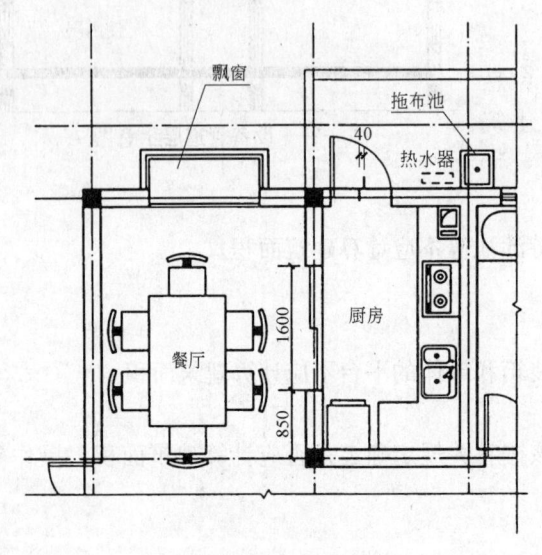

图 3-30 飘窗示意图

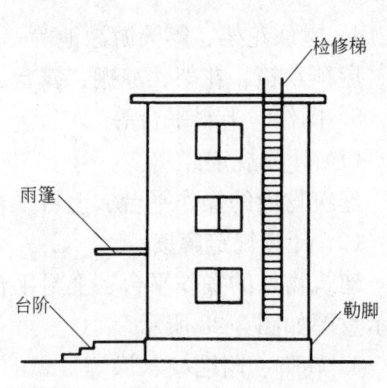

图 3-31 室外检修钢爬梯示意图

8. 自动扶梯等

(1) 计算规定

自动扶梯、自动人行道不应计算建筑面积。

(2) 计算规定解读

① 自动扶梯(斜步道滚梯),除两端固定在楼层板或梁上面之外,扶梯本身属于设备,为此,扶梯不应计算建筑面积。

② 自动人行道(水平步道滚梯)属于安装在楼板上的设备,不应单独计算建筑面积。

第二节 工程量的概念及有关规定

一、工程量的概念

工程量是指用物理计量单位或自然计量单位表示的建筑分项工程的实物数量。

物理计量单位系指须经量度的具有物理属性的单位,如 m、m^2、t、kg 等单位;自然计量单位系指不需量度的具有自然属性的单位，如个、组、件、套等单位。

二、计算工程量的依据

1. 经审定的施工设计图纸及其说明。
2. 经审定的施工组织设计或施工技术措施方案。
3. 经审定的其他有关技术经济文件。
4. 工程施工合同。

三、计算工程量的有关规定

1. 工程量的计算尺寸，以设计图纸表示的尺寸或设计图纸能读出的尺寸为准。
2. 除另有规定外，工程量的计量单位应遵循下列规定：
（1）按体积计算，计量单位为 m^3。
（2）按面积计算，计量单位为 m^2。
（3）按长度计算，计量单位为 m。
（4）按重量计算，计量单位为 t 或 kg。
（5）按件(个或组)计算，计量单位为个或组。
3. 汇总工程量时，其准确度取值：m^3、m^2、m 取两位小数；t 以下取三位小数；千克、件取整数。
4. 计算工程量时，一般应依施工图纸顺序，分部分项，依次计算，并尽可能采用计算表格及计算机计算，以简化计算过程。

第三节 土 方 工 程

土方工程量包括平整场地，挖掘沟槽、基坑、挖土，回填土，运土和井点降水等内容。

一、土石方工程量计算的有关规定

1. 计算土石方工程量前，应确定下列各项资料：
（1）土壤及岩石类别的确定

土石方工程土壤及岩石类别的划分，依工程勘测资料与《土壤及岩石分类表》对照后确定(该表在建筑工程预算定额中)。
（2）地下水位标高及排(降)水方法。
（3）土方、沟槽、基坑挖(填)土起止标高、施工方法及运距。
（4）岩石开凿、爆破方法、石碴清运方法及运距。
（5）其他有关资料。
2. 土方体积，均以挖掘前的天然密实体积为准计算。如遇有必须以天然密实体积折算时，可按表 3-1 所列数值换算。

土方体积折算表   表3-1

虚方体积	天然密实度体积	夯实后体积	松填体积
1.00	0.77	0.67	0.83
1.30	1.00	0.87	1.08
1.50	1.15	1.00	1.25
1.20	0.92	0.80	1.00

注：查表方法实例 已知挖天然密实 $4m^3$ 土方，求虚方体积 V。

解：$V=4.0\times1.30^*=5.20m^3$

3. 挖土一律以设计室外地坪标高为准计算。

二、平整场地

1. 人工平整场地，是指建筑场地挖、填土方厚度在±30cm 以内及找平(见图 3-32)。挖、填土方厚度超过±30cm 以外时，按场地土方平衡竖向布置图另行计算。

说明：

(1) 人工平整场地示意见图 3-32，超过±30cm 的按挖、填土方计算工程量。

图 3-32 平整场地示意图

(2) 场地土方平衡竖向布置，是将原有地形划分成 20m×20m 或 10m×10m 若干个方格网，将设计标高和自然地形标高分别标注在方格点的右上角和左下角，再根据这些标高数据计算出零线位置，然后确定挖方区和填方区的精度较高的土方工程量计算方法。

2. 平整场地工程量按建筑物外墙外边线(用 $L_{外}$ 表示)每边各加 2m，以平方米计算。

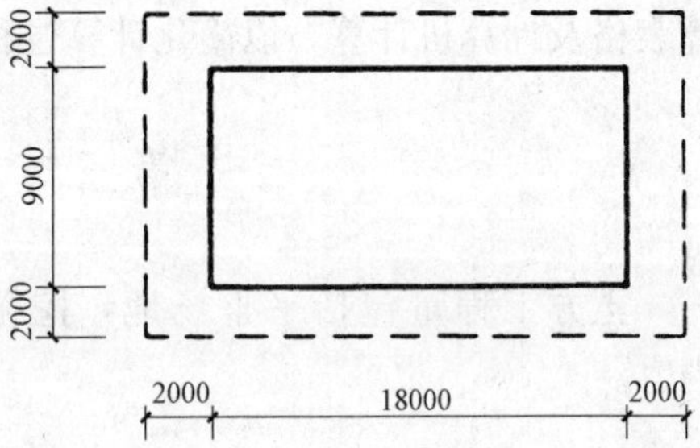

方法：

(1)【例 3-4】 根据图 3-33 计算人工平整场地工程量。

【解】 $S_{平}=(9.0+2.0\times2)\times(18.0+2.0\times2)$
$=286m^2$

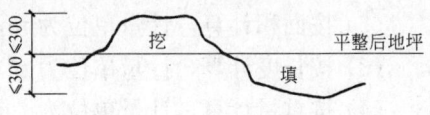

图 3-33 人工平整场地

(2) 平整场地工程量计算公式

根据例 3-4 可以整理出平整场地工程量计算公式：

$S_{平}=(9.0+2.0\times2)\times(18.0+2.0\times2)$
$=9.0\times18.0+9.0\times2.0\times2+2.0\times2\times18+2.0\times2\times2.0\times2$
$=9.0\times18.0+(9.0\times2+18.0\times2)\times2.0+2.0\times2.0\times4$ 个角
$=162+54\times2.0+16=286m^2$

上式中，9.0×18.0 为底面积，用 $S_{底}$ 表示；54 为外墙外边周长，用 $L_{外}$ 表示；故可以归纳为：

$$S_{平}=S_{底}+L_{外}\times2+16$$

上述公式示意图见图 3-34。

【例 3-5】 根据图 3-35 计算人工平整场地工程量。

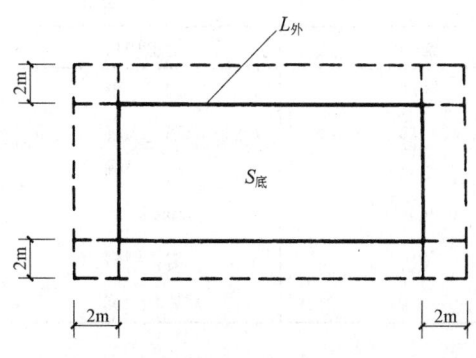

图 3-34 平整场地计算公式示意图

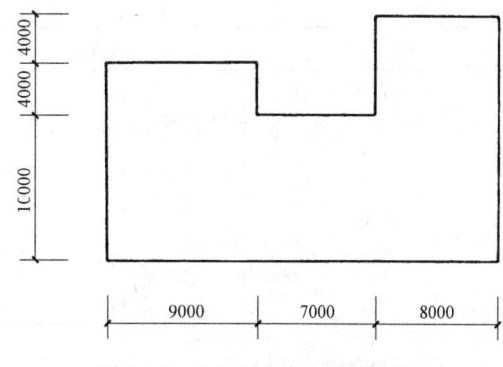

图 3-35 人工平整场地实例图示

【解】 $S_{底} = (10.0+4.0) \times 9.0 + 10.0 \times 7.0 + 18.0 \times 8.0 = 340 \text{m}^2$

$L_{外} = (18+24+4) \times 2 = 92 \text{m}$

$S_{平} = 340 + 92 \times 2 + 16 = 540 \text{m}^2$

注：上述平整场地工程量计算公式只适合于由矩形组成的建筑物平面布置的场地平整工程量计算，如遇其他形状，还需按有关方法计算。

三、挖掘沟槽、基坑土方的有关规定

1. 沟槽、基坑划分

(1) 凡图示沟槽底宽在 3m 以内，且沟槽长大于槽宽三倍以上的，为沟槽。见图 3-36。

(2) 凡图示基坑底面积在 20m² 以内为基坑。见图 3-37。

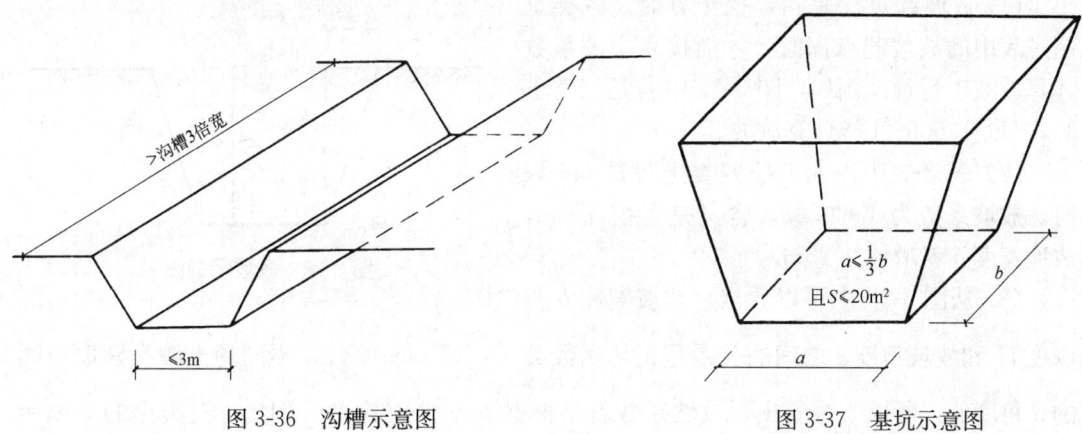

图 3-36 沟槽示意图　　　　　图 3-37 基坑示意图

(3) 凡图示沟槽底宽 3m 以外，坑底面积 20m² 以外，平整场地挖土方厚度在 30cm 以外，均按挖土方计算。

说明：

(1) 图示沟槽底宽和基坑底面积的长、宽均不含两边工作面的宽度。

(2) 根据施工图判断沟槽、基坑、挖土方的顺序是：先根据尺寸判断沟槽是否成立，若不成立再判断是否属于基坑，若还不成立，就一定是挖土方项目。

【例 3-6】 根据表 3-2 中各段挖方的长宽尺寸，分别确定挖土项目。

表 3-2

位　置	长(m)	宽(m)	挖土项目
A段	3.0	0.8	沟　槽
B段	3.0	1.0	基　坑
C段	20.0	3.0	沟　槽
D段	20.0	3.05	挖土方
E段	6.1	2.0	沟　槽
F段	6.0	2.0	基　坑

2. 放坡系数

计算挖沟槽、基坑、土方工程量需放坡时，放坡系数按表 3-3 规定计算。

放　坡　系　数　表　　　　　　表 3-3

土壤类别	放坡起点 (m)	人工挖土	机　械　挖　土	
			在坑内作业	在坑上作业
一、二类土	1.20	1∶0.5	1∶0.33	1∶0.75
三 类 土	1.50	1∶0.33	1∶0.25	1∶0.67
四 类 土	2.00	1∶0.25	1∶0.10	1∶0.33

注：1. 沟槽、基坑中土壤类别不同时，分别按其放坡起点、放坡系数、依不同土壤厚度加权平均计算。
　　2. 计算放坡时，在交接处的重复工程量不予扣除，原槽、坑作基础垫层时，放坡从垫层上表面开始计算。

说明：

(1) 放坡起点深是指，挖土方时，各类土超过表中的放坡起点深时，才能按表中的系数计算放坡工程量。例如，图 3-38 中若是三类土时，$H>1.50m$ 才能计算放坡。

(2) 表 3-3 中，人工挖四类土超过 2m 深时，放坡系数为 1∶0.25，含义是每挖深 1m，放坡宽度 b 就增加 0.25m。

(3) 从图 3-38 中可以看出，放坡宽度 b 与

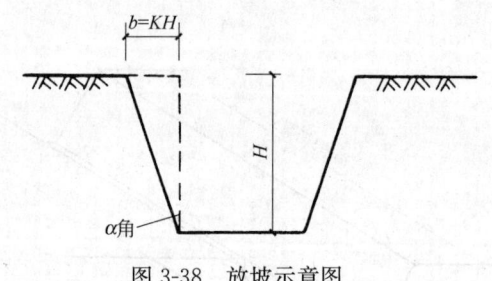

图 3-38　放坡示意图

深度 H 和放坡角度 α 之间的关系是正切函数关系，即 $\tan\alpha=\dfrac{b}{H}$，不同的土壤类别取不同的 α 角度值，所以不难看出，放坡系数就是根据 $\tan\alpha$ 来确定的。例如，三类土的 $\tan\alpha=\dfrac{b}{H}=0.33$。我们将 $\tan\alpha=K$ 来表示放坡系数，故放坡宽度 $b=KH$。

(4) 沟槽放坡时，交接处重复工程量不予扣除。示意图见图 3-39。

(5) 原槽、坑作基础垫层时，放坡自垫层上表面开始。示意图见图 3-40。

3. 支挡土板

挖沟槽、基坑需支挡土板时，其宽度按图 3-41 示沟槽、基坑底宽，单面加 10cm，双面加 20cm 计算。挡土板面积，按槽、坑垂直支撑面积计算。支挡土板后，不得再计算放坡。

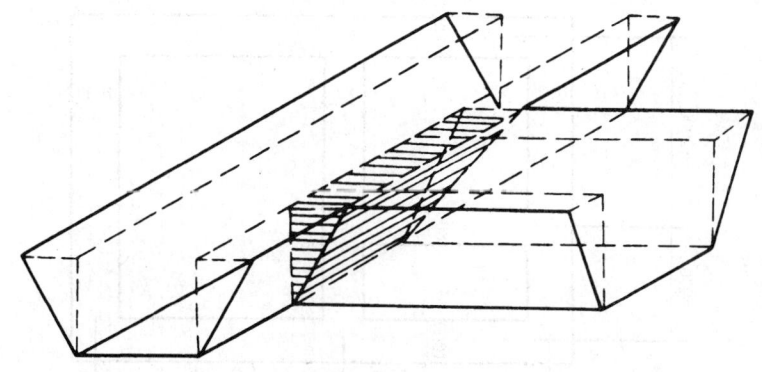

图 3-39 沟槽放坡时，交接处重复工程量示意图

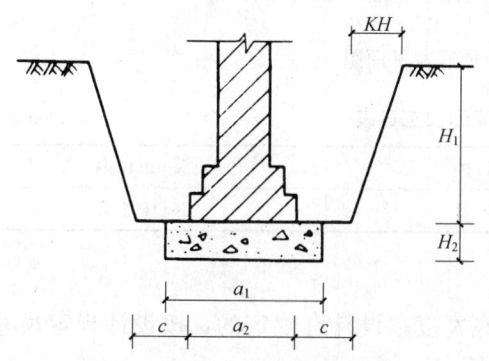

图 3-40 从垫层上表面放坡示意图

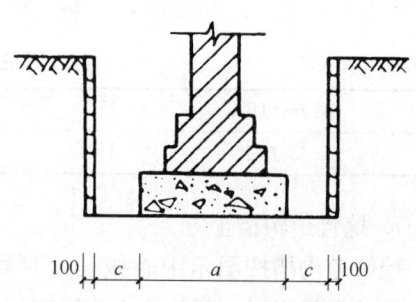

图 3-41 支撑挡土板地槽示意图

4. 基础施工所需工作面，按表 3-4 规定计算。

基础施工所需工作面宽度计算表 表 3-4

基础材料	每边各增加工作面宽度 (mm)	基础材料	每边各增加工作面宽度 (mm)
砖基础	200	混凝土基础支模板	300
浆砌毛石、条石基础	150	基础垂直面做防水层	800
混凝土基础垫层支模板	300		

5. 沟槽长度

挖沟槽长度，外墙按图示中心线长度计算；内墙按图示基础底面之间净长线长度计算；内外突出部分(垛、附墙烟囱等)体积并入沟槽土方工程量内计算。

【例 3-7】 根据图 3-42 计算地槽长度。

【解】 外墙地槽长(宽 1.0m) = (12+6+8+12)×2 = 76m

内墙地槽长(0.9m 宽) = $6+12-\frac{1.0}{2}×2 = 17$m

内墙地槽长(0.8m 宽) = $8-\frac{1.0}{2}-\frac{0.9}{2} = 7.05$m

6. 人工挖土方深度超过 1.5m 时，按表 3-5 的规定增加工日。

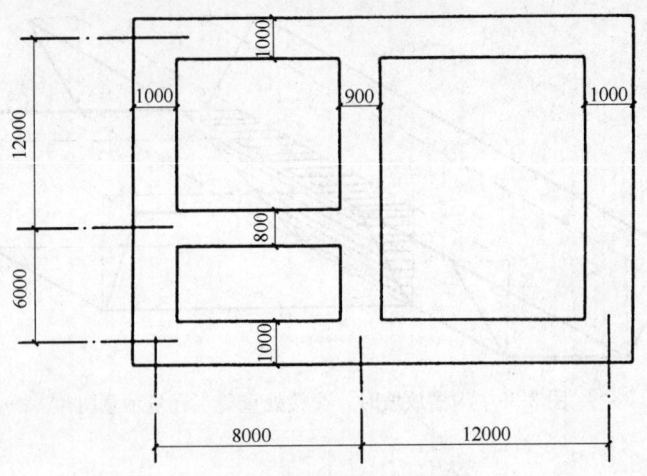

图 3-42 地槽及槽底宽平面图

单位：100m³　　　　　　　　　　人工挖土方超深增加工日表　　　　　　　　　　表 3-5

深 2m 以内	深 4m 以内	深 6m 以内
5.55 工日	17.60 工日	26.16 工日

7. 挖管道沟槽土方

挖管道沟槽按图示中心线长度计算，沟底宽度，设计有规定的，按设计规定尺寸计算；设计无规定时，可按表 3-6 规定的宽度计算。

单位：m　　　　　　　　　　管道地沟沟底宽度计算表　　　　　　　　　　表 3-6

管　径 （mm）	铸铁管、钢管、 石棉水泥管	混凝土、钢筋混凝土、 预应力混凝土管	陶　土　管
50～70	0.60	0.80	0.70
100～200	0.70	0.90	0.80
250～350	0.80	1.00	0.90
400～450	1.00	1.30	1.10
500～600	1.30	1.50	1.40
700～800	1.60	1.80	
900～1000	1.80	2.00	
1100～1200	2.00	2.30	
1300～1400	2.20	2.60	

注：(1) 按上表计算管道沟槽土方工程量时，各种井类及管道(不含铸铁给排水管)接口等处需加宽增加的土方量不另行计算，底面积大于 20m² 的井类，其增加工程量并入管沟土方内计算。

(2) 铺设铸铁给排水管道时其接口等处土方增加量，可按铸铁给排水管道地沟土方总量的 2.5% 计算。

8. 沟槽、基坑深度，按图示槽、坑底面至室外地坪深度计算；管道地沟按图示沟底至室外地坪深度计算。

四、土方工程量计算

1. 地槽(沟)土方

(1) 有放坡地槽(见图 3-43)

计算公式:$V=(a+2c+KH)HL$

式中　a——基础垫层宽度;
　　　c——工作面宽度;
　　　H——地槽深度;
　　　K——放坡系数;
　　　L——地槽长度。

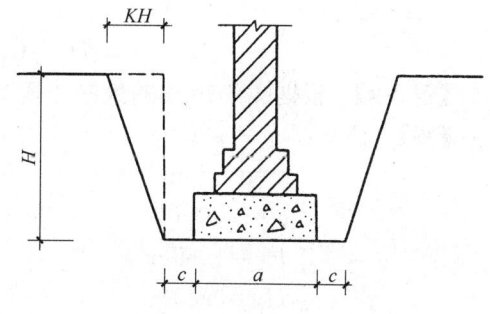

图 3-43　有放坡地槽示意图

【例 3-8】　某地槽长 15.50m,槽深 1.60m,混凝土基础垫层宽 0.90m,有工作面,三类土,求人工挖地槽工程量。

【解】　已知:$a=0.90$m
　　　　　　$c=0.30$m(查表 3-4)
　　　　　　$H=1.60$m
　　　　　　$L=15.50$m
　　　　　　$K=0.33$(查表 3-3)

故:$V=(a+2c+KH)HL$
　　$=(0.90+2\times0.30+0.33\times1.60)\times1.60\times15.50$
　　$=2.028\times1.60\times15.50=50.29$m³

(2) 支撑挡土板地槽

计算公式:$V=(a+2c+2\times0.10)HL$

式中变量含义同上。

(3) 有工作面不放坡地槽(见图 3-44)

计算公式:$V=(a+2c)HL$

(4) 无工作面不放坡地槽(见图 3-45)

计算公式:$V=aHL$

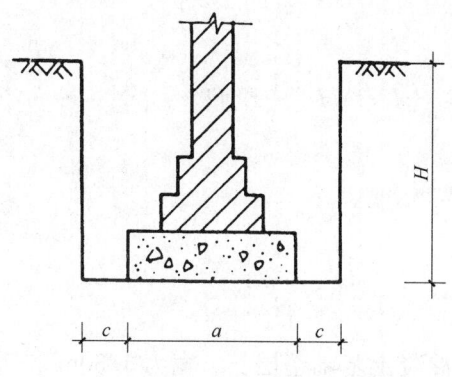

图 3-44　有工作面不放坡地槽示意图

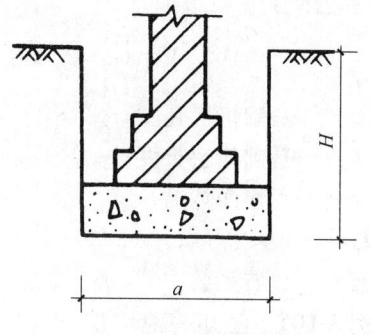

图 3-45　无工作面不放坡地槽示意图

(5) 自垫层上表面放坡地槽(见图 3-46)

计算公式：
$$V=[a_1H_2+(a_2+2c+KH_1)H_1]L$$

【例 3-9】 根据图 3-46 中的数据计算 12.8m 长地槽的土方工程量(三类土)。

【解】 已知：$a_1=0.90$m

$a_2=0.63$m

$c=0.30$m

$H_1=1.55$m

$H_2=0.30$m

$K=0.33$(查表 3-3)

故：$V=[0.9\times0.30+(0.63+2\times0.30+0.33\times1.55)\times1.55]\times12.8$

$=(0.27+2.70)\times12.80$

$=2.97\times12.80=38.02\text{m}^3$

2. 地坑土方

(1) 矩形不放坡地坑

计算公式：$V=abH$

(2) 矩形放坡地坑(见图 3-47)

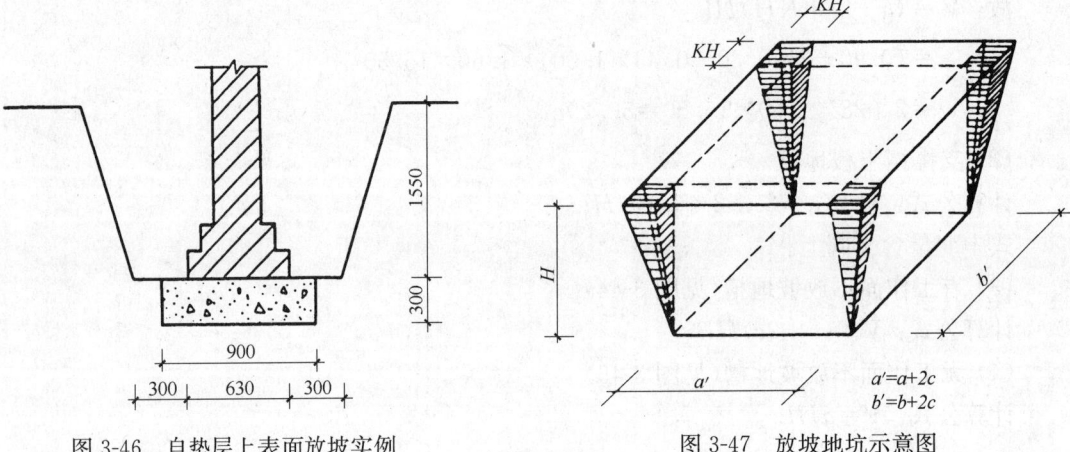

图 3-46 自垫层上表面放坡实例　　图 3-47 放坡地坑示意图

计算公式：
$$V=(a+2c+KH)(b+2c+KH)H+\frac{1}{3}K^2H^3$$

式中　a——基础垫层宽度；

b——基础垫层长度；

c——工作面宽度；

H——地坑深度；

K——放坡系数。

【例 3-10】 已知一地坑挖方为四类土，混凝土基础垫层长、宽为 1.50m 和 1.20m，深度 2.20m，有工作面，求土方体积。

【解】 已知：$a=1.20$m
$b=1.50$m
$H=2.20$m
$K=0.25$（查表 3-3）
$c=0.30$（查表 3-4）

故：$V=(1.20+2\times0.30+0.25\times2.20)\times(1.50+2\times0.30+0.25\times2.20)\times2.20$

$+\dfrac{1}{3}\times0.25^2\times2.20^3=2.35\times2.65\times2.20+0.22=13.92\text{m}^3$

(3) 圆形不放坡地坑

计算公式：$V=\pi r^2 H$

(4) 圆形放坡地坑（见图 3-48）

计算公式：$V=\dfrac{1}{3}\pi H[r^2+(r+KH)^2+r(r+KH)]$

式中　r——坑底半径（含工作面）；

H——坑深度；

K——放坡系数。

【例 3-11】 已知一圆形放坡地坑，混凝土基础垫层半径 0.40m，坑深 1.65m，二类土，有工作面，求挖方体积。

【解】 已知：$c=0.30$m（查表 3-4）
$r=0.40+0.30=0.70$m
$H=1.65$m
$K=0.50$（查表 3-3）

故：$V=\dfrac{1}{3}\times3.1416\times1.65\times[0.70^2+(0.70+0.50\times1.65)^2+0.70\times(0.70+0.50\times1.65)]$

$=1.728\times(0.49+2.326+1.068)$

$=1.728\times3.884=6.71\text{m}^3$

3. 挖孔桩土方

人工挖孔桩土方应按图示桩断面积乘以设计桩孔中心线深度计算。

挖孔桩的底部一般是球冠体（见图 3-49）。

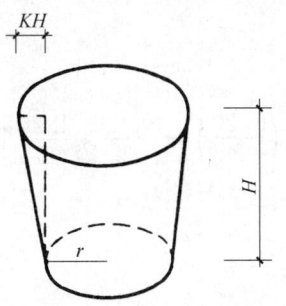
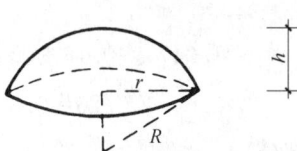

图 3-48　圆形放坡地坑示意图　　图 3-49　球冠示意图

球冠体的体积计算公式为：

$$V=\pi h^2\left(R-\frac{h}{3}\right)$$

由于施工图中一般只标注 r 的尺寸，无 R 尺寸，所以需变换一下求 R 的公式：

已知：$r^2=R^2-(R-h)^2$

故：$r^2=2Rh-h^2$

$\therefore R=\dfrac{r^2+h^2}{2h}$

【例 3-12】 根据图 3-50 中的有关数据和上述计算公式，计算挖孔桩土方工程量。

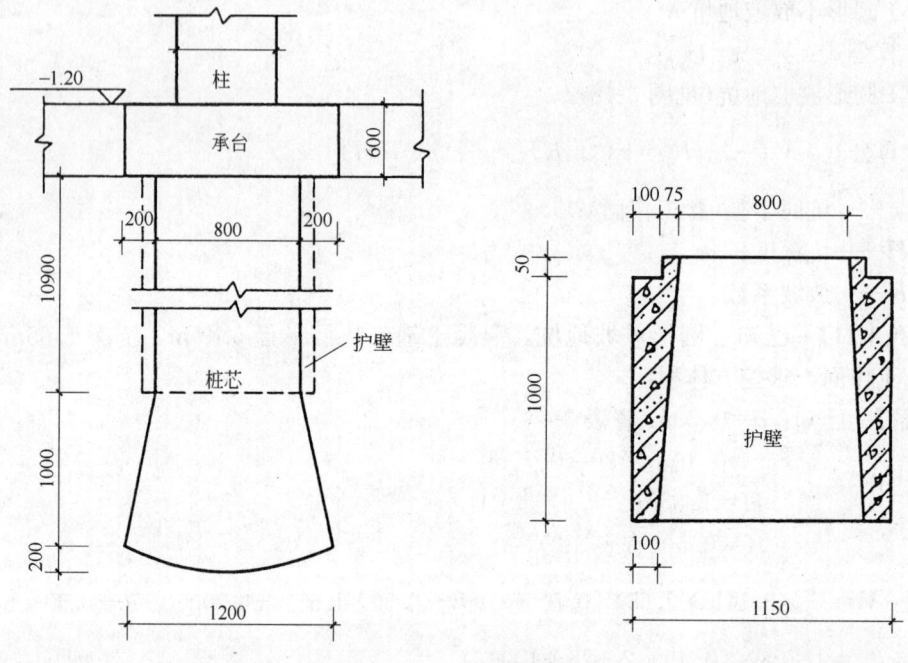

图 3-50 挖孔桩示意图

【解】（1）桩身部分

$$V=3.1416\times\left(\frac{1.15}{2}\right)^2\times 10.90=11.32\text{m}^3$$

（2）圆台部分

$$V=\frac{1}{3}\pi h(r^2+R^2+rR)$$

$$=\frac{1}{3}\times 3.1416\times 1.0\times\left[\left(\frac{0.80}{2}\right)^2+\left(\frac{1.20}{2}\right)^2+\frac{0.80}{2}\times\frac{1.20}{2}\right]$$

$$=1.047\times(0.16+0.36+0.24)$$

$$=1.047\times 0.76=0.80\text{m}^3$$

（3）球冠部分

$$R=\frac{\left(\frac{1.20}{2}\right)^2+(0.2)^2}{2\times 0.2}=\frac{0.40}{0.4}=1.0\text{m}$$

$$V = \pi h^2 \left(R - \frac{h}{3}\right)$$
$$= 3.1416 \times (0.20)^2 \times \left(1.0 - \frac{0.20}{3}\right)$$
$$= 0.12 \mathrm{m}^3$$

∴ 挖孔桩体积=11.32+0.80+0.12=12.24m³

4. 挖土方

挖土方是指不属于沟槽、基坑和平整场地厚度超过±30cm 按土方平衡竖向布置图的挖方。

5. 回填土

回填土分夯填和松填,按图示尺寸和下列规定计算:

(1) 沟槽、基坑回填土

沟槽、基坑回填体积以挖方体积减去设计室外地坪以下埋设砌筑物(包括:基础垫层、基础等)体积计算,见图3-51。

计算公式:V=挖方体积-设计室外地坪以下埋设砌筑物

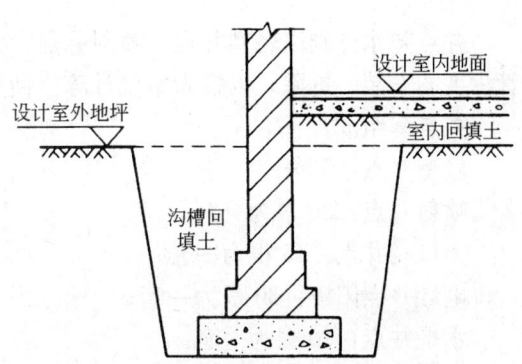

图3-51 沟槽及室内回填土示意图

说明:如图3-51所示,在减去沟槽内砌筑的基础时,不能直接减去砖基础的工程量,因为砖基础与砖墙的分界线在设计室内地面,而回填土的分界线在设计室外地坪,所以要注意调整两个分界线之间相差的工程量。

即:回填土体积=挖方体积-基础垫层体积-砖基础体积+高出设计室外地坪砖基础体积

(2) 房心回填土

房心回填土即室内回填土,按主墙之间的面积乘以回填土厚度计算,见图3-51。

计算公式:V=室内净面积×(设计室内地坪标高-设计室外地坪标高
 -地面面层厚-地面垫层厚)
 =室内净面积×回填土厚

(3) 管道沟槽回填土

管道沟槽回填土,以挖方体积减去管道所占体积计算。管径在500mm 以下的不扣除管道所占体积;管径超过500mm 以上时,按表3-7的规定扣除管道所占体积。

单位:m³ 　　　　　　　　　　　　**管道扣除土方体积表**　　　　　　　　　　　　表3-7

管道名称	管道直径(mm)					
	501~600	601~800	801~1000	1001~1200	1201~1400	1401~1600
钢 管	0.21	0.44	0.71			
铸 铁 管	0.24	0.49	0.77			
混凝土管	0.33	0.60	0.92	1.15	1.35	1.55

6. 运土

运土包括余土外运和取土。当回填土方量小于挖方量时,需余土外运;反之,需取土。

各地区的预算定额规定，土方的挖、填、运工程量均按自然密实体积计算，不换算为虚方体积。

计算公式：运土体积＝总挖方量－总回填量

式中计算结果为正值时，为余土外运体积；负值时，为取土体积。

土方运距按下列规定计算：

推土机运距：按挖方区重心至回填区重心之间的直线距离计算。

铲运机运土距离：按挖方区重心至卸土区重心加转向距离 45m 计算。

自卸汽车运距：按挖方区重心至填土区（或堆放地点）重心的最短距离计算。

五、井点降水

井点降水分别以轻型井点、喷射井点、大口径井点、电渗井点、水平井点，按不同井管深度的安装、拆除，以根为单位计算。使用按套、天计算。

井点套组成：

轻型井点：50 根为一套；

喷射井点：30 根为一套；

大口径井点：45 根为一套；

电渗井点阳极：30 根为一套；

水平井点：10 根为一套。

井管间距应根据地质条件和施工降水要求，依施工组织设计确定。施工组织设计没有规定时，可按轻型井点管距 0.8～1.6m，喷射井点管距 2～3m 确定。

使用天应以每昼夜 24h 为一天，使用天数应按施工组织设计规定的天数计算。

第四节 桩 基 工 程

一、预制钢筋混凝土桩

1. 打桩

打预制钢筋混凝土桩的体积，按设计桩长（包括桩尖，不扣除桩尖虚体积）乘以桩截面面积计算。管桩的空心体积应扣除。如管桩的空心部分按设计要求灌注混凝土或其他填充材料时，应另行计算。预制桩、桩靴示意图见图 3-52。

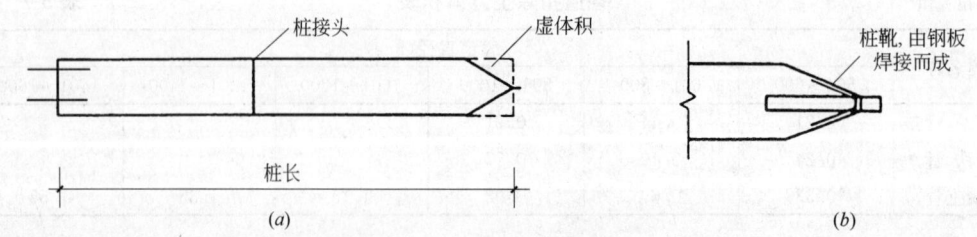

图 3-52 预制柱、桩靴示意图
(a)预制桩示意图；(b)桩靴示意图

2. 接桩

电焊接桩按设计接头，以个计算（见图 3-53）；硫磺胶泥接桩按桩断面积以平方米计算（见图 3-54）。

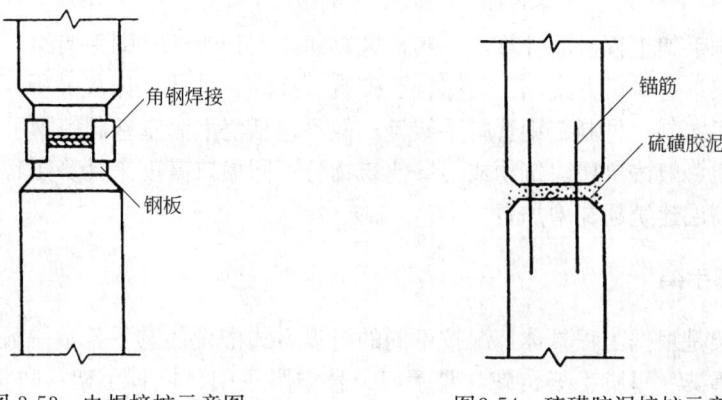

图 3-53　电焊接桩示意图　　　图 3-54　硫磺胶泥接桩示意图

3. 送桩

送桩按桩截面面积乘以送桩长度（即打桩架底至桩顶面高度或自桩顶面至自然地坪面另加 0.5m）计算。

二、钢板桩

打拔钢板桩按钢板桩重量以吨计算。

三、灌注桩

1. 打孔灌注桩

（1）混凝土桩、砂桩、碎石桩的体积，按设计规定的桩长（包括桩尖，不扣除桩尖虚体积）乘以钢管管箍外径截面面积计算。

（2）扩大桩的体积按单桩体积乘以次数计算。

（3）打孔后先埋入预制混凝土桩尖，再灌注混凝土者，桩尖按钢筋混凝土章节规定计算体积，灌注桩按设计长度（自桩尖顶面至桩顶面高度）乘以钢管管箍外径截面面积计算。

2. 钻孔灌注桩

钻孔灌注桩，按设计桩长（包括桩尖，不扣除桩尖虚体积）增加 0.25m 乘以设计断面面积计算。

3. 灌注桩钢筋

灌注混凝土桩的钢筋笼制作，依据规定按钢筋混凝土章节相应项目以吨计算。

4. 泥浆运输

灌注桩的泥浆运输工程量按钻孔体积以立方米计算。

第五节　脚手架工程

建筑工程施工中所需搭设的脚手架，应计算工程量。

目前，脚手架工程量有两种计算方法，即综合脚手架和单项脚手架。具体采用哪种方法计算，应按本地区预算定额的规定执行。

一、综合脚手架

为了简化脚手架工程量的计算，一些地区以建筑面积为综合脚手架的工程量。

综合脚手架不管搭设方式，一般综合了砌筑、浇筑、吊装、抹灰等所需脚手架材料的摊销量；综合了木制、竹制、钢管脚手架等，但不包括浇灌满堂基础等脚手架的项目。

综合脚手架一般按单层建筑物或多层建筑物分不同檐口高度来计算工程量，若是高层建筑必须计算高层建筑超高增加费。

二、单项脚手架

单项脚手架是根据工程具体情况按不同的搭设方式搭设的脚手架，一般包括：单排脚手架、双排脚手架、里脚手架、满堂脚手架、悬空脚手架、挑脚手架、防护架、烟囱（水塔）脚手架、电梯井字架、架空运输道等。

单项脚手架的项目应根据批准了的施工组织设计或施工方案确定。如施工方案无规定，应根据预算定额的规定确定。

1. 单项脚手架工程量计算一般规则

(1) 建筑物外墙脚手架：凡设计室外地坪至檐口（或女儿墙上表面）的砌筑高度在15m以下的按单排脚手架计算；砌筑高度在15m以上的或砌筑高度虽不足15m，但外墙门窗及装饰面积超过外墙表面积60%以上时，均按双排脚手架计算。

采用竹制脚手架时，按双排计算。

(2) 建筑物内墙脚手架：凡设计室内地坪至顶板下表面（或山墙高度的1/2处）的砌筑高度在3.6m以下的（含3.6m），按里脚手架计算；砌筑高度超过3.6m以上时，按单排脚手架计算。

(3) 石砌墙体，凡砌筑高度超过1.0m以上时，按外脚手架计算。

(4) 计算内、外墙脚手架时，均不扣除门、窗洞口、空圈洞口等所占的面积。

(5) 同一建筑物高度不同时，应按不同高度分别计算。

【例3-13】 根据图3-55图示尺寸，计算建筑物外墙脚手架工程量。

【解】 单排脚手架(15m高)=(26+12×2+8)×15=870m²

双排脚手架(24m高)=(18×2+32)×24
=1632m²

双排脚手架(27m高)=32×27=864m²

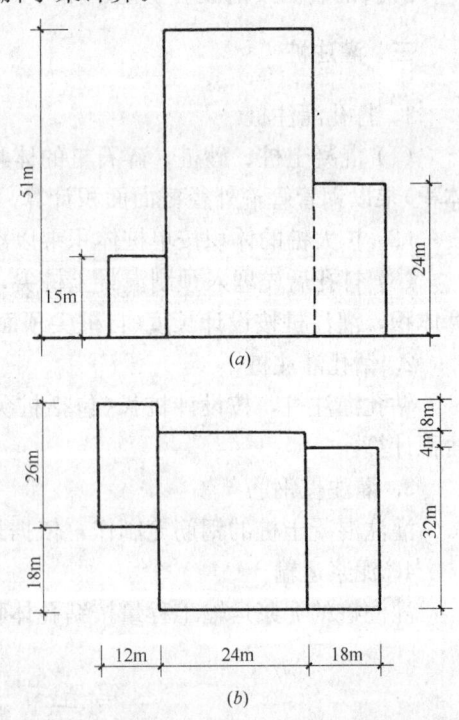

图3-55 计算外墙脚手架工程量示意图
(a)建筑物立面；(b)建筑物平面

双排脚手架(36m 高)＝26×36＝936m²

双排脚手架(51m 高)＝(18＋24×2＋4)×51＝3570m²

(6) 现浇钢筋混凝土框架柱、梁按双排脚手架计算。

(7) 围墙脚手架：凡室外自然地坪至围墙顶面的砌筑高度在 3.6m 以下的，按里脚手架计算；砌筑高度超过 3.6m 以上时，按单排脚手架计算。

(8) 室内顶棚装饰面距设计室内地坪在 3.6m 以上时，应计算满堂脚手架。计算满堂脚手架后，墙面装饰工程则不再计算脚手架。

(9) 滑升模板施工的钢筋混凝土烟囱、筒仓，不另计算脚手架。

(10) 砌筑贮仓，按双排外脚手架计算。

(11) 贮水(油)池，大型设备基础，凡距地坪高度超过 1.2m 以上时，均按双排脚手架计算。

(12) 整体满堂钢筋混凝土基础，凡其宽度超过 3m 以上时，按其底板面积计算满堂脚手架。

2. 砌筑脚手架工程量计算

(1) 外脚手架按外墙外边线长度，乘以外墙砌筑高度以平方米计算，突出墙面宽度在 24cm 以内的墙垛，附墙烟囱等不计算脚手架；宽度超过 24cm 以外时按图示尺寸展开计算，并入外脚手架工程量之内。

(2) 里脚手架按墙面垂直投影面积计算。

(3) 独立柱按图示柱结构外围周长另加 3.6m，乘以砌筑高度以平方米计算，套用相应外脚手架定额。

3. 现浇钢筋混凝土框架脚手架计算

(1) 现浇钢筋混凝土柱，按柱图示周长尺寸另加 3.6m，乘以柱高以平方米计算，套用外脚手架定额。

(2) 现浇钢筋混凝土梁、墙，按设计室外地坪或楼板上表面至楼板底之间的高度，乘以梁、墙净长以平方米计算，套用相应双排外脚手架定额。

4. 装饰工程脚手架工程量计算

(1) 满堂脚手架，按室内净面积计算，其高度在 3.6～5.2m 之间时，计算基本层。超过 5.2m 时，每增加 1.2m 按增加一层计算，不足 0.6m 的不计，计算式表示如下：

$$满堂脚手架增加层=\frac{室内净高-5.2(m)}{1.2(m)}$$

【例 3-14】 某大厅室内净高 9.50m，试计算满堂脚手架增加层数。

【解】 满堂脚手架增加层 $=\frac{9.50-5.2}{1.2}=3$ 层余 0.7m＝4 层

(2) 挑脚手架，按搭设长度和层数，以延长米计算。

(3) 悬空脚手架，按搭设水平投影面积以平方米计算。

(4) 高度超过 3.6m 的墙面装饰不能利用原砌筑脚手架时，可以计算装饰脚手架。装饰脚手架按双排脚手架乘以 0.3 计算。

5. 其他脚手架工程量计算

(1) 水平防护架,按实际铺板的水平投影面积,以平方米计算。

(2) 垂直防护架,按自然地坪至最上一层横杆之间的搭设高度,乘以实际搭设长度,以平方米计算。

(3) 架空运输脚手架,按搭设长度以延长米计算。

(4) 烟囱、水塔脚手架,区别不同搭设高度以座计算。

(5) 电梯井脚手架,按单孔以座计算。

(6) 斜道,区别不同高度,以座计算。

(7) 砌筑贮仓脚手架,不分单筒或贮仓组,均按单筒外边线周长乘以设计室外地坪至贮仓上口之间高度,以平方米计算。

(8) 贮水(油)池脚手架,按外壁周长乘以室外地坪至池壁顶面之间高度,以平方米计算。

(9) 大型设备基础脚手架,按其外形周长乘以地坪至外形顶面边线之间高度,以平方米计算。

(10) 建筑物垂直封闭工程量,按封闭面的垂直投影面积计算。

6. 安全网工程量计算

(1) 立挂式安全网按网架部分的实挂长度乘以实挂高度计算。

(2) 挑出式安全网,按挑出的水平投影面积计算。

第六节 砌 筑 工 程

一、砌筑工程量计算一般规则

1. 计算墙体的规定

(1) 计算墙体时,应扣除门窗洞口、过人洞、空圈、嵌入墙身的钢筋混凝土柱、梁(包括过梁、圈梁及埋入墙内的挑梁)、砖平碹(图 3-56)、平砌砖过梁和暖气包壁龛(图 3-57)及内墙板头(图 3-59)的体积,不扣除梁头、外墙板头(图 3-58)、檩头、垫木、木楞头、沿椽木、木砖、门窗框(图 3-60)走头、砖墙内的加固钢筋、木筋、铁件、钢管及每

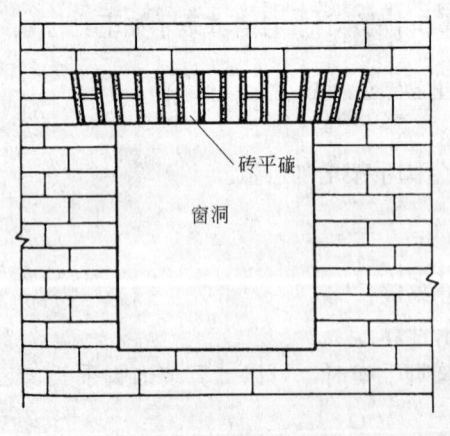

图 3-56 砖平碹示意图

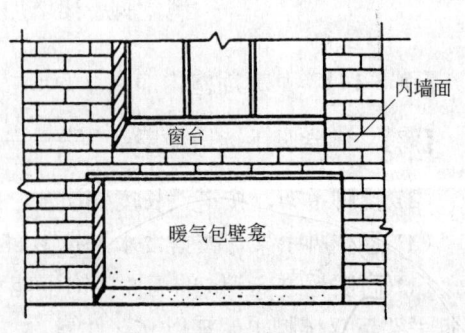

图 3-57 暖气包壁龛示意图

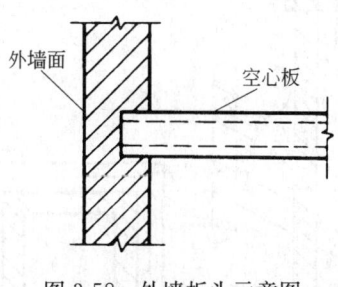 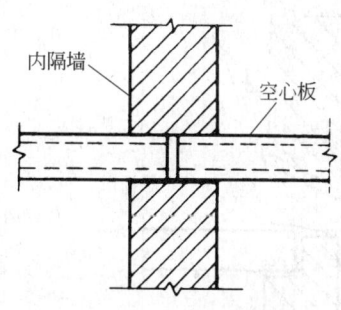

图 3-58 外墙板头示意图　　　　图 3-59 内墙板头示意图

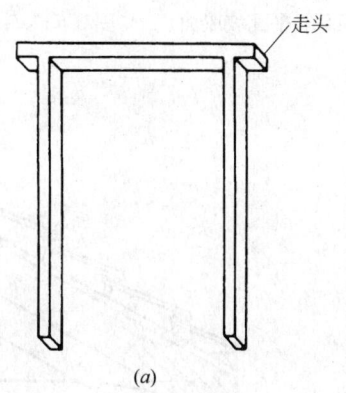 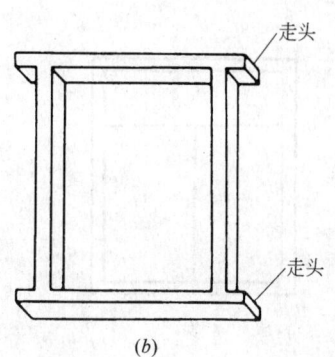

图 3-60 木门窗走头示意图
(a)木门框走头示意图；(b)木窗框走头示意图

个面积在 0.3m² 以下的孔洞等所占的体积，突出墙面的窗台虎头砖(图 3-61)、压顶线(图 3-62)、山墙泛水(图 3-63)、烟囱根(图 3-64、图 3-65)、门窗套(图 3-66)及三皮砖(图 3-67)以内的腰线和挑檐等体积亦不增加。

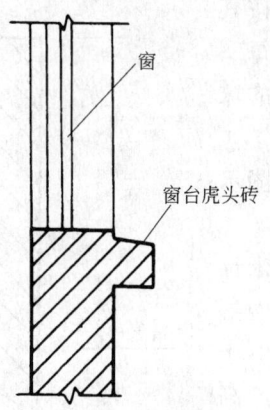 

图 3-61 突出墙面的窗台虎头砖示意图　　图 3-62 砖压顶线示意图

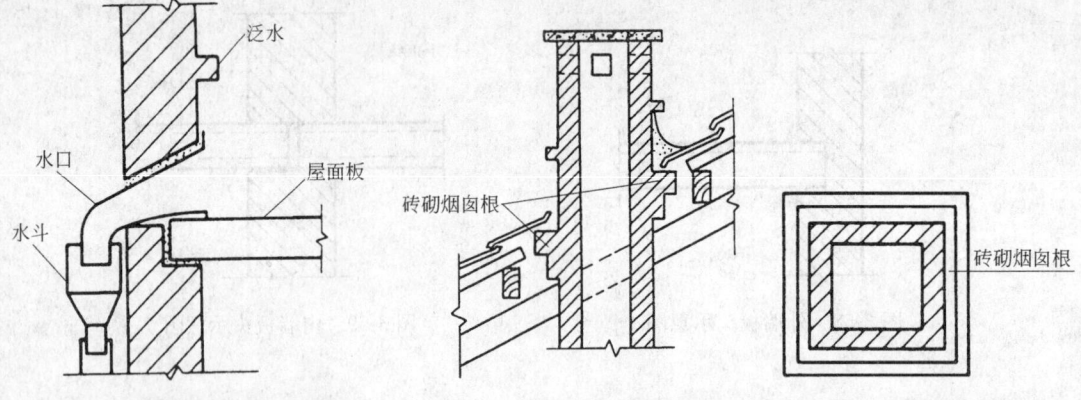

图 3-63 山墙泛水、排水示意图　　图 3-64 砖烟囱剖面图(平瓦坡屋面)　　图 3-65 砖烟囱平面图

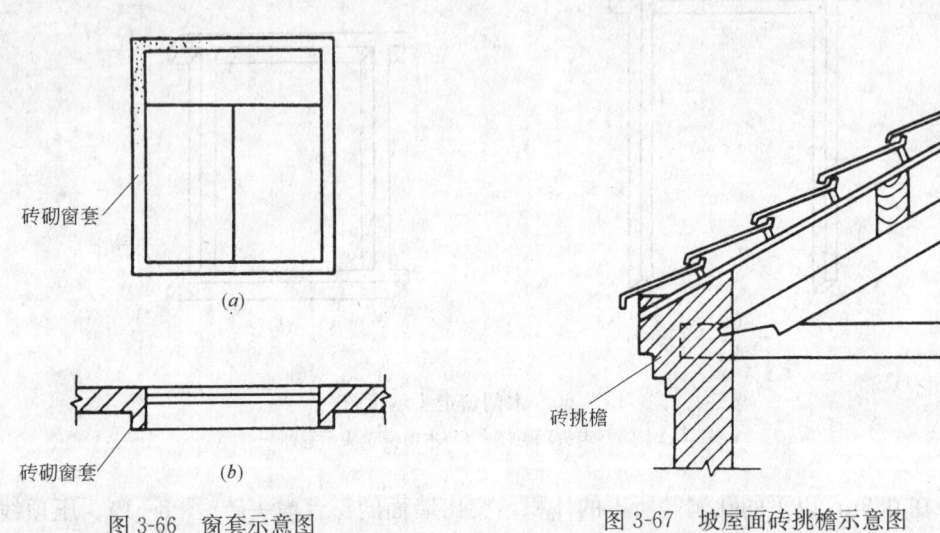

图 3-66 窗套示意图　　　　　　　　图 3-67 坡屋面砖挑檐示意图
(a)窗套立面图；(b)窗套剖面图

(2) 砖垛、三皮砖以上的腰线和挑檐等体积，并入墙身体积内计算。

(3) 附墙烟囱(包括附墙通风道、垃圾道)按其外形体积计算，并入所依附的墙体内，不扣除每一个孔洞横截面在 $0.1m^2$ 以下的体积，但孔洞内的抹灰工程量亦不增加。

(4) 女儿墙(图 3-68)高度，自外墙顶面至图示女儿墙顶面高度，分别不同墙厚并入外墙计算。

(5) 砖平碹平砌砖过梁按图示尺寸以立方米计算。如设计无规定时，砖平碹按门窗洞口宽度两端共加 100mm，乘以高度计算(门窗洞口宽小于 1500mm 时，高度为 240mm；大于 1500mm 时，高度为 365mm)；平砌砖过梁按门窗洞口宽度两端共加 500mm，高按 440mm 计算。

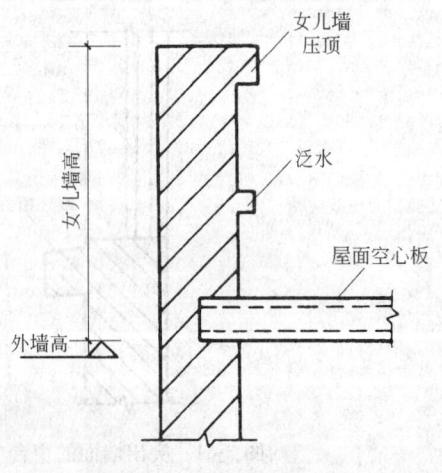

图 3-68 女儿墙示意图

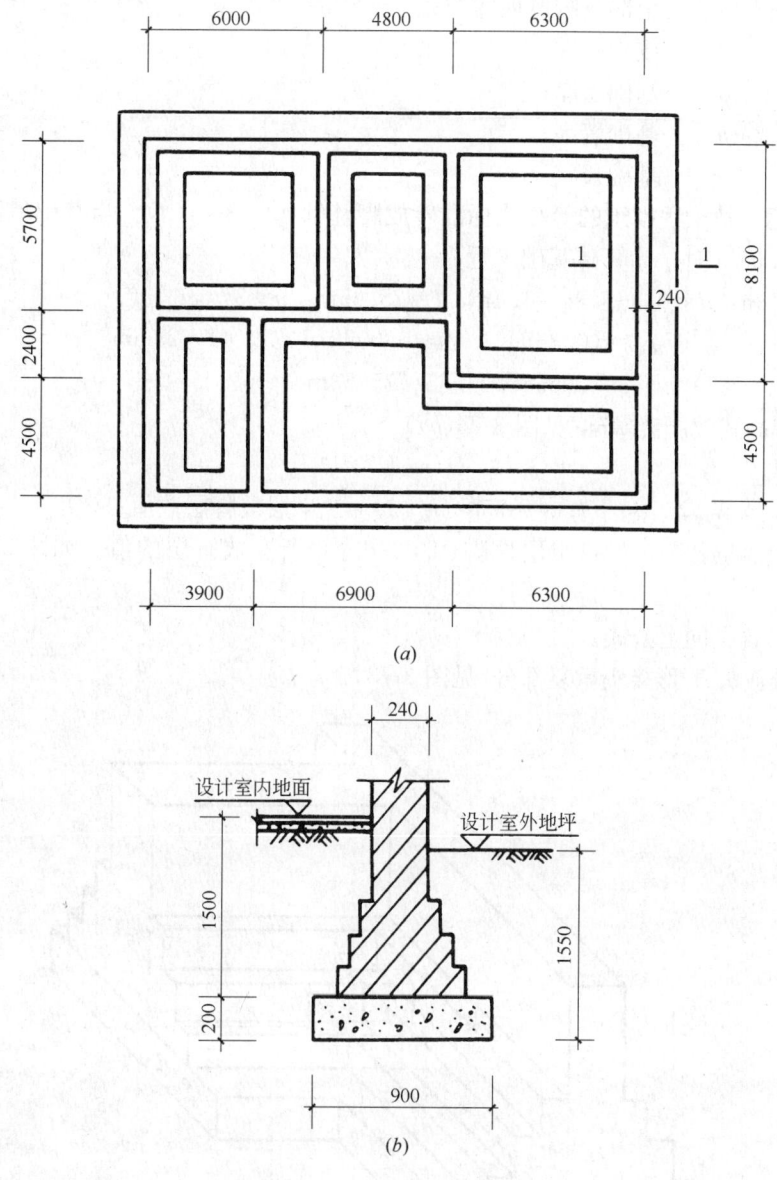

图 3-72 砖基础施工图
(a)基础平面图；(b)1—1 剖面图

6. 有放脚砖墙基础

(1) 等高式放脚砖基础(见图 3-74(a))

计算公式：

$$V_{基}=(基础墙厚×基础墙高+放脚增加面积)×基础长$$
$$=(d×h+\Delta S)×l$$
$$=[dh+0.126×0.0625n(n+1)]l$$
$$=[dh+0.007875n(n+1)]l$$

式中　0.007875——一个放脚标准块面积；

0.007875n(n+1)——全部放脚增加面积；

n——放脚层数；

d——基础墙厚；

h——基础墙高；

l——基础长。

【例 3-16】 某工程砌筑的等高式标准砖放脚基础如图 3-74(a)，当基础墙高 $h=1.4$m 基础长 $l=25.65$m 时，计算砖基础工程量

【解】 已知：$d=0.365$，$h=1.4$m，$l=25.65$m，$n=3$

$$V_{砖基}=(0.365\times1.40+0.007875\times3\times4)\times25.65$$
$$=0.6055\times25.65=15.53\text{m}^3$$

(2) 不等高式放脚砖基础(见图 3-74(b))

计算公式：

$$V_基=\{dh+0.007875[n(n+1)-\Sigma\text{半层放脚层数值}]\}\times l$$

式中 半层放脚层数值——指半层放脚(0.063m 高)所在放脚层的值。如图 3-74(b)中为 1+3=4。

其余字母含义同上公式。

(3) 基础放脚 T 形接头重复部分(见图 3-73)

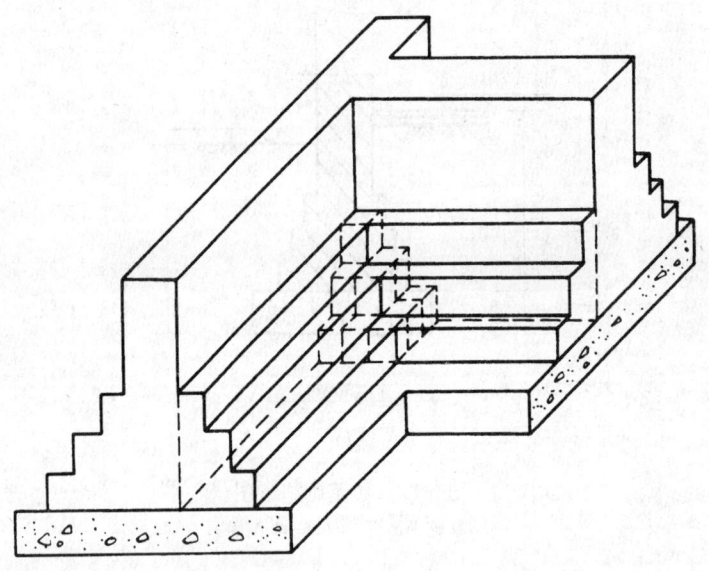

图 3-73 基础放脚 T 形接头重复部分示意图

【例 3-17】 某工程大放脚砖基础的尺寸见图 3-74(b)，当 $h=1.56$m，基础长 $l=18.5$m 时，计算砖基础工程量

【解】 已知：$d=0.24$m，$h=1.56$m $l=18.5$m，$n=4$

$$V_{砖基}=\{0.24\times1.56+0.007875\times[4\times5-(1+3)]\}\times18.5$$
$$=(0.3744+0.007875\times16)\times18.5$$
$$=0.5004\times18.5=9.26\text{m}^3$$

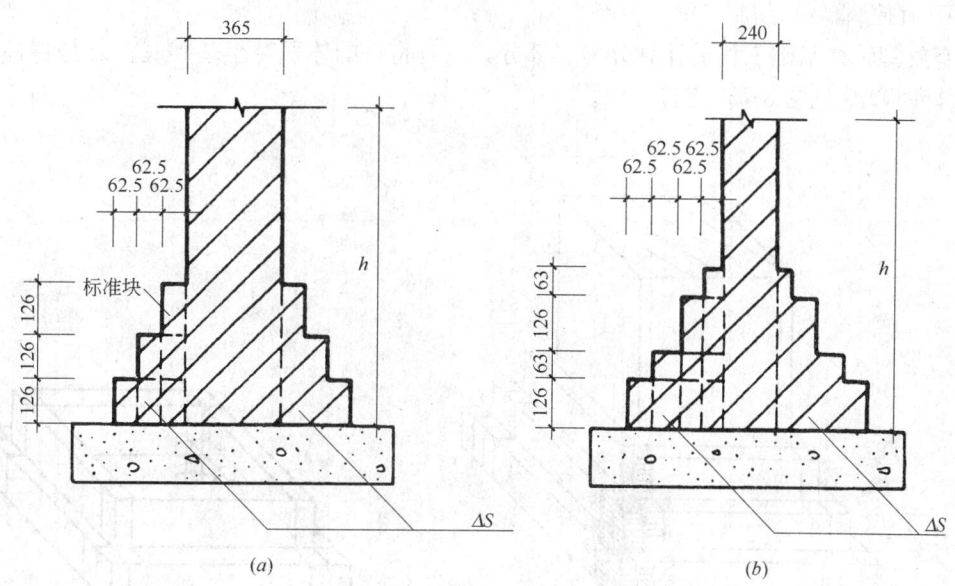

图 3-74 大放脚砖基础示意图
(a)等高式大放脚砖基础；(b)不等高式大放脚砖基础

等高式标准砖大放脚基础，放脚面积 ΔS 增加表见表 3-9。

砖墙基础大放脚面积增加表　　　　　　　　　　　　表 3-9

放脚层数 (n)	增加断面积 $\Delta S(m^2)$	
	等　高	不等高(奇数层为半层)
一	0.01575	0.0079
二	0.04725	0.0394
三	0.0945	0.0630
四	0.1575	0.1260
五	0.2363	0.1654
六	0.3308	0.2599
七	0.4410	0.3150
八	0.5670	0.4410
九	0.7088	0.5119
十	0.8663	0.6694
十一	1.0395	0.7560
十二	1.2285	0.9450
十三	1.4333	1.0474
十四	1.6538	1.2679
十五	1.8900	1.3860
十六	2.1420	1.6380
十七	2.4098	1.7719
十八	2.6933	2.0554

注：1. 等高式 $\Delta S = 0.007875 n(n+1)$

2. 不等高式 $\Delta S = 0.007875 [n(n+1) - \Sigma 半层层数值]$

7. 有放脚砖柱基础

有放脚砖柱基础工程量计算分为二部分，一是将柱的体积算至基础底；二是将柱四周放脚体积算出（见图3-75、图3-76）。

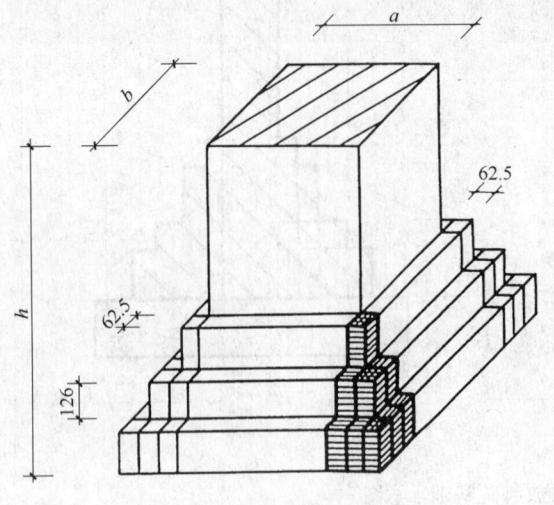

图3-75 砖柱四周放脚示意图

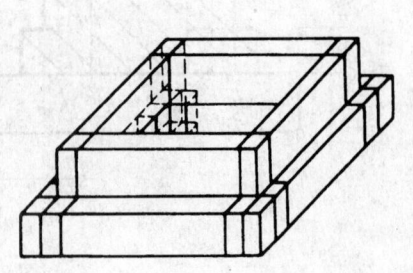

图3-76 砖柱基四周放脚体积ΔV示意图

计算公式：

$$V_{柱基}=abh+\Delta V=abh+n(n+1)[0.007875(a+b)+0.000328125(2n+1)]$$

式中 a——柱断面长；

b——柱断面宽；

h——柱基高；

n——放脚层数；

ΔV——砖柱四周放脚体积。

【例3-18】 某工程有5个等高式放脚砖柱基础，根据下列条件计算砖基础工程量：

柱断面　0.365m×0.365m

柱基高　1.85m

放脚层数　5层

【解】 已知 $a=0.365m$，$b=0.365m$

$$h=1.85m \quad n=5$$

$V_{柱基}=5$根柱基×｛0.365×0.365×1.85+5×6×[0.007875×(0.365+0.365)

　　　　+0.000328125×(2×5+1)]｝=5×(0.246+0.281)=5×0.527=2.64m³

砖柱基四周放脚体积表见表3-10。

砖柱基四周放脚体积表（m³）　　　表3-10

$a×b$ 放脚层数	0.24 ×0.24	0.24 ×0.365	0.365×0.365 0.24×0.49	0.365×0.49 0.24×0.615	0.49×0.49 0.365×0.615	0.49×0.615 0.365×0.74	0.365×0.865 0.615×0.615	0.615×0.74 0.49×0.865	0.74×0.74 0.615×0.865
一	0.010	0.011	0.013	0.015	0.017	0.019	0.021	0.024	0.025
二	0.033	0.038	0.045	0.050	0.056	0.062	0.068	0.074	0.080

续表

放脚层数 \ a×b	0.24×0.24	0.24×0.365	0.365×0.365 / 0.24×0.49	0.365×0.49 / 0.24×0.615	0.49×0.49 / 0.365×0.615	0.49×0.615 / 0.365×0.74	0.365×0.865 / 0.615×0.615	0.615×0.74 / 0.49×0.865	0.74×0.74 / 0.615×0.865
三	0.073	0.085	0.097	0.108	0.120	0.132	0.144	0.156	0.167
四	0.135	0.154	0.174	0.194	0.213	0.233	0.253	0.272	0.292
五	0.221	0.251	0.281	0.310	0.340	0.369	0.400	0.428	0.458
六	0.337	0.379	0.421	0.462	0.503	0.545	0.586	0.627	0.669
七	0.487	0.543	0.597	0.653	0.708	0.763	0.818	0.873	0.928
八	0.674	0.745	0.816	0.887	0.957	1.028	1.095	1.170	1.241
九	0.910	0.990	1.078	1.167	1.256	1.344	1.433	1.521	1.61
十	1.173	1.282	1.390	1.498	1.607	1.715	1.823	1.931	2.04

8. 墙的长度

外墙长度按外墙中心线长度计算，内墙长度按内墙净长线计算。

墙长计算方法如下：

(1) 墙长在转角处的计算

墙体在90°转角时，用中轴线尺寸计算墙长，就能算准墙体的体积。例如，图3-77的Ⓐ图中，按箭头方向的尺寸算至两轴线的交点时，墙厚方向的水平断面积重复计算的矩形部分正好等于没有计算到的矩形面积。因而，凡是90°转角的墙，算到中轴线交叉点时，就算够了墙长。

(2) T形接头的墙长计算

当墙体处于T形接头时，T形上部水平墙拉通算完长度后，垂直部分的墙只能从墙内边算净长。例如，图3-77中的Ⓑ图，当③轴上的墙算完长度后，Ⓑ轴墙只能从③轴墙内边起计算Ⓑ轴的墙长，故内墙应按净长计算。

(3) 十字形接头的墙长计算

当墙体处于十字形接头状时，计算方法基本同T形接头，见图3-77中Ⓒ图的示意。因此，十字形接头处分断的二道墙也应算净长。

【例3-19】 根据图3-77，计算内、外墙长(墙厚均为240)。

【解】 (1) 240厚外墙长

$$l_{中}=[(4.2+4.2)+(3.9+2.4)]\times 2=29.40\text{m}$$

(2) 240厚内墙长

$$l_{内}=(3.9+2.4-0.24)+(4.2-0.24)+(2.4-0.12)+(2.4-0.12)$$
$$=14.58\text{m}$$

9. 墙身高度的规定

(1) 外墙墙身高度

斜(坡)屋面无檐口顶棚者(图3-78)算至屋面板底；有屋架，且室内外均有顶棚者(图3-79)，算至屋架下弦底面另加200mm；无顶棚者算至屋架下弦底面另加300mm，出檐宽度超过600mm时，应按实砌高度计算；平屋面算至钢筋混凝土板底(图3-80)。

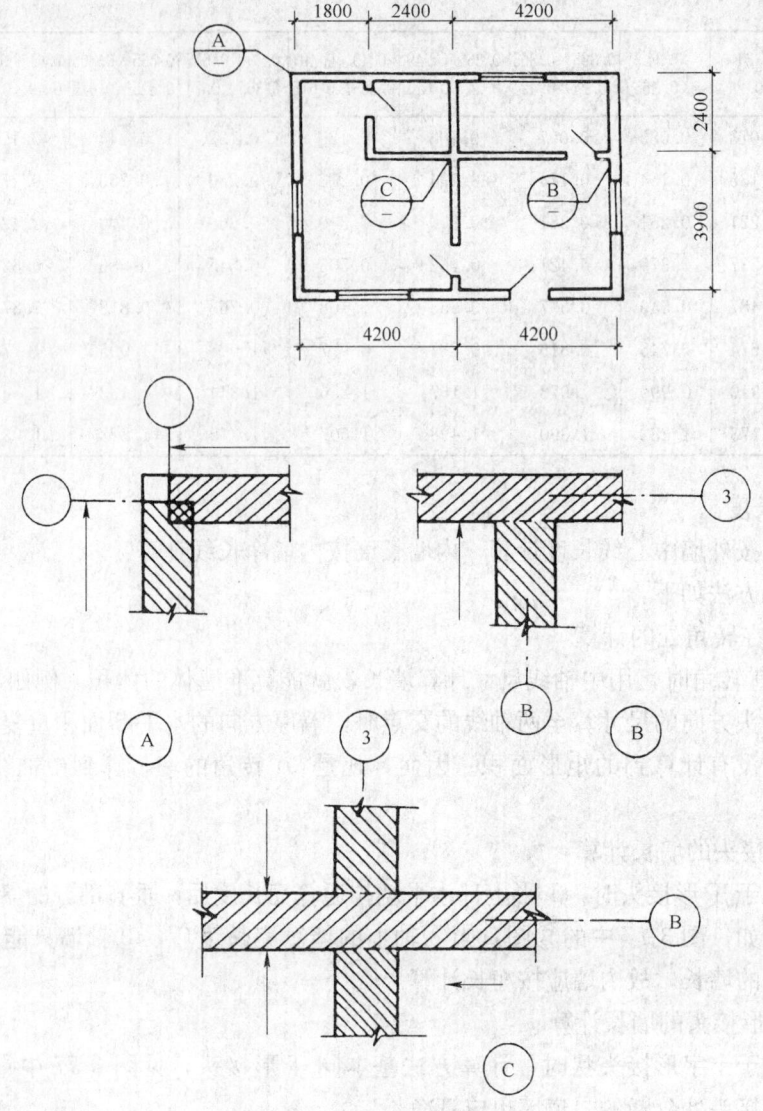

图 3-77 墙长计算示意图

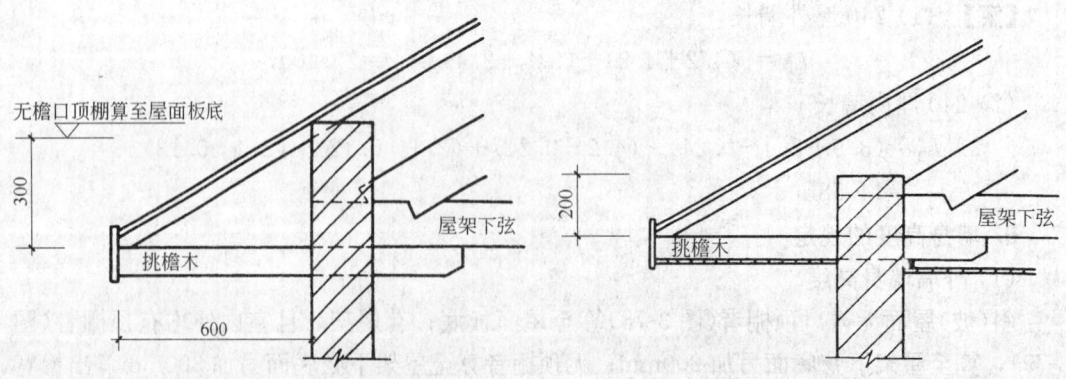

图 3-78 无檐口顶棚时外墙高度示意图　　图 3-79 室内外均有顶棚时外墙高度示意图

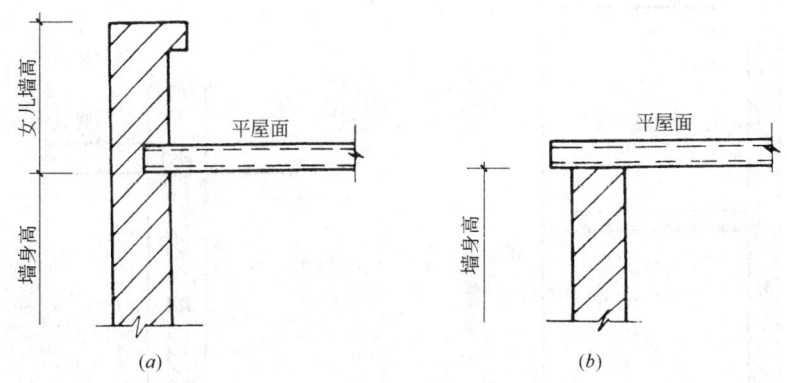

图 3-80 平屋面外墙墙身高度示意图

(2) 内墙墙身高度

内墙位于屋架下弦者(图 3-81),其高度算至屋架底;无屋架者(图 3-82)算至顶棚底另加 100mm;有钢筋混凝土楼板隔层者(图 3-83)算至板底;有框架梁时(图 3-84)算至梁底面。

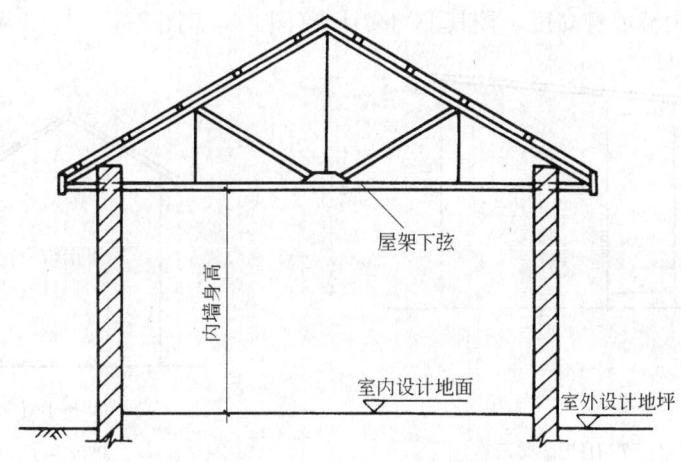

图 3-81 屋架下弦的内墙墙身高度示意图

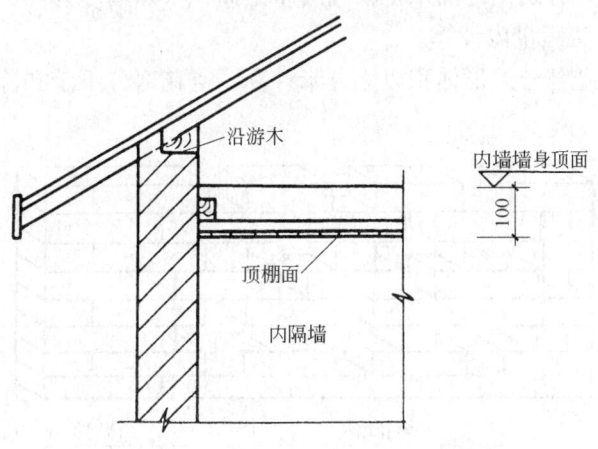

图 3-82 无屋架时的内墙墙身高示意图

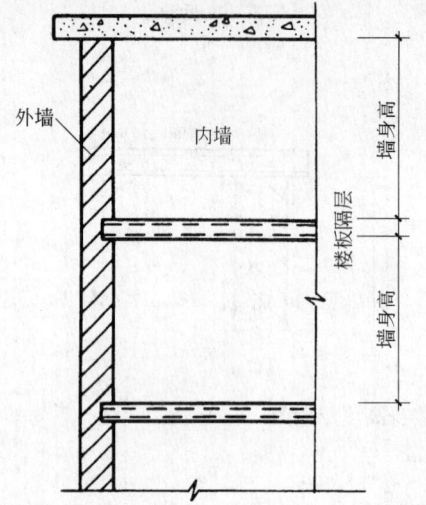
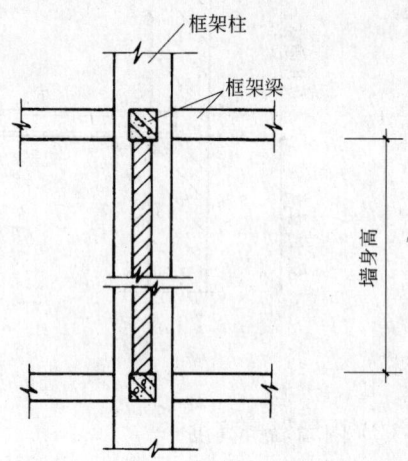

图 3-83 有混凝土楼板隔层时的内墙墙身高示意图　　图 3-84 有框架梁时的墙身高度示意图

(3) 内、外山墙墙身高度，按其平均高计算(图 3-85、图 3-86)。

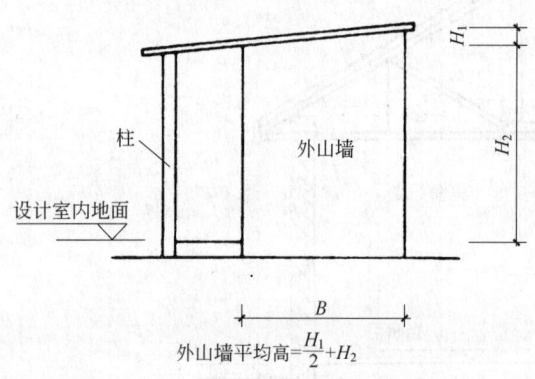
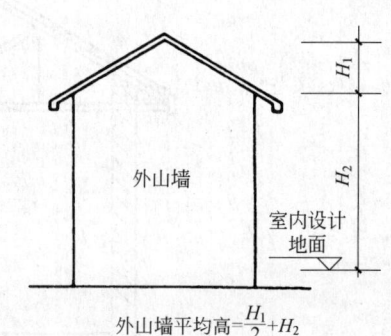

图 3-85 一坡水屋面外山墙墙高示意图　　图 3-86 二坡水屋面山墙墙身高示意图

10. 框架间砌体，分别内外墙以框架间的净空面积乘以墙厚计算。框架外表镶贴砖部分亦并入框架间砌体工程量内计算。

11. 空花墙按空花部分外形体积以立方米计算，空花部分不予扣除，其中实体部分另行计算(见图 3-87)。

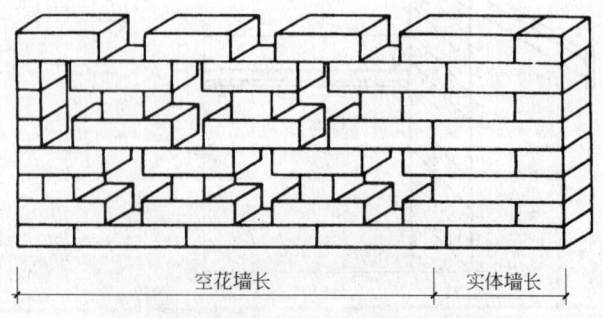

图 3-87 空花墙与实体墙划分示意图

12. 空斗墙按外形尺寸以立方米计算，墙角、内外墙交接处，门窗洞口立边，窗台砖及屋檐处的实砌部分已包括在定额内，不另行计算；但窗间墙、窗台下、楼板下、梁头下等实砌部分，应另行计算，套零星砌体定额项目(图3-88)。

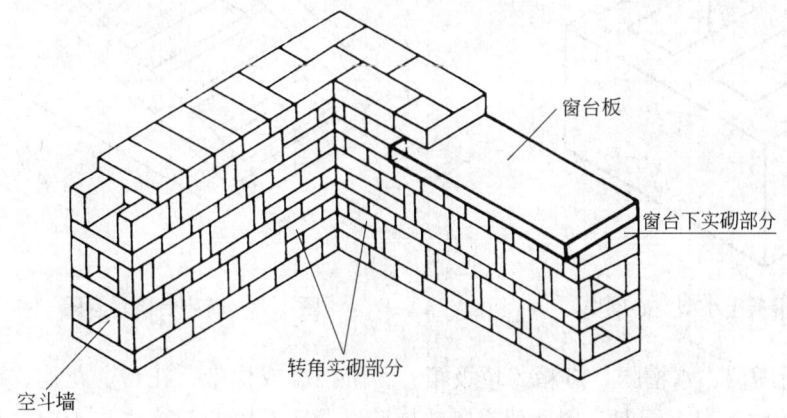

图3-88 空斗墙转角及窗台下实砌部分示意图

13. 多孔砖、空心砖按图示厚度以立方米计算，不扣除其孔、空心部分体积(图3-89)。

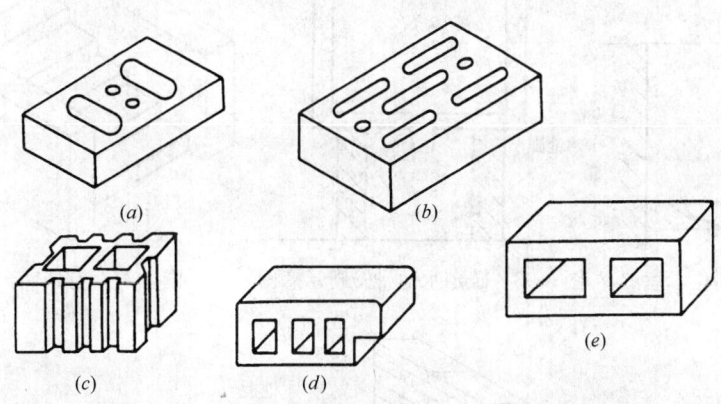

图3-89 空心砖示意图

14. 填充墙按外形尺寸以立方米计算，其中实砌部分已包括在定额内，不另计算。

15. 加气混凝土墙、硅酸盐砌块墙、小型空心砌块(图3-90)墙，按图示尺寸以立方米计算，按设计规定需要镶嵌砖砌体部分已包括在定额内，不另计算。

16. 其他砌体

(1) 砖砌锅台、炉灶，不分大小，均按图示外形尺寸以立方米计算，不扣除各种空洞的体积。

说明：

① 锅台一般指大食堂、餐厅里用的锅灶；

② 炉灶一般指住宅里每户用的灶台。

(2) 砖砌台阶(不包括梯带)(图3-91)按水平投影面积以平方米计算。

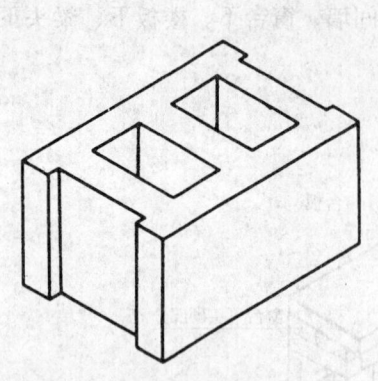
图 3-90 混凝土小型空心砌块

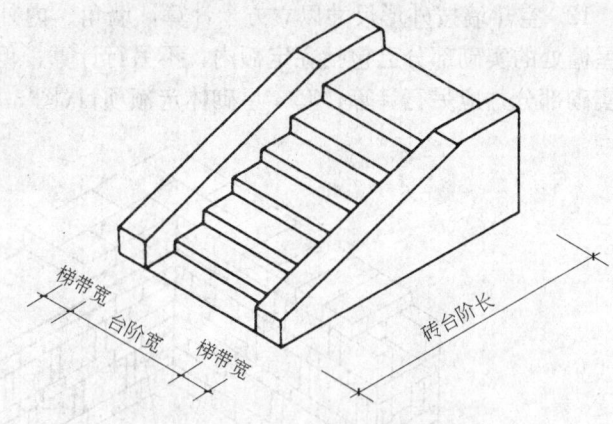
图 3-91 砖砌台阶示意图

(3) 厕所蹲位、水槽腿、灯箱、垃圾箱、台阶挡墙或梯带、花台、花池、地垄墙及支撑地楞木的砖墩、房上烟囱、屋面架空隔热层砖墩及毛石墙的门窗立边、窗台虎头砖等实砌体积，以立方米计算，套用零星砌体定额项目（图 3-92～图 3-97）。

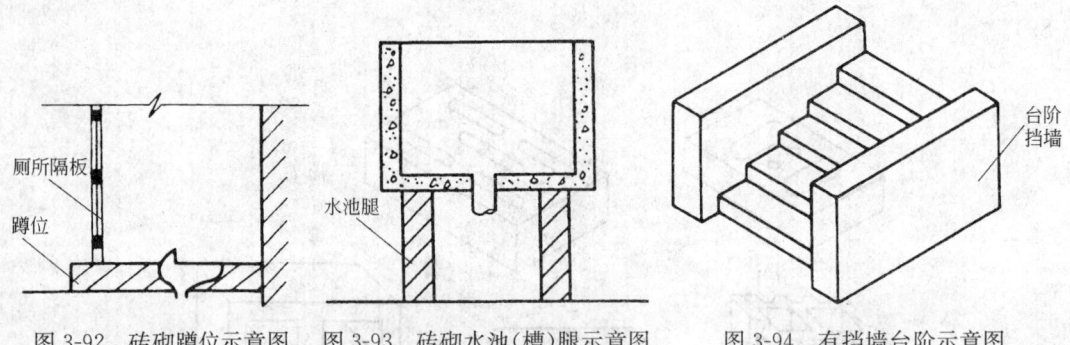

图 3-92 砖砌蹲位示意图　　图 3-93 砖砌水池（槽）腿示意图　　图 3-94 有挡墙台阶示意图

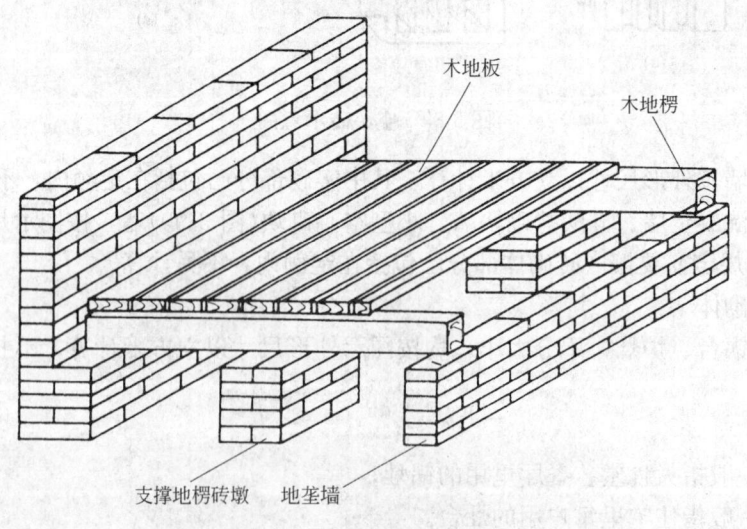

图 3-95 地垄墙及支撑地楞砖墩示意图

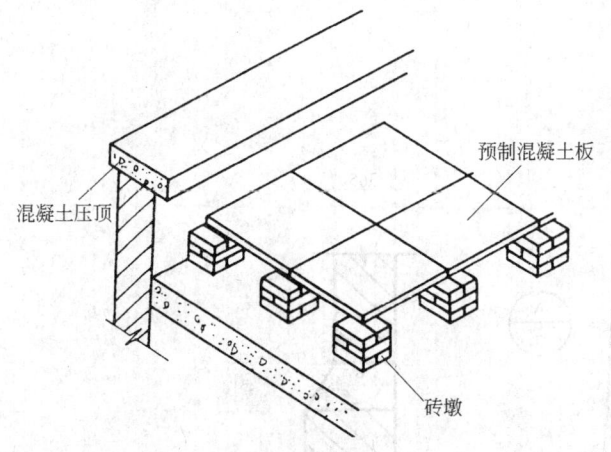

图 3-96 屋面架空隔热层砖墩示意图

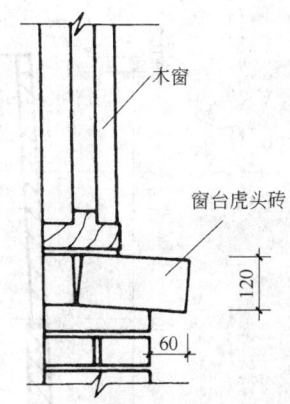

图 3-97 窗台虎头砖示意图
(注：石墙的窗台虎头砖单独计算工程量)

（4）检查井及化粪池不分壁厚均以立方米计算，洞口上的砖平拱碹等并入砌体体积内计算。

（5）砖砌地沟不分墙基、墙身合并以立方米计算。石砌地沟按其中心线长度以延长米计算。

17. 砖烟囱

（1）筒身：圆形、方形均按图示筒壁平均中心线周长乘以厚度，并扣除筒身各种孔洞、钢筋混凝土圈梁、过梁等体积以立方米计算。其筒壁周长不同时可按下式分段计算：

$$V=\Sigma(H \times C \times \pi D)$$

式中 V——筒身体积；

H——每段筒身垂直高度；

C——每段筒壁厚度；

D——每段筒壁中心线的平均直径。

【例 3-20】 根据图 3-98 中的有关数据和上述公式计算砖砌烟囱和圈梁工程量。

【解】 1）砖砌烟囱工程量

① 上段

已知：$H=9.50\mathrm{m}$，$C=0.365\mathrm{m}$

求：$D=(1.40+1.60+0.365)\times\dfrac{1}{2}=1.68\mathrm{m}$

$\therefore V_{上}=9.50\times0.365\times3.1416\times1.68=18.30\mathrm{m}^3$

② 下段

已知：$H=9.0\mathrm{m}$，$C=0.490\mathrm{m}$

求：$D=(2.0+1.60+0.365\times2-0.49)\times\dfrac{1}{2}=1.92\mathrm{m}$

$\therefore V_{下}=9.0\times0.49\times3.1416\times1.92=26.60\mathrm{m}^3$

$\therefore V=18.30+26.60=44.90\mathrm{m}^3$

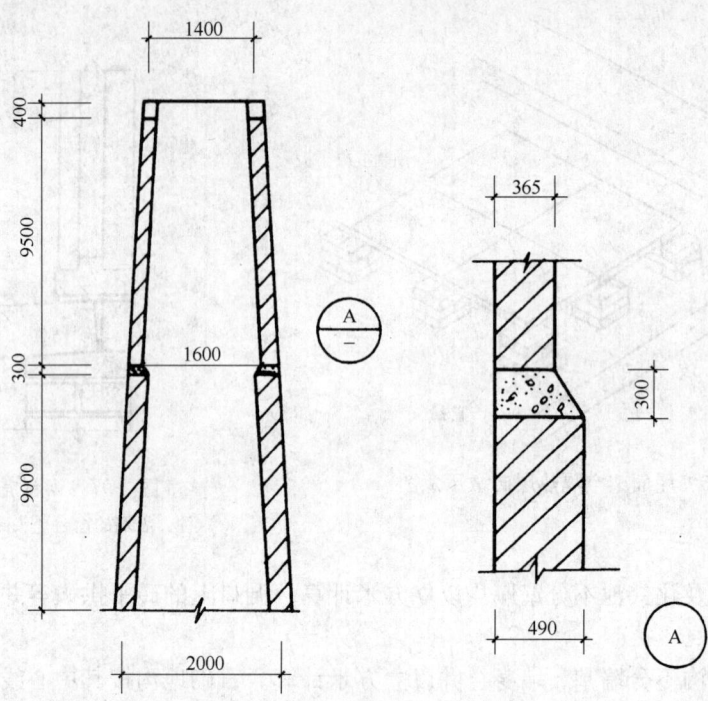

图 3-98 有圈梁砖烟囱示意图

2）混凝土圈梁工程量

① 上部圈梁

$$V_上 = 1.40 \times 3.1416 \times 0.4 \times 0.365 = 0.64 \text{m}^3$$

② 中部圈梁

圈梁中心直径 = $1.60 + 0.365 \times 2 - 0.49 = 1.84$m

圈梁断面积 = $(0.365 + 0.49) \times \dfrac{1}{2} \times 0.30 = 0.128 \text{m}^2$

$$V_中 = 1.84 \times 3.1416 \times 0.128 = 0.74 \text{m}^3$$

∴ $V = 0.74 + 0.62 = 1.36 \text{m}^3$

（2）烟道、烟囱内衬按不同材料，扣除孔洞后，以图示实体积计算。

（3）烟囱内壁表面隔热层，按筒身内壁并扣除各种孔洞后的面积以平方米计算；填料按烟囱内衬与筒身之间的中心线平均周长乘以图示宽度和筒高，并扣除各种孔洞所占体积（但不扣除连接横砖及防沉带的体积）后以立方米计算。

（4）烟道砌砖：烟道与炉体的划分以第一道闸门为界，炉体内的烟道部分列入炉体工程量计算。

烟道拱顶（图3-99）按实体积计算，其计算方法有二种：

方法一：按矢跨比公式计算

计算公式：V = 中心线拱跨 × 弧长系数 × 拱厚 × 拱长

$= b \times P \times d \times L$

注：烟道拱顶弧长系数表见表 3-11。表中弧长系数 P 的计算公式为（当 $h=1$ 时）：

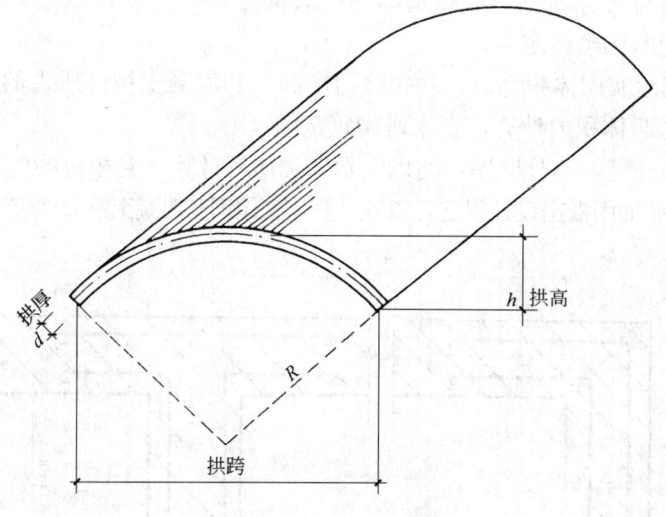

图 3-99 烟道拱顶示意图

烟道拱顶弧长系数表 表 3-11

矢跨比 $\dfrac{h}{b}$	$\dfrac{1}{2}$	$\dfrac{1}{3}$	$\dfrac{1}{4}$	$\dfrac{1}{5}$	$\dfrac{1}{6}$	$\dfrac{1}{7}$	$\dfrac{1}{8}$	$\dfrac{1}{9}$	$\dfrac{1}{10}$
弧长系数 P	1.57	1.27	1.16	1.10	1.07	1.05	1.04	1.03	1.02

$$P=\frac{1}{90}\left(\frac{0.5}{b}+0.125b\right)\pi\arcsin\frac{b}{1+0.25b^2}$$

例：当矢跨比 $\dfrac{h}{l}=\dfrac{1}{7}$ 时，弧长系数 P 为：

$P=\dfrac{1}{90}\left(\dfrac{0.5}{7}+0.125\times7\right)\times3.1416\times\arcsin\dfrac{7}{1+0.25\times7^2}$

$=1.054$

【例 3-21】 已知矢高为 1，拱跨为 6，拱厚为 0.15m，拱长 7.8m，求拱顶体积。

【解】 查表 3-11，知弧长系数 P 为 1.07

故：$V=6\times1.07\times0.15\times7.8=7.51\text{m}^3$

方法二：按圆弧长公式计算

计算公式：$V=$ 圆弧长 $\times$ 拱厚 $\times$ 拱长 $=l\times d\times L$

式中：$l=\dfrac{\pi}{180}R\theta$

【例 3-22】 某烟道拱顶厚 0.18m，半径 4.8m，θ 角为 180°，拱长 10m，求拱顶体积。

【解】 已知：$d=0.18\text{m}$，$R=4.8\text{m}$，$\theta=180°$，$L=10\text{m}$

$\therefore V=\dfrac{3.1416}{180}\times4.8\times180\times0.18\times10=27.14\text{m}^3$

18. 砖砌水塔（图 3-100）

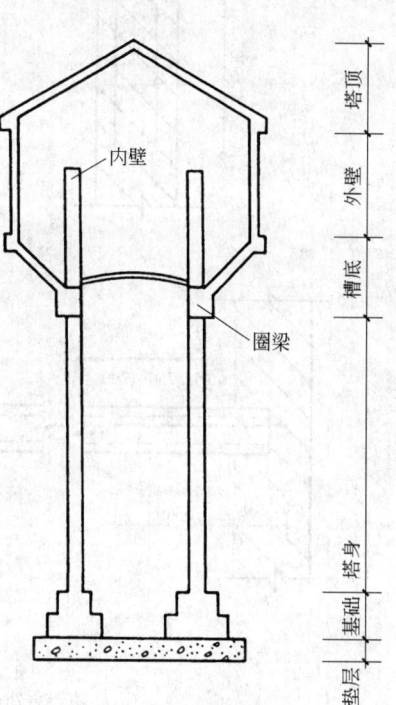

图 3-100 水塔构造及各部分划分示意图

(1) 水塔基础与塔身划分：以砖基础的扩大部分顶面为界，以上为塔身，以下为基础，分别套用相应基础砌体定额。

(2) 塔身以图示实砌体积计算，并扣除门窗洞口和混凝土构件所占的体积，砖平拱碹及砖出檐等并入塔身体积内计算，套水塔砌筑定额。

(3) 砖水箱内外壁，不分壁厚，均以图示实砌体积计算，套相应的内外砖墙定额。

19. 砌体内钢筋加固根据设计规定，以吨计算，套用钢筋混凝土章节相应项目(见图3-101)。

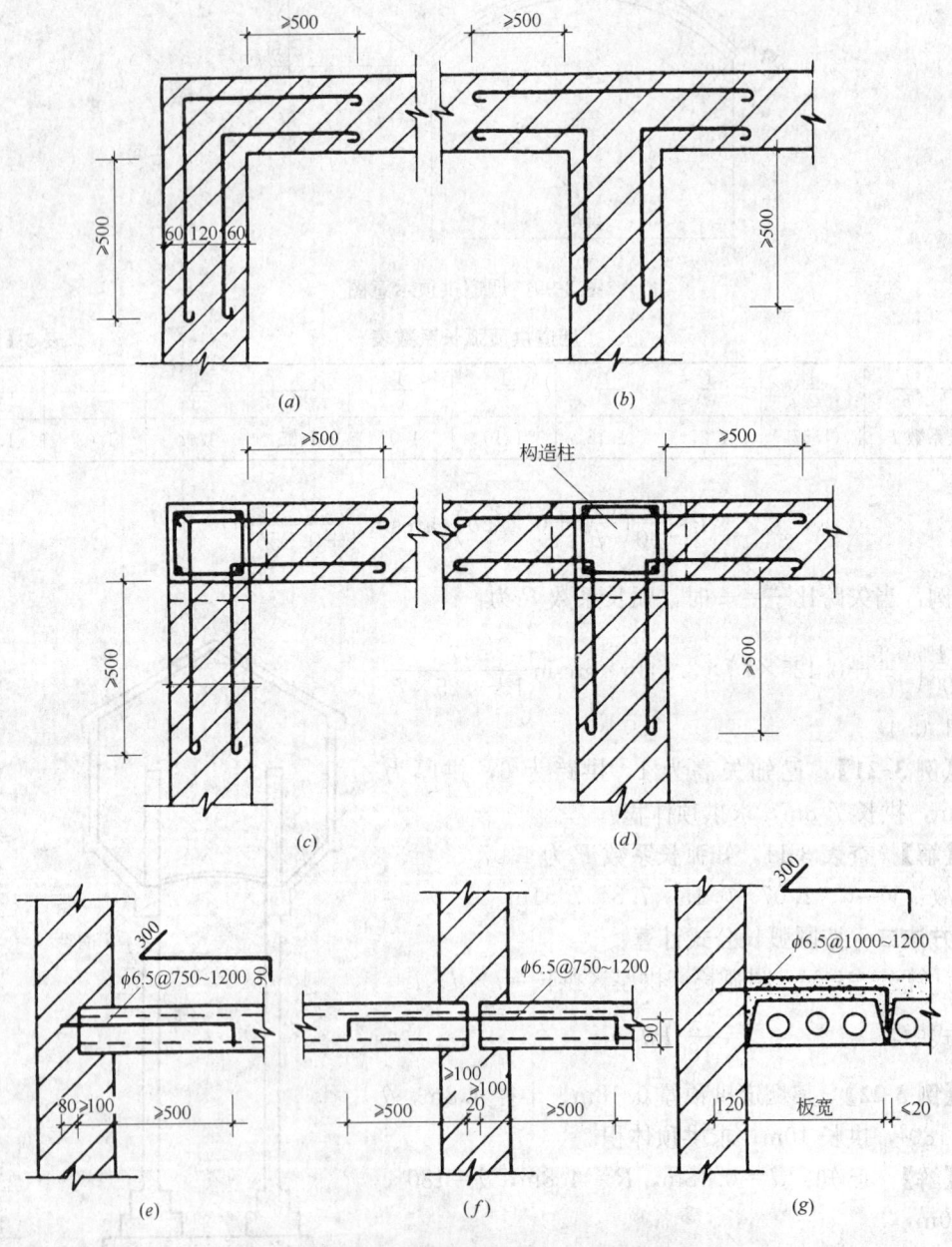

图 3-101 砌体内钢筋加固示意图
(a)砖墙转角处；(b)墙 T 形接头处；(c)有构造柱的墙转角处
(d)有构造柱的 T 形墙接头处；(e)板端与外墙连接；(f)板端内墙连接；(g)板与纵墙连接

第七节 混凝土及钢筋混凝土工程

一、现浇混凝土及钢筋混凝土模板工程量

1. 现浇混凝土及钢筋混凝土模板工程量,除另有规定者外,均应区别模板的不同材质,按混凝土与模板接触面积,以平方米计算。

说明:除了底面有垫层、构件(侧面有构件)及上表面不需支撑模板外,其余各个方向的面均应计算模板接触面积。

2. 现浇钢筋混凝土柱、梁、板、墙的支模高度(即室外地坪至板底或板面至板底之间的高度)以 3.6m 以内为准,超过 3.6m 以上部分,另按超过部分计算增加支撑工程量(见图 3-102)。

3. 现浇钢筋混凝土墙、板上单孔面积在 0.3m² 以内的孔洞,不予扣除,洞侧壁模板亦不增加;单孔面积在 0.3m² 以外时,应予扣除,洞侧壁模板面积并入墙、板模板工程量内计算。

4. 现浇钢筋混凝土框架的模板,分别按梁、板、柱、墙有关规定计算,附墙柱,并入墙内工程量计算。

5. 杯形基础杯口高度大于杯口大边长度的,套高杯基础模板定额项目(见图 3-103)。

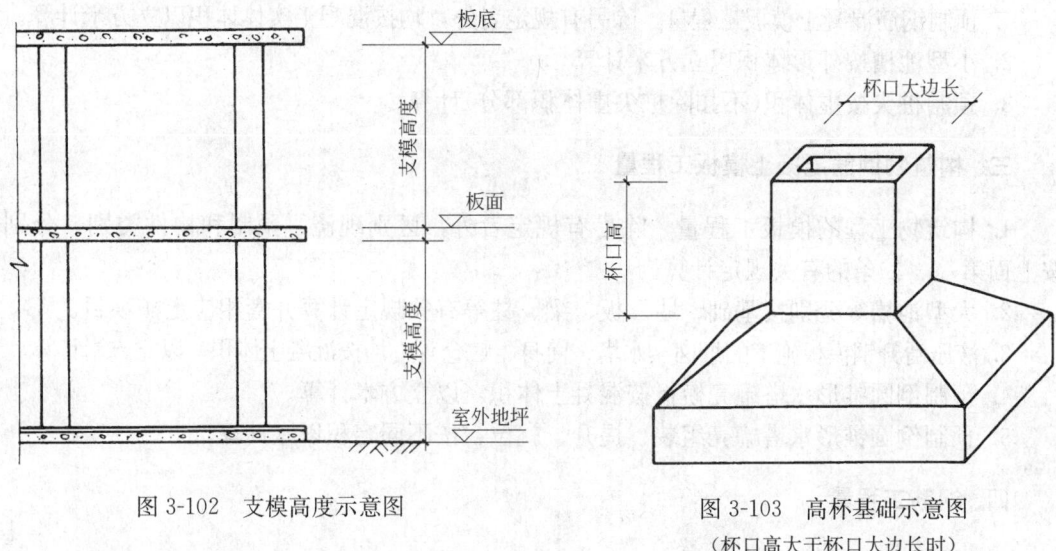

图 3-102 支模高度示意图　　　　图 3-103 高杯基础示意图
　　　　　　　　　　　　　　　　(杯口高大于杯口大边长时)

6. 柱与梁、柱与墙、梁与梁等连接的重叠部分以及伸入墙内的梁头、板头部分,均不计算模板面积。

7. 构造柱外露面均应按图示外露部分计算模板面积。构造柱与墙接触部分不计算模板面积(见图 3-104)。

8. 现浇钢筋混凝土悬挑板(雨篷、阳台)按图示外挑部分尺寸的水平投影面积计算。挑出墙外的牛腿梁及板边模板不另计算。

说明:"挑出墙外的牛腿梁及板边模板"在实际施工时需支模板,为了简化工程量计算,在编制该项定额时已经将该因素考虑在定额消耗内,所以工程量就不单独计算了。

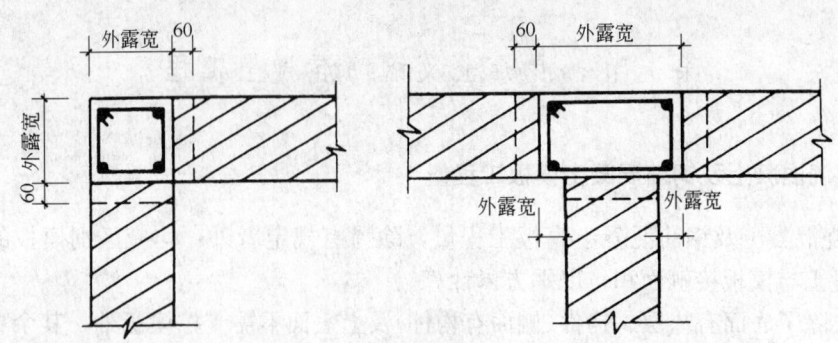

图 3-104 构造柱外露宽需支模板示意图

9. 现浇钢筋混凝土楼梯，以图示露明面尺寸的水平投影面积计算，不扣除小于 500mm 楼梯井所占面积。楼梯的踏步、踏步板、平台梁等侧面模板，不另计算。

10. 混凝土台阶不包括梯带，按图示台阶尺寸的水平投影面积计算，台阶端头两侧不另计算模板面积。

11. 现浇混凝土小型池槽按构件外围体积计算，池槽内、外侧及底部的模板不应另计算。

二、预制钢筋混凝土构件模板工程量

1. 预制钢筋混凝土模板工程量，除另有规定者外，均按混凝土实体体积以立方米计算。
2. 小型池槽按外形体积以立方米计算。
3. 预制桩尖按虚体积(不扣除桩尖虚体积部分)计算。

三、构筑物钢筋混凝土模板工程量

1. 构筑物工程的模板工程量，除另有规定者外，区别现浇、预制和构件类别，分别按上面第一、二条的有关规定计算。
2. 大型池槽等分别按基础、墙、板、梁、柱等有关规定计算并套相应定额项目。
3. 液压滑升钢模板施工的烟囱、水塔、筒身、贮仓等，均按混凝土体积，以立方米计算。
4. 预制倒圆锥形水塔罐壳模板按混凝土体积，以立方米计算。
5. 预制倒圆锥形水塔罐壳组装、提升、就位，按不同容积以座计算。

四、钢筋工程量

1. 计算钢筋工程量的有关规定

(1) 钢筋工程，应根据现浇、预制构件、不同钢种和规格，分别按设计长度乘以钢筋单位长度重量计算，单位为 t。

(2) 计算钢筋工程量时，设计已规定了钢筋搭接长度时，按规定搭接长度计算；设计未规定搭接长度时，其工程量已包括在钢筋的损耗率内，不另计算搭接长度。

2. 钢筋长度的确定

钢筋长度＝构件长度－保护层厚度×2＋弯钩长度×2＋弯起钢筋增加值(Δl)×2

(1) 钢筋的混凝土保护层

受力钢筋的混凝土保护层，应符合设计要求；当设计无具体要求时，其保护层厚度不应小于受力钢筋的直径,并应符合表 3-12 的要求。

钢筋混凝土保护层厚度(mm)　　　　　表 3-12

环境条件	构件类别	混凝土强度等级		
		≤C20	C25 及 C30	≥C35
室内正常环境	板、墙、壳	15		
	梁和柱	25		
露天或室内高湿度环境	板、墙、壳	35	25	15
	梁和柱	45	35	25
有垫层	基础	35		
无垫层		70		

注:1. 处于室内正常环境由工厂生产的预制构件,当混凝土的强度等级不低于 C20,且施工质量有可靠保证时,其保护层厚度可按表中规定数值减少 5mm,但预制构件的预应力钢筋(包括冷拔低碳钢丝)的保护层厚度不应小于 15mm;处于露天或室内高湿度环境中的预制构件,当表面另做水泥砂浆面层且有质量保证措施时,保护层厚度可按表中室内正常环境下的数值采用;
2. 预制钢筋混凝土受弯构件,钢筋端头的保护层厚度宜为 10mm;预制肋形板,其主肋的保护层厚度可按梁考虑;
3. 处于露天或室内高湿度环境中的构件,其混凝土强度等级不宜低于 C25,当非主要承重构件的混凝土强度等级采用 C20 时,其保护层厚度可按表中 C25 的规定值取用;
4. 板、墙、壳中分布钢筋的保护层厚度不应小于 10mm;梁、柱中箍筋和构造钢筋的保护层厚度不应小于 15mm;
5. 要求使用年限较长的重要建筑物和受沿海环境侵蚀的建筑物的承重结构,当处于露天或室内高湿度环境时,其保护层厚度应适当增加;
6. 有防火要求的建筑物,其保护层厚度应符合国家现行防火规范的有关规定。

(2) 钢筋的弯钩长度

HPB235 级钢筋末端需要做 180°、135°、90°弯钩时,其圆弧弯曲直径 D 不应小于钢筋直径 d 的 2.5 倍,平直部分长度不宜小于钢筋直径 d 的 3 倍(见图 3-109,当用于轻骨料混凝土结构时,其弯曲直径 D 不应小于钢筋直径 d 的 3.5 倍)。

由图 3-105 可见:

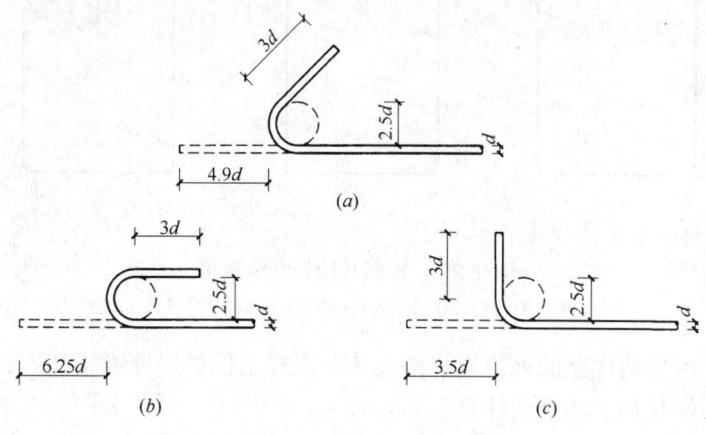

图 3-105　钢筋弯钩示意图
(a)135°斜弯钩;(b)180°半圆弯钩;(c)90°直弯钩

180°弯钩每个长度＝6.25d；
135°弯钩每个长度＝4.9d；
90°弯钩每个长度＝3.5d。
其中，d 为钢筋直径，单位为 mm。

(3) 弯起钢筋的增加长度

弯起钢筋的弯起角度，一般有 30°、45°、60° 三种，其弯起增加值是指斜长与水平投影长度之间的差值，见图 3-106。

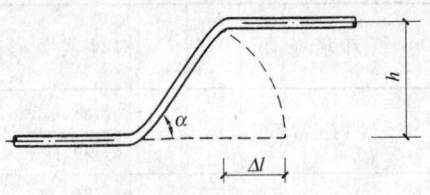

图 3-106 弯起钢筋增加长度示意图

弯起钢筋斜长及增加长度计算方法见表 3-13。

弯起钢筋斜长及增加长度计算表　　　　表 3-13

形 状				
计算方法	斜边长 s	$2h$	$1.414h$	$1.155h$
	增加长度 $s-l=\Delta l$	$0.268h$	$0.414h$	$0.577h$

(4) 箍筋长度

箍筋的末端应做弯钩，弯钩形式应符合设计要求。当设计无具体要求时，用 HPB235 级钢筋或冷拔低碳钢丝制作的箍筋，其弯钩的弯曲直径应大于受力钢筋直径，且不小于箍筋直径的 2.5 倍；弯钩平直部分的长度，对一般结构，不宜小于箍筋直径的 5 倍；对有抗震要求的结构，不应小于箍筋直径的 10 倍(图 3-107)。

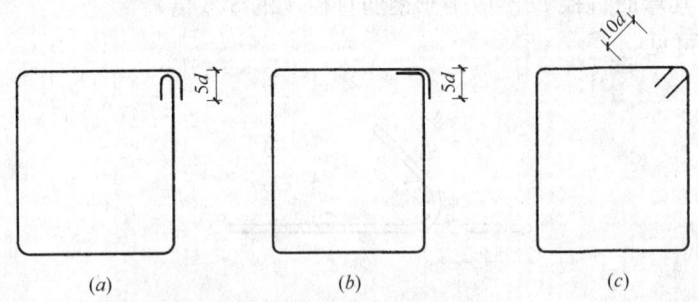

图 3-107 箍筋弯钩长度示意图
(a)90°/180°一般结构；(b)90°/90°一般结构；(c)135°/135°抗震结构

箍筋长度，可按构件断面外边周长减去 8 个混凝土保护层厚度再加弯钩长计算，也可按构件断面外边周长加上增减值计算，其公式为：

箍筋长度＝构件断面外边周长＋箍筋长度增减值

箍筋长度增减值调整表见表 3-14。

箍筋长度调整表(mm)　　　　　　　　　　表 3-14

形状	直径 d						备注
	4	6	6.5	8	10	12	
	Δl						
抗震结构	−88	−33	−20	22	78	133	$\Delta l=200-27.8d$
一般结构		−129	−93.5	−84.6	−58	−22.5	13	$\Delta l=200-17.75d$
		−140	−110	−103	−80	−50	−20	$\Delta l=200-15d$

注：本表根据《混凝土结构工程施工质量验收规范》(GB 50204)编制。保护层按 25mm 考虑。

（5）钢筋的绑扎接头

① 搭接长度的末端距钢筋弯折处，不得小于钢筋直径的 10 倍，接头不宜位于构件最大弯矩处。

② 受拉区域内，HPB235 级钢筋绑扎接头的末端应做弯钩，HRB335、HRB400 级钢筋可不做弯钩。

③ 直径不大于 12mm 的受压 HPB235 级钢筋的末端，以及轴心受压构件中任意直径的受力钢筋的末端，可不做弯钩，但搭接长度不应小于钢筋直径的 35 倍。

④ 钢筋搭接处，应在其中心和两端用钢丝扎牢。

⑤ 受拉钢筋绑扎接头的搭接长度，应符合表 3-15 的规定；受压钢筋绑扎接头的搭接长度，应取受拉钢筋绑扎接头搭接长度的 0.7 倍。

受拉钢筋绑扎接头的搭接长度　　　　　　　　表 3-15

钢筋类型		混凝土强度等级		
		C20	C25	高于 C25
HPB235 级钢筋		35d	30d	25d
月牙纹	HRB335 级钢筋	45d	40d	35d
	HRB400 级钢筋	55d	50d	45d
冷拔低碳钢丝		300mm		

注：1. 当 HRB335、HRB400 级钢筋直径 d 大于 25mm 时，其受拉钢筋的搭接长度应按表中数值增加 5d 采用；

2. 当螺纹钢筋直径 d 不大于 25mm 时，其受拉钢筋的搭接长度应按表中值减去 5d 采用；

3. 当混凝土在凝固过程中受力钢筋易受扰动时，其搭接长度宜适当增加；

4. 在任何情况下，纵向受拉钢筋的搭接长度不应小于 300mm；受压钢筋的搭接长度不应小于 200mm；

5. 轻骨料混凝土的钢筋绑扎接头搭接长度应按普通混凝土搭接长度增加 5d，冷拔低碳钢丝增加 50mm；

6. 当混凝土强度等级低于 C20 时，HPB235、HRB335 级钢筋的搭接长度应按表中 C20 的数值相应增加 10d，此时不宜采用Ⅲ级钢筋；

7. 对有一、二级抗震等级要求的受力钢筋，其搭接长度应增加 5d；

8. 两根直径不同钢筋的搭接长度，钢筋直径 d 按较细钢筋的直径计算。

(6) 钢筋的锚固长度(图 3-108)

非抗震结构纵向受拉钢筋的最小锚固长度见表 3-16。

抗震结构纵向受拉钢筋的最小锚固长度见表 3-17。

3. 钢筋重量计算

(1) 钢筋的理论重量

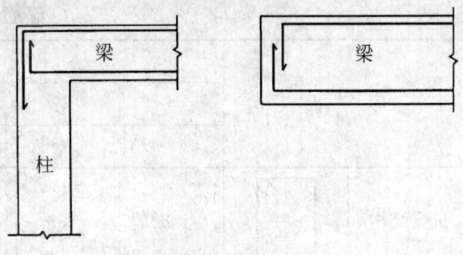

图 3-108 锚固钢筋示意图

非抗震结构纵向受拉钢筋最小锚固长度 l_a(mm) 表 3-16

钢 筋 类 型		混凝土强度等级			
		C15	C20	C25	≥C30
HPB235 级钢筋		40d	30d	25d	20d
月牙纹 (d≤25)	HRB335 级钢筋	50d	40d	35d	30d
	HRB400 级钢筋	—	45d	40d	35d
月牙纹 (d>25)	HRB335 级钢筋	55d	45d	40d	35d
	HRB400 级钢筋	—	50d	45d	40d
螺纹 (d≤25)	HRB335 级钢筋	45d	35d	30d	25d
	HRB400 级钢筋	—	40d	35d	30d
冷拔低碳钢丝		250			
最小锚固长度		250			
混凝土在凝固过程中易受扰动时(如滑模)		受力钢筋的锚固长度宜适当增加			

抗震结构纵向受拉钢筋的最小锚固长度 l_{aE}(mm) 表 3-17

钢 筋 类 型		一、二级抗震		
		C20	C25	≥C30
HPB235 级钢筋		35d	30d	25d
月牙纹 (d≤25)	HRB335 级钢筋	45d	40d	35d
	HRB400 级钢筋	50d	45d	40d
月牙纹 (d>25)	HRB335 级钢筋	50d	45d	40d
	HRB400 级钢筋	55d	50d	45d
螺纹 (d≤25)	HRB335 级钢筋	40d	35d	30d
	HRB400 级钢筋	45d	40d	35d

注：1. 当有三、四级抗震等级要求时，纵向钢筋的最小锚固长度与非抗震相同。
 2. 对于有一、二级抗震等级要求的构件钢筋，$l_{aE}=l_a+5d$。

钢筋的理论重量＝钢筋长度×每米重量

式中 单位长度重量＝$0.006165d^2$❶，kg/m；

---

❶ 钢筋的密度为 $7.85t/m^3$。

d——钢筋直径，mm。

(2) 钢筋工程量计算

钢筋工程量＝相同规格钢筋长度×相同规格钢筋每米重量

【例 3-23】 根据图 3-109，计算 8 根现浇 C20 钢筋混凝土矩形梁的钢筋工程量，混凝土保护层厚度为 25mm。

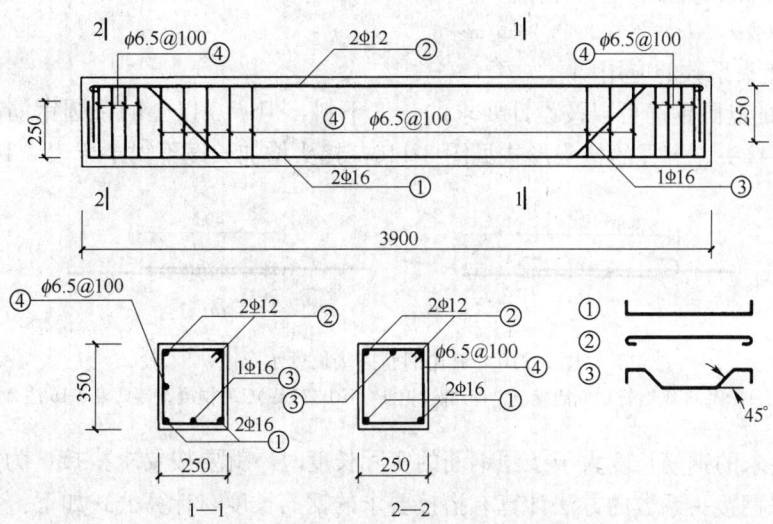

图 3-109　现浇 C20 钢筋混凝土矩形梁

【解】 (1) 计算一根矩形梁的钢筋长度

①号筋(2Φ16)

$$l=(3.90-0.025\times2+0.25\times2)\times2=4.35\times2=8.70\text{m}$$

②号筋(2Φ12)

$$l=(3.90-0.025\times2+0.012\times6.25\times2)\times2=4.0\times2=8.0\text{m}$$

③号筋(1Φ16)

弯起钢筋增加值计算，查表 3-13，得

$$l=3.90-0.025\times2+0.25\times2+(0.35-0.025\times2-0.016)\times0.414^*\times2$$
$$=4.35+0.284\times0.414^*\times2$$
$$=4.35+0.24$$
$$=4.59\text{m}$$

④号筋(φ6.5@100、φ6.5@200)

箍筋根数按图 3-109 所示并查表 3-14 计算，得

箍筋根数＝(3.90－0.025×2－0.10×3×2 端－0.20×2 端)÷0.20＋1 根＋4 根×2 端
　　　　＝14.25＋1＋8
　　　　≈24 根

所以，箍筋长度＝(0.35＋0.25)×2－0.02*＝1.18m

$$l=1\text{ 根箍筋长度}\times\text{根数}=1.18\times24=28.32\text{m}$$

(2) 计算 8 根矩形梁的钢筋重量

87

Φ16：(8.7+4.59)×8根梁×1.58kg/m=167.99kg

Φ12：8.0×8×0.888kg/m=56.83kg

φ6.5：28.32×8×0.26kg/m=58.91kg

8根梁的总钢筋重量=167.99+56.834+58.91≈284kg

注：Φ16钢筋每米重：$0.006165 \times 16^2 = 1.58$ kg/m

Φ12钢筋每米重=$0.006165 \times 12^2 = 0.888$ kg/m

φ6.5钢筋每米重=$0.006165 \times 6.5^2 = 0.26$ kg/m

4．钢筋接头系数的应用

φ10以内的盘圆钢筋可以按设计要求的长度下料，但φ10以上的条圆钢筋超过一定的长度后就需要接头，绑扎的接头形式见图3-110，接头增加长度不得小于表3-15的规定。

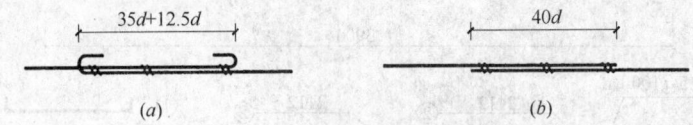

图3-110 绑扎钢筋搭接长度示意图

(a)HPB235级钢筋C20混凝土；(b)螺纹钢筋(HRB335级)C20混凝土，见表3-15注2

当设计要求的钢筋长度大于条圆钢筋的实际长度时，就要按要求搭接。为了简化计算过程，可以采用接头系数的方法计算有搭接要求的钢筋长度，计算公式如下：

$$钢筋接头系数 = \frac{钢筋单根长度}{钢筋单根长度 - 接头长度}$$

例如，某地区规定直径25mm以内的条圆每8m长算一个接头；直径25mm以上的条圆每6m长算一个接头，其他条件符合图3-110所示要求，其钢筋接头系数见表3-18。

钢筋接头系数表　　　　　　　　　　　　表3-18

钢筋直径(mm)	绑扎接头		钢筋直径(mm)	绑扎接头		钢筋直径(mm)	绑扎接头	
	有弯钩	无弯钩		有弯钩	无弯钩		有弯钩	无弯钩
10	1.063	1.053	20	1.135	1.111	28	1.285	1.266
12	1.077	1.064	22	1.150	1.124	30	1.311	1.290
14	1.091	1.075	24	1.166	1.136			
16	1.105	1.087	25	1.174	1.143			
18	1.120	1.099	26	1.259	1.242			

注：1．根据上述条件，直径25mm以内有弯钩钢筋的搭接长度系数：$K_d = \frac{8}{8 - 47.5d}$（d以m为单位，下同），直径25mm以上有弯钩钢筋的搭接长度系数：$K_d = \frac{6}{6 - 47.5d}$；

2．直径25mm以内无弯钩钢筋的搭接长度系数：$K_d = \frac{8}{8 - 40d}$，由表3-15中注1．说明修正搭接长度后，直径25mm以上无弯钩钢筋(HRB335、HRB400级钢筋)的搭接长度系数：$K_d = \frac{6}{6 - 45d}$

3．上述是受拉钢筋绑扎的搭接长度，调整值见表3-15，受压钢筋绑扎的搭接长度是受拉钢筋搭接长度的0.7倍。

【例 3-24】 某工程圈梁钢筋按施工图计算的长度为：Φ14，长 184m；φ12，长 184m。按表 3-18 的规定计算含搭接长度的钢筋总长度。

【解】 Φ14 属无弯钩钢筋，$l = 184 \times 1.075^* = 197.8$m

φ12 属有弯钩钢筋，$l = 184 \times 1.077^* = 198.17$m

5. 预应力钢筋

先张法预应力钢筋，按构件外形尺寸计算长度，后张法预应力钢筋按设计图纸规定的预应力钢筋预留孔道长度，并根据不同的锚具类型分别按下列规定计算：

（1）低合金钢筋两端采用螺杆锚具时，预应力钢筋按预留孔道长度减 0.35m 计算，螺杆另行计算。

（2）低合金钢筋一端采用镦头插片，另一端采用螺杆锚具时，预应力钢筋长度按预留孔长度计算，螺杆另行计算。

（3）低合金钢筋一端采用镦头插片，另一端采用帮条锚具时，预应力钢筋长度按增加 0.15m 计算；两端均采用帮条锚具时，预应力钢筋长度按共增加 0.3m 计算。

（4）低合金钢筋采用后张混凝土自锚时，预应力钢筋长度按增加 0.35m 计算。

（5）低合金钢筋或钢绞线采用 JM、XM、QM 型锚具，当孔道长度在 20m 以内时，预应力钢筋长度按增加 1m 计算；当孔道长度在 20m 以上时，预应力钢筋长度按增加 1.8m 计算。

（6）碳素钢丝采用锥形锚具，当孔道长在 20m 以内时，预应力钢丝长度增加 1m；孔道长度在 20m 以上时，预应力钢丝长度增加 1.8m。

（7）碳素钢丝两端采用镦粗头时，预应力钢丝长度按增加 0.35m 计算。

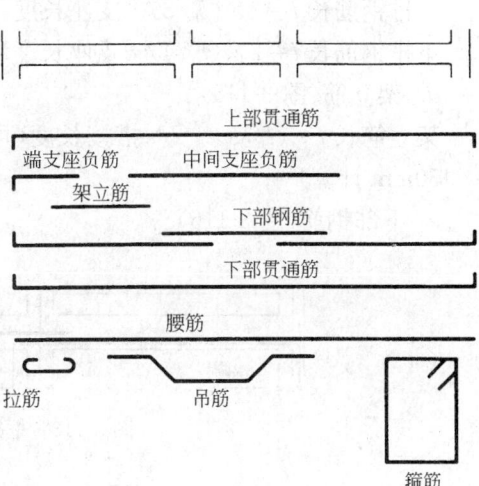

6. 平法钢筋工程量计算

（1）梁构件

① 在平法楼层框架梁中常见的钢筋形状见图 3-111。

图 3-111 平法楼层框架梁常见钢筋形状示意图

② 钢筋长度计算方法 平法楼层框架梁常见的钢筋计算方法有以下几种：

a. 上部贯通筋（图 3-112）

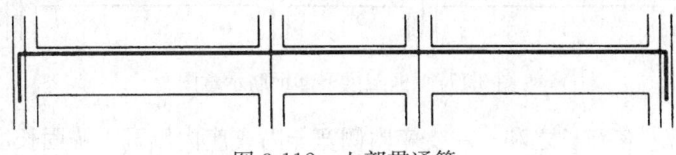

图 3-112 上部贯通筋

上部贯通筋长 l = 各跨长之和 − 左支座内侧宽 − 右支座内侧宽 + 锚固长度 + 搭接长度

锚固长度取值：

- 当支座宽度 − 保护层 ≥ l_{aE} 且 ≥ $0.5h_c + 5d$ 时，锚固长度 = $\max\{l_{aE}, 0.5h_c + 5d\}$；
- 当支座宽度 − 保护层 < l_{aE} 时，锚固长度 = 支座宽度 − 保护层 + 15d。

说明：h_c 为柱宽，d 为钢筋直径。

b. 端支座负筋（图 3-113）

上排钢筋长 $l = l_n/3 + 锚固长度$

下排钢筋长 $l = l_n/4 + 锚固长度$

说明：l_n 为梁净跨长，锚固长度同上部贯通筋。

c. 中间支座负筋（图 3-114）

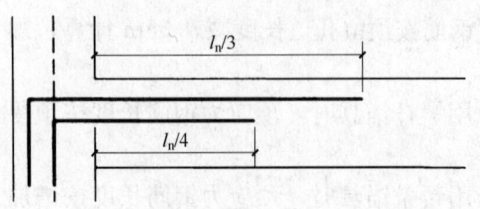

图 3-113 端支座负筋示意图

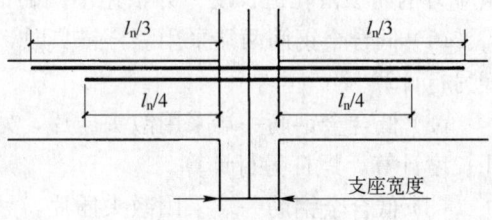

图 3-114 中间支座示意图

上排钢筋长 $l = 2 \times (l_n/3) + 支座长度$

下排钢筋长 $l = 2 \times (l_n/4) + 支座长度$

d. 架立筋（图 3-115）

架立筋长 $l = (l_n/3) + 2 \times 搭接长度$（可按 $2 \times 150 \text{mm}$ 计算）

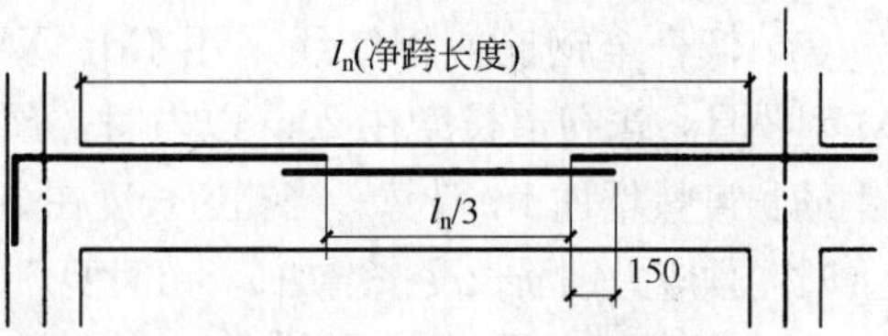

e. 下部钢筋（图 3-116）

图 3-115 架立筋示意图

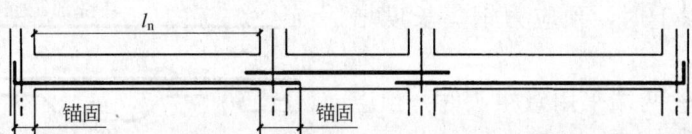

图 3-116 框架梁下部钢筋示意图

$$下部钢筋长 = \sum_{i=1}^{n} \left[净跨长 + 2 \times 锚固长度（或 0.5h_c + 5d）\right]_i$$

f. 下部贯通筋（图 3-117）

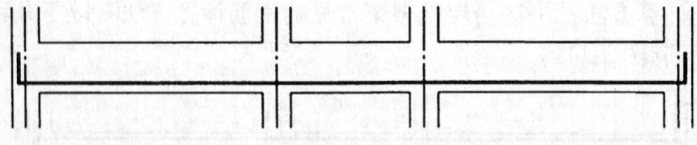

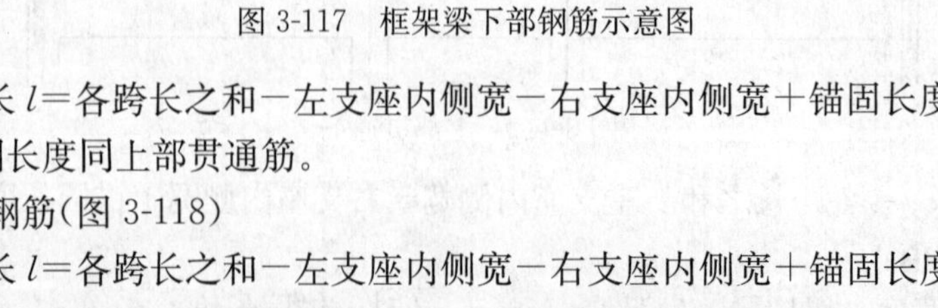

图 3-117 框架梁下部钢筋示意图

下部贯通筋长 $l = 各跨长之和 - 左支座内侧宽 - 右支座内侧宽 + 锚固长度 + 搭接长度$

说明：锚固长度同上部贯通筋。

g. 梁侧面钢筋（图 3-118）

梁侧面钢筋长 $l = 各跨长之和 - 左支座内侧宽 - 右支座内侧宽 + 锚固长度 + 搭接长度$

说明：当为侧面构造钢筋时，搭接与锚固长度为 $15d$；当为侧面受扭纵向钢筋时，锚固长度同框架梁下部钢筋。

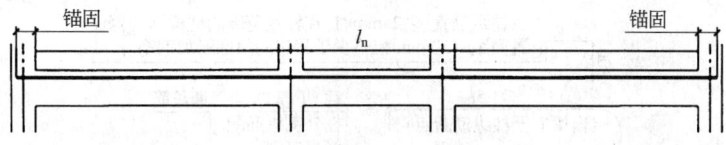

图 3-118 框架梁侧面钢筋示意图

h. 拉筋（图 3-119）

$$拉筋长度\ l = 梁宽 - 2 \times 保护层 + 2 \times 11.9d + d$$

$$拉筋根数\ n = (梁净跨长 - 2 \times 50)/(箍筋非加密间距 \times 2) + 1$$

i. 吊筋（图 3-120）

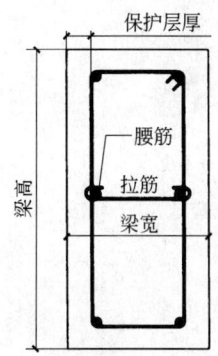
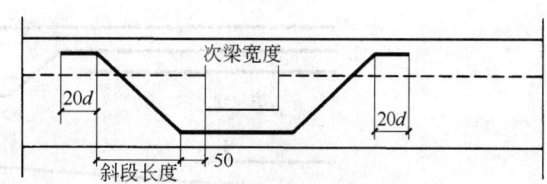

图 3-119 框架梁内拉筋示意图　　　图 3-120 框架梁内吊筋示意图

$$吊筋长度\ l = 2 \times 20d(锚固长度) + 2 \times 斜段长度 + 次梁宽度 + 2 \times 50$$

说明：当梁高≤800mm 时，斜段长度 $=(梁高 - 2 \times 保护层)/\sin 45°$

当梁高>800mm 时，斜段长度 $=(梁高 - 2 \times 保护层)/\sin 60°$

j. 箍筋（图 3-121）

$$箍筋长度\ l = 2 \times (梁高 - 2 \times 保护层 + 梁宽 - 2 \times 保护层) + 2 \times 11.9d + 4d$$

$$箍筋根数\ n = 2 \times [(加密区长度 - 50)/加密区间距 + 1]$$

$$+ (非加密区长度/非加密区间距 - 1)$$

图 3-121 框架梁内箍筋示意图

说明：当为一级抗震时，箍筋加密区长度为 $\max\{2 \times 梁高, 500\}$

当为二~四级抗震时，箍筋加密区长度为 $\max\{1.5 \times 梁高, 500\}$。

k. 屋面框架梁钢筋（图 3-122）

$$屋面框架梁纵筋端部锚固长度\ l = 柱宽 - 保护层 + 梁高 - 保护层$$

③ 悬臂梁钢筋计算（图 3-123、图 3-124、图 3-125）❶

$$箍筋长度\ l = 2 \times [(H + H_b)/2 - 2 \times 保护层 + 挑梁宽 - 2 \times 保护层] + 11.9d + 4d$$

$$箍筋根数\ n = (l - 次梁宽 - 2 \times 50)/箍筋间距 + 1$$

---

❶ a. 当纯悬挑梁的纵向钢筋直锚长度≥l_a 且≥$0.5h_c + 5d$ 时，可不必上下弯锚；当直锚伸至对边仍不足 l_a 时，则应按图示弯锚；当直锚伸至对边仍不足 $0.45l_a$ 时，则应采用较小直径的钢筋。

b. 当悬挑梁由屋框架梁延伸出来时，其配筋构造应由设计者补充。

c. 当梁的上部设有第三排钢筋时，其延伸长度应由设计者注明。

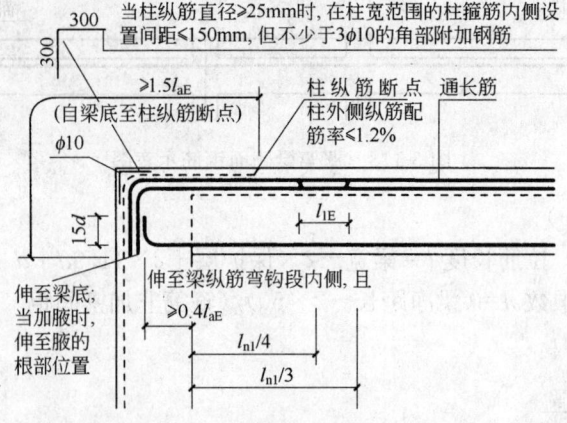

图 3-122 屋面框架梁钢筋示意图

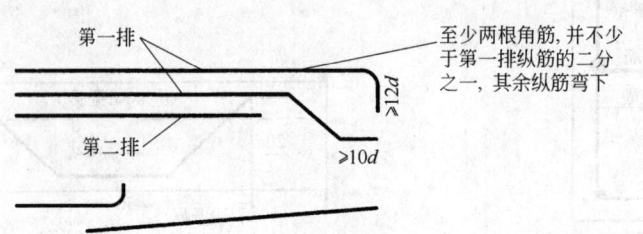

图 3-123 悬臂梁钢筋示意图(一)

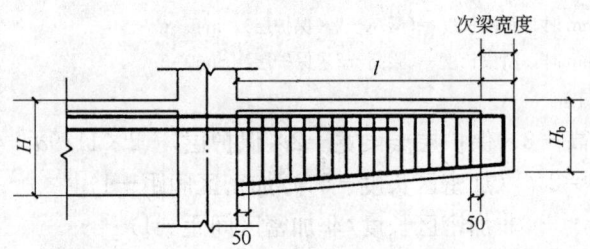

图 3-124 悬臂梁钢筋示意图(二)

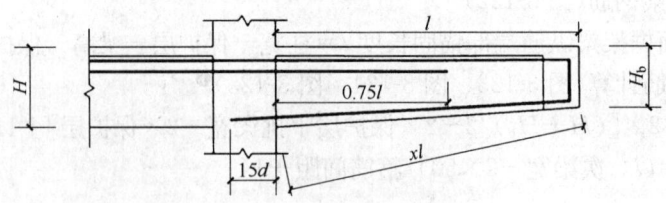

图 3-125 悬臂梁钢筋示意图(三)

上部上排钢筋 $l=l_n/3+$支座宽$+l-$保护层$+H_b-2\times$保护层$(\geqslant 12d)$

上部下排钢筋 $l=l_n/4+$支座宽$+0.75l$

下部钢筋 $l=15d+xl-$保护层

(2) 柱构件

平法柱钢筋主要是纵筋和箍筋两种形式，不同的部位有不同的构造要求。每种类型的柱，其纵筋都会分为基础、首层、中间层和顶层四个部分来设置。

① 基础部位钢筋计算（图 3-126）

基础插筋 $l=$ 基础高度－保护层＋基础弯折 $a(\geqslant 150\text{mm})$
＋基础钢筋外露长度 $H_n/3$（H_n 指楼层净高）
＋搭接长度（焊接时为 0）

② 首层柱钢筋计算（图 3-127）

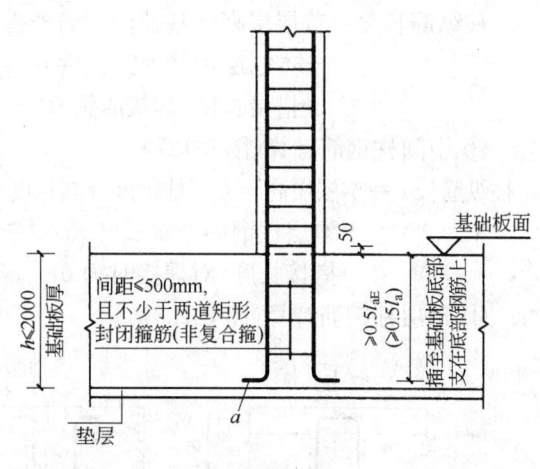

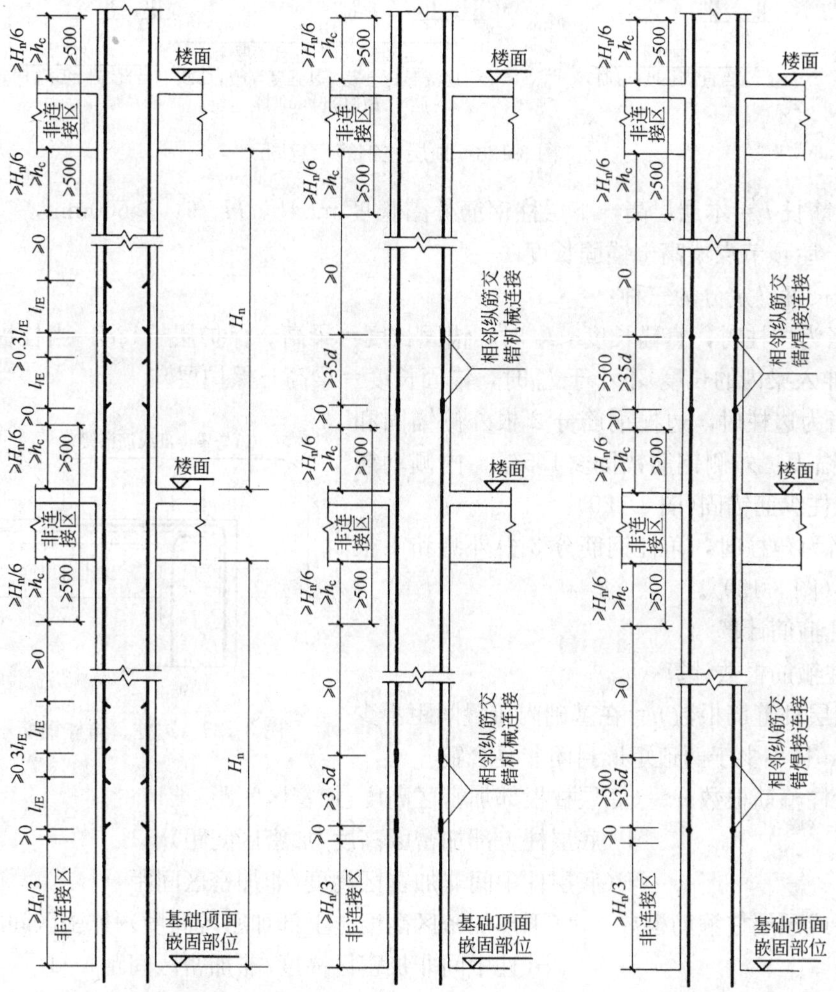

图 3-126 柱插筋构造示意图

图 3-127 框架柱钢筋示意图

柱纵筋长度＝首层层高－基础柱钢筋外露长度 $H_n/3$
　　　　　　＋本柱层钢筋外露长度 max$\{\geqslant H_n/6，\geqslant 500\text{mm}，\geqslant$柱截面长边尺寸$\}$
　　　　　　＋搭接长度（焊接时为0）

③ 中间柱钢筋计算（图3-127）

柱纵筋长 l＝本层层高－下层柱钢筋外露长度 max$\{\geqslant H_n/6，\geqslant 500\text{mm}，\geqslant$柱截面长边尺寸$\}$
　　　　　　＋本层柱钢筋外露长度 max$\{\geqslant H_n/6，\geqslant 500\text{mm}，\geqslant$柱截面长边尺寸$\}$
　　　　　　＋搭接长度（对焊接时为0）

④ 顶层柱钢筋计算（图3-128）

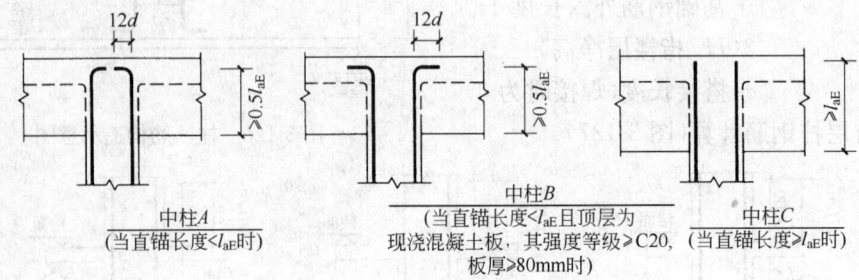

图 3-128　顶层柱钢筋示意图

柱纵筋长 l＝本层层高－下层柱钢筋外露长度 max$\{\geqslant H_n/6，\geqslant 500\text{mm}，\geqslant$柱截面长边尺寸$\}$－屋顶节点梁高＋锚固长度

锚固长度确定分为三种：

a. 当为中柱时，直锚长度$<l_{aE}$时，锚固长度＝梁高－保护层＋$12d$；当柱纵筋的直锚长度（即伸入梁内的长度）不小于 l_{aE} 时，锚固长度＝梁高－保护层。

b. 当为边柱时，边柱钢筋分2根外侧锚固和2根内侧锚固。外侧钢筋锚固$\geqslant 1.5l_{aE}$，内侧钢筋锚固同中柱纵筋锚固（图3-129）。

c. 当为角柱时，角柱钢筋分3根外侧和1根内侧锚固（图3-129）。

⑤ 柱箍筋计算

a. 柱箍筋根数计算

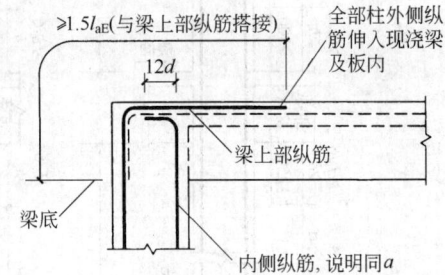

图 3-129　边柱、角柱钢筋示意图

基础层柱箍筋根数 n＝在基础内布置间距不少于500mm且不少于两道矩形封闭非复合箍

底层柱箍筋根数 n＝（底层柱根部加密区高度/加密区间距）＋1
　　　　　　＋（底层柱上部加密区高度/加密区间距）＋1
　　　　　　＋（底层柱中间非加密区高度/非加密区间距）－1

楼层或顶层柱箍筋根数 n＝（下部加密区高度＋上部加密区高度）/加密区间距＋2
　　　　　　＋（柱中间非加密区高度/非加密区间距）－1

b. 非复合箍筋长度计算（图3-130）

各种非复合箍筋长度计算如下（图中尺寸均已扣除保护层厚度）：

1号图矩形箍筋长为

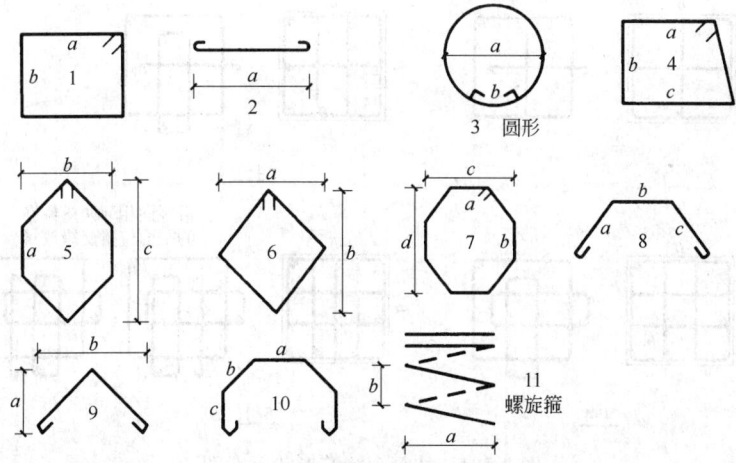

图 3-130 柱非复合箍筋形状示意图

$$l=2\times(a+b)+2\times 弯钩长+4d$$

2 号图一字形箍筋长为

$$l=a+2\times 弯钩长+d$$

3 号图圆形箍筋长为

$$l=3.1416\times(a+d)+2\times 弯钩长+搭接长度$$

4 号图梯形箍筋长为

$$l=a+b+c+\sqrt{(c-a)^2+b^2}+2\times 弯钩长+4d$$

5 号图六边形箍筋长为

$$l=2\times a+2\times\sqrt{(c-a)^2+b^2}+2\times 弯钩长+6d$$

6 号图平行四边形箍筋长为

$$l=2\times\sqrt{a^2+b^2}+2\times 弯钩长+4d$$

7 号图八边形箍筋长为

$$l=2\times(a+b)+2\times\sqrt{(c-a)^2+(d-b)^2}+2\times 弯钩长+8d$$

8 号图八字形箍筋长为

$$l=a+b+c+2\times 弯钩长+4d$$

9 号图转角形箍筋长为

$$l=2\times\sqrt{a^2+b^2}+2\times 弯钩长+3d$$

10 号图门字形箍筋长

$$l=a+2(b+c)+2\times 弯钩长+6d$$

11 号图螺旋形箍筋长

$$l=\sqrt{[3.14\times(a+d)]^2+b^2}\times 柱高/螺距\ b$$

c. 复合箍筋长度计算(图 3-131)

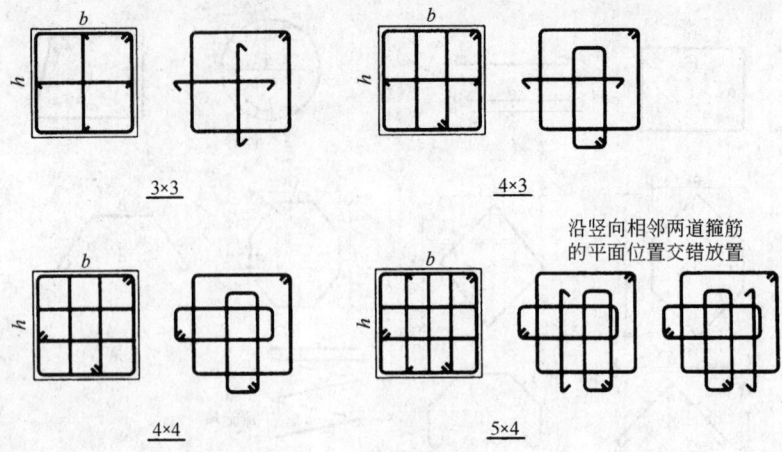

图 3-131 柱复合箍筋形状示意图

3×3 箍筋长为

外箍筋长 $l=2\times(b+h)-8\times$ 保护层 $+2\times$ 弯钩长 $+4d$

内一字箍筋长 $=(h-2\times$ 保护层 $+2\times$ 弯钩长 $+d)+(b-2\times$ 保护层 $+2\times$ 弯钩长 $+d)$

4×3 箍筋长为

外箍筋长 $l=2\times(b+h)-8\times$ 保护层 $+2\times$ 弯钩长 $+4d$

内矩形箍筋长 $l=[(b-2\times$ 保护层$)/3+d+h-2\times$ 保护层 $+d]\times2+2\times$ 弯钩长

内一字箍筋长 $l=b-2\times$ 保护层 $+2\times$ 弯钩长 $+d$

4×4 箍筋长为

外箍筋长 $l=2\times(b+h)-8\times$ 保护层 $+2\times$ 弯钩长 $+4d$

内矩形箍筋长 $l_1=[(b-2\times$ 保护层$)/3+d+h-2\times$ 保护层 $+d]\times2+2\times$ 弯钩长

内矩形箍筋长 $l_2=[(h-2\times$ 保护层$)/3+d+b-2\times$ 保护层 $+d]\times2+2\times$ 弯钩长

5×4 箍筋长为

外箍筋长 $l=2\times(b+h)-8\times$ 保护层 $+2\times$ 弯钩长 $+4d$

内矩形箍筋长 $l_1=[(b-2\times$ 保护层$)/3+d+h-2\times$ 保护层 $+d]\times2+2\times$ 弯钩长

内矩形箍筋长 $l_2=[(h-2\times$ 保护层$)/3+d+b-2\times$ 保护层 $+d]\times2+2\times$ 弯钩长

内一字箍筋长 $l=h-2\times$ 保护层 $+2\times$ 弯钩长 $+d$

(3) 板构件

① 板中钢筋计算

板底受力钢筋长 $l=$ 板跨净长 $+$ 两端锚固 $\max\{1/2$ 梁宽，$5d\}$

板底受力钢筋根数 $n=($ 板跨净长 $-2\times50)/$ 布置间距 $+1$

板面受力钢筋长 $l=$ 板跨净长 $+$ 两端锚固

板面受力钢筋根数 $n=($ 板跨净长 $-2\times50)/$ 布置间距 $+1$

说明：板面受力钢筋在端支座的锚固长度，结合平法和施工实际情况，大致有以下 4 种构造。

a. 直接取 l_a；

b. $0.4\times l_a+15d$；

c. 梁宽＋板厚－2×保护层；

d. 1/2梁宽＋板厚－2×保护层。

② 板负筋计算(图3-132)

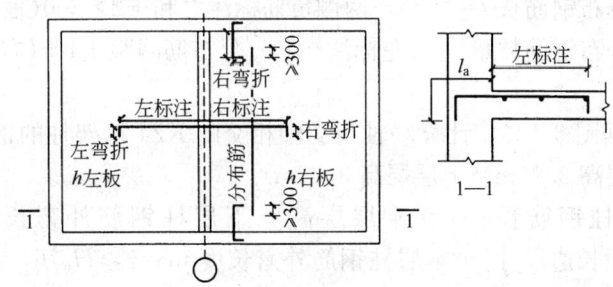

图3-132 板支座负筋分布筋示意图

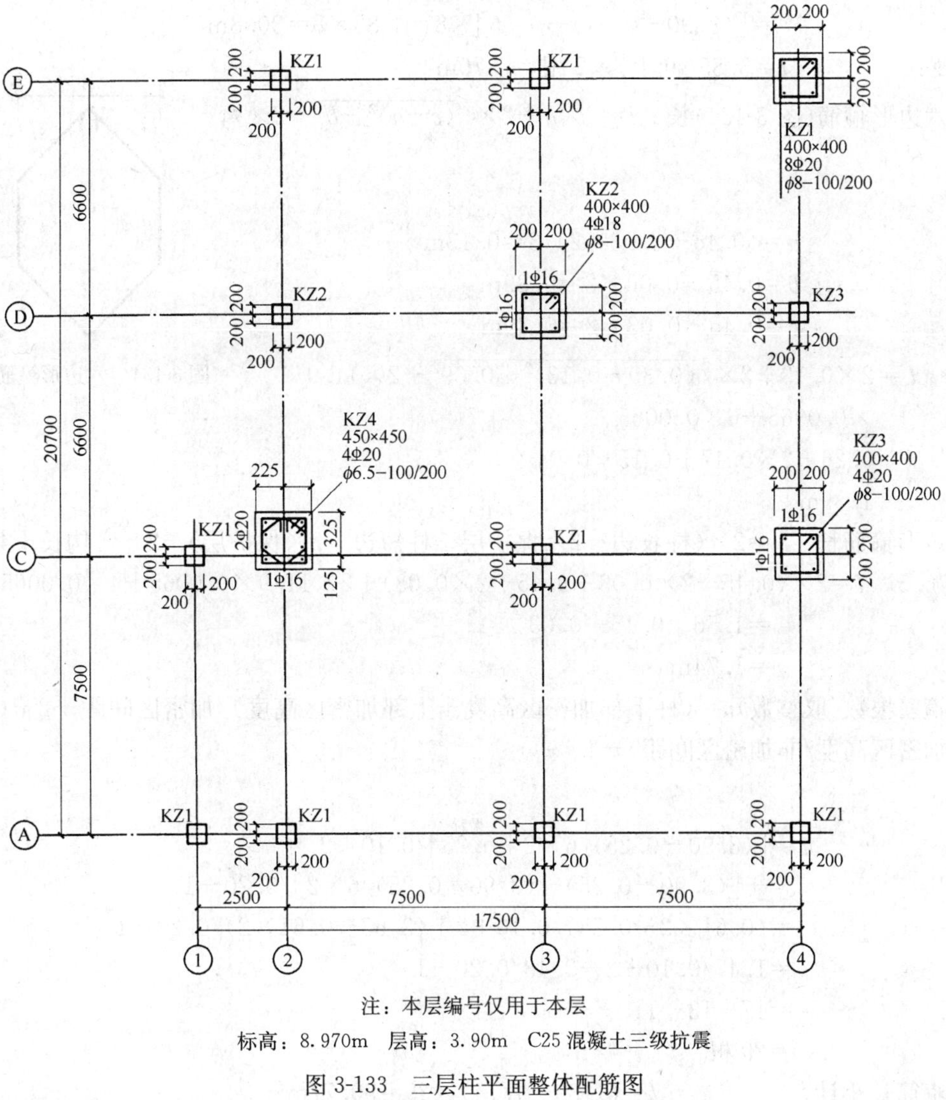

图3-133 三层柱平面整体配筋图

注：本层编号仅用于本层

标高：8.970m 层高：3.90m C25 混凝土三级抗震

板边支座负筋长 l=左标注(右标注)+左弯折(右弯折)+锚固长度(同板面钢筋锚固取值)
板中间支座负筋长 l=左标注+右标注+左弯折+右弯折+支座宽度

③ 板负筋分布钢筋计算(图3-132)

中间支座负筋分布钢筋长 l=净跨-两侧负筋标注之和+2×300(根据图纸实际情况)

中间支座负筋分布钢筋数量 n=(左标注-50)/分布筋间距+1+(右标注-50)/分布筋间距+1

【例3-25】 根据图3-133,计算ⓒ轴与②轴相交的KZ4框架柱的钢筋工程量(柱纵筋为对焊连接,柱本层高3.90m,上层层高3.60m)。

【解】 中间层柱钢筋长 l=本层层高-下层柱钢筋外露长度 $\max\{\geqslant H_n/6, \geqslant 500mm, \geqslant 柱截面长边尺寸\}$+本层柱钢筋外露长度 $\max\{\geqslant H_n/6, \geqslant 500mm, \geqslant 柱截面长边尺寸\}$+搭接长度(焊接时为0)

ϕ20　　$l=[3.90-\overset{梁高}{(3.90-0.25)}/6+\overset{梁高}{(3.60-0.25)}/6]\times 8$ 根
　　　　$=[(3.90-0.61)+0.56]\times 8=3.85\times 8=30.8m$

ϕ16　　$l=3.85(同上)\times 2$ 根 $=7.70m$

六边形箍筋(图3-134)长 $l=2\times a+2\times\sqrt{(c-a)^2+b^2}+2\times$弯钩长$+6d$

其中:
$$a=(0.45-0.03\times 2)/3=0.13m$$
$$b=0.45-0.03\times 2=0.39m$$
$$c=0.45-0.03\times 2=0.39m$$
$$l=2\times 0.13+2\times\sqrt{(0.39-0.13)^2+0.39^2}+2\times 11.9$$
$$\times 0.0065+6\times 0.0065$$
$$=0.26+2\times 0.47+0.15+0.04$$
$$=1.39m$$

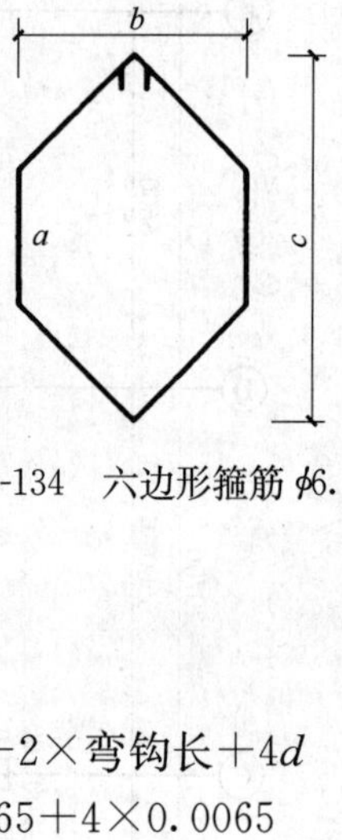

图3-134 六边形箍筋 ϕ6.5

矩形箍筋长 $l=2\times(柱长边-2\times保护层+柱短边-2\times保护层)+2\times弯钩长+4d$

ϕ6.5　　$l=2\times(0.45-2\times 0.03+0.45-2\times 0.03)+2\times 11.9\times 0.0065+4\times 0.0065$
　　　　　$=1.56+0.15+0.03$
　　　　　$=1.74m$

箍筋根数(取整数)n=(柱下部加密区高度+上部加密区高度)/加密区间距+2+(柱中间非加密区高度/非加密区间距)-1

故
$$n=[\overset{梁高}{(3.90-0.25)}/6\times 2+0.25]/0.10+2$$
$$+[(3.90-0.25)-(3.90-0.25)/6\times 2]/0.20-1$$
$$=(0.61\times 2+0.25)/0.10+2+(3.65-0.61\times 2)/0.20-1$$
$$=1.47/0.10+2+2.43/0.20-1$$
$$=17+13-1$$
$$=29 根$$

箍筋长小计　　$l=(1.39+1.74)\times 29=90.77m$

KZ4 钢筋重：
Φ20　　　　　　　　　　30.80×2.47=76.08kg
Φ16　　　　　　　　　　7.70×2.00=15.40kg
φ6.5　　　　　　　　　 90.77×0.26=23.60kg
重小计：115.08kg

【例 3-26】 根据图 3-135，计算ⓒ轴与②轴相交的 KZ3 框架柱钢筋工程量（柱纵筋为对焊连接，本层层高 3.60m）。

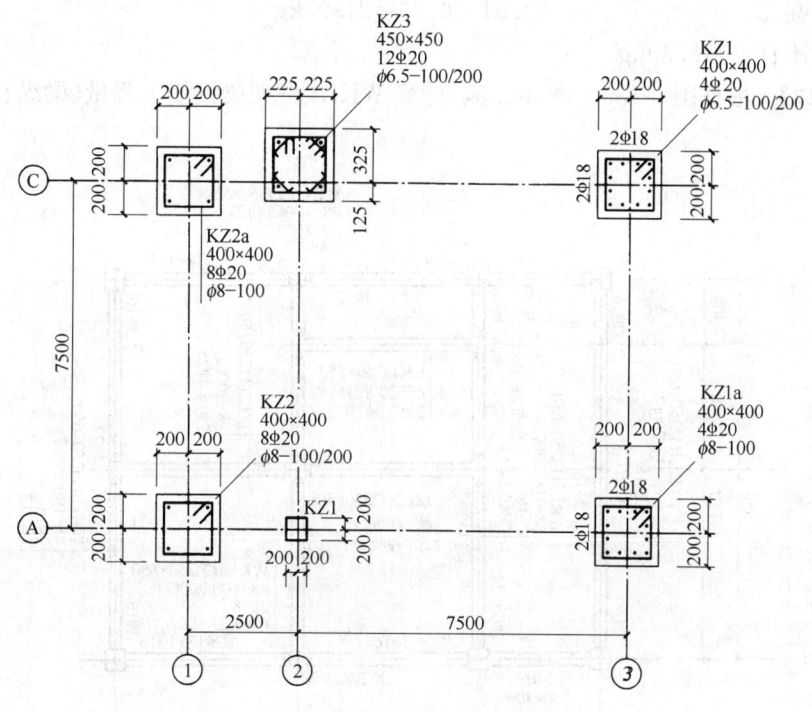

注：本层编号仅用于本层

标高：12.870m　层高：3.60m　C25 混凝土三级抗震

图 3-135　四层柱平面整体配筋图

【解】 顶层柱钢筋长 l=本层层高－下层柱钢筋外露长度 max{≥H_n/6，≥500mm，≥柱截面长边尺寸}－屋顶节点梁高＋锚固长度

Φ20　l=[3.60－(3.60－0.25)/6－0.25+(0.25－0.03+12×0.02)]×12
　　　　＝(3.04－0.25＋0.25－0.03＋0.24)×12
　　　　＝3.25×12
　　　　＝39.00m

六边形箍筋长　l＝（同例 3-25）
φ6.5　　　　　　　　　　　　　　　　　l＝1.39m

矩形箍筋长　l＝（同例 3-25）
φ6.5　　　　　　　　　　　　　　　　　l＝1.74m

箍筋根数（取整数）n＝（同例 3-25）

$$= [(3.60-0.25)/6 \times 2 + 0.25/0.10 + 2 + [(3.60-0.25)$$
$$-(3.60-0.25)/6 \times 2]/0.20 - 1$$
$$= 14 + 2 + 12 - 1$$
$$= 27 \text{ 根}$$

箍筋长小计　　$l=(1.39+1.74) \times 27 = 84.51$m

KZ3 钢筋重：

柱纵筋　Φ20　　　　　　39.00×2.47＝96.33kg

箍筋　φ6.5　　　　　　84.51×0.26＝21.97kg

钢筋重小计：118.30kg

【例 3-27】 根据图 3-135、图 3-136，计算 WKL2 框架梁钢筋工程量（梁纵长钢筋为对焊连接）。

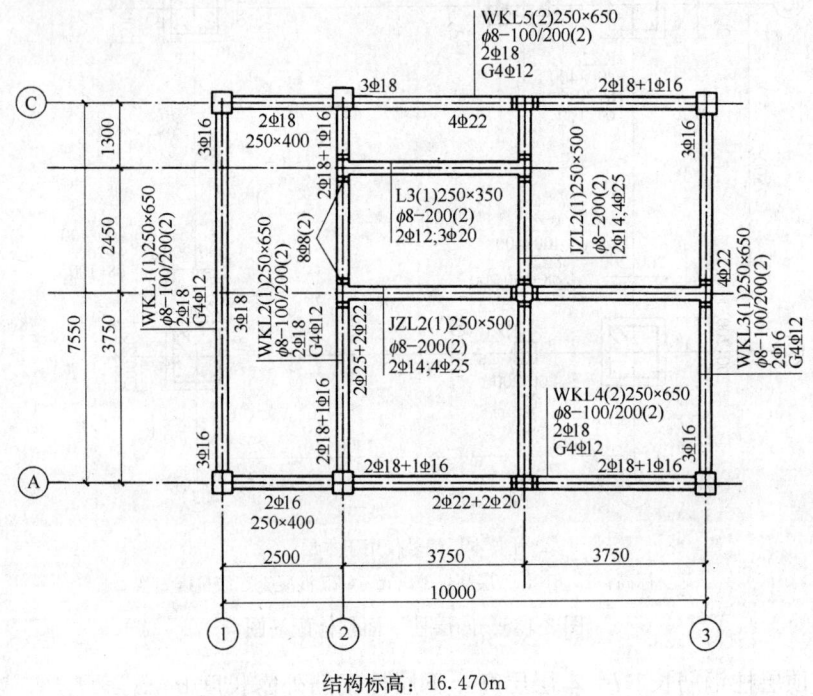

图 3-136　屋面梁平面整体配筋图

【解】　上部贯通筋　$l=$各跨长之和－左支座内侧宽－右支座内侧宽＋锚固长度

Φ18　　$l = [(7.50-0.20-0.125)+(0.45-0.025+0.25-0.025)+(0.40$
　　　　　　$-0.025+0.25-0.025)] \times 2$
　　　　$= (7.18+0.65+0.60) \times 2$
　　　　$= 16.86$m

端支座负筋　$l = l_n/3 + $锚固长度

Φ16　　$l = [(7.50-0.20-0.125)/3+(0.45-0.025+0.25-0.025)] \times 2$
　　　　　　$+[(7.50-0.20-0.125)/3+(0.40-0.025+0.25-0.025)] \times 1$

$$=(7.18/3+0.65)\times 2+(7.18/3+0.60)\times 1$$
$$=6.09+2.99$$
$$=9.08m$$

下部钢筋　　$l=$ 净跨长 + 锚固长度

$\Phi 25$　　　$l=[(7.50-0.20-0.125)+(0.45-0.03+15\times 0.025)$
　　　　　　　$+(0.40-0.03+15\times 0.025)]\times 2$
　　　　　　　$=8.73\times 2$
　　　　　　　$=17.46m$

$\Phi 22$　　　$l=[(7.50-0.20-0.125)+(0.45-0.03+15\times 0.022)$
　　　　　　　$+(0.40-0.03+15\times 0.022)]\times 2$
　　　　　　　$=(7.18+0.75+0.70)\times 2$
　　　　　　　$=8.63\times 2$
　　　　　　　$=17.26m$

箍筋长　　$l=2\times$（梁宽$-2\times$保护层 + 梁高$-2\times$保护层）$+2\times 11.9d+4d$

$\phi 8$　　　$l=2\times(0.25-2\times 0.025+0.65-2\times 0.025)+2\times 11.9\times 0.008+4\times 0.008$
　　　　　　　$=1.60+0.19+0.03$
　　　　　　　$=1.82m$

箍筋根数（取整）　　$n=2\times[(加密区长-50)/加密区间距+1]$
　　　　　　　　　　$+[(非加密区长/非加密区间距)-1]+$支梁加密根数
　　　　　　　　　　$=2\times[(0.50-0.05)\div 0.10+1]+[(7.50-0.20-0.125$
　　　　　　　　　　$-0.50\times 2)/0.20-1]+8\times 2$ 个节点
　　　　　　　　　　$=12+30+16$
　　　　　　　　　　$=58$ 根

箍筋长小计　　$l=1.82\times 58=105.56m$

WKL2 钢筋重：

梁纵筋　$\Phi 18$　　$16.86\times 2.00=33.72kg$
　　　　$\Phi 16$　　$9.08\times 1.58=14.35kg$
　　　　$\Phi 25$　　$17.46\times 3.85=67.22kg$
　　　　$\Phi 22$　　$17.26\times 2.98=51.43kg$
箍筋　　$\phi 8$　　　$105.56\times 0.395=41.70kg$

钢筋重小计：208.42kg

【例 3-28】 根据图 3-136、图 3-137，计算屋面板Ⓐ～Ⓒ到①～②范围的部分钢筋工程量。

板底钢筋　　$l=$ 板跨净长 + 两端锚固 max{1/2 梁宽，5d}

　　　　　　　　　　　　　　　　　弯钩

$\phi 8$ 长筋　　$l=7.50-0.25+0.25+2\times 6.25\times 0.008=7.60m$

长筋根数（取整）　　$n=$（板净跨长-2×50）/间距$+1$
　　　　　　　　　　$=(2.50-0.25-2\times 0.05)/25+1$
　　　　　　　　　　$=9+1$
　　　　　　　　　　$=10$ 根

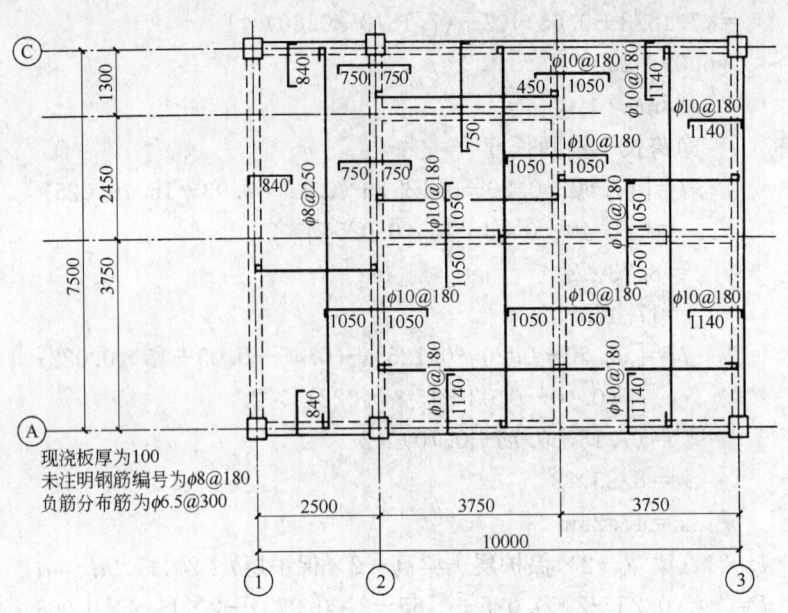

屋面结构标高：16.470m C25 混凝土三级抗震

图 3-137 屋面配筋图

$\phi 8$ 短筋　　　　　　　　$l = 2.50 - 0.25 + 0.25 + 2 \times 6.25 \times 0.008$
　　　　　　　　　　　　　$= 2.50 + 0.10$
　　　　　　　　　　　　　$= 2.60 \text{m}$

短筋根数（取整）　　　　$n = (7.5 - 0.25 - 2 \times 0.05)/0.18 + 1$
　　　　　　　　　　　　　$= 40 + 1$
　　　　　　　　　　　　　$= 41$ 根

①轴负筋　$l = $ 右标注＋右弯折＋锚固长度

$\phi 8$　　　　　　　　　　　$l = 0.84 + (0.10 - 2 \times 0.015) + 27 \times 0.008$
　　　　　　　　　　　　　$= 0.84 + 0.07 + 0.22$
　　　　　　　　　　　　　$= 1.13 \text{m}$

①轴负筋根数（取整）　　$n = [板长（宽）- 2 \times 保护层]/间距 + 1$
　　　　　　　　　　　　　$= (7.5 + 0.25 - 2 \times 0.015)/0.18 + 1$
　　　　　　　　　　　　　$= 43 + 1$
　　　　　　　　　　　　　$= 44$ 根

①轴负筋分布筋　　　　　$l = $ 板长（宽）$- 2 \times $ 保护层

$\phi 6.5$　　　　　　　　　　$l = 7.50 + 0.25 - 2 \times 0.015$
　　　　　　　　　　　　　$= 7.72 \text{m}$

①轴负筋分布筋根数　　　$n = $ 左（右）支座标注/间距 $+ 1$
　　　　　　　　　　　　　$= 0.84/0.30 + 1$
　　　　　　　　　　　　　$= 3 + 1$
　　　　　　　　　　　　　$= 4$ 根

钢筋长小计：
ϕ6.5　7.72×4＝30.88m
ϕ8　7.60×10＋2.60×41＋1.13×44＝232.32m
屋面板部分钢筋重：
ϕ6.5　　30.88×0.26＝8.03kg
ϕ8　　232.32×0.395＝91.77kg
钢筋重小计：99.80kg

五、铁件工程量

钢筋混凝土构件预埋铁件工程量，按设计图示尺寸，以吨计算。

【**例 3-29**】 根据图 3-138，计算 5 根预制柱的预埋件工程量。

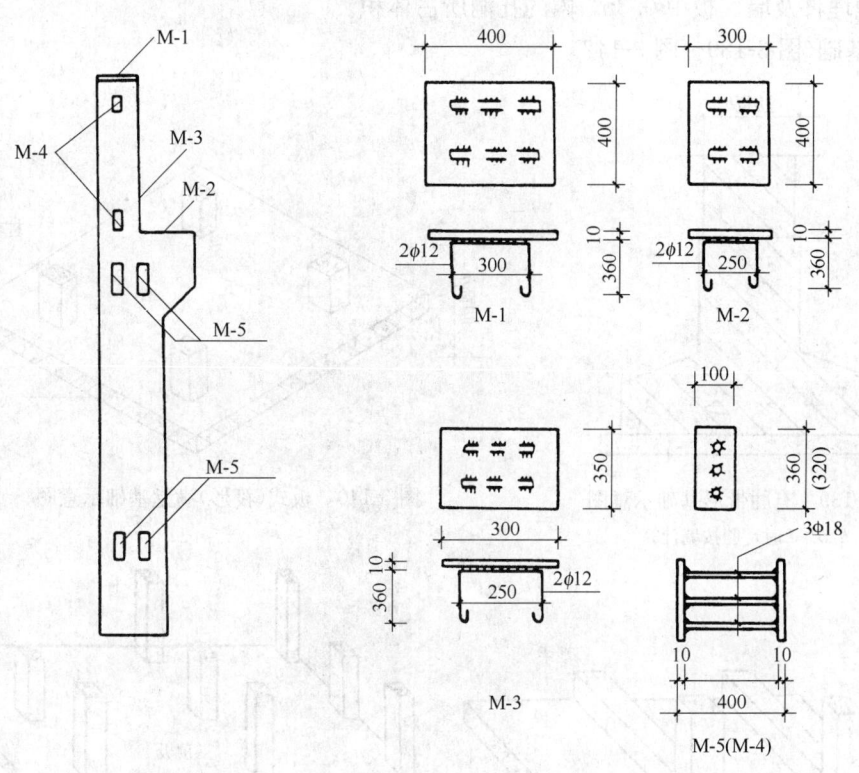

图 3-138　钢筋混凝土预制柱预埋件

【**解**】（1）每根柱预埋件工程量
M-1：钢板：0.4×0.4×78.5kg/m²＝12.56kg
　　　ϕ12：2×(0.30＋0.36×2＋12.5×0.012)×0.888kg/m＝2.08kg
M-2：钢板：0.3×0.4×78.5kg/m²＝9.42kg
　　　ϕ12：2×(0.25＋0.36×2＋12.5×0.012)×0.888kg/m＝1.99kg
M-3：钢板：0.3×0.35×78.5kg/m²＝8.24kg
　　　ϕ12：2×(0.25＋0.36×2＋12.5×0.012)×0.888kg/m＝1.99kg

M-4：钢板：$2\times0.1\times0.32\times2\times78.5\text{kg/m}^2=10.05\text{kg}$
　　　$\phi18$：$2\times3\times0.38\times2.00\text{kg/m}=4.56\text{kg}$

M-5：钢板：$4\times0.1\times0.36\times2\times78.5\text{kg/m}^2=22.61\text{kg}$
　　　$\phi18$：$4\times3\times0.38\times2.00\text{kg/m}=9.12\text{kg}$

小计：82.62kg

(2) 5 根柱预埋铁件工程量

$$82.62\times5\text{ 根}=413.1\text{kg}=0.413\text{t}$$

六、现浇混凝土工程量

1. 计算规定

混凝土工程量除另有规定者外，均按图示尺寸实体体积以立方米计算。不扣除构件内钢筋、预埋件及墙、板中 0.3m^2 内的孔洞所占体积。

2. 基础（图 3-139～图 3-142）

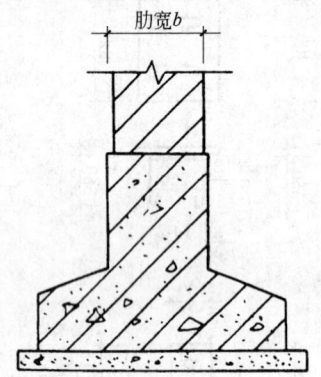

图 3-139　有肋带形基础示意图
$h/b>4$ 时，肋按墙计算

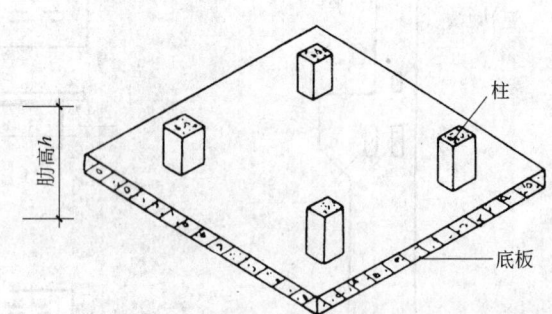

图 3-140　板式（筏形）满堂基础示意图

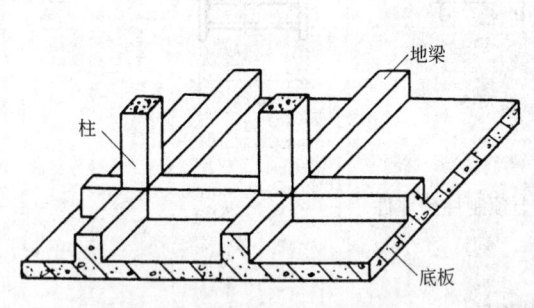

图 3-141　梁板式满堂基础

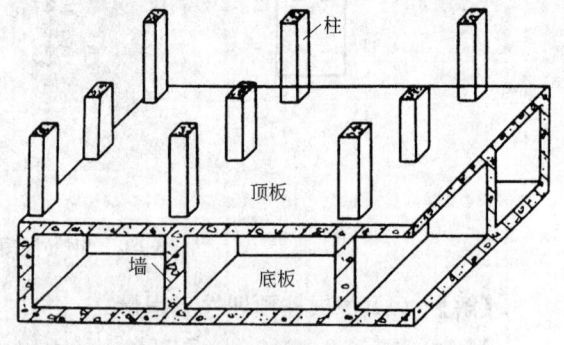

图 3-142　箱式满堂基础示意图

(1) 有肋带形混凝土基础（图 3-139），其肋高与肋宽之比在 4∶1 以内的按有肋带形基础计算。超过 4∶1 时，其基础底板按板式基础计算，以上部分按墙计算。

(2) 箱式满堂基础应分别按无梁式满堂基础、柱、墙、梁、板有关规定计算，套相应定额项目。

(3) 设备基础除块体外，其他类型设备基础分别按基础、梁、柱、板、墙等有关规定计算，套相应的定额项目。

(4) 独立基础

钢筋混凝土独立基础与柱在基础上表面分界，见图 3-143。

【例 3-30】 根据图 3-144 计算 3 个钢筋混凝土独立柱基工程量。

【解】 $V = [1.30 \times 1.25 \times 0.30 + (0.2 + 0.4 + 0.2)$
$\times (0.2 + 0.45 + 0.2) \times 0.25] \times 3 \text{ 个}$
$= (0.488 + 0.170) \times 3$
$= 1.97 \text{m}^3$

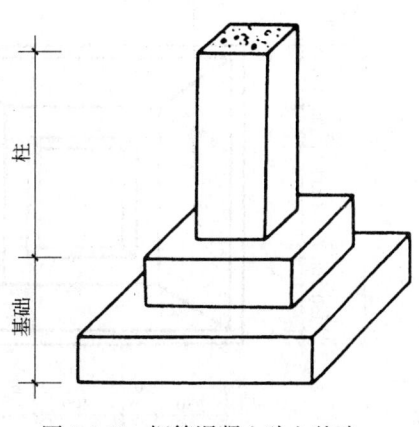

图 3-143 钢筋混凝土独立基础

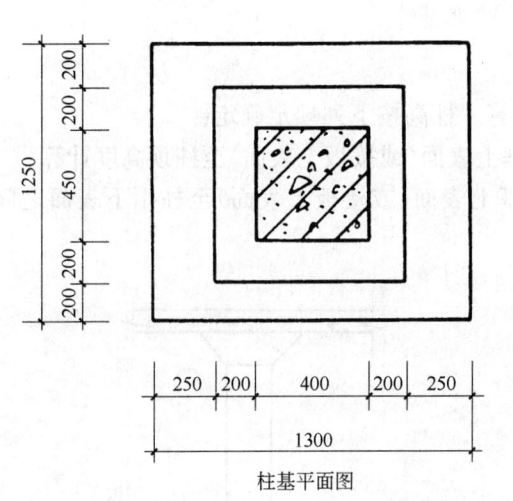

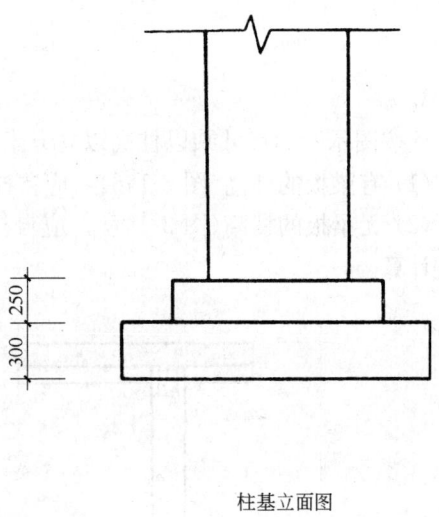

图 3-144 柱基示意图

(5) 杯形基础

现浇钢筋混凝土杯形基础（见图 3-145）的工程量分四个部分计算：①底部立方体，②中部棱台体，③上部立方体，④最后扣除杯口空心棱台体。

【例 3-31】 根据图 3-145，计算现浇钢筋混凝土杯形基础工程量。

【解】 $V = $ 下部立方体 + 中部棱台体 + 上部立方体 - 杯口空心棱台体

$= 1.65 \times 1.75 \times 0.30 + \frac{1}{3} \times 0.15 \times (1.65 \times 1.75 + 0.95 \times 1.05$

$+ \sqrt{(1.65 \times 1.75) \times (0.95) \times 1.05}) + 0.95 \times 1.05 \times 0.35 - \frac{1}{3}$

$\times (0.8 - 0.2) \times (0.4 \times 0.5 + 0.55 \times 0.65 + \sqrt{(0.4 \times 0.5) \times (0.55 \times 0.65)})$

$= 0.866 + 0.279 + 0.349 - 0.165$

$= 1.33 \text{m}^3$

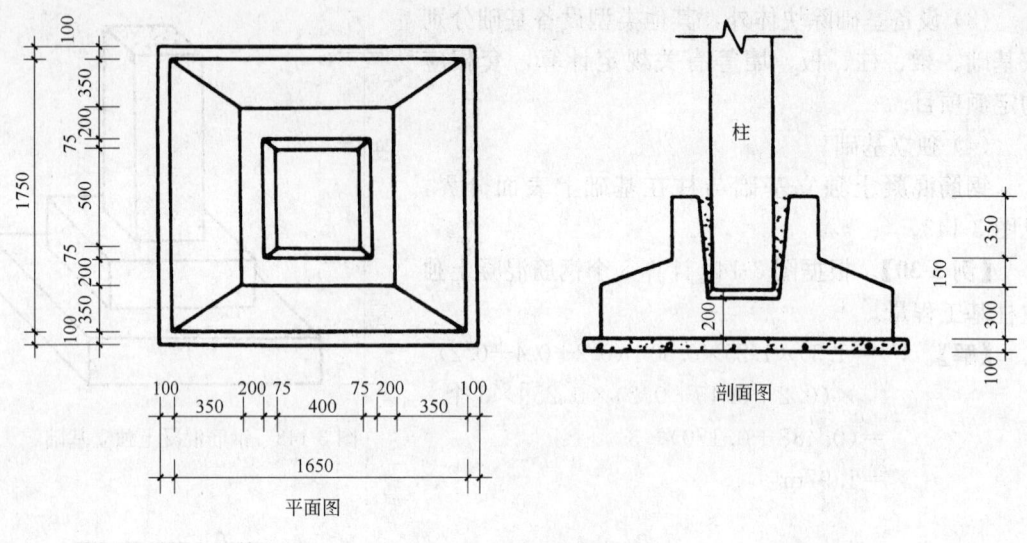

图 3-145 杯形基础

3. 柱

柱按图示断面尺寸乘以柱高以立方米计算。柱高按下列规定确定：

（1）有梁板的柱高（图 3-146），应自柱基上表面（或按板上表面）至柱顶高度计算。

（2）无梁板的柱高（图 3-147），应自柱基上表面（或楼板上表面）至柱帽下表面之间的高度计算。

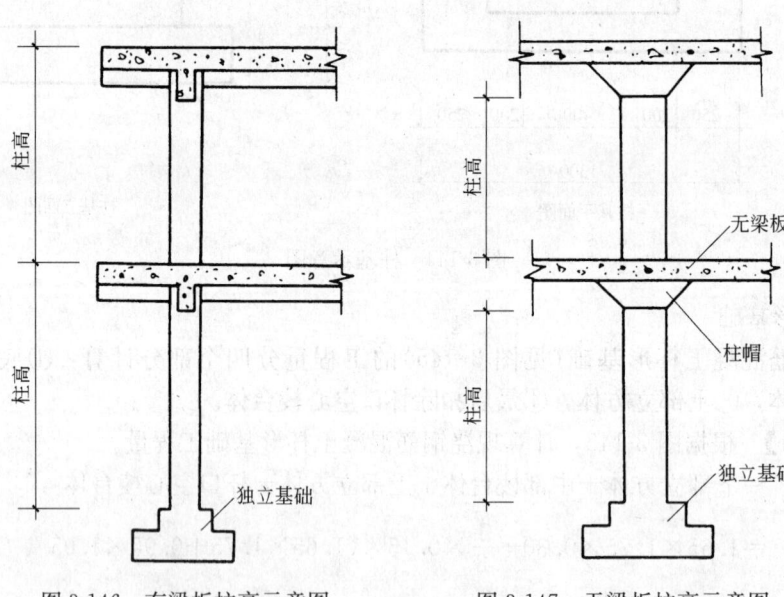

图 3-146 有梁板柱高示意图　　图 3-147 无梁板柱高示意图

（3）框架柱的柱高（图 3-148）应自柱基上表面至柱顶高度计算。

（4）构造柱按全高计算，与砖墙嵌接部分的体积并入柱身体积内计算。

（5）依附柱上的牛腿，并入柱身体积计算。

构造柱的形状、尺寸示意图见图 3-149、图 3-150、图 3-151。

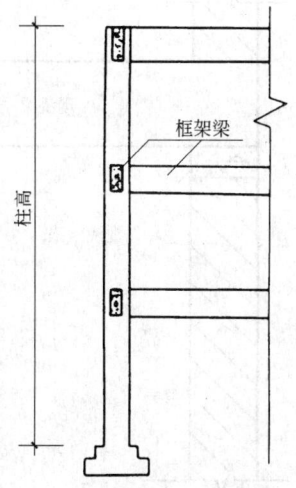
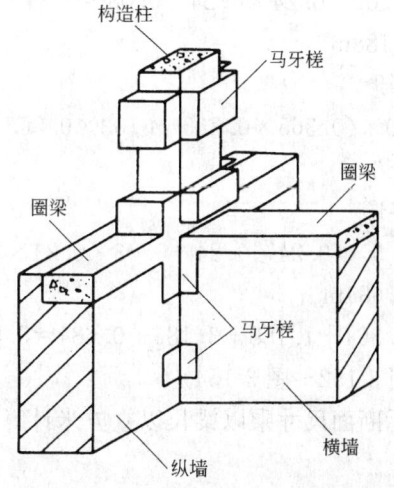

图 3-148 框架柱柱高示意图　　图 3-149 构造柱及与砖墙嵌接部分体积(马牙槎)示意图

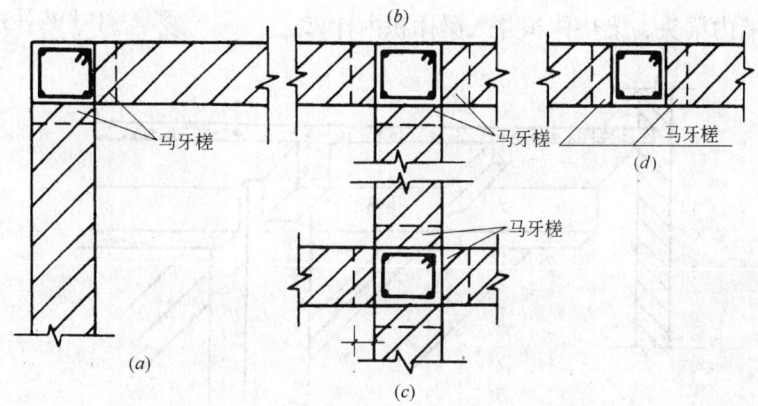

图 3-150 不同平面形状构造柱示意图
(a)90°转角；(b)T形接头；(c)十字形接头；(d)一字形

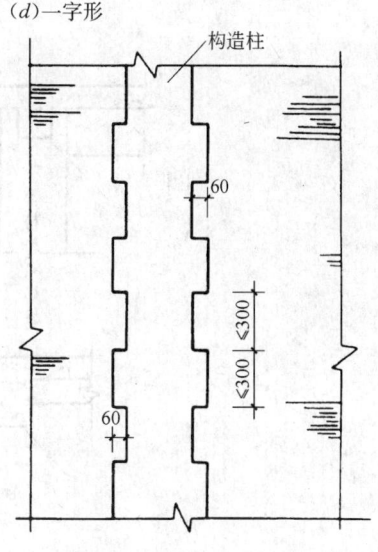

构造柱体积计算公式：

当墙厚为 240 时：

$V = $ 构造柱高 $\times (0.24 \times 0.24 + 0.03 \times 0.24 \times$ 马牙槎边数$)$

【例 3-32】 根据下列数据计算构造柱体积。

90°转角形：墙厚 240，柱高 12.0m

T 形接头：墙厚 240，柱高 15.0m

十字形接头：墙厚 365，柱高 18.0m

一字形：墙厚 240，柱高 9.5m

【解】 (1) 90°转角

$V = 12.0 \times (0.24 \times 0.24 + 0.03 \times 0.24 \times 2\text{ 边})$

$\quad = 0.864 \text{m}^3$

(2) T 形

图 3-151 构造柱立面示意图

$V = 15.0 \times (0.24 \times 0.24 + 0.03 \times 0.24 \times 3 \text{边})$
$\quad = 1.188 \text{m}^3$

(3) 十字形

$V = 18.0 \times (0.365 \times 0.365 + 0.03 \times 0.365 \times 4 \text{边})$
$\quad = 3.186 \text{m}^3$

(4) 一字形

$V = 9.5 \times (0.24 \times 0.24 + 0.03 \times 0.24 \times 2 \text{边})$
$\quad = 0.684 \text{m}^3$

小计：$0.864 + 1.188 + 3.186 + 0.684 = 5.92 \text{m}^3$

4. 梁(图 3-152～图 3-154)

梁按图示断面尺寸乘以梁长以立方米计算，梁长按下列规定确定：

(1) 梁与柱连接时，梁长算至柱侧面；
(2) 主梁与次梁连接时，次梁长算至主梁侧面；
(3) 伸入墙内梁头、梁垫体积并入梁体积内计算。

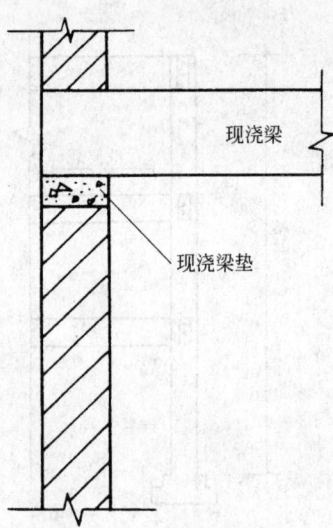

图 3-152 现浇梁垫并入现浇梁体积内计算示意图

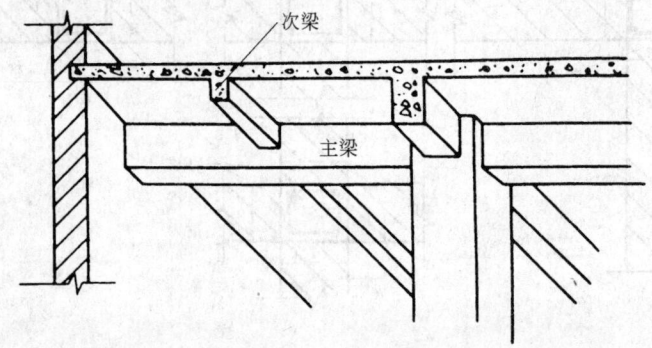

图 3-153 主梁、次梁示意图

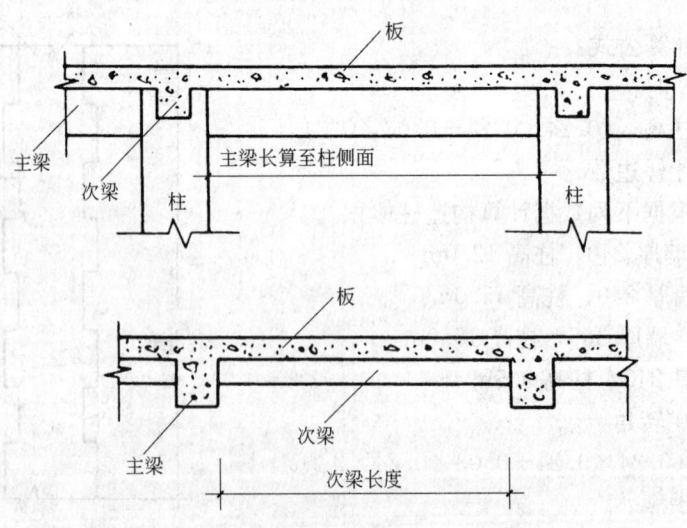

图 3-154 主梁、次梁计算长度示意图

5. 板

现浇板按图示面积乘以板厚以立方米计算。

(1) 有梁板包括主、次梁与板,按梁板体积之和计算。

(2) 无梁板按板和柱帽体积之和计算。

(3) 平板按板实体积计算。

(4) 现浇挑檐、天沟与板(包括屋面板、楼板)连接时,以外墙为分界线,与圈梁(包括其他梁)连接时,以梁外边线为分界线。外墙边线以外或梁外边线以外为挑檐、天沟(图3-155)。

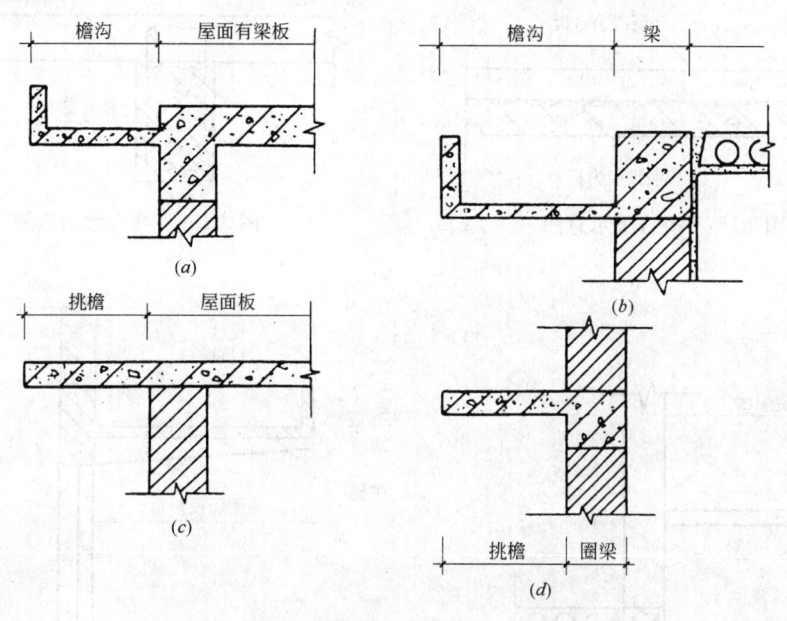

图 3-155 现浇挑檐天沟与板、梁划分
(a)屋面檐沟;(b)屋面檐沟;(c)屋面挑檐;(d)挑檐

(5) 各类板伸入墙内的板头并入板体积内计算。

6. 墙

现浇钢筋混凝土墙按图示中心线长度乘以墙高及厚度,以立方米计算。应扣除门窗洞口及 0.3m² 以外孔洞的体积,墙垛及突出部分并入墙体积内计算。

7. 整体楼梯

现浇钢筋混凝土整体楼梯,包括休息平台、平台梁及楼梯的连接梁按水平投影面积计算,不扣除宽度小于 500mm 的楼梯井,伸入墙内部分不另增加。

说明:平台梁、斜梁比楼梯板厚,好像少算了;不扣除宽度小于 500mm 楼梯井,好像多算了;伸入墙内部分不另增加等等。这些因素在编制定额时已经作了综合考虑。

【例 3-33】 某工程现浇钢筋混凝土楼梯(见图 3-156)包括休息平台至平台梁,试计算该楼梯工程

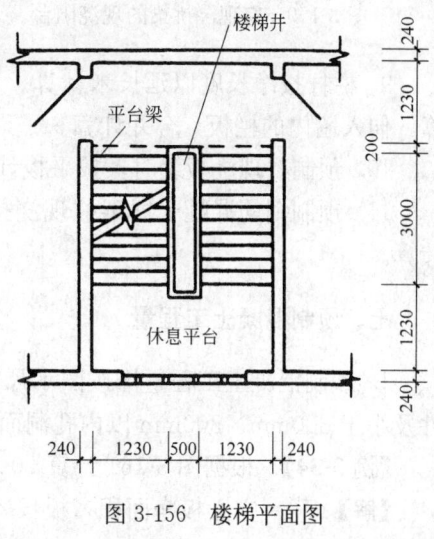

图 3-156 楼梯平面图

量(建筑物4层,共3层楼梯)。

【解】 $S=(1.23+0.50+1.23)\times(1.23+3.00+0.20)\times3$
$=2.96\times4.43\times3$
$=13.113\times3=39.34m^2$

8. 阳台、雨篷(悬挑板),按伸出外墙的水平投影面积计算,伸出外墙的牛腿不另计算。带反挑檐的雨篷按展开面积并入雨篷内计算。各示意图见图3-157～图3-160。

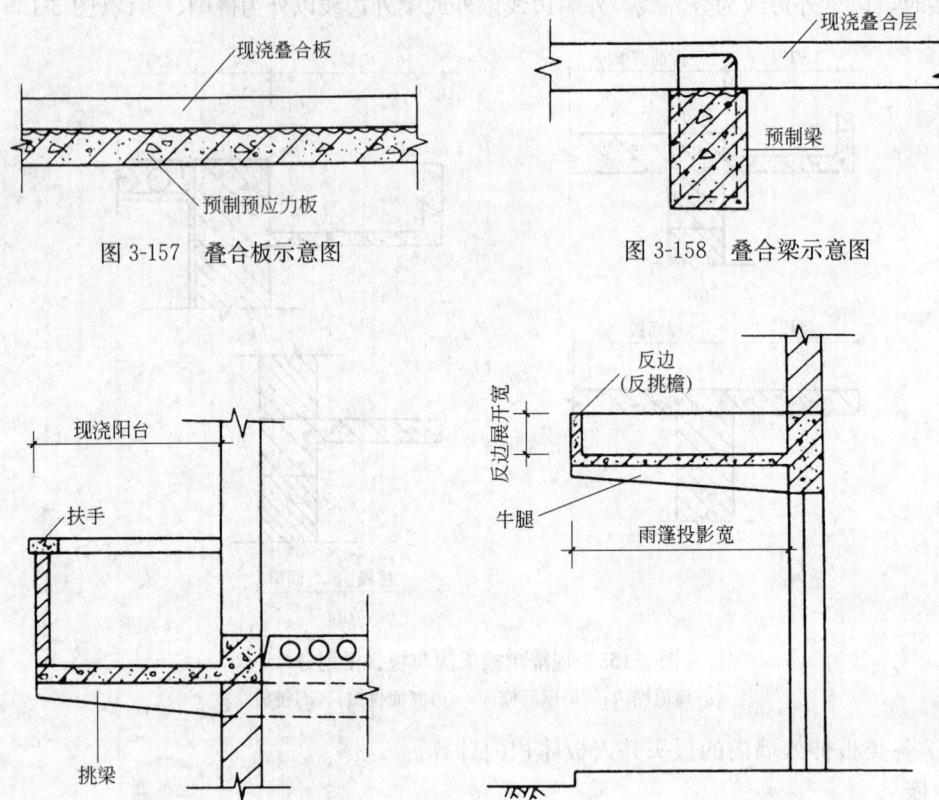

图3-157 叠合板示意图　　　图3-158 叠合梁示意图

图3-159 有现浇挑梁的现浇阳台　　图3-160 带反边雨篷示意图

9. 栏杆按净长度以延长米计算。伸入墙内的长度已综合在定额内。栏板以立方米计算,伸入墙内的栏板,合并计算。

10. 预制补现浇板缝时,按平板计算。

11. 预制钢筋混凝土框架柱现浇接头(包括梁接头)按设计规定断面和长度以立方米计算。

七、预制混凝土工程量

1. 预制混凝土工程量均按图示尺寸实体体积以立方米计算,不扣除构件内钢筋、铁件及小于300mm×300mm以内孔洞面积。

【例3-34】 根据图3-161计算20块Y—KB336—4预应力空心板的工程量。

【解】 $V=$空心板净面积×板长×块数

$$= [0.12 \times (0.57 + 0.59)$$
$$\times \frac{1}{2} - 0.7854 \times (0.076)^2 \times 6]$$
$$\times 3.28 \times 20$$
$$= (0.0696 - 0.0272) \times 3.28 \times 20$$
$$= 0.0424 \times 3.28 \times 20$$
$$= 2.78 \text{m}^3$$

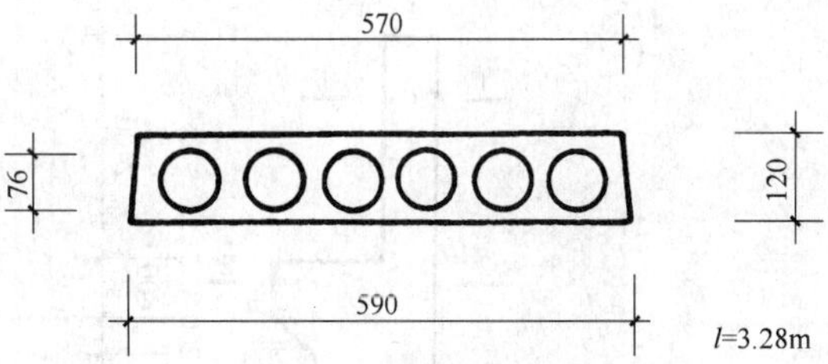

图 3-161 Y—KB336—4 预应力空心板

【**例 3-35**】 根据图 3-162 计算 18 块预制天沟板的工程量。

【**解**】 $V =$ 断面积 × 长度 × 块数

$$= [(0.05 + 0.07) \times \frac{1}{2} \times (0.25 - 0.04) + 0.60 \times 0.04 + (0.05 + 0.07) \times \frac{1}{2}$$
$$\times (0.13 - 0.04)] \times 3.58 \times 18 \text{ 块}$$
$$= 0.150 \times 18 = 2.70 \text{m}^3$$

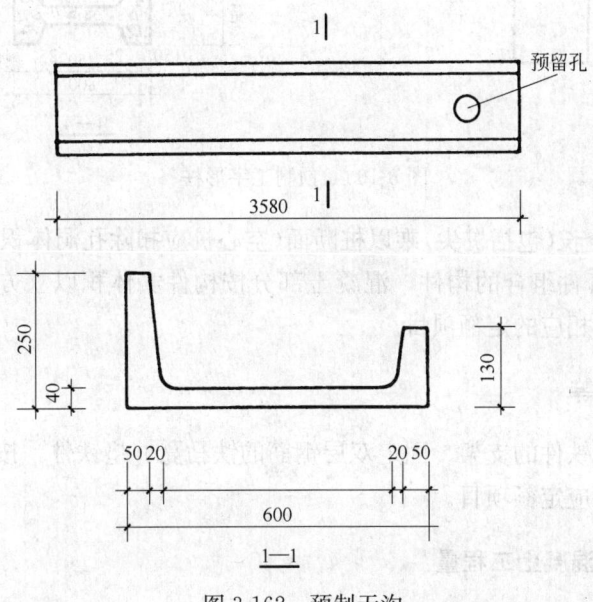

图 3-162 预制天沟

【**例 3-36**】 根据图 3-163 计算 6 根预制工字形柱的工程量。

【**解**】 $V = $(上柱体积＋牛腿部分体积＋下柱外形体积－工字形槽口体积)× 根数

$$= \{(0.40 \times 0.40 \times 2.40) + [0.40 \times (1.0 + 0.80) \times \frac{1}{2} \times 0.20 + 0.40 \times 1.0$$
$$\times 0.40] + (10.8 \times 0.80 \times 0.40) - \frac{1}{2} \times (8.5 \times 0.50 + 8.45 \times 0.45)$$
$$\times 0.15 \times 2 \text{ 边}\} \times 6 \text{ 根}$$
$$= (0.384 + 0.232 + 3.456 - 1.208) \times 6$$
$$= 2.864 \times 6 = 17.18 \text{m}^3$$

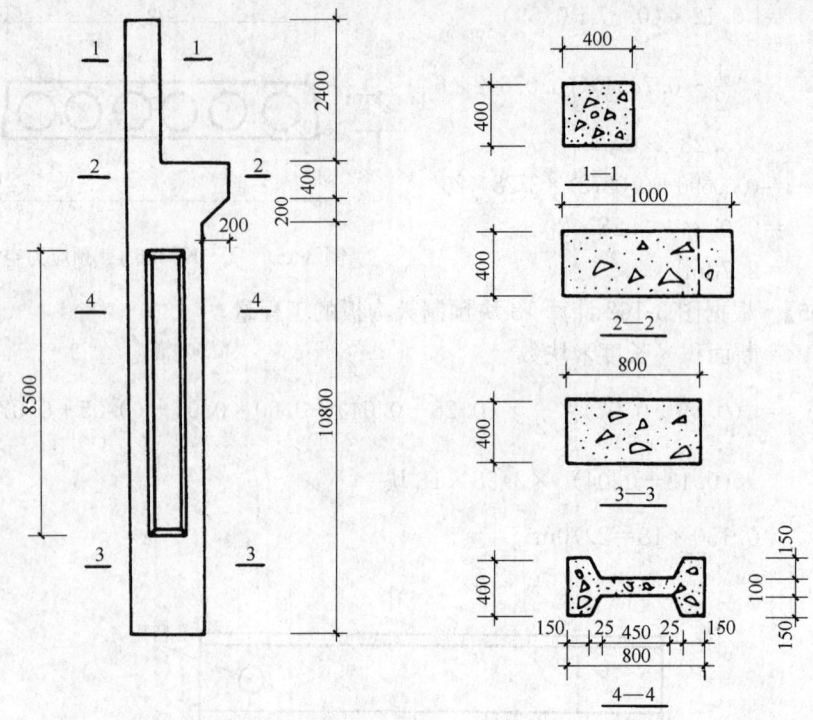

图 3-163 预制工字形柱

2. 预制桩按桩全长(包括桩尖)乘以桩断面(空心桩应扣除孔洞体积)以立方米计算。

3. 混凝土与钢杆件组合的构件，混凝土部分按构件实体积以立方米计算，钢构件部分按吨计算，分别套相应的定额项目。

八、固定用支架等

固定预埋螺栓、铁件的支架、固定双层钢筋的铁马凳、垫铁件，按审定的施工组织设计规定计算，套用相应定额项目。

九、构筑物钢筋混凝土工程量

1. 一般规定

构筑物混凝土除另有规定者外，均按图示尺寸扣除门窗洞口及 $0.3m^2$ 以外孔洞所占体积以实体体积计算。

2. 水塔

(1) 筒身与槽底以槽底连接的圈梁底为界，以上为槽底，以下为筒身(塔身)，见图 3-100。

(2) 筒式塔身及依附于筒身的过梁、雨篷、挑檐等，并入筒身体积内计算；柱式塔身，柱、梁合并计算。

(3) 塔顶包括顶板和圈梁，槽底包括底板挑出的斜壁板和圈梁等合并计算(见图 3-100)。

3. 贮水池不分平底、锥底、坡底，均按池底计算；壁基梁、池壁不分圆形壁和矩形壁，均按池壁计算；其他项目均按现浇混凝土部分相应项目计算。

十、钢筋混凝土构件接头灌缝

1. 一般规定

钢筋混凝土构件接头灌缝，包括构件座浆、灌缝、堵板孔、塞板梁缝等，均按预制钢筋混凝土构件实体积以立方米计算。

2. 柱的灌缝

柱与柱基的灌缝，按首尾柱体积计算；首层以上柱灌缝，按各层柱体积计算。

3. 空心板堵孔

空心板堵孔的人工、材料，已包括在定额内。如不堵孔时，每 $10m^3$ 空心板体积应扣除 $0.23m^3$ 预制混凝土块和 2.2 个工日。

第八节 构件运输及安装工程

一、一般规定

1. 预制混凝土构件运输及安装，均按构件图示尺寸，以实体积计算。
2. 钢构件按构件设计图示尺寸以吨计算；所需螺栓、电焊条等重量不另计算。
3. 木门窗以外框面积以平方米计算。

二、构件制作、运输、安装损耗率

预制混凝土构件制作、运输、安装损耗率，按表 3-19 规定计算后并入构件工程量内。其中预制混凝土屋架、桁架、托架及长度在 9m 以上的梁、板、柱不计算损耗率。

预制钢筋混凝土构件制作、运输、安装损耗率表　　表 3-19

名 称	制作废品率	运输堆放损耗率	安装(打桩)损耗率
各类预制构件	0.2%	0.8%	0.5%
预制钢筋混凝土柱	0.1%	0.4%	1.5%

根据上述第二条和表 3-19 的规定，预制构件含各种损耗的工程量计算方法如下：

预制构件制作工程量＝图示尺寸实体积×1.5%
预制构件运输工程量＝图示尺寸实体积×1.3%
预制构件安装工程量＝图示尺寸实体积×0.5%

【例 3-37】 根据例 3-30 计算出的预应力空心板体积 $2.78m^3$，计算空心板的制、运、安工程量。

【解】 空心板制作工程量＝2.78×(1+1.5%)＝$2.82m^3$
空心板运输工程量＝2.78×(1+1.3%)＝$2.82m^3$
空心板安装工程量＝2.78×(1+0.5%)＝$2.79m^3$

三、构件运输

1. 预制混凝土构件运输的最大运输距离取 50km 以内；钢构件和木门窗的最大运输距离按 20km 以内；超过时另行补充。
2. 加气混凝土板（块）、硅酸盐块运输，每立方米折合钢筋混凝土构件体积 $0.4m^3$，按一类构件运输计算（预制构件分类见表 3-20，金属构件分类见表 3-21）。

预制混凝土构件分类 表 3-20

类别	项目
1	4m 以内空心板、实心板
2	6m 以内的桩、屋面板、工业楼板、进深梁、基础梁、吊车梁、楼梯休息板、楼梯段、阳台板
3	6m 以上至 14m 的梁、板、柱、桩、各类屋架、桁梁、托架（14m 以上另行处理）
4	天窗架、挡风架、侧板、端壁板、天窗上下档、门框及单件体积在 $0.1m^3$ 以内小构件
5	装配式内、外墙板、大楼板、厕所板
6	隔墙板（高层用）

金属结构构件分类 表 3-21

类别	项目
1	钢柱、屋架、托架梁、防风桁架
2	吊车梁、制动梁、型钢檩条、钢支撑、上下档、钢拉杆、栏杆、盖板、垃圾出灰门、倒灰门、算子、爬梯、零星构件、平台、操作台、走道休息台、扶梯、钢吊车梯台、烟囱紧固箍
3	墙架、挡风架、天窗架、组合檩条、轻型屋架、滚动支架、悬挂支架、管道支架

四、预制混凝土构件安装

1. 焊接形成的预制钢筋混凝土框架结构，其柱安装按框架柱计算，梁安装按框架梁计算；节点浇筑成形的框架，按连体框架梁、柱计算。
2. 预制钢筋混凝土工字形柱、矩形柱、空腹柱、双肢柱、空心柱、管道支架等安装，均按柱安装计算。
3. 组合屋架安装，以混凝土部分实体体积计算，钢杆件部分不另计算。
4. 预制钢筋混凝土多层柱安装，首层柱按柱安装计算，二层及二层以上柱按柱接柱计算。

五、钢构件安装

1. 钢构件安装按图示构件钢材重量以吨计算。
2. 依附于钢柱上的牛腿及悬臂梁等，并入柱身主材重量计算。
3. 金属结构中所用钢板，设计为多边形者，按矩形计算，矩形的边长以设计尺寸中互相垂直的最大尺寸为准。

第九节 门窗及木结构工程

一、一般规定

各类门、窗制作、安装工程量均按门、窗洞口面积计算。

1. 门、窗盖口条、贴脸、披水条，按图示尺寸以延长米计算，执行木装修项目（图 3-164）。

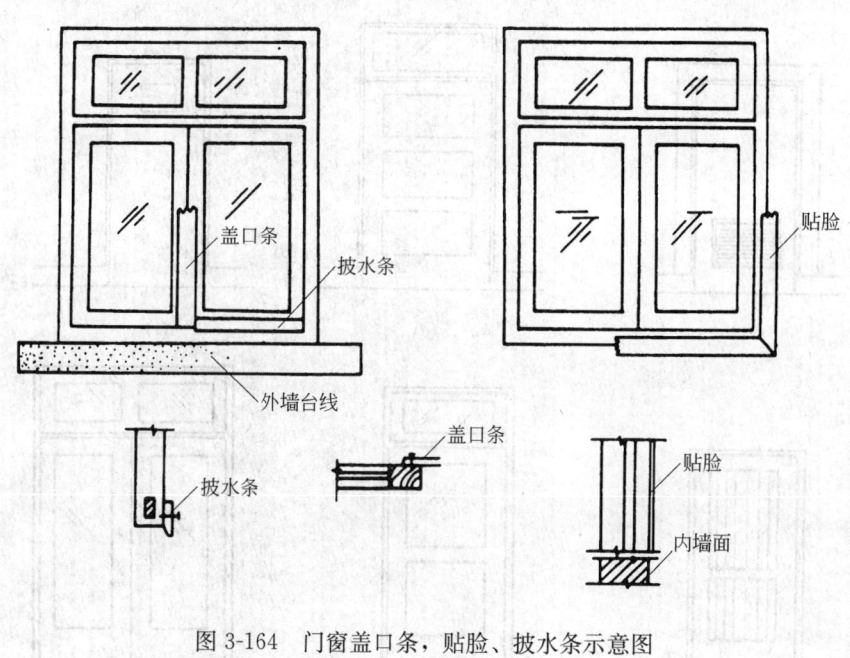

图 3-164 门窗盖口条，贴脸、披水条示意图

2. 普通窗上部带有半圆窗（图 3-165(A)）的工程量，应分别按半圆窗和普通窗计算。其分界线以普通窗和半圆窗之间的横框上裁口线为分界线。

3. 门窗扇包镀锌铁皮，按门、窗洞口面积以平方米计算；门窗框包镀锌铁皮、钉橡皮条、钉毛毡按图示门窗洞口尺寸以延长米计算（图 3-165(B)）。

二、套用定额的规定

1. 木材木种分类

全国统一建筑工程基础定额将木材分为以下四类：

一类：红松、水桐木、樟子松。

二类：白松（方杉、冷杉）、杉木、杨木、柳木、椴木。

三类：青松、黄花松、秋子木、马尾松、东北榆木、柏木、苦楝木、梓木、黄菠萝、椿木、楠木、柚木、樟木。

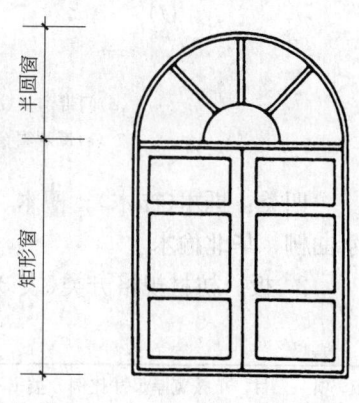

图 3-165(A) 带半圆窗示意图

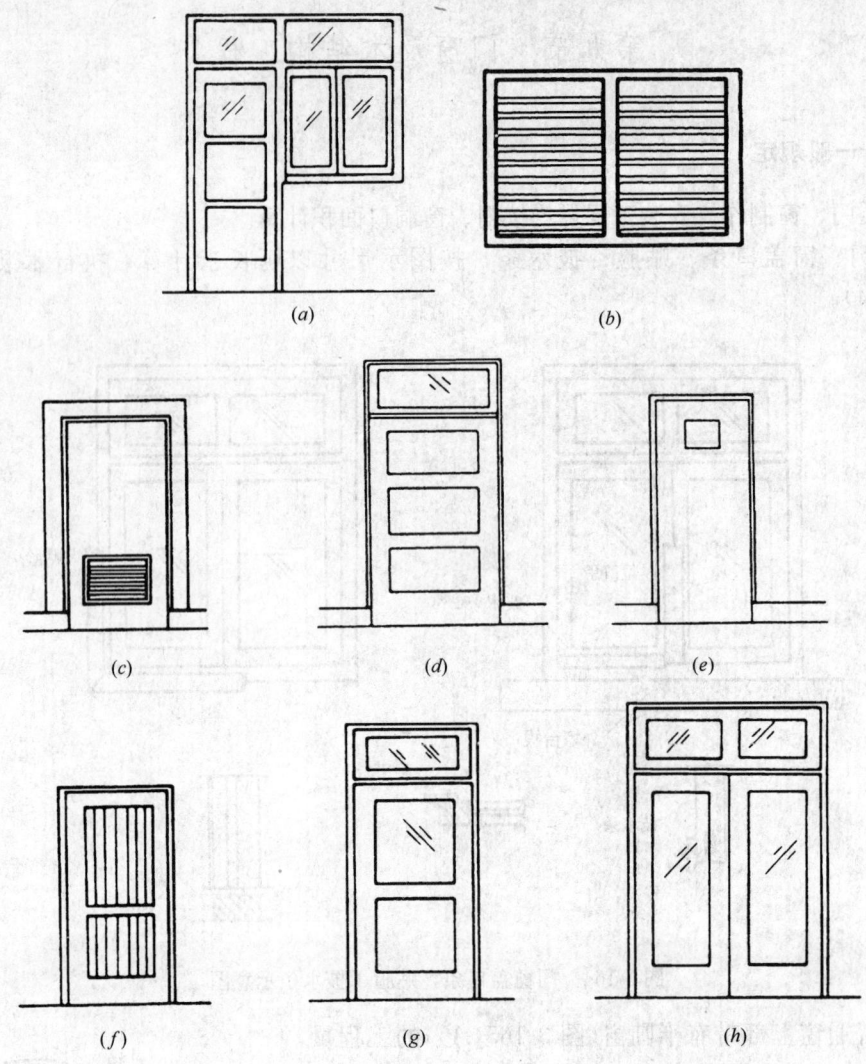

图 3-165(B) 各种门窗示意图
(a)门带窗；(b)固定百页窗；(c)半截百页门；(d)带亮子镶板门；
(e)带观察窗胶合板门；(f)拼板门；(g)半玻门；(h)全玻门

四类：栎木(柞木)、檀木、色木、槐木、荔木、麻栗木(麻栎、青杠)、桦木、荷木、水曲柳、华北榆木。

2. 板、枋材规格分类(表 3-22)

板、枋材规格分类表 表 3-22

项 目	按宽厚尺寸比例分类	按板材厚度、枋材宽与厚乘积分类				
板 材	宽≥3×厚	名 称	薄板	中板	厚板	特厚板
		厚度(mm)	<18	19～35	36～65	≥66
枋 材	宽<3×厚	名 称	小枋	中枋	大枋	特大枋
		宽×厚(cm²)	<54	55～100	101～225	≥226

3. 门窗框扇断面的确定及换算

（1）框扇断面的确定

定额中所注明的木材断面或厚度均以毛料为准。如设计图纸注明的断面或厚度为净料时，应增加刨光损耗；板、枋材一面刨光增加3mm；两面刨光增加5mm；圆木每立方米材积增加$0.5m^3$计算。

【例3-38】 根据图3-166中门框断面的净尺寸计算含刨光损耗的毛断面。

【解】 门框毛断面＝(9.5+0.5)×(4.2+0.3)＝45cm^2

门扇毛断面＝(9.5+0.5)×(4.0+0.5)＝45cm^2

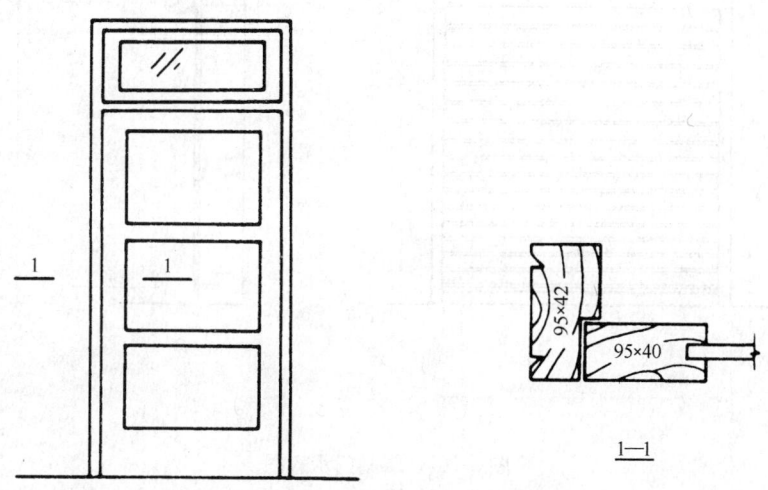

图3-166 木门框扇断面示意图

（2）框扇断面的换算

当图纸设计的木门窗框扇断面与定额规定不同时，应按比例换算。框断面以边框断面为准（框裁口如为钉条者加贴条的断面）；扇断面以主挺断面为准。

框扇断面不同时的定额材积换算公式：

$$换算后材积=\frac{设计断面(加刨光损耗)}{定额断面}×定额材积$$

【例3-39】 某工程的单层镶板门框的设计断面为60mm×115mm（净尺寸），查定额框断面60mm×100mm（毛料），定额枋材耗用量$2.037m^3/100m^2$，试计算按图纸设计的门框枋材耗用量。

【解】 换算后体积＝$\frac{设计断面}{定额断面}$×定额材积

＝$\frac{63×120}{60×100}$×2.037

＝$2.567m^3/100m^2$

三、铝合金门窗等

铝合金门窗制作、安装，铝合金、不锈钢门窗、彩板组角钢门窗、塑料门窗、钢门窗安装，均按设计门窗洞口面积计算。

四、卷闸门

卷闸门安装按洞口高度增加 600mm 乘以门实际宽度以平方米计算。电动装置安装以套计算，小门安装以个计算。

【例 3-40】 根据图 3-167 尺寸计算卷闸门工程量。

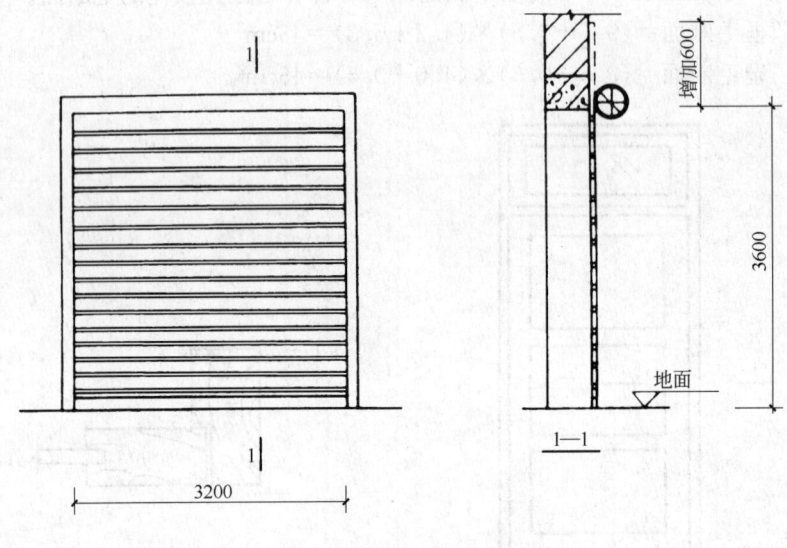

图 3-167 卷闸门示意图

【解】 $S = 3.20 \times (3.60 + 0.60) = 3.20 \times 4.20 = 13.44 m^2$

五、包门框、安附框

不锈钢片包门框，按框外表面面积以平方米计算。

彩板组角钢门窗附框安装，按延长米计算。

六、木屋架

1. 木屋架制作安装均按设计断面竣工木料以立方米计算，其后备长度及配制损耗均不另行计算。

2. 方木屋架一面刨光时增加 3mm，两面刨光时增加 5mm，圆木屋架按屋架刨光时木材体积每立方米增加 $0.05m^3$ 计算。附属于屋架的夹板、垫木等已并入相应的屋架制作项目中，不另计算；与屋架连接的挑檐木（附木）、支撑等，其工程量并入屋架竣工木料体积内计算。

3. 屋架的制作安装应区别不同跨度。其跨度应以屋架上下弦杆的中心线交点之间的长度为准。带气楼的屋架并入所依附屋架的体积内计算。

4. 屋架的马尾、折角和正交部分半屋架（图 3-168），应并入相连接屋架的体积内计算。

5. 钢木屋架区分圆、方木，按竣工木料以立方米计算。

6. 圆木屋架连接的挑檐木、支撑等如为方木时，其方木部分应乘以系数 1.7 折合成圆木并入屋架竣工木料内。单独的方木挑檐，按矩形檩木计算。

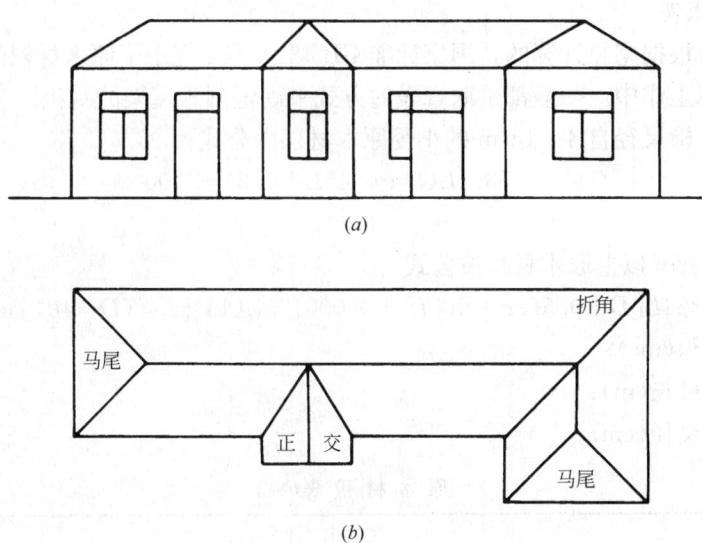

图 3-168 屋架的马尾、折角和正交示意图
(a)立面图；(b)平面图

7. 屋架杆件长度系数表

木屋架各杆件长度可用屋架跨度乘以杆件长度系数计算。杆件长度系数见表 3-23。

屋架杆件长度系数表　　　　表 3-23

屋架形式	角度	杆件编号											
		1	2	3	4	5	6	7	8	9	10	11
	26°34′	1	0.559	0.250	0.280	0.125						
	30°	1	0.577	0.289	0.289	0.144						
	26°34′	1	0.559	0.250	0.236	0.167	0.186	0.083				
	30°	1	0.577	0.289	0.254	0.192	0.192	0.096				
	26°34′	1	0.559	0.250	0.225	0.188	0.177	0.125	0.140	0.063		
	30°	1	0.577	0.289	0.250	0.217	0.191	0.144	0.144	0.072		
	26°34′	1	0.559	0.250	0.224	0.200	0.180	0.150	0.141	0.100	0.112	0.050
	30°	1	0.577	0.289	0.252	0.231	0.200	0.173	0.153	0.116	0.115	0.057

8. 原木材积表

圆木材积是根据尾径计算的,国家标准 GB 4814—84 规定了原木材积的计算方法和计算公式。在实际工作中,一般都采取查表的方式来确定圆木屋架的材积。

标准规定,检尺径自 4~12cm 的小径原木材积由公式

$$V=0.7854L(D+0.45L+0.2)^2 \div 10000$$

确定。

检尺径自 14cm 以上原木材积按公式

$$V=0.7854L[D+0.5L+0.005L^2+0.000125L(14-L)^2(D-10)]^2 \div 10000$$

式中 V——材积(m^3);

L——检尺长(m);

D——检尺径(cm)。

原木材积表(一)   表 3-24-1

检尺径(cm)	检尺长(m)													
	2.0	2.2	2.4	2.5	2.6	2.8	3.0	3.2	3.4	3.6	3.8	4.0	4.2	4.4	4.6
	材积(m^3)													
8	0.013	0.015	0.016	0.017	0.018	0.020	0.021	0.023	0.025	0.027	0.029	0.031	0.034	0.036	0.038
10	0.019	0.022	0.024	0.025	0.026	0.029	0.031	0.034	0.037	0.040	0.042	0.045	0.048	0.051	0.054
12	0.027	0.030	0.033	0.035	0.037	0.040	0.043	0.047	0.050	0.054	0.058	0.062	0.065	0.069	0.074
14	0.036	0.040	0.045	0.047	0.049	0.054	0.058	0.063	0.068	0.073	0.078	0.083	0.089	0.094	0.100
16	0.047	0.052	0.058	0.060	0.063	0.069	0.075	0.081	0.087	0.093	0.100	0.106	0.113	0.120	0.126
18	0.059	0.065	0.072	0.076	0.079	0.086	0.093	0.101	0.108	0.116	0.124	0.132	0.140	0.148	0.156
20	0.072	0.080	0.088	0.092	0.097	0.105	0.114	0.123	0.132	0.141	0.151	0.160	0.170	0.180	0.190
22	0.086	0.096	0.106	0.111	0.116	0.126	0.137	0.147	0.158	0.169	0.180	0.191	0.203	0.214	0.226
24	0.102	0.114	0.125	0.131	0.137	0.149	0.161	0.174	0.186	0.199	0.212	0.225	0.239	0.252	0.266
26	0.120	0.133	0.146	0.153	0.160	0.174	0.188	0.203	0.217	0.232	0.247	0.262	0.277	0.293	0.308
28	0.138	0.154	0.169	0.177	0.185	0.201	0.217	0.234	0.250	0.267	0.284	0.302	0.319	0.337	0.354
30	0.158	0.176	0.193	0.202	0.211	0.230	0.248	0.267	0.286	0.305	0.324	0.344	0.364	0.383	0.404
32	0.180	0.199	0.219	0.230	0.240	0.260	0.281	0.302	0.324	0.345	0.367	0.389	0.411	0.433	0.456
34	0.202	0.224	0.247	0.258	0.270	0.293	0.316	0.340	0.364	0.388	0.412	0.437	0.461	0.486	0.511

原木材积表(二)   表 3-24-2

检尺径(cm)	检尺长(m)													
	4.8	5.0	5.2	5.4	5.6	5.8	6.0	6.2	6.4	6.6	6.8	7.0	7.2	7.4	7.6
	材积(m^3)													
8	0.040	0.043	0.045	0.048	0.051	0.053	0.056	0.059	0.062	0.065	0.068	0.071	0.074	0.077	0.081
10	0.058	0.061	0.064	0.068	0.071	0.075	0.078	0.082	0.086	0.090	0.094	0.098	0.102	0.106	0.111
12	0.078	0.082	0.086	0.091	0.095	0.100	0.105	0.109	0.114	0.119	0.124	0.130	0.135	0.140	0.146
14	0.105	0.111	0.117	0.123	0.129	0.136	0.142	0.149	0.156	0.162	0.169	0.176	0.184	0.191	0.199

续表

检尺径 (cm)	检尺长(m)														
	4.8	5.0	5.2	5.4	5.6	5.8	6.0	6.2	6.4	6.6	6.8	7.0	7.2	7.4	7.6
	材 积(m³)														
16	0.134	0.141	0.148	0.155	0.163	0.171	0.179	0.187	0.195	0.203	0.211	0.220	0.229	0.238	0.247
18	0.165	0.174	0.182	0.191	0.201	0.210	0.219	0.229	0.238	0.248	0.258	0.268	0.278	0.289	0.300
20	0.200	0.210	0.221	0.231	0.242	0.253	0.264	0.275	0.286	0.298	0.309	0.321	0.333	0.345	0.358
22	0.238	0.250	0.262	0.275	0.287	0.300	0.313	0.326	0.339	0.352	0.365	0.379	0.393	0.407	0.421
24	0.279	0.293	0.308	0.322	0.336	0.351	0.366	0.380	0.396	0.411	0.426	0.442	0.457	0.473	0.489
26	0.324	0.340	0.356	0.373	0.389	0.406	0.423	0.440	0.457	0.474	0.491	0.509	0.527	0.545	0.563
28	0.372	0.391	0.409	0.427	0.446	0.465	0.484	0.503	0.522	0.542	0.561	0.581	0.601	0.621	0.642
30	0.424	0.444	0.465	0.486	0.507	0.528	0.549	0.571	0.592	0.614	0.636	0.658	0.681	0.703	0.726
32	0.479	0.502	0.525	0.548	0.571	0.595	0.619	0.643	0.667	0.691	0.715	0.740	0.765	0.790	0.815
34	0.537	0.562	0.588	0.614	0.640	0.666	0.692	0.719	0.746	0.772	0.799	0.827	0.854	0.881	0.909

注：长度以20cm为增进单位，不足20cm时，满10cm进位，不足10cm舍去；径级以2cm为增进单位，不足2cm时，满1cm的进位，不足1cm舍去。

【例3-41】 根据图3-169中的尺寸计算跨度 $L=12m$ 的圆木屋架工程量

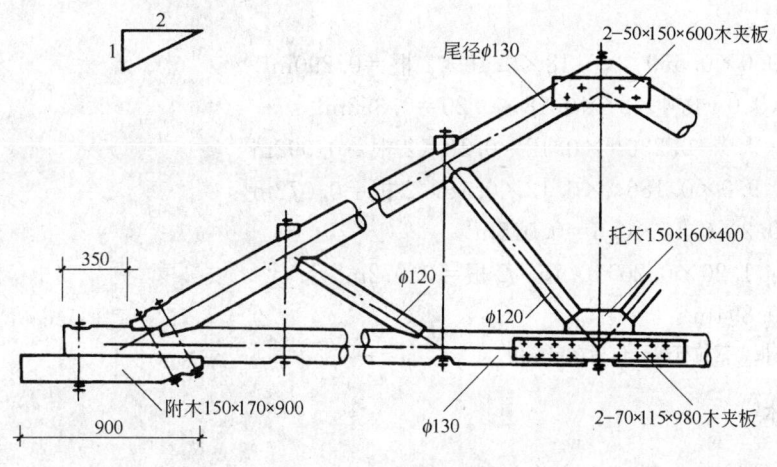

图 3-169 圆木屋架

【解】 屋架圆木材积计算见表3-25。

屋架圆木材积计算表　　　　　　表 3-25

名 称	尾径(cm)	数 量	长度(m)	单根材积(m³)	材积(m³)
上弦	φ13	2	12×0.559*=6.708	0.169	0.338
下弦	φ13	2	6+0.35=6.35	0.156	0.312
斜杠1	φ12	2	12×0.236*=2.832	0.040	0.080
斜杆2	φ12	2	12×0.186*=2.232	0.030	0.060
托 木		1	0.15×0.16×0.40×1.70*		0.016
挑檐木		2	0.15×0.17×0.90×2×1.70*		0.078
小 计					0.884

【例 3-42】 根据图 3-170 中尺寸，计算跨度 $L=9.0$m 的方木屋架工程量。

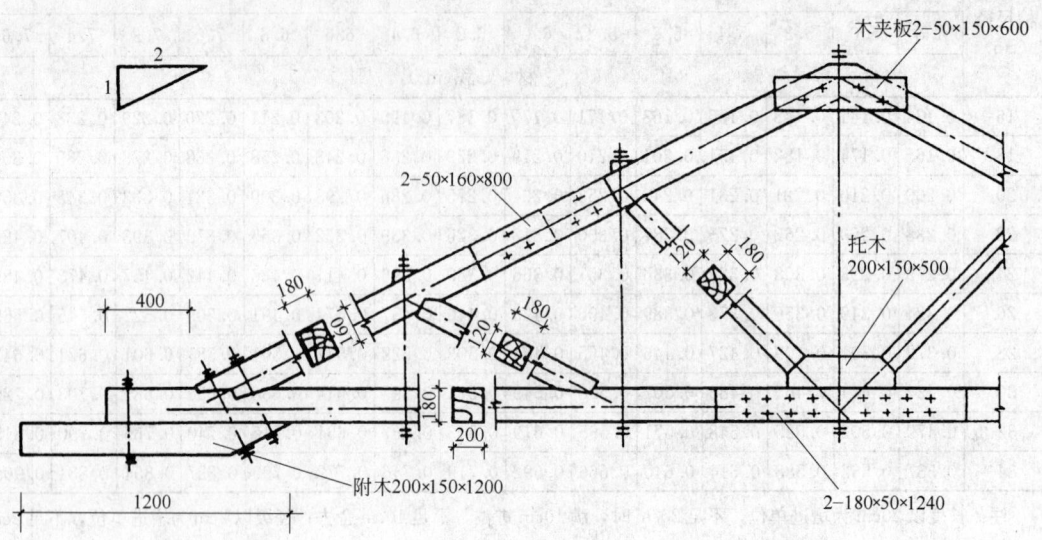

图 3-170 方木屋架

【解】

上弦：$9.0\times0.559^*\times0.18\times0.16\times2$ 根 $=0.290$m³
下弦：$(9.0+0.4\times2)\times0.18\times0.20=0.353$m³
斜杆 1：$9.0\times0.236^*\times0.12\times0.18\times2$ 根 $=0.092$m³
斜杆 2：$9.0\times0.186^*\times0.12\times0.18\times2$ 根 $=0.072$m³
托木：$0.2\times0.15\times0.5=0.015$m³
挑檐木：$1.20\times0.20\times0.15\times2$ 根 $=0.072$m³
小计：0.894m³

注 * 木夹板、钢拉杆等已包括在定额中。

七、檩木

1. 檩木按竣工木料以立方米计算。简支檩条长度按设计规定计算，如设计无规定者，按屋架或山墙中距增加 200mm 计算，如两端出山，檩条算至博风板。

2. 连续檩条的长度按设计长度计算，其接头长度按全部连续檩木总体积的 5% 计算。檩条托木已计入相应的檩木制作安装项目中，不另计算。

3. 简支檩条增加长度和连续檩条接头见图 3-171、图 3-172。

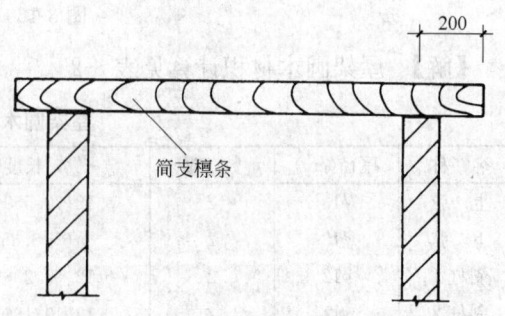

图 3-171 简支檩条增加长度示意图

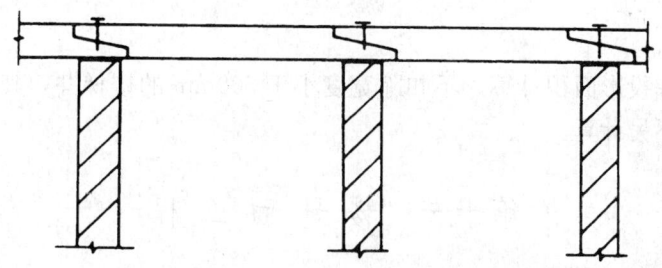

图 3-172 连续檩条接头示意图

八、屋面木基层(图 3-173)

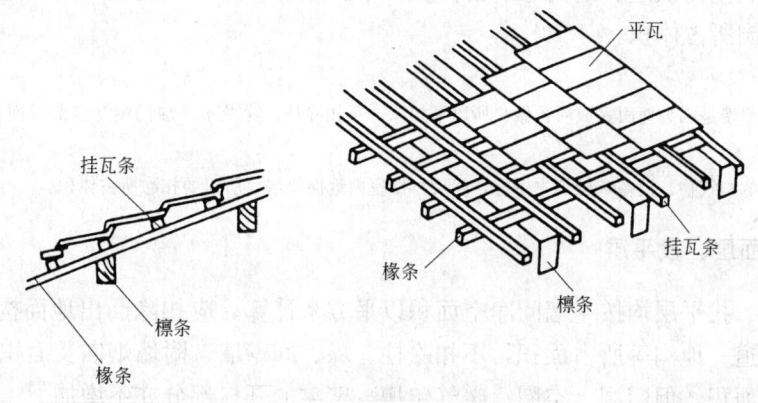

图 3-173 屋面木基层示意图

屋面木基层,按屋面的斜面积计算。天窗挑檐重叠部分按设计规定计算,屋面烟囱及斜沟部分所占面积不扣除。

九、封檐板

封檐板按图示檐口外围长度计算,博风板按斜长计算,每个大刀头增加长度 500mm。挑檐木、封檐板,博风板、大刀头示意见图 3-174、图 3-175。

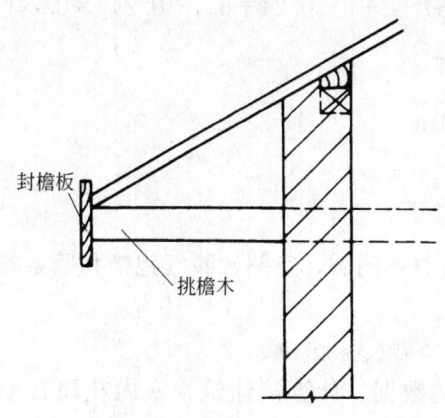

图 3-174 挑檐木、封檐板示意图

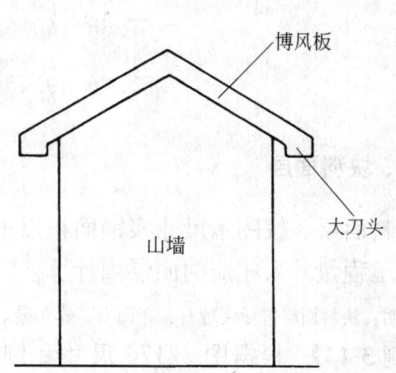

图 3-175 博风板、大刀头示意图

十、木楼梯

木楼梯按水平投影面积计算，不扣除宽度小于 300mm 的楼梯井，其踢脚板、平台和伸入墙内部分，不另计算。

第十节 楼地面工程

一、垫层

地面垫层按室内主墙间净空面积乘以设计厚度以立方米计算。应扣除凸出地面的构筑物、设备基础、室内铁道、地沟等所占体积，不扣除柱、垛、间壁墙、附墙烟囱及面积在 $0.3m^2$ 以内孔洞所占体积。

说明：

1. 不扣除间壁墙是因为地面完成后再做，所以不扣除；不扣除柱、垛及不增加门洞开口部分面积，是一种综合计算方法。

2. 凸出地面的构筑物、设备基础等先做好，然后再做室内地面垫层，所以要扣除所占体积。

二、整体面层、找平层

整体面层、找平层均按主墙间净空面积以平方米计算。应扣除凸出地面构筑物、设备基础、室内管道、地沟等所占面积，不扣除柱、垛、间壁墙、附墙烟囱及面积在 $0.3m^2$ 以内的孔洞所占面积，但门洞、空圈、暖气包槽、壁龛的开口部分亦不增加。

说明：

1. 整体面层包括：水泥砂浆、水磨石、水泥豆石等。

2. 找平层包括：水泥砂浆、细石混凝土等。

3. 不扣除柱、垛、间壁墙等所占面积，不增加门洞、空圈、暖气包槽、壁龛的开口部分，各种面积经过正负抵消后就能确定定额用量，这是编制定额时采用的综合计算方法。

【例 3-43】 根据图 3-176，计算该建筑物的室内地面面层工程量。

【解】 室内地面面积＝建筑面积－墙结构面积

$$=9.24 \times 6.24－[(9+6) \times 2+6－0.24+5.1－0.24] \times 0.24$$

$$=57.66－40.62 \times 0.24$$

$$=57.66－9.75=47.91m^2$$

三、块料面层

块料面层、按图示尺寸实铺面积以平方米计算，门洞、空圈、暖气包槽和壁龛的开口部分的工程量并入相应的面层内计算。

说明：块料面层包括大理石、花岗石、彩釉砖、缸砖、陶瓷锦砖、木地板等。

【例 3-44】 根据图 3-176 尺寸和例 3-43 的数据，计算该建筑物室内花岗石地面工程量。

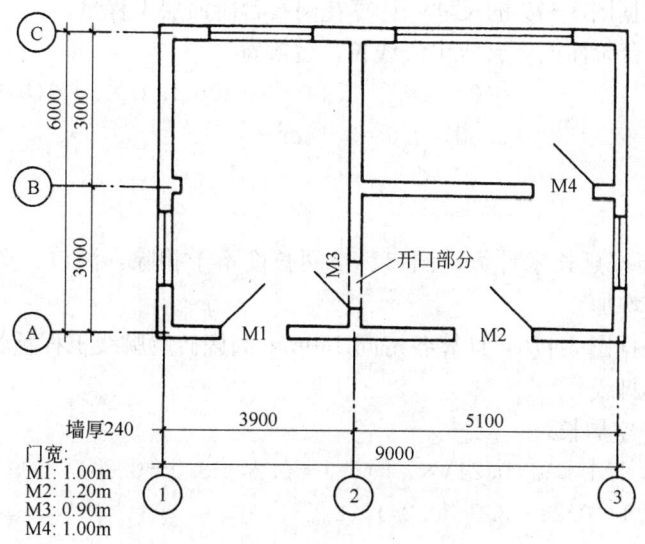

图 3-176 某建筑平面图

【解】 花岗石地面面积＝室内地面面积＋门洞开口部分面积

$$=47.91+(1.0+1.2+0.9+1.0)\times 0.24$$
$$=47.91+0.98=48.89\text{m}^2$$

四、楼梯面层

楼梯面层(包括踏步、平台、以及小于500mm宽的楼梯井)按水平投影面积计算。

【例3-45】 根据图3-156的尺寸计算水泥豆石浆楼梯间面层(只算一层)工程量。

【解】 水泥豆石浆梯间面层＝$(1.23\times 2+0.50)\times(0.200+1.23\times 2+3.0)$

$$=2.96\times 5.66=16.75\text{m}^2$$

五、台阶面层(图3-177)

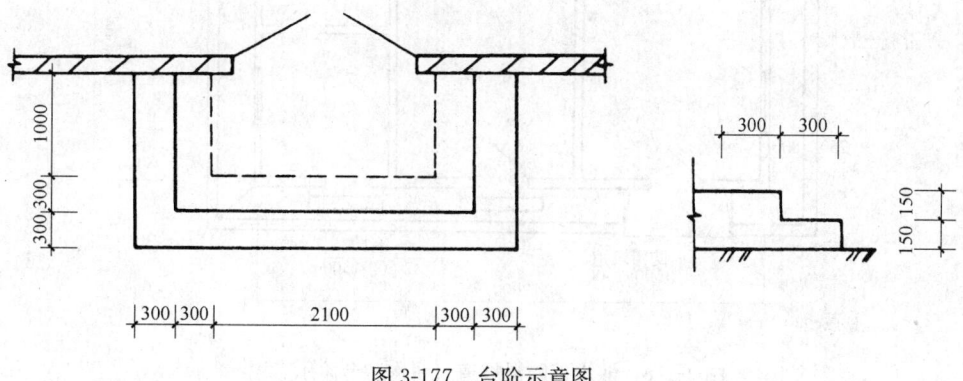

图 3-177 台阶示意图

台阶面层(包括踏步及最上一层踏步沿300mm)按水平投影面积计算。

说明：台阶的整体面层和块料面层均按水平投影面积计算。这是因为定额已将台阶踢脚立面的工料已经综合到水平投影面积中了。

【例 3-46】 根据图 3-177 的尺寸，计算花岗石台阶面层工程量。

【解】 花岗石台阶面层＝台阶中心线长×台阶宽
$$= [(0.30\times2+2.1)+(0.30+1.0)\times2]\times(0.30\times2)$$
$$= 5.30\times0.6 = 3.18 m^2$$

六、其他

1. 踢脚板(线)按延长米计算，洞口、空圈长度不予扣除，洞口、空圈、垛、附墙烟囱等侧壁长度亦不增加。

【例 3-47】 根据图 3-176，计算各房间 150mm 高瓷砖踢脚线工程量。

【解】 瓷砖踢脚线
$$(l) = \Sigma \text{房间净空周长}$$
$$= (6.0-0.24+3.9-0.24)\times2+(5.1-0.24+3.0-0.24)$$
$$\times 2+(5.1-0.24+3.0-0.24)\times2$$
$$= 18.84+15.24\times2 = 49.32 m$$

2. 散水、防滑坡道按图示尺寸以平方米计算。

散水面积计算公式：
$$S_{散水} = (\text{外墙外边周长}+\text{散水宽}\times4)\times\text{散水宽}-\text{坡道、台阶所占面积}$$

【例 3-48】 根据图 3-178 中的尺寸，计算散水工程量。

【解】 $S_{散水} = [(12.0+0.24+6.0+0.24)\times2+0.80\times4]\times0.80-2.50$
$$\times 0.80-0.60\times1.50\times2$$
$$= 40.16\times0.80-3.80 = 28.68 m$$

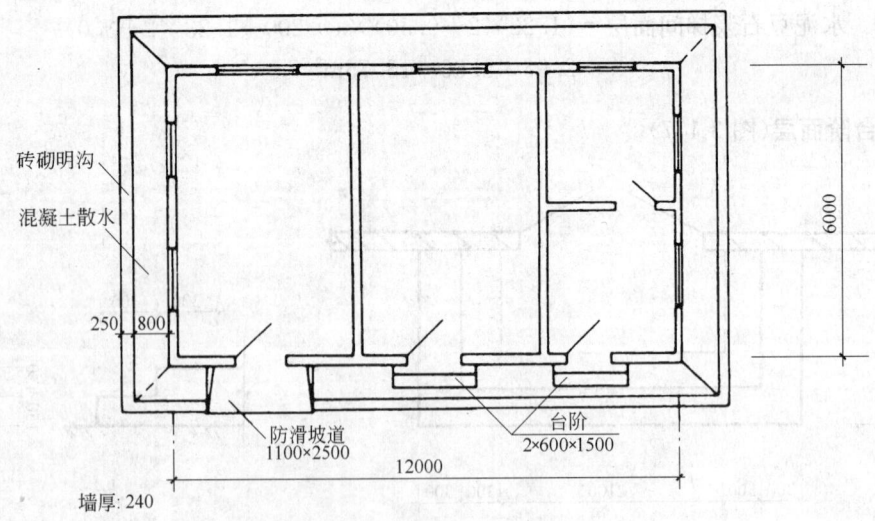

图 3-178 散水、防滑坡道、明沟、台阶示意图

【例 3-49】 根据图 3-178 计算防滑坡道工程量。

【解】 $S_{坡道} = 1.10\times2.50 = 2.75 m^2$

3. 栏杆、扶手包括弯头长度按延长米计算。

【例 3-50】 某大楼有等高的 8 跑楼梯，采用不锈钢管扶手栏杆，每跑楼梯高为 1.80m，每跑楼梯扶手水平长为 3.80m，扶手转弯处为 0.30m，最后一跑楼梯连接的安全栏杆水平长 1.55m，求该扶手栏杆工程量。

【解】 不锈钢扶手栏杆长 $= \sqrt{(1.80)^2+(3.80)^2} \times 8$ 跑 $+0.30$(转弯)$\times 7+1.55$(水平)
$= 4.205 \times 8+2.10+1.55 = 37.29$m

4. 防滑条按楼梯踏步两端距离减 300mm，以延长米计算（见图 3-179）。

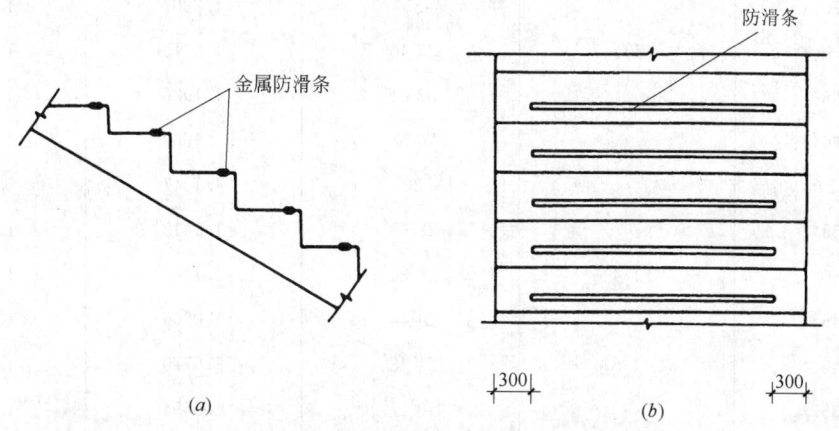

图 3-179 防滑条示意图
(a)侧立面；(b)平面

5. 明沟按图示尺寸以延长米计算。

明沟长度计算公式：

明沟长＝外墙外边周长＋散水宽×8＋明沟宽×4－台阶、坡道长

【例 3-51】 根据图 3-178 中的尺寸，计算砖砌明沟工程量。

【解】 明沟长＝(12.24＋6.24)×2＋0.80×8＋0.25×4－2.50
＝41.86m

第十一节 屋面及防水工程

一、坡屋面

1. 有关规则

瓦屋面、金属压型板屋面，均按图示尺寸的水平投影面积乘以屋面坡度系数以平方米计算。不扣除房上烟囱、风帽底座、风道、屋面小气窗、斜沟等所占面积，屋面小气窗的出檐部分亦不增加。

2. 屋面坡度系数

利用屋面坡度系数来计算坡屋面工程量是一种简便有效的计算方法。坡度系数的计算方法是：坡度系数 $= \dfrac{\text{斜长}}{\text{水平长}} = \sec\alpha$

屋面坡度系数表见表 3-26，示意见图 3-180。

屋面坡度系数表 表 3-26

坡度			延尺系数 C ($A=1$)	隅延尺系数 D ($A=1$)
以高度 B 表示（当 $A=1$ 时）	以高跨比表示（$B/2A$）	以角度表示（α）		
1	1/2	45°	1.4142	1.7321
0.75		36°52′	1.2500	1.6008
0.70		35°	1.2207	1.5779
0.666	1/3	33°40′	1.2015	1.5620
0.65		33°01′	1.1926	1.5564
0.60		30°58′	1.1662	1.5362
0.577		30°	1.1547	1.5270
0.55		28°49′	1.1413	1.5170
0.50	1/4	26°34′	1.1180	1.5000
0.45		24°14′	1.0966	1.4839
0.40	1/5	21°48′	1.0770	1.4697
0.35		19°17′	1.0594	1.4569
0.30		16°42′	1.0440	1.4457
0.25		14°02′	1.0308	1.4362
0.20	1/10	11°19′	1.0198	1.4283
0.15		8°32′	1.0112	1.4221
0.125		7°8′	1.0078	1.4191
0.100	1/20	5°42′	1.0050	1.4177
0.083		4°45′	1.0035	1.4166
0.066	1/30	3°49′	1.0022	1.4157

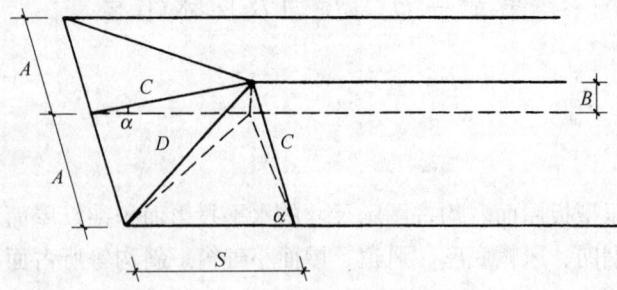

图 3-180 放坡系数各字母含义示意图

注：1. 两坡水排水屋面（当 α 角相等时，可以是任意坡水）面积为屋面水平投影面积乘以延尺系数 C
2. 四坡水排水屋面斜脊长度 $=A \times D$（当 $S=A$ 时）
3. 沿山墙泛水长度 $=A \times C$

【例 3-52】 根据图 3-181 图示尺寸，计算四坡水屋面工程量。

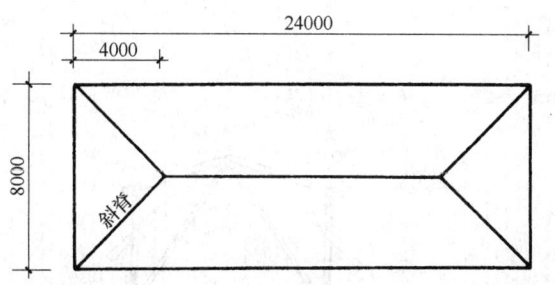
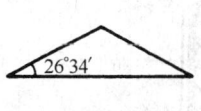

图 3-181 四坡水屋面示意图

【解】 S＝水平面积×坡度系数 C
＝8.0×24.0×1.118*（查表 3-25）
＝214.66m²

【例 3-53】 据图 3-181 中有关数据，计算 4 角斜脊的长度。

【解】 屋面斜脊长＝跨长×0.5×隅延尺系数 D×4 根
＝8.0×0.5×1.50*（查表 3-25）×4
＝24.0m

【例 3-54】 根据图 3-182 的图文尺寸，计算六坡水（正六边形）屋面的斜面面积。

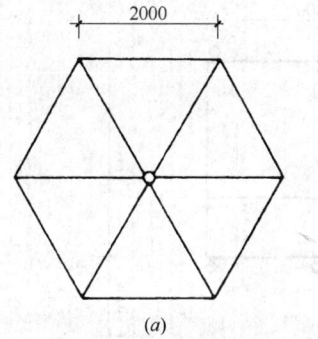
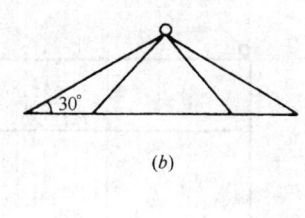

图 3-182 六坡水屋面示意图
(a)平面；(b)立面

【解】 屋面斜面面积＝水平面积×延尺系数 C
$= \frac{3}{2} \times \sqrt{3} \times (2.0)^2 \times 1.118^*$
＝10.39×1.118＝11.62m²

二、卷材屋面

1. 卷材屋面按图示尺寸的水平投影面积乘以规定的坡度系数以平方米计算。但不扣除房上烟囱、风帽底座、风道、屋面小气窗和斜沟所占的面积。屋面女儿墙、伸缩缝和天窗弯起部分（图 3-183、图 3-184），按图示尺寸并入屋面工程量计算。如图纸无规定时，伸缩缝、女儿墙的弯起部分可按 250mm 计算，天窗弯起部分可按 500mm 计算。

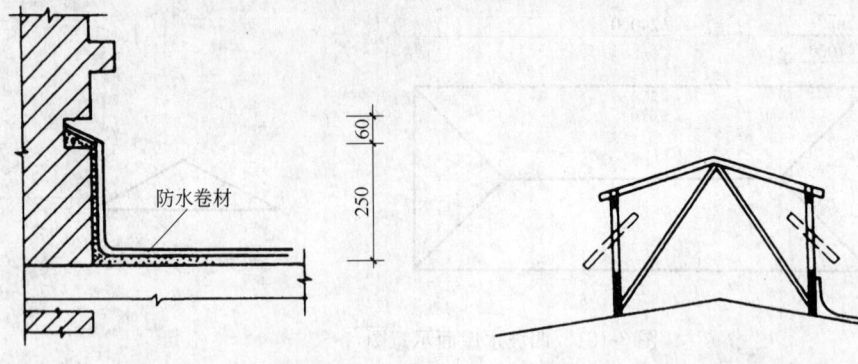

图 3-183 屋面女儿墙防水卷材弯起示意图　　图 3-184 卷材屋面天窗弯起部分示意图

2. 屋面找坡层

屋面找坡一般采用轻质混凝土和保温隔热材料。找坡层的平均厚度需根据图示尺寸计算加权平均厚度，以立方米计算。

屋面找坡平均厚计算公式：

$$\text{找坡平均厚} = \text{坡宽}(L) \times \text{坡度系数}(i) \times \frac{1}{2} + \text{最薄处厚}$$

【例 3-55】 根据图 3-185 所示尺寸和条件计算找坡层工程量。

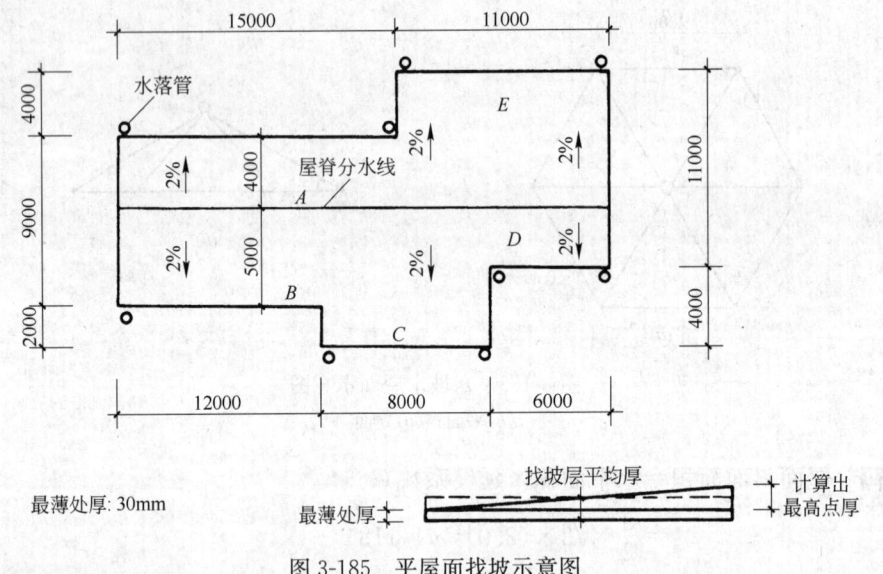

图 3-185 平屋面找坡示意图

【解】（1）计算加权平均厚

$A \text{ 区}\begin{cases} \text{面积：} 15 \times 4 = 60\text{m}^2 \\ \text{平均厚：} 4.0 \times 2\% \times \frac{1}{2} + 0.03 = 0.07\text{m} \end{cases}$

$B \text{ 区}\begin{cases} \text{面积：} 12 \times 5 = 60\text{m}^2 \\ \text{平均厚：} 5.0 \times 2\% \times \frac{1}{2} + 0.03 = 0.08\text{m} \end{cases}$

$C区\begin{cases}面积:8\times(5+2)=56m^2\\平均厚:7\times2\%\times\dfrac{1}{2}+0.03=0.10m\end{cases}$

$D区\begin{cases}面积:6\times(5+2-4)=18m^2\\平均厚:3\times2\%\times\dfrac{1}{2}+0.03=0.06m\end{cases}$

$E区\begin{cases}面积:11\times(4+4)=88m^2\\平均厚:8\times2\%\times\dfrac{1}{2}+0.03=0.11m\end{cases}$

$$加权平均厚=\frac{60\times0.07+60\times0.08+56\times0.10+18\times0.06+88\times0.11}{60+60+56+18+88}$$

$$=\frac{25.36}{282}=0.0899=0.09m$$

(2) 屋面找坡层体积

$$V=屋面面积\times平均厚=282\times0.09=25.36m^3$$

3. 卷材屋面的附加层、接缝、收头、找平层的嵌缝、冷底子油已计入定额内,不另计算。

4. 涂膜屋面的工程量计算同卷材屋面。涂膜屋面的油膏嵌缝、玻璃布盖缝、屋面分格缝,以延长米计算。

三、屋面排水

1. 铁皮排水按图示尺寸以展开面积计算,如图纸没有注明尺寸时,可按表3-27规定计算。咬口和搭接用量等已计入定额项目内,不另计算。

铁皮排水单体零件折算表　　　　　表3-27

名称		单位	水落管(m)	檐沟(m)	水斗(个)	漏斗(个)	下水口(个)		
铁皮排水	水落管、檐沟、水斗、漏斗、下水口	m²	0.32	0.30	0.40	0.16	0.45		
	天沟、斜沟、天窗窗台泛水、天窗侧面泛水、烟囱泛水、滴水檐头泛水、滴水	m²	天沟(m)	斜沟、天窗窗台泛水(m)	天窗侧面泛水(m)	烟囱泛水(m)	通气管泛水(m)	滴水檐头泛水(m)	滴水(m)
			1.30	0.50	0.70	0.80	0.22	0.24	0.11

2. 铸铁、玻璃钢水落管区别不同直径按图示尺寸以延长米计算,雨水口、水斗、弯头、短管以个计算。

四、防水工程

1. 建筑物地面防水、防潮层,按主墙间净空面积计算,扣除凸出地面的构筑物、设备基础等所占的面积,不扣除柱、垛、间壁墙、烟囱及0.3m²以内孔洞所占面积。与墙面连接处高度在500mm以内者按展开面积计算,并入平面工程量内;超过500mm时,按立面防水层计算。

2. 建筑物墙基防水、防潮层，外墙长度按中心线，内墙长度按净长乘以宽度以平方米计算。

【例 3-56】 根据图 3-176 有关数据，计算墙基水泥砂浆防潮层工程量（墙厚均为 240）。

【解】 $S=$（外墙中线长＋内墙净长）×墙厚

$$=[(6.0+9.0)\times2+6.0-0.24+5.1-0.24]\times0.24$$

$$=40.62\times0.24=9.75 m^2$$

3. 构筑物及建筑物地下室防水层，按实铺面积计算，但不扣除 0.3m² 以内的孔洞面积。平面与立面交接处的防水层，其上卷高度超过 500mm 时，按立面防水层计算。

4. 防水卷材的附加层、接缝、收头、冷底子油等人工材料均已计入定额内，不另计算。

5. 变形缝按延长米计算。

第十二节 防腐、保温、隔热工程

一、防腐工程

1. 防腐工程项目，应区分不同防腐材料种类及其厚度，按设计实铺面积以平方米计算。应扣除凸出地面的构筑物、设备基础等所占的面积，砖垛等突出墙面部分按展开面积计算后并入墙面防腐工程量之内。

2. 踢脚板按实铺长度乘以高度以平方米计算，应扣除门洞所占面积并相应增加侧壁展开面积。

3. 平面砌筑双层耐酸块料时，按单层面积乘以 2 计算。

4. 防腐卷材接缝、附加层、收头等人工材料，已计入定额内，不再加行计算。

二、保温隔热工程

1. 保温隔热层应区别不同保温隔热材料，除另有规定者外，均按设计实铺厚度以立方米计算。

2. 保温隔热层的厚度按隔热材料（不包括胶结材料）净厚度计算。

3. 地面隔热层按围护结构墙体间净面积乘以设计厚度以立方米计算，不扣除柱、垛所占的体积。

4. 墙体隔热层：外墙按隔热层中心线，内墙按隔热层净长乘以图示尺寸的高度及厚度以立方米计算。应扣除冷藏门洞口和管道穿墙洞口所占体积。

5. 柱包隔热层：按图示柱的隔热层中心线的展开长度乘以图示尺寸高度及厚度以立方米计算。

6. 其他

（1）池槽隔热层按图示池槽保温隔热层的长、宽及其厚度以立方米计算。其中池壁按墙面计算，池底按地面计算。

（2）门洞口侧壁周围的隔热部分，按图示隔热层尺寸以立方米计算，并入墙面的保温隔热工程量内。

（3）柱帽保温隔热层按图示保温隔热层体积并入顶棚保温隔热层工程量内。

第十三节 装 饰 工 程

一、内墙抹灰

1. 内墙抹灰面积，应扣除门窗洞口和空圈所占的面积，不扣除踢脚板、挂镜线（图3-186），0.3m² 以内的孔洞和墙与构件交接处的面积，洞口侧壁和顶面亦不增加。墙垛和附墙烟囱侧壁面积与内墙抹灰工程量合并计算。

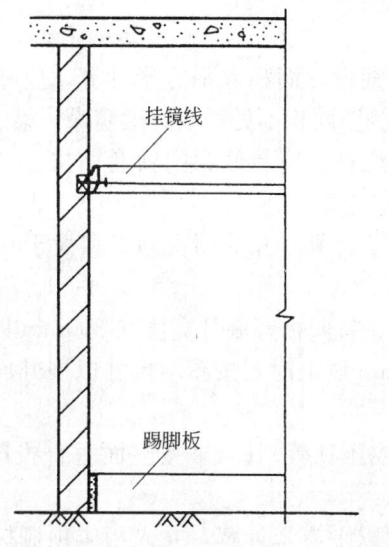
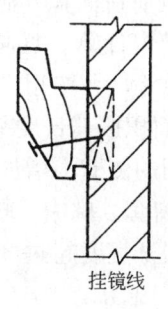

图 3-186 挂镜线、踢脚板示意图

2. 内墙面抹灰的长度，以主墙间的图示净长尺寸计算，其高度确定如下：

（1）无墙裙的，其高度按室内地面或楼面至顶棚底面之间距离计算。

（2）有墙裙的，其高度按墙裙顶至顶棚底面之间距离计算。

（3）钉板条顶棚的内墙面抹灰，其高度按室内地面或楼面至顶棚底面另加 100mm 计算。

说明：

（1）墙与构件交接处的面积（图 3-187），主要指各种现浇或预制梁头伸入墙内所占的面积。

（2）由于一般墙面先抹灰后做吊顶，所以钉板条顶棚的墙面需抹灰时应抹至顶棚底再加 100mm。

（3）墙裙单独抹灰时，工程量应单独计算，内墙抹灰也要扣除墙裙工程量。

计算公式：

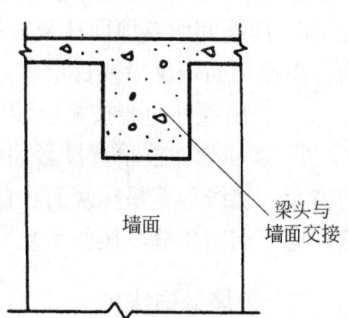
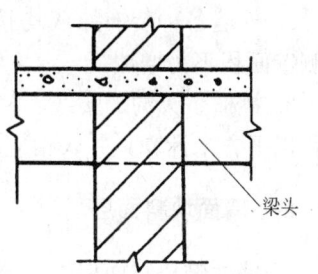

图 3-187 墙与构件交接处面积示意

$$\begin{aligned}\text{内墙面}\\\text{抹灰面积}\end{aligned}=(\text{主墙间净长}+\text{墙垛和附墙烟囱侧壁宽})\times(\text{室内净高}-\text{墙裙高})$$

$$-\text{门窗洞口及大于}\ 0.3\text{m}^2\ \text{孔洞面积}$$

式中 室内净高 $=\begin{cases}\text{有吊顶：楼面或地面至顶棚底加 100mm}\\\text{无吊顶：楼面或地面至顶棚底净高}\end{cases}$

3. 内墙裙抹灰面积按内墙净长乘以高度计算。应扣除门窗洞口和空圈所占的面积，门窗洞口和空洞的侧壁面积不另增加，墙垛、附墙烟囱侧壁面积并入墙裙抹灰面积内计算。

二、外墙抹灰

1. 外墙抹灰面积，按外墙面的垂直投影面积以平方米计算。应扣除门窗洞口、外墙裙和大于 0.3m² 孔洞所占面积，洞口侧壁面积不另增加。附墙垛、梁、柱侧面抹灰面积并入外墙面抹灰工程量内计算。栏板、栏杆、窗台线、门窗套、扶手、压顶、挑檐、遮阳板、突出墙外的腰线等，另按相应规定计算。

2. 外墙裙抹灰面积按其长度乘高度计算，扣除门窗洞口和大于 0.3m² 孔洞所占的面积，门窗洞口及孔洞的侧壁不增加。

3. 窗台线、门窗套、挑檐、腰线、遮阳板等展开宽度在 300mm 以内者，按装饰线以延长米计算。如果展开宽度超过 300mm 以上时，按图示尺寸以展开面积计算，套零星抹灰定额项目。

4. 栏板、栏杆(包括立柱、扶手或压顶等)抹灰，按立面垂直投影面积乘以系数 2.2 以平方米计算。

5. 阳台底面抹灰按水平投影面积以平方米计算，并入相应顶棚抹灰面积内。阳台如带悬臂者，其工程量乘系数 1.30。

6. 雨篷底面或顶面抹灰分别按水平投影面积以平方米计算，并入相应顶棚抹灰面积内。雨篷顶面带反沿或反梁者，其工程量乘系数 1.20，底面带悬臂梁者，其工程量乘以系数 1.20。雨篷外边线按相应装饰或零星项目执行。

7. 墙面勾缝按垂直投影面积计算，应扣除墙裙和墙面抹灰的面积，不扣除门窗洞口、门窗套、腰线等零星抹灰所占的面积，附墙柱和门窗洞口侧面的勾缝面积亦不增加。独立柱、房上烟囱勾缝，按图示尺寸以平方米计算。

三、外墙装饰抹灰

1. 外墙各种装饰抹灰均按图示尺寸以实抹面积计算。应扣除门窗洞口空圈的面积，其侧壁面积不另增加。

2. 挑檐、天沟、腰线、栏杆、栏板、门窗套、窗台线、压顶等，均按图示尺寸展开面积以平方米计算，并入相应的外墙面积内。

四、墙面块料面层

1. 墙面贴块料面层均按图示尺寸以实贴面积计算。

2. 墙裙以高度 1500mm 以内为准，超过 1500mm 时按墙面计算，高度低于 300mm 以内时，按踢脚板计算。

五、隔墙、隔断、幕墙

1. 木隔墙、墙裙、护壁板，均按图示尺寸长度乘以高度按实铺面积以平方米计算。
2. 玻璃隔墙按上横挡顶面至下横挡底面之间高度乘以宽度（两边立挺外边线之间）以平方米计算。
3. 浴厕木隔断，按下横挡底面至上横挡顶面高度乘以图示长度以平方米计算，门扇面积并入隔断面积内计算。
4. 铝合金、轻钢隔墙、幕墙，按四周框外围面积计算。

六、独立柱

1. 一般抹灰、装饰抹灰、镶贴块料按结构断面周长乘以柱的高度，以平方米计算。
2. 柱面装饰按柱外围饰面尺寸乘以柱的高，以平方米计算。

七、零星抹灰

各种"零星项目"均按图示尺寸以展开面积计算。

八、顶棚抹灰

1. 顶棚抹灰面积，按主墙间的净面积计算，不扣除间壁墙、垛、柱、附墙烟囱、检查口和管道所占的面积。带梁顶棚，梁两侧抹灰面积，并入顶棚抹灰工程量内计算。
2. 密肋梁和井字梁顶棚抹灰面积，按展开面积计算。
3. 顶棚抹灰如带有装饰线时，区别按三道线以内或五道线以内按延长米计算，线角的道数以一个突出的棱角为一道线（图3-188）。

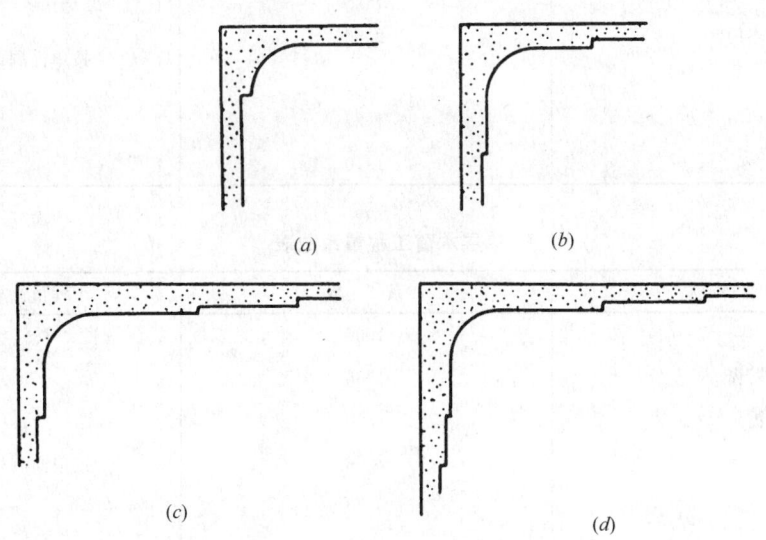

图3-188 顶棚装饰线示意图
(a)—一道线；(b)二道线；(c)三道线；(d)四道线

4. 檐口顶棚的抹灰面积,并入相同的顶棚抹灰工程量内计算。

5. 顶棚中的折线、灯槽线、圆弧形线、拱形线等艺术形式的抹灰,按展开面积计算。

九、顶棚龙骨

各种吊顶顶棚龙骨按主墙间净空面积计算,不扣除间壁墙、检查口、附墙烟囱、柱、垛和管道所占面积。但顶棚中的折线、迭落等圆弧形、高低吊灯槽等面积也不展开计算。

十、顶棚面装饰

1. 顶棚装饰面积,按主墙间实铺面积以平方米计算,不扣除间壁墙、检查口、附墙烟囱、附墙垛和管道所占面积,应扣除独立柱及与顶棚相连的窗帘盒所占的面积。

2. 顶棚中的折线、迭落等圆弧形、拱形、高低灯槽及其他艺术形式顶棚面层均按展开面积计算。

十一、喷涂、油漆、裱糊

1. 楼地面、顶棚面、墙、柱、梁面的喷(刷)涂料、抹灰面、油漆及裱糊工程,均按楼地面、顶棚面、墙、柱、梁面装饰工程相应的工程量计算规则规定计算。

2. 木材面、金属面油漆的工程量分别按表3-28至表3-36规定计算,并乘以表列系数以平方米计算。

单层木门工程量系数表　　　　　表3-28

项目名称	系　数	工程量计算方法
单层木门	1.00	按单面洞口面积
双层(一板一纱)木门	1.36	
双层(单裁口)木门	2.00	
单层全玻门	0.83	
木百页门	1.25	
厂库大门	1.10	

单层木窗工程量系数表　　　　　表3-29

项目名称	系　数	工程量计算方法
单层玻璃窗	1.00	按单面洞口面积
双层(一玻一纱)窗	1.36	
双层(单裁口)窗	2.00	
三层(二玻一纱)窗	2.60	
单层组合窗	0.83	
双层组合窗	1.13	
木百页窗	1.50	

木扶手(不带托板)工程量系数表　　　　　　　　　　　表 3-30

项目名称	系　数	工程量计算方法
木扶手(不带托板)	1.00	按延长米
木扶手(带托板)	2.60	
窗帘盒	2.04	
封檐板、顺水板	1.74	
挂衣板、黑板框	0.52	
生活园地框、挂镜线、窗帘棍	0.35	

其他木材面工程量系数表　　　　　　　　　　　表 3-31

项目名称	系　数	工程量计算方法
木板、纤维板、胶合板	1.00	长×宽
顶棚、檐口	1.07	
清水板条顶棚、檐口	1.07	
木方格吊顶顶棚	1.20	
吸声板、墙面、顶棚面	0.87	
鱼鳞板墙	2.48	
木护墙、墙裙	0.91	
窗台板、筒子板、盖板	0.82	
暖气罩	1.28	
屋面板(带檩条)	1.11	斜长×宽
木间壁、木隔断	1.90	单面外围面积
玻璃间壁、露明墙筋	1.65	
木栅栏、木栏杆(带扶手)	1.82	
木屋架	1.79	跨度(长)×中高×$\frac{1}{2}$
衣柜、壁柜	0.91	投影面积(不展开)
零星木装修	0.87	展开面积

木地板工程量系数表　　　　　　　　　　　表 3-32

项目名称	系　数	工程量计算方法
木地板、木踢脚线	1.00	长×宽
木楼梯(不包括底面)	2.30	水平投影面积

单层钢门窗工程量系数表　　　　　　　　　　　表 3-33

项目名称	系　数	工程量计算方法
单层钢门窗	1.00	洞口面积
双层(一玻一纱)钢门窗	1.48	
钢百页门窗	2.74	
半截百页钢门	2.22	
满钢门或包铁皮门	1.63	
钢折叠门	2.30	

续表

项目名称	系数	工程量计算方法
射线防护门	2.96	
厂库房平开、推拉门	1.70	框(扇)外围面积
铁丝网大门	0.81	
间壁	1.85	长×宽
平板屋面	0.74	斜长×宽
瓦垄板屋面	0.89	斜长×宽
排水、伸缩缝盖板	0.78	展开面积
吸气罩	1.63	水平投影面积

其他金属面工程量系数表　　表 3-34

项目名称	系数	工程量计算方法
钢屋架、天窗架、挡风架、屋架梁、支撑、檩条	1.00	
墙架(空腹式)	0.50	
墙架(格板式)	0.82	
钢柱、吊车梁、花式梁柱、空花构件	0.63	
操作台、走台、制动梁、钢梁车挡	0.71	按重量(吨)
钢栅栏门、栏杆、窗栅	1.71	
钢爬梯	1.18	
轻型屋架	1.42	
踏步式钢扶梯	1.05	
零星铁件	1.32	

平板屋面涂刷磷化、锌黄底漆工程量系数表　　表 3-35

项目名称	系数	工程量计算方法
平板屋面	1.00	斜长×宽
瓦垄板屋面	1.20	
排水、伸缩缝盖板	1.05	展开面积
吸气罩	2.20	水平投影面积
包镀锌薄钢板门	2.20	洞口面积

抹灰面油漆、涂料工程量系数表　　表 3-36

项目名称	系数	工程量计算方法
槽形底板、混凝土折板	1.30	
有梁板底	1.10	长×宽
密肋、井字梁底板	1.50	
混凝土平板式楼梯底	1.30	水平投影面积

第十四节 金属结构制作工程

一、一般规则

金属结构制作按图示钢材尺寸以吨计算,不扣除孔眼、切边的重量,焊条、铆钉、螺栓等重量,已包括在定额内不另计算。在计算不规则或多边形钢板重量时均按其几何图形的外接矩形面积计算。

二、实腹柱、吊车梁

实腹柱、吊车梁、H型钢按图示尺寸计算,其中腹板及翼板宽度按每边增加25mm计算。

三、制动梁、墙架、钢柱

1. 制动梁的制作工程量包括制动梁、制动桁架、制动板重量。
2. 墙架的制作工程量包括墙架柱、墙架梁及连接柱杆重量。
3. 钢柱制作工程量包括依附于柱上的牛腿及悬臂梁重量。

四、轨道

轨道制作工程量,只计算轨道本身重量,不包括轨道垫板、压板、斜垫、夹板及联接角钢等重量。

五、铁栏杆

铁栏杆制作,仅适用于工业厂房中平台、操作台的钢栏杆。民用建筑中铁栏杆等按定额其他章节有关项目计算。

六、钢漏斗

钢漏斗制作工程量,矩形按图示分片,圆形按图示展开尺寸,并依钢板宽度分段计算,每段均以其上口长度(圆形以分段展开上口长度)与钢板宽度,按矩形计算,依附漏斗的型钢并入漏斗重量内计算。

【例3-57】 根据图3-189图示尺寸,计算柱间支撑的制作工程量。

【解】 角钢每米重量=0.00795×厚×(长边+短边-厚)
$$=0.00795×6×(75+50-6)$$
$$=5.68\text{kg/m}$$
钢板每 m^2 重量=7.85×厚=7.85×8=62.8kg/m^2
角钢重=5.90×2根×5.68kg/m=67.02kg
钢板=(0.205×0.21×4块)×62.8=0.1722×62.80=10.81kg
柱间支撑工程量=67.02+10.81=77.83kg

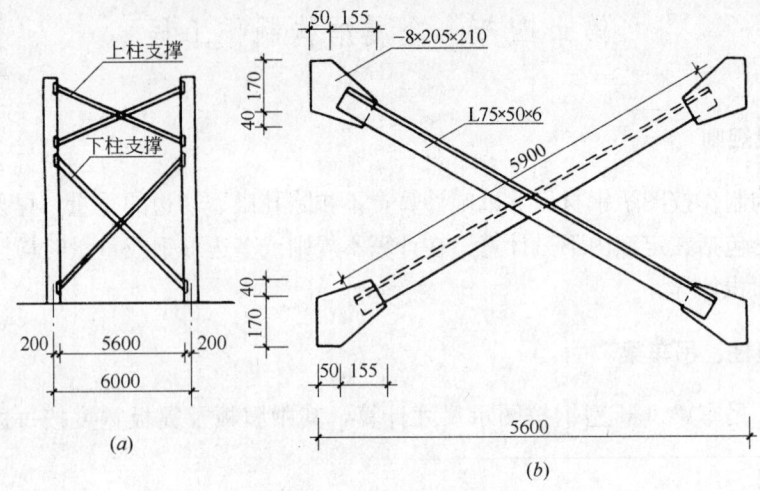

图 3-189 柱间支撑
(a)柱间支撑示意图；(b)上柱间支撑详图

第十五节 建筑工程垂直运输

一、建筑物

建筑物垂直运输机械台班用量，区分不同建筑物的结构类型及檐口高度按建筑面积以平方米计算。

檐高是指设计室外地坪至檐口的高度(图 3-190)，突出主体建筑屋顶的电梯间、水箱间等不计入檐口高度之内。

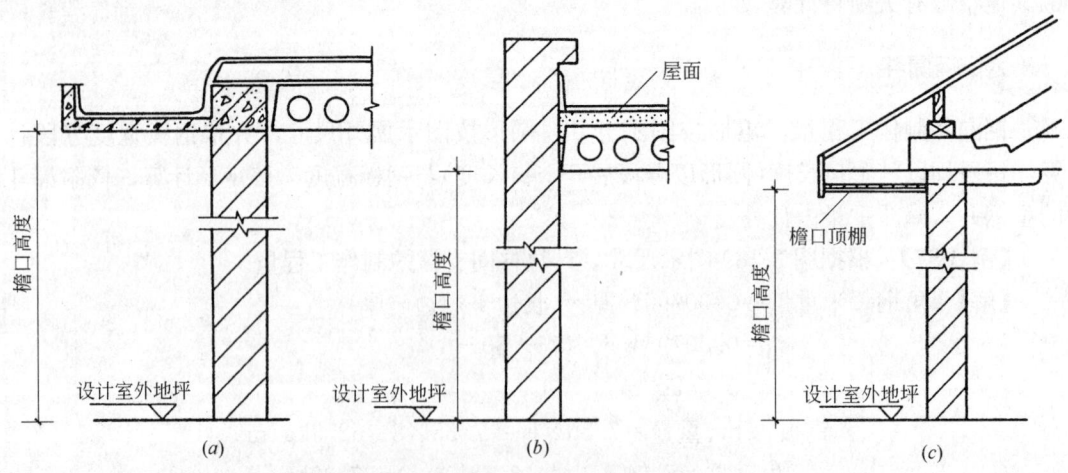

图 3-190 檐口高度示意图
(a)有檐沟的檐口高度；(b)有女儿墙的檐口高度；(c)坡屋面的檐口高度

二、构筑物

构筑物垂直运输机械台班以座计算。超过规定高度时,再按每增高 1m 定额项目计算,其高度不足 1m 时,亦按 1m 计算。

第十六节 建筑物超高增加人工、机械费

一、有关规定

1. 本规定适用于建筑物檐口高 20m(层数 6 层)以上的工程(图 3-191)。

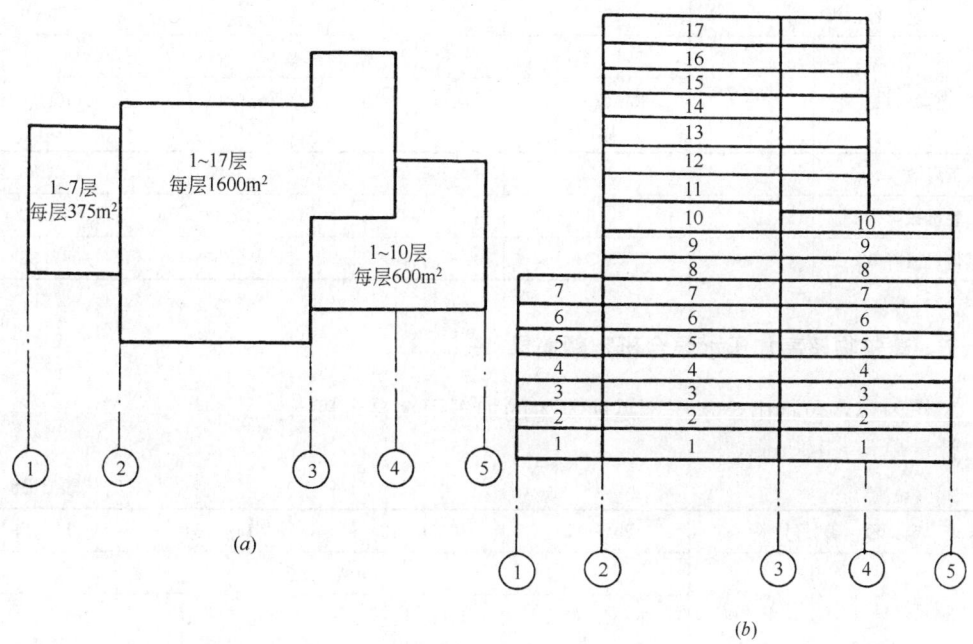

图 3-191 高层建筑示意图
(a)平面示意图;(b)立面示意图

2. 檐高是指设计室外地坪至檐口的高度、突出主体建筑屋顶的电梯间、水箱间等不计入檐高之内。

3. 同一建筑物高度不同时,按不同高度的建筑面积,分别按相应项目计算。

二、降效系数

1. 各项降效系数中包括的内容指建筑物基础以上的全部工程项目,但不包括垂直运输、各类构件的水平运输及各项脚手架。
2. 人工降效按规定内容中的全部人工费乘以定额系数计算。
3. 吊装机械降效按吊装项目中的全部机械费乘以定额系数计算。
4. 其他机械降效按除吊装机械外的全部机械费乘以定额系数计算。

三、加压水泵台班

建筑物施工用水加压增加的水泵台班，按建筑面积计算。

四、建筑物超高人工、机械降效率定额摘录（表 3-37）

工作内容：
1. 工人上下班降低工效、上楼工作前休息及自然休息增加的时间。
2. 垂直运输影响的时间。
3. 由于人工降效引起的机械降效。

表 3-37

定额编号		14—1	14—2	14—3	14—4
项目	降效率	檐高（层数）			
		30m(7~10)以内	40m(11~13)以内	50m(14~16)以内	60m(17~19)以内
人工降效	%	3.33	6.00	9.00	13.33
吊装机械降效	%	7.67	15.00	22.20	34.00
其他机械降效	%	3.33	6.00	9.00	13.33

五、建筑物超高加压水泵台班定额摘录（表 3-38）

工作内容：包括由于水压不足所发生的加压用水泵台班
计量单位：100m^2

表 3-38

定额编号		14—11	14—12	14—13	14—14
项目	单位	檐高（层数）			
		30m(7~10)以内	40m(11~13)以内	50m(14~16)以内	60m(17~19)以内
基价	元	87.87	134.12	259.88	301.17
加压用水泵	台班	1.14	1.74	2.14	2.48
加压用水泵停滞	台班	1.14	1.74	2.14	2.48

【例 3-58】 某现浇钢筋混凝土框架结构的宾馆建筑面积及层数示意见图 3-191，根据下列数据和表 3-37、表 3-38 定额计算建筑物超高人工、机械降效费和建筑物超高加压水泵台班费。

1~7 层 ①—②轴线
- 人工费：202500 元
- 吊装机械费：67800 元
- 其他机械费：168500 元

1~17 层 ②—④轴线
- 人工费：2176000 元
- 吊装机械费：707200 元
- 其他机械费：1360000 元

$$\begin{matrix}1\sim10层\\ ③—⑤轴线\end{matrix}\begin{cases}人工费：450000元\\ 吊装机械费：120000元\\ 其他机械费：300000元\end{cases}$$

解：(1) 人工降效费

$$\left.\begin{matrix}\underset{(202500}{①—②轴}+\underset{450000)}{③—⑤轴}\times\underset{3.33\%}{定额14—1}=21728.25\\ \underset{2176000}{②—④轴}\times\underset{13.33\%}{定额14—4}=290060.80\end{matrix}\right\}311789.05元$$

(2) 吊装机械降效费

$$\left.\begin{matrix}\underset{(67800}{①—②轴}+\underset{120000)}{③—⑤轴}\times\underset{7.67\%}{定额14—1}=14404.26\\ \underset{707200}{②—④轴}\times\underset{34\%}{定额14—4}=240448.00\end{matrix}\right\}254852.26元$$

(3) 其他机械降效费

$$\left.\begin{matrix}\underset{(168500}{①—②轴}+\underset{300000)}{③—⑤轴}\times\underset{3.33\%}{定额14—1}=15601.05\\ \underset{1360000}{②—④轴}\times\underset{13.33\%}{定额14—4}=181288.00\end{matrix}\right\}196889.05元$$

(4) 建筑物超高加压水泵台班费

$$\left.\begin{matrix}\underset{(375\times7层}{①—②轴}+\underset{600\times10层)}{③—⑤轴}\times\underset{0.88元/m^2}{定额14—1}=7590\\ \underset{1600\times17层}{②—④轴}\times\underset{3.01元/m^2}{定额14—4}=81872.00\end{matrix}\right\}89462.00元$$

第四章 直接工程费计算、工料分析与材料价差调整

第一节 直接费内容

直接费由直接工程费和措施费构成。

一、直接工程费

直接工程费是指施工过程中耗费的构成工程实体的各项费用，包括人工费、材料费、施工机械使用费。

（1）人工费

人工费是指直接从事建筑安装工程施工的生产工人所开支的各项费用，包括：

1）基本工资

指发放给生产工人的基本工资。

2）工资性补贴

指按规定发放给生产工人的物价补贴，煤、燃气补贴，交通补贴，住房补贴，流动施工津贴等。

3）生产工人辅助工资

指生产工人年有效施工天数以外非作业天数的工资，包括职工学习、培训期间的工资，调动工作、探亲、休假期间的工资，因气候影响的停工工资，女工哺乳时间的工资，病假在六个月以内的工资及婚、产、丧假期的工资。

4）职工福利费

指按规定标准计提的职工福利费。

5）生产工人劳动保护费

指按规定标准发放的劳动保护用品的购置费及修理费，徒工服装补贴，防暑降温费，在有碍身体健康环境中施工的保健费等。

6）社会保障费

指包含在工资内，由工人交的养老保险费、失业保险费等。

（2）材料费

材料费是指施工过程中耗用的构成工程实体，形成工程装饰效果的原材料、辅助材料、构配件、零件、半成品、成品的费用和周转材料的摊销（或租赁）费用。

（3）施工机械使用费

是指使用施工机械作业所发生的机械费用以及机械安、拆和进出场费等。

二、措施费

措施费是指为完成工程项目施工,发生于该工程施工前和施工过程中非工程实体项目的费用。

包括内容:

(1) 环境保护费

是指施工现场为达到环保部门要求所需要的各项费用。

(2) 文明施工费

是指施工现场文明施工所需要的各项费用。

(3) 安全施工费

是指施工现场安全施工所需要的各项费用。

(4) 临时设施费

是指施工企业为进行建筑工程施工所必须搭设的生活和生产用的临时建筑物、构筑物和其他临时设施费用等。

临时设施包括:临时宿舍、文化福利及公用事业房屋与构筑物,仓库、办公室、加工厂以及规定范围内道路、水、电、管线等临时设施和小型临时设施。

临时设施费用包括:临时设施的搭设、维修、拆除费或摊销费。

(5) 夜间施工费

是指因夜间施工所发生的夜班补助费、夜间施工降效、夜间施工照明设备摊销及照明用电等费用。

(6) 二次搬运费

是指因施工场地狭小等特殊情况而发生的二次搬运费用。

(7) 大型机械设备进出场及安拆费

是指机械整体或分体自停放场地运至施工现场或由一个施工地点运至另一个施工地点,所发生的机械进出场运输及转移费用及机械在施工现场进行安装、拆卸所需的人工费、材料费、机械费、试运转费和安装所需的辅助设施的费用。

(8) 混凝土、钢筋混凝土模板及支架费

是指混凝土施工过程中需要的各种钢模板、木模板、支架等的支、拆、运输费用及模板、支架的摊销(或租赁)费用。

(9) 脚手架费

是指施工需要的各种脚手架搭、拆、运输费用及脚手架的摊销(或租赁)费用。

(10) 已完工程及设备保护费

是指竣工验收前,对已完工程及设备进行保护所需费用。

(11) 施工排水、降水费

是指为确保工程在正常条件下施工,采取各种排水、降水措施所发生的各种费用。

直接费划分示意见表4-1。

三、措施费计算方法及有关费率确定方法

(1) 环境保护

$$环境保护费 = 直接工程费 \times 环境保护费费率(\%)$$

$$环境保护费费率(\%) = \frac{本项费用年度平均支出}{全年建安产值 \times 直接工程费占总造价比例(\%)}$$

直接费划分示意表　　　　　　　　　　　表 4-1

直接费	直接工程费	人工费	基本工资
			工资性补贴
			生产工人辅助工资
			职工福利费
			生产工人劳动保护费
			社会保障费
		材料费	材料原价
			材料运杂费
			运输损耗费
			采购及保管费
			检验试验费
		施工机械使用费	折旧费
			大修理费
			经常修理费
			安拆费及场外运输费
			人工费
			燃料动力费
			养路费及车船使用税
	措施费	环境保护费	
		文明施工费	
		安全施工费	
		临时设施费	
		夜间施工费	
		二次搬运费	
		大型机械设备进出场及安拆费	
		混凝土、钢筋混凝土模板及支架费	
		脚手架费	
		已完工程及设备保护费	
		施工排水、降水费	

（2）文明施工

$$文明施工费 = 直接工程费 \times 文明施工费费率(\%)$$

$$文明施工费费率(\%) = \frac{本项费用年度平均支出}{全年建安产值 \times 直接工程费占总造价比例(\%)}$$

（3）安全施工

$$安全施工费 = 直接工程费 \times 安全施工费费率(\%)$$

$$安全施工费费率(\%) = \frac{本项费用年度平均支出}{全年建安产值 \times 直接工程费占总造价比例(\%)}$$

(4) 临时设施费

临时设施费有以下三部分组成：

1) 周转使用临建（如，活动房屋）

2) 一次性使用临建（如，简易建筑）

3) 其他临时设施（如，临时管线）

$$临时设施费 = (周转使用临建费 + 一次性使用临建费) \times (1 + 其他临时设施所占比例(\%))$$

其中：

A. 周转使用临建费

$$周转使用临建费 = \Sigma \left[\frac{临建面积 \times 每平方米造价}{使用年限 \times 365 \times 利用率(\%)} \times 工期(天) \right] + 一次性拆除费$$

B. 一次性使用临建费

$$一次性使用临建费 = \Sigma 临建面积 \times 每平方米造价 \times [1 - 残值率(\%)] + 一次性拆除费$$

C. 其他临时设施在临时设施费中所占比例，可由各地区造价管理部门依据典型施工企业的成本资料经分析后综合测定。

(5) 夜间施工增加费

$$夜间施工增加费 = \left(1 - \frac{合同工期}{定额工期}\right) \times \frac{直接工程费中的人工费合计}{平均日工资单价} \times 每工日夜间施工费开支$$

(6) 二次搬运费

$$二次搬运费 = 直接工程费 \times 二次搬运费费率(\%)$$

$$二次搬运费费率(\%) = \frac{年平均二次搬运费开支额}{全年建安产值 \times 直接工程费占总造价的比例(\%)}$$

(7) 混凝土、钢筋混凝土模板及支架

1) 模板及支架费 = 模板摊销量 × 模板价格 + 支、拆、运输费

摊销量 = 一次使用量 × (1 + 施工损耗) × [1 + (周转次数 − 1) × 补损率/周转次数 − (1 − 补损率) × 50%/周转次数]

2) 租赁费 = 模板使用量 × 使用日期 × 租赁价格 + 支、拆、运输费

(8) 脚手架搭拆费

1) 脚手架搭拆费 = 脚手架摊销量 × 脚手架价格 + 搭、拆、运输费

$$脚手架摊销量 = \frac{单位一次使用量 \times (1 - 残值率)}{耐用期 \div 一次使用期}$$

2) 租赁费 = 脚手架每日租金 × 搭设周期 + 搭、拆、运输费

(9) 已完工程及设备保护费

已完工程及设备保护费 = 成品保护所需机械费 + 材料费 + 人工费

(10) 施工排水、降水费

排水降水费 = Σ排水降水机械台班费 × 排水降水周期 + 排水降水使用材料费、人工费

第二节 直接费计算及工料分析

当一个单位工程的工程量计算完毕后，就要套用预算定额基价进行直接费的计算。本节只介绍直接工程费的计算方法，措施费的计算方法详见建筑工程费用章节。

计算直接工程费常采用两种方法，即单位估价法和实物金额法。

一、用单位估价法计算直接工程费

预算定额项目的基价构成，一般有两种形式，一是基价中包含了全部人工费、材料费和机械使用费，这种方式称为完全定额基价，建筑工程预算定额常采用此种形式；二是基价中包含了全部人工费、辅助材料费和机械使用费，不包括主要材料费，这种方式称为不完全定额基价，安装工程预算定额和装饰工程预算定额常采用此种形式。凡是采用完全定额基价的预算定额计算直接工程费的方法称为单位估价法，计算出的直接工程费也称为定额直接费。

（1）单位估价法计算直接工程费的数学模型

单位工程定额直接工程费＝定额人工费＋定额材料费＋定额机械费

其中：定额人工费＝Σ（分项工程量×定额人工费单价）

定额机械费＝Σ（分项工程量×定额机械费单价）

定额材料费＝Σ[（分项工程量×定额基价）－定额人工费－定额机械费]

（2）单位估价法计算定额直接工程费的方法与步骤

1）先根据施工图和预算定额计算分项工程量；

2）根据分项工程量的内容套用相对应的定额基价（包括人工费单价、机械费单价）；

3）根据分项工程量和定额基价计算出分项工程定额直接工程费、定额人工费和定额机械费；

4）将各分项工程的各项费用汇总成单位工程定额直接工程费、单位工程定额人工费、单位工程定额机械费。

（3）单位估价法简例

某工程有关工程量如下：C15 混凝土地面垫层 48.56m^3，M5 水泥砂浆砌砖基础 76.21m^3。根据这些工程量数据和表 4-2 中的预算定额，用单位估价法计算定额直接工程费、定额人工费、定额机械费，并进行工料分析。

建筑工程预算定额（摘录）　　　　表 4-2

工程内容：略

定 额 编 号				定—7	定—8
定 额 单 位				10m^3	10m^3
项　目		单位	单价（元）	M5 水泥砂浆砌砖基础	C15 混凝土地面垫层
基　价		元		1277.30	1954.24
其中	人 工 费	元		310.75	539.00
	材 料 费	元		958.99	1384.26
	机 械 费	元		7.56	30.98

续表

定 额 编 号				定—7	定—8
定 额 单 位				10m³	10m³
项 目		单位	单价(元)	M5水泥砂浆砌砖基础	C15混凝土地面垫层
人工	基本工	工日	25.00	10.32	13.46
	其他工	工日	25.00	2.11	8.10
	合计	工日	25.00	12.43	21.56
材料	标准砖	千块	127.00	5.23	
	M5水泥砂浆	m³	124.32	2.36	
	C15混凝土(0.5~4)	m³	136.02		10.10
	水	m³	0.60	2.31	15.38
	其他材料费	元			1.23
机械	200L砂浆搅拌机	台班	15.92	0.475	
	400L混凝土搅拌机	台班	81.52		0.38

1) 计算定额直接工程费、定额人工费、定额机械费

定额直接工程费、定额人工费、定额机械费的计算过程和计算结果见表4-3。

直接工程费计算表(单位估价法) 表4-3

定额编号	项目名称	单位	工程数量	单价				总价			
				基价	其中			合价	其中		
					人工费	材料费	机械费		人工费	材料费	机械费
1	2	3	4	5	6	7	8	9=4×5	10=4×6	11	12=4×8
	一、砌筑工程										
定—7	M5水泥砂浆砌砖基础	m³	76.21	127.73	31.08		0.76	9734.30	2368.61		57.92
	......										
	分部小计							9734.30	2368.61		57.92
	二、脚手架工程										
	......										
	分部小计										
	三、楼地面工程										

续表

定额编号	项目名称	单位	工程数量	单价 基价	单价 其中 人工费	单价 其中 材料费	单价 其中 机械费	总价 合价	总价 其中 人工费	总价 其中 材料费	总价 其中 机械费
定—8	C15混凝土地面垫层	m³	48.56	195.42	53.90		3.10	9489.60	2617.38		150.54
	……										
	分部小计							9489.60	2617.38		150.54
	合 计							19223.90	4985.99		208.46

2) 工料分析

人工工日及各种材料分析见表4-4。

人工、材料分析表　　　　　　　　表4-4

定额编号	项目名称	单位	工程量	人工（工日）	主要材料 标准砖（块）	主要材料 M5水泥砂浆(m³)	主要材料 水(m³)	主要材料 C15混凝土(m³)	
	一、砌筑工程								
定—7	M5水泥砂浆砌砖基础	m³	76.21	$\frac{1.243}{94.73}$	$\frac{523}{39858}$	$\frac{0.236}{17.986}$	$\frac{0.231}{17.60}$		
	分部小计			94.73	39.858	17.986	17.60		
	二、楼地面工程								
定—8	C15混凝土地面垫层	m³	48.56	$\frac{2.156}{104.70}$			$\frac{1.538}{74.69}$	$\frac{1.01}{49.046}$	
	分部小计			104.70			74.69	49.046	
	合 计			199.43	39.858	17.986	92.29	49.046	

注：主要材料栏的分数中，分子表示定额用量，分母表示工程量乘以定额用量的结果。

二、用实物金额法计算直接工程费

(1) 实物金额法计算直接工程费的方法与步骤

凡是用分项工程量分别乘以预算定额子目中的实物消耗量(即人工工日、材料数量、机械台班数量)求出分项工程的人工、材料、机械台班消耗量，然后汇总成单位工程实物消耗量，再分别乘以工日单价、材料价格、机械台班价格求出单位工程人工费、材料费、机械使用费，最后汇总成单位工程直接工程费的方法，称为实物金额法。

(2) 实物金额法的数学模型

$$单位工程直接工程费＝人工费＋材料费＋机械费$$

其中：人工费＝Σ(分项工程量×定额用工量)×工日单价

材料费＝Σ(分项工程量×定额材料用量×材料预算价格)

机械费＝Σ(分项工程量×定额台班用量×机械台班预算价格)

(3) 实物金额法计算直接工程费简例

某工程有关工程量为：M5水泥砂浆砌砖基础76.21m³；C15混凝土地面垫层48.56m³。根据上述数据和表4-5中的预算定额分析工料机消耗量，再根据表4-6中的单价计算直接工程费。

建筑工程预算定额(摘录)　　　　　　　　　　　　　表4-5

定额编号			S—1	S—2
定额单位			10m³	10m³
项目		单位	M5水泥砂浆砌砖基础	C15混凝土地面垫层
人工	基本工	工日	10.32	13.46
	其他工	工日	2.11	8.10
	合计	工日	12.43	21.56
材料	标准砖	千块	5.23	
	M5水泥砂浆	m³	2.36	
	C15混凝土(0.5～4)	m³		10.10
	水	m³	2.31	15.38
	其他材料费	元		1.23
机械	200L砂浆搅拌机	台班	0.475	
	400L混凝土搅拌机	台班		0.38

人工单价、材料预算价格、机械台班预算价格表　　　　　表4-6

序号	名称	单位	单价(元)
一、	人工单价	工日	25.00
二、	材料预算价格		
1.	标准砖	千块	127.00
2.	M5水泥砂浆	m³	124.32
3.	C15混凝土(0.5～4砾石)	m³	136.02
4.	水	m³	0.60
三、	机械台班预算价格		
1.	200L砂浆搅拌机	台班	15.92
2.	400L混凝土搅拌机	台班	81.52

1) 分析人工、材料、机械台班消耗量

计算过程见表4-7。

2) 计算直接工程费

直接工程费计算过程见表4-8。

人工、材料、机械台班分析表　　　　表 4-7

定额编号	项目名称	单位	工程量	人工（工日）	标准砖（千块）	M5水泥砂浆（m³）	C15混凝土（m³）	水（m³）	其他材料费（元）	200L砂浆搅拌机（台班）	400L混凝土搅拌机（台班）
	一、砌筑工程										
S—1	M5水泥砂浆砌砖基础	m³	76.21	1.243/94.73	0.523/39.858	0.236/17.986		0.231/17.605		0.0475/3.620	
	二、楼地面工程										
S—2	C15混凝土地面垫层	m³	48.56	2.156/104.70			1.01/49.046	1.538/74.685	0.123/5.97		0.038/1.845
	合　计			199.43	39.858	17.986	49.046	92.29	5.97	3.620	1.845

注：分子为定额用量、分母为计算结果。

直接工程费计算表（实物金额法）　　　　表 4-8

序号	名称	单位	数量	单价（元）	合价（元）	备注
1	人　工	工日	199.43	25.00	4985.75	人工费：4985.75
2	标 准 砖	千块	39.858	127.00	5061.97	材料费：14030.57
3	M5水泥砂浆	m³	17.986	124.32	2236.02	
4	C15混凝土(0.5～4)	m³	49.046	136.02	6671.24	
5	水	m³	92.29	0.60	55.37	
6	其他材料费	元	5.97		5.97	
7	200L砂浆搅拌机	台班	3.620	15.92	57.63	机械费：208.03
8	400L混凝土搅拌机	台班	1.845	81.52	150.40	
	合　计				19224.35	直接工程费：19224.35

第三节　材料价差调整

一、材料价差产生的原因

凡是使用完全定额基价的预算定额，编制的施工图预算，一般需调整材料价差。

目前，预算定额基价中的材料费是根据编制定额所在地区的省会所在地的材料价格计算。由于地区材料价格随着时间的变化而发生变化，其他地区使用该预算定额时材料价格也会发生变化，所以，用单位估价法计算定额直接工程费后，一般还要根据工程所在地区的材料价格调整材料价差。

二、材料价差调整方法

材料价差的调整有两种基本方法,即单项材料价差调整法和材料价差综合系数调整法。

(1) 单项材料价差调整

当采用单位估价法计算定额直接工程费时,一般,对影响工程造价较大的主要材料(如钢材、木材、水泥等)进行单项材料价差调整。

单项材料价差调整的计算公式为:

$$\text{单项材料价差调整} = \Sigma \left[\text{单位工程某种材料用量} \times \left(\text{现行材料预算价格} - \text{预算定额中材料单价} \right) \right]$$

【例 4-1】 根据某工程有关材料消耗量和现行材料价格,调整材料价差,有关数据如表 4-9。

表 4-9

材料名称	单 位	数 量	现行材料价格(元)	预算定额中材料单价(元)
42.5 级水泥	kg	7345.10	0.35	0.30
φ10 圆钢筋	kg	5618.25	2.65	2.80
花岗石板	m²	816.40	350.00	290.00

【解】 1) 直接计算

某工程单项材料价差 = 7345.10×(0.35−0.30)+5618.25×(2.65−2.80)+816.40×(350−290)
= 7345.10×0.05−5618.25×0.15+816.40×60
= 48508.52 元

2) 用"单项材料价差调整表(表 4-10)"计算

单项材料价差调整表   表 4-10

工程名称:××工程

序号	材料名称	数 量	现行材料价格	预算定额中材料价格	价差(元)	调整金额(元)
1	42.5 级水泥	7345.10kg	0.35 元/kg	0.30 元/kg	0.05	367.26
2	φ10 圆钢筋	5618.25kg	2.65 元/kg	2.80 元/kg	−0.15	−842.74
3	花岗石板	816.40m²	350.00 元/m²	290.00 元/m²	60.00	48984.00
	合 计					48508.52

(2) 综合系数调整材料价差

采用单项材料价差的调整方法,其优点是准确性高,但计算过程较繁杂。因此,一些用量大、单价相对低的材料(如地方材料、辅助材料等)常采用综合系数的方法来调整单位工程材料价差。

采用综合系数调整材料价差的具体做法就是用单位工程定额材料费或定额直接工程费乘以综合调整系数,求出单位工程材料价差,其计算公式如下:

$$\begin{pmatrix}单位工程采用综合\\系数调整材料价差\end{pmatrix} = \begin{pmatrix}单位工程定\\额材料费\end{pmatrix}\begin{pmatrix}定额直接\\工程费\end{pmatrix} \times \begin{pmatrix}材料价差综\\合调整系数\end{pmatrix}$$

【例 4-2】 某工程的定额材料费为 786457.35 元,按规定以定额材料费为基础乘以综合调整系数 1.38%,计算该工程地方材料价差。

【解】 某工程地方材料的材料价差 = 786457.35 × 1.38% = 10853.11 元

第五章 建筑安装工程费用

第一节 建筑安装工程费用的构成

建筑安装工程费用亦称建筑安装工程造价。

为了加强建设项目投资管理和适应建筑市场的发展,有利于合理确定和控制工程造价,提高建设投资效益,国家统一了建筑安装工程费用划分的口径。这一做法,使得业

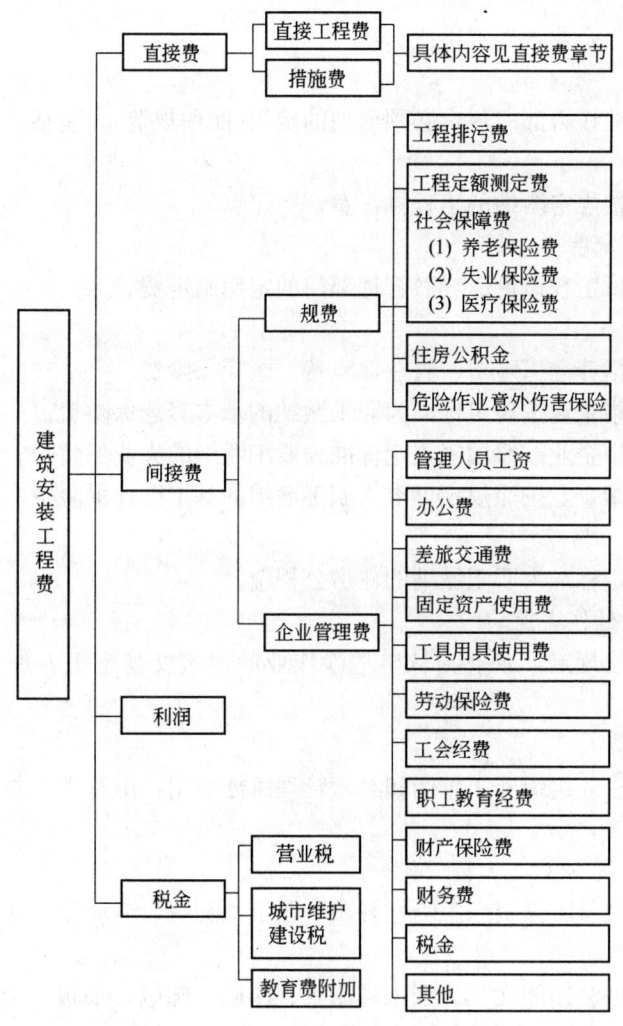

图 5-1 建筑安装工程费用构成示意图

主、承包商、监理公司、政府主管及监督部门各方,在编制设计概算、施工图预算、建设工程招标文件,进行工程成本核算,确定工程承包价、工程结算等方面有了统一的标准。

按照现行规定,建筑安装工程费(造价)由直接费、间接费、利润、税金等四部分构成,见图5-1,其中直接费与间接费之和称为工程预算成本。

第二节 建筑安装工程费用的内容

一、直接费

直接费的各项内容详见本书前面各部分的叙述。

二、间接费

间接费由规费、企业管理费组成。
(1) 规费
是指政府和有关权力部门规定必须缴纳的费用(简称规费)。包括:
1) 工程排污费
是指施工现场按规定缴纳的工程排污费。
2) 工程定额测定费
是指按规定支付工程造价(定额)管理部门的定额测定费。
3) 社会保障费
社会保障费包括养老保险费、失业保险费、医疗保险费。
养老保险费是指企业按规定标准为职工缴纳的基本养老保险费。
失业保险费是指企业按照国家规定标准为职工缴纳的失业保险费。
医疗保险费是指企业按照规定标准为职工缴纳的基本医疗保险费。
4) 住房公积金
是指企业按规定标准为职工缴纳的住房公积金。
5) 危险作业意外伤害保险
是指按照建筑法规定,企业为从事危险作业的建筑安装施工人员支付的意外伤害保险费。
(2) 企业管理费
是指建筑安装企业组织施工生产和经营管理所需费用,由管理人员工资、办公费等费用组成。内容包括:
1) 管理人员工资
是指管理人员的基本工资、工资性补贴、职工福利费、劳动保护费等。
2) 办公费
是指企业管理办公用的文具、纸张、账表、印刷、邮电、书报、会议、水电、烧水和集体取暖(包括现场临时宿舍取暖)用煤等费用。
3) 差旅交通费

是指职工因公出差、调动工作的差旅费、住勤补助费，市内交通费和误餐补助费，职工探亲路费，劳动力招募费，职工离退休、退职一次性路费，工伤人员就医路费，工地转移费以及管理部门使用的交通工具的油料、燃料、养路费及牌照费。

4）固定资产使用费

是指管理和试验部门及附属生产单位使用的属于固定资产的房屋、设备仪器等的折旧、大修、维修或租赁费。

5）工具用具使用费

是指管理使用的不属于固定资产的生产工具、器具、家具、交通工具和检验、试验、测绘、消防用具等的购置、维修和摊销费。

6）劳动保险费：是指由企业支付离退休职工的易地安家补助费、职工退职金、六个月以上的病假人员工资、职工死亡丧葬补助费、抚恤费、按规定支付给离休干部的各项经费。

7）工会经费

是指企业按职工工资总额计提的工会经费。

8）职工教育经费

是指企业为职工学习先进技术和提高文化水平，按职工工资总额计提的费用。

9）财产保险费

是指施工管理用财产、车辆保险。

10）财务费

是指企业为筹集资金而发生的各种费用。

11）税金

是指企业按规定缴纳的房产税、车船使用税、土地使用税、印花税等。

12）其他

包括技术转让费、技术开发费、业务招待费、绿化费、广告费、公证费、法律顾问费、审计费、咨询费等。

三、利润

是指施工企业完成所承包工程获得的盈利。

四、税金

是指国家税法规定的应计入建筑安装工程造价内的营业税、城市维护建设税及教育费附加等。

五、间接费、利润、税金计算方法与费率确定方法

（1）间接费

间接费的计算方法按取费基数的不同分为以下三种：

1）以直接费为计算基础

$$间接费 = 直接费合计 \times 间接费费率(\%)$$

2）以人工费和机械费合计为计算基础

$$间接费 = 人工费和机械费合计 \times 间接费费率(\%)$$
$$间接费费率(\%) = 规费费率(\%) + 企业管理费费率(\%)$$

3) 以人工费为计算基础

$$间接费 = 人工费合计 \times 间接费费率(\%)$$

(2) 规费费率

根据本地区典型工程发承包价的分析资料综合取定规费计算中所需数据：

1) 每万元发承包价中人工费含量和机械费含量。
2) 人工费占直接费的比例。
3) 每万元发承包价中所含规费缴纳标准的各项基数。

规费费率的计算公式：

Ⅰ．以直接费为计算基础

$$规费费率(\%) = \frac{\Sigma 规费缴纳标准 \times 每万元发承包价计算基数}{每万元发承包价中的人工费含量} \times 人工费占直接费的比例(\%)$$

Ⅱ．以人工费和机械费合计为计算基础

$$规费费率(\%) = \frac{\Sigma 规费缴纳标准 \times 每万元发承包价计算基数}{每万元发承包价中的人工费含量和机械费含量} \times 100\%$$

Ⅲ．以人工费为计算基础

$$规费费率(\%) = \frac{\Sigma 规费缴纳标准 \times 每万元发承包价计算基数}{每万元发承包价中的人工费含量} \times 100\%$$

(3) 企业管理费费率

企业管理费费率计算公式：

Ⅰ．以直接费为计算基础

$$企业管理费费率(\%) = \frac{生产工人年平均管理费}{年有效施工天数 \times 人工单价} \times 人工费占直接费比例(\%)$$

$$企业管理费 = 直接费 \times 企业管理费费率$$

Ⅱ．以人工费和机械费合计为计算基础

$$企业管理费费率(\%) = \frac{生产工人年平均管理费}{年有效施工天数 \times (人工单价 + 每一工日机械使用费)} \times 100\%$$

$$企业管理费 = (人工费 + 机械费) \times 企业管理费费率$$

Ⅲ．以人工费为计算基础

$$企业管理费费率(\%) = \frac{生产工人年平均管理费}{年有效施工天数 \times 人工单价} \times 100\%$$

$$企业管理费 = 人工费 \times 企业管理费费率$$

(4) 利润

利润计算公式：

Ⅰ．以直接费为计算基础

$$利润 = 直接费 \times 利润率$$

Ⅱ．以人工费和机械费合计为计算基础

$$利润 = (人工费 + 机械费) \times 利润率$$

Ⅲ．以人工费为计算基础
$$利润＝人工费×利润率$$

（5）税金计算及税率确定

税金计算公式：
$$税金＝(税前造价＋利润)×税率(\%)$$

1）纳税地点在市区的企业
$$税率(\%)=\frac{1}{1-3\%-(3\%×7\%)-(3\%×3\%)}-1$$

2）纳税地点在县城、镇的企业
$$税率(\%)=\frac{1}{1-3\%-(3\%×5\%)-(3\%×3\%)}-1$$

3）纳税地点不在市区、县城、镇的企业
$$税率(\%)=\frac{1}{1-3\%-(3\%×1\%)-(3\%×3\%)}-1$$

第三节 建筑安装工程费用计算方法

一、建筑安装工程费用(造价)理论计算方法

根据前面论述的建筑安装工程预算编制原理中计算工程造价的理论公式和建筑安装工程的费用构成，可以确定以下理论计算方法，见表5-1。

建筑安装工程费用(造价)理论计算方法　　　　　表5-1

序　号	费用名称	计　算　式	
（一）	直 接 费	定额直接费	Σ(分项工程量×定额基价)
		措 施 费	定额直接工程费×有关措施费费率 或：定额人工费×有关措施费费率 或：按规定标准计算
（二）	间 接 费	（一）×间接费费率 或：定额人工费×间接费费率	
（三）	利 润	（一）×利润率 或：定额人工费×利润率	
（四）	税 金	营业税＝[（一）＋（二）＋（三）]×$\frac{营业税率}{1-营业税率}$ 城市维护建设税＝营业税×税率 教育费附加＝营业税×附加税率	
	工程造价	（一）＋（二）＋（三）＋（四）	

二、计算建筑安装工程费用的原则

定额直接费根据预算定额基价算出，这具有很强的规范性。按照这一思路，对于措

施费、规费、企业管理费等有关费用的计算也必须遵循其规范性，以保证建筑安装工程造价的社会必要劳动量的水平。为此，工程造价主管部门对各项费用计算作了明确的规定：

(1) 建筑工程一般以定额直接工程费为基础计算各项费用；

(2) 安装工程一般以定额人工费为基础计算各项费用；

(3) 装饰工程一般以定额人工费为基础计算各项费用；

(4) 材料价差不能作为计算间接费等费用的基础。

为什么要规定上述计算基础呢？因为这是确定工程造价的客观需要。

我们说，首先要保证计算出的措施费、间接费等各项费用的水平具有稳定性。我们知道，措施费、间接费等费用是按一定的取费基础乘上规定的费率确定的。当费率确定后，要求计算基础必须相对稳定。因而，以定额直接工程费或定额人工费作为取费基础，具有相对稳定性，不管工程在定额执行范围内的什么地方施工，不管由哪个施工单位施工，都能保证计算出水平较一致的各项费用。

其次，以定额直接工程费作为取费基础，既考虑了人工消耗与管理费用的内在关系，又考虑了机械台班消耗量对施工企业提高机械化水平的推动作用。

再者，由于安装工程、建筑装饰工程的材料、设备由于设计的要求不同，使材料费产生较大幅度的变化，而定额人工费具有相对稳定性，再加上措施费、间接费等费用与人员的管理幅度有直接联系，所以，安装工程、装饰工程采用定额人工费为取费基础计算各项费用较合理。

三、建筑安装工程费用计算程序

建筑安装工程费用计算程序亦称建筑安装工程造价计算程序，是指计算建筑安装工程造价有规律的顺序。

建筑安装工程费用计算程序没有全国统一的格式，一般由省、市、自治区工程造价主管部门结合本地区具体情况确定。

(1) 建筑安装工程费用计算程序的拟定

拟定建筑安装工程费用计算程序主要有两个方面的内容，一是拟定费用项目和计算顺序；二是拟定取费基础和各项费率。

1) 建筑安装工程费用项目及计算顺序的拟定

各地区参照国家主管部门规定的建筑安装工程费用项目和取费基础，结合本地区实际情况拟定费用项目和计算顺序，并颁布在本地区使用的建筑安装工程费用计算程序。

2) 费用计算基础和费率的拟定

在拟定建筑安装工程费用计算基础时，应遵照国家的有关规定，应遵守确定工程造价的客观经济规律，使工程造价的计算结果较准确地反映本行业的生产力水平。

当取费基础和费用项目确定之后，就可以根据有关资料测算出各项费用的费率，以满足计算工程造价的需要。

(2) 建筑安装工程费用计算程序实例

建筑安装工程费用计算程序实例见表 5-2。

建筑安装工程费用(造价)计算程序　　　　表 5-2

费用名称	序号	费用项目	计算式	
			以定额直接工程费为计算基础	以定额人工费为计算基础
直接费	(一)	直接工程费	Σ(分项工程量×定额基价)	Σ(分项工程量×定额基价)
直接费	(二)	单项材料价差调整	Σ[单位工程某材料用量×(现行材料单价－定额材料单价)]	Σ[单位工程某材料用量×(现行材料单价－定额材料单价)]
直接费	(三)	综合系数调整材料价差	定额材料费×综调系数	定额材料费×综调系数
直接费	(四) 措施费	环境保护费	按规定计取	按规定计取
直接费	(四) 措施费	文明施工费	(一)×费率	定额人工费×费率
直接费	(四) 措施费	安全施工费	(一)×费率	定额人工费×费率
直接费	(四) 措施费	临时设施费	(一)×费率	定额人工费×费率
直接费	(四) 措施费	夜间施工费	(一)×费率	定额人工费×费率
直接费	(四) 措施费	二次搬运费	(一)×费率	定额人工费×费率
直接费	(四) 措施费	大型机械进出场及安拆费	按措施项目定额计算	按措施项目定额计算
直接费	(四) 措施费	混凝土、钢筋混凝土模板及支架费	按措施项目定额计算	按措施项目定额计算
直接费	(四) 措施费	脚手架费	按措施项目定额计算	按措施项目定额计算
直接费	(四) 措施费	已完工程及设备保护费	按措施项目定额计算	按措施项目定额计算
直接费	(四) 措施费	施工排水、降水费	按措施项目定额计算	按措施项目定额计算
间接费	(五) 规费	工程排污费	按规定计算	按规定计算
间接费	(五) 规费	工程定额测定费	(一)×费率	(一)×费率
间接费	(五) 规费	社会保障费	定额人工费×费率	定额人工费×费率
间接费	(五) 规费	住房公积金	定额人工费×费率	定额人工费×费率
间接费	(五) 规费	危险作业意外伤害保险	定额人工费×费率	定额人工费×费率
间接费	(六)	企业管理费	(一)×企业管理费费率	定额人工费×企业管理费费率
利润	(七)	利润	(一)×利润率	定额人工费×利润率
税金	(八)	营业税	[(一)~(七)之和]×$\frac{营业税率}{1-营业税率}$	[(一)~(七)之和]×$\frac{营业税率}{1-营业税率}$
税金	(九)	城市维护建设税	(八)×城市维护建设税率	(八)×城市维护建设税率
税金	(十)	教育费附加	(八)×教育费附加率	(八)×教育费附加税率
工程造价		工程造价	(一)~(十)之和	(一)~(十)之和

第四节 确定计算建筑安装工程费用的条件

计算建筑安装工程费用，要根据工程类别和施工企业取费证等级确定各项费率。

一、建设工程类别划分

（1）建筑工程类别划分

建筑工程类别划分见表 5-3。

（2）装饰工程类别划分

装饰工程类别划分见表 5-4。

建筑工程类别划分表　　　　　　　表 5-3

一类 工程	(1) 跨度 30m 以上的单层工业厂房；建筑面积 9000m² 以上的多层工业厂房 (2) 单炉蒸发量 10t/h 以上或蒸发量 30t/h 以上的锅炉房 (3) 层数 30 层以上多层建筑 (4) 跨度 30m 以上的钢网架、悬索、薄壳屋盖建筑 (5) 建筑面积 12000m² 以上的公共建筑，20000 个座位以上的体育场 (6) 高度 100m 以上的烟囱；高度 60m 以上或容积 100m³ 以上的水塔；容积 4000m³ 以上的池类
二类 工程	(1) 跨度 30m 以内的单层工业厂房；建筑面积 6000m² 以上的多层工业厂房 (2) 单炉蒸发量 6.5t/h 以上或蒸发量 20t/h 以上的锅炉房 (3) 层数 16 层以上多层建筑 (4) 跨度 30m 以内的钢网架、悬索、薄壳屋盖建筑 (5) 建筑面积 8000m² 以上的公共建筑，20000 个座位以内的体育场 (6) 高度 100m 以内的烟囱；高度 60m 以内或容积 100m³ 以内的水塔；容积 3000m³ 以上的池类
三类 工程	(1) 跨度 24m 以内的单层工业厂房；建筑面积 3000m² 以上的多层工业厂房 (2) 单炉蒸发量 4t/h 以上或蒸发量 10t/h 以上的锅炉房 (3) 层数 8 层以上多层建筑 (4) 建筑面积 5000m² 以上的公共建筑 (5) 高度 50m 以内的烟囱；高度 40m 以内或容积 50m³ 以内的水塔；容积 1500m³ 以上的池类 (6) 栈桥、混凝土贮仓、料斗
四类 工程	(1) 跨度 18m 以内的单层工业厂房；建筑面积 3000m² 以内的多层工业厂房 (2) 单炉蒸发量 4t/h 以内或蒸发量 10t/h 以内的锅炉房 (3) 层数 8 层以内多层建筑 (4) 建筑面积 5000m² 以内的公共建筑 (5) 高度 30m 以内的烟囱；高度 25m 以内的水塔；容积 1500m³ 以内的池类 (6) 运动场、混凝土挡土墙、围墙、保坎、砖、石挡土墙

注：1. 跨度：指按设计图标注的相邻两纵向定位轴线的距离，多跨厂房或仓库按主跨划分。
2. 层数：指建筑分层数。地下室、面积小于标准层 30% 的顶层、2.2m 以内的技术层，不计层数。
3. 面积：指单位工程的建筑面积。
4. 公共建筑：指①礼堂、会堂、影剧院、俱乐部、音乐厅、报告厅、排演厅、文化宫、青少年宫。②图书馆、博物馆、美术馆、档案馆、体育馆。③火车站、汽车站的客运楼、机场候机楼、航运站客运楼。④科学实验研究楼、医疗技术楼、门诊楼、住院楼、邮电通讯楼、邮政大楼、大专院校教学楼、电教楼、试验楼。⑤综合商业服务大楼、多层商场、贸易科技中心大楼、食堂、浴室、展销大厅。
5. 冷库工程和建筑物有声、光、超净、恒温、无菌等特殊要求者按相应类别的上一类取费。
6. 工程分类均按单位工程划分，内部设施、相连裙房及附属于单位工程的零星工程（如化粪池、排水、排污沟等），如为同一企业施工，应并入该单位工程一并分类。

装饰工程类别划分表 表 5-4

一 类 工 程	每平方米(装饰建筑面积)定额直接费(含未计价材料费)1600元以上的装饰工程;外墙面各种幕墙、石材干挂工程
二 类 工 程	每平方米(装饰建筑面积)定额直接费(含未计价材料费)1000元以上的装饰工程;外墙面二次块料面层单项装饰工程
三 类 工 程	每平方米(装饰建筑面积)定额直接费(含未计价材料费)500元以上的装饰工程
四 类 工 程	独立承包的各类单项装饰工程;每平方米(装饰建筑面积)定额直接费(含未计价材料费)500元以内的装饰工程;家庭装饰工程

注:除一类装饰工程外,有特殊声光要求的装饰工程,其类别按上表规定相应提高一类。

二、施工企业工程取费级别评审条件

施工企业工程取费级别评审条件见表 5-5。

施工企业工程取费级别评审条件 表 5-5

取 费 级 别	评 审 条 件
一 级 取 费	1. 企业具有一级资质证书 2. 企业近五年来承担过两个以上一类工程 3. 企业参加了社会劳保统筹,退(离)休职工人数占在册职工人数30%以上
二 级 取 费	1. 企业具有二级资质证书 2. 企业近五年来承担过两个以上二类及其以上工程 3. 企业参加了社会劳保统筹,退(离)休职工人数占在册职工人数20%以上
三 级 取 费	1. 企业具有三级资质证书 2. 企业近五年来承担过两个三类及其以上工程 3. 企业参加了社会劳保统筹,退(离)休职工人数占在册职工人数10%以上
四 级 取 费	1. 企业具有四级资质证书 2. 企业五年来承担过两个四类及其以上工程 3. 企业参加了社会劳保统筹,退(离)休职工人数占在册职工人数10%以下

第五节 建筑安装工程费用费率实例

一、措施费标准

(1)建筑工程

某地区建筑工程主要措施费标准见表 5-6。

建筑工程措施费标准 表 5-6

工程类别	计算基础	文明施工(%)	安全施工(%)	临时设施(%)	夜间施工(%)	二次搬运(%)
一 类	定额直接工程费	1.5	2.0	2.8	0.8	0.6
二 类	定额直接工程费	1.2	1.6	2.6	0.7	0.5
三 类	定额直接工程费	1.0	1.3	2.3	0.6	0.4
四 类	定额直接工程费	0.9	1.0	2.0	0.5	0.3

(2) 装饰工程

某地区装饰工程主要措施费标准见表5-7。

装饰工程主要措施费标准　　　　　表5-7

工程类别	计算基础	文明施工(%)	安全施工(%)	临时设施(%)	夜间施工(%)	二次搬运(%)
一 类	定额人工费	7.5	10.0	11.2	3.8	3.1
二 类	定额人工费	6.0	8.0	10.4	3.4	2.6
三 类	定额人工费	5.0	6.5	9.2	2.9	2.2
四 类	定额人工费	4.5	5.0	8.1	2.3	1.6

二、规费标准

某地建筑工程、装饰工程主要规费标准见表5-8。

建筑工程、装饰工程主要规费标准　　　　　表5-8

工程类别	计算基础	社会保障费(%)	住房公积金(%)	危险作业意外伤害保险(%)
一 类	定额人工费	16	6.0	0.6
二 类	定额人工费	16	6.0	0.6
三 类	定额人工费	16	6.0	0.6
四 类	定额人工费	16	6.0	0.6

工程定额测定费：（一类～四类工程）直接工程费×0.12%

三、企业管理费标准

某地区企业管理费标准见表5-9。

企业管理费标准　　　　　表5-9

工程类别	建筑工程		装饰工程	
	计算基础	费率(%)	计算基础	费率(%)
一 类	定额直接工程费	7.5	定额人工费	38.6
二 类	定额直接工程费	6.9	定额人工费	35.2
三 类	定额直接工程费	5.9	定额人工费	32.5
四 类	定额直接工程费	5.1	定额人工费	27.6

四、利润标准

某地区利润标准见表5-10。

利　润　标　准　　　　　表5-10

取费级别		计算基础	利润(%)	计算基础	利润(%)
一级取费	Ⅰ	定额直接工程费	10	定额人工费	55
	Ⅱ	定额直接工程费	9	定额人工费	50

续表

取费级别		计算基础	利润(%)	计算基础	利润(%)
二级取费	Ⅰ	定额直接工程费	8	定额人工费	44
	Ⅱ	定额直接工程费	7	定额人工费	39
三级取费	Ⅰ	定额直接工程费	6	定额人工费	33
	Ⅱ	定额直接工程费	5	定额人工费	28
四级取费	Ⅰ	定额直接工程费	5	定额人工费	22
	Ⅱ	定额直接工程费	4	定额人工费	17

五、计取税金的标准

某地区计取税金的标准见表5-11。

计取税金标准 表5-11

工程所在地	营业税		城市维护建设税		教育费附加	
	计算基础	税率(%)	计算基础	税率(%)	计算基础	税率(%)
在市区	直接费+间接费+利润	3.093	营业税	7	营业税	3
在县城、镇	直接费+间接费+利润	3.093	营业税	5	营业税	3
不在市区、县城、镇	直接费+间接费+利润	3.093	营业税	1	营业税	3

第六节 建筑工程费用计算实例

某工程由某二级施工企业施工，根据下列条件和数据计算工程造价(表5-12)。

某食堂工程建筑工程造价计算表 表5-12

序号	费用名称		计算式	金额(元)
(一)	直接工程费		317445.86−10343.55−22512.24	284590.07
(二)	单项材料价差调整		采用实物金额法不计算此费用	—
(三)	综合系数调整材料价差		采用实物金额法不计算此费用	—
(四)	措施费	环境保护费	317445.86×0.4%=1269.78	49045.53
		文明施工费	317445.86×0.9%=2857.01	
		安全施工费	317445.86×1.0%=3174.46	
		临时设施费	317445.86×2.0%=6348.92	
		夜间施工增加费	317445.86×0.5%=1587.23	
		二次搬运费	317445.86×0.3%=952.34	
		大型机械进出场及安拆费	—	
		脚手架费	10343.55元	
		已完工程及设备保护费	—	

续表

序号	费用名称		计算式	金额(元)
(四)	措施费	混凝土及钢筋混凝土模板及支架费	22512.24元	49045.53
		施工排、降水费	—	
(五)	规费	工程排污费	—	18929.36
		工程定额测定费	317445.86×0.12%=380.94	
		社会保障费	84311.00×16%=13489.76元	
		住房公积金	84311.00×6.0%=5058.66元	
		危险作业意外伤害保险	—	
(六)	企业管理费		317445.86×5.1%=16189.74	16189.74
(七)	利润		317445.86×7%=22221.21	22221.21
(八)	营业税		390975.91×3.093%=12092.88	12092.88
(九)	城市维护建设税		12092.88×7%=846.50	846.50
(十)	教育费附加		12092.88×3%=362.79	362.79
	工程造价		(一)～(十)之和	404278.08

有关条件如下：

(1) 建筑层数及工程类别：

三层；四类工程；工程在市区

(2) 取费等级：

二级Ⅱ档

(3) 直接工程费：317445.86（取费用）

人工费 84311.00元；

机械费 22732.23元；

材料费 210402.63元；

扣减脚手架费 10343.55元

扣减模板费 22512.24元

直接工程费小计：317445.86－10343.55－22512.24＝284590.07元

(4) 有关规定：

按合同规定收取下列费用：

1) 环境保护费（某地区规定，按直接工程费的0.4%收取）

2) 文明施工费

3) 安全施工费

4) 临时设施费

5) 二次搬运费

6) 脚手架费

7) 混凝土及钢筋混凝土模板及支架费

8) 工程定额测定费

9) 社会保障费

10）住房公积金

11）利润和税金

（5）根据上述条件和表5-6、表5-7、表5-8、表5-9、表5-10、表5-11确定有关费率和计算各项费用。

（6）根据费用计算程序以直接工程费为基础计算某食堂工程的工程造价。

第六章 施工图预算编制实例

第一节 食堂工程施工图

一、建筑施工图

食堂工程建筑施工图见建施1~建施5。

二、结构施工图

食堂工程结构施工图见结施1~结施9。

第二节 工程量计算

一、基数计算

基数计算见表6-1。
门窗明细表见表6-2。
钢筋混凝土圈、过、挑梁明细表见表6-3。

二、工程量计算

工程量计算见"工程量计算表"（表6-4）。

三、钢筋工程量计算

钢筋工程量计算见"钢筋混凝土构件钢筋计算表"（表6-5）。

××技校食堂工程 建筑施工图

图 纸 目 录

图号	图 纸 内 容
建施1	建筑设计说明，图纸目录，门窗统计表，总平面图
建施2	底层平面图，1—1剖面图
建施3	二、三层平面图，①⑧Ⓐ—Ⓔ立面图
建施4	屋顶平面图，⑧—①立面图，墙身详图
建施5	楼梯详图

建筑设计说明

1. 工程概况
本工程建筑面积：756m²，三层，底框砖混结构

2. 屋面：P.V.C防水屋面，三层屋面设架空隔层，二布三油塑料油膏防水层，现浇水泥珍珠岩找坡，最薄处60，1:3水泥砂浆找平层25厚

3. 地面：普通水磨石地面，C10混凝土垫层80厚

4. 楼面：卫生间200×200防滑地砖楼面，其余水泥豆石楼面

5. 楼梯：现浇板式楼梯，1:2水泥砂浆面层，梯井边做2060，1:2水泥砂浆挡水线20厚面层

6. 内装修：卫生间及底层操作间1800高白色瓷砖墙群，其余混合砂浆墙面，顶棚混合砂浆抹面，面刷仿瓷涂料二遍

7. 外装修：详立面标注

8. 油漆：木门窗浅黄色调合漆，钢门窗内外分色，内面为浅黄色调合漆二遍，外面为棕色调合漆二遍，基层均按有关规定处理，铝合金窗为银白色蓝玻

9. 未尽事宜：协商解决

门窗统计表

代号	名称	洞口尺寸		数量	备注
M1	全板夹板门	900	2700	4	西南J601, J0927
M2	全板夹板门	900	2000	12	
M3	百页夹板门	700	2000	4	西南J601, J0920
MC1	钢门带窗	2700	2800	1	
MC2	钢门带窗	3300	2800	1	YJ0720
C1	铝合金推拉窗	1800	1800	10	
C2	钢平开窗	2400	1800	1	
C3	钢平开窗	3000	1800	2	
C4	铝合金推拉窗	2400	1800	6	
C5	铝合金推拉窗	900	900	4	
C6	铝合金圆形固定窗	φ1200		2	

总平面图 1:500

工程名称	食堂		
设计说明，门窗统计表 总平面图，图纸目录	设计号		
	图别	建施	
	图号	1/5	
	日期		

169

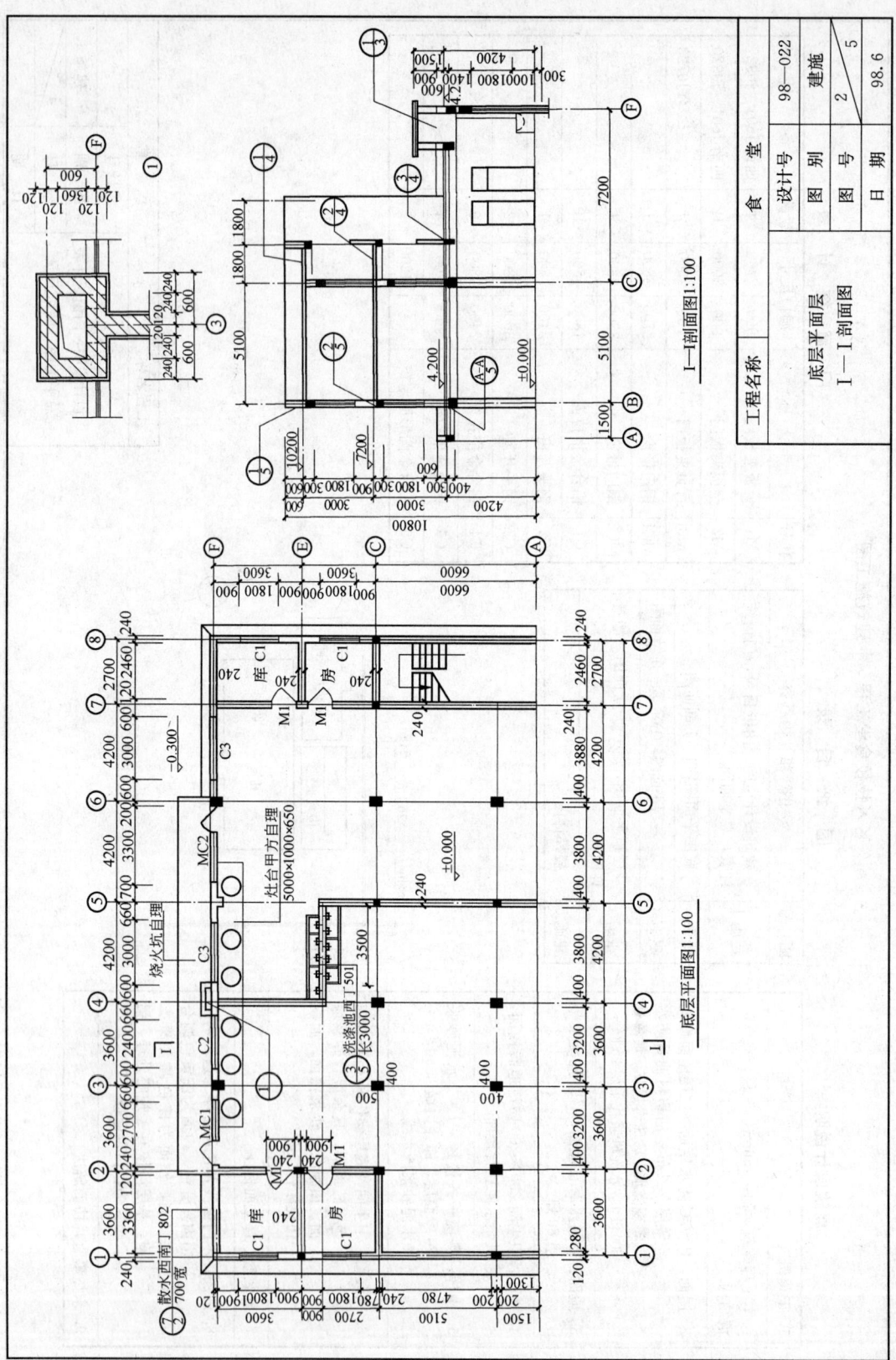

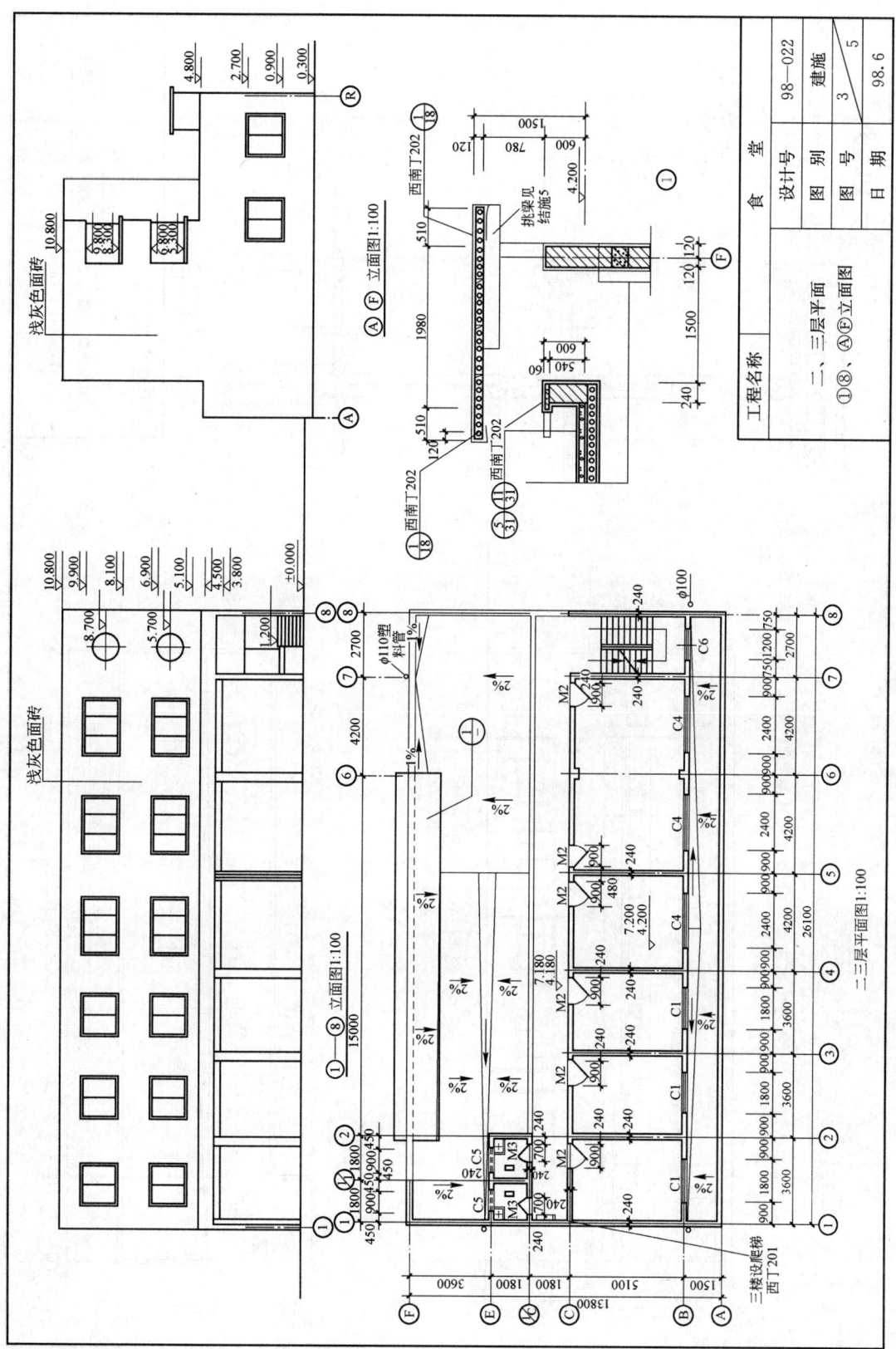

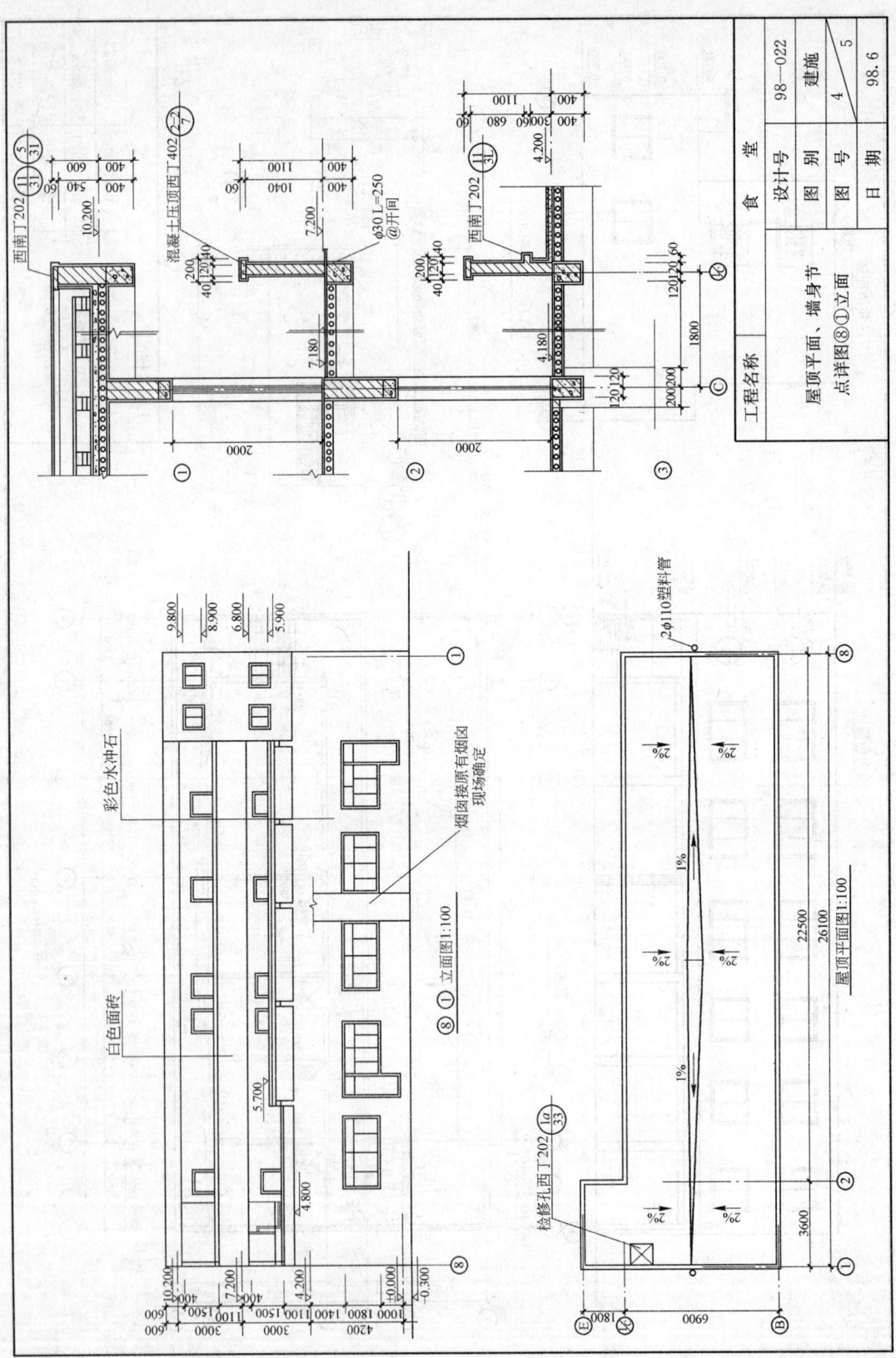

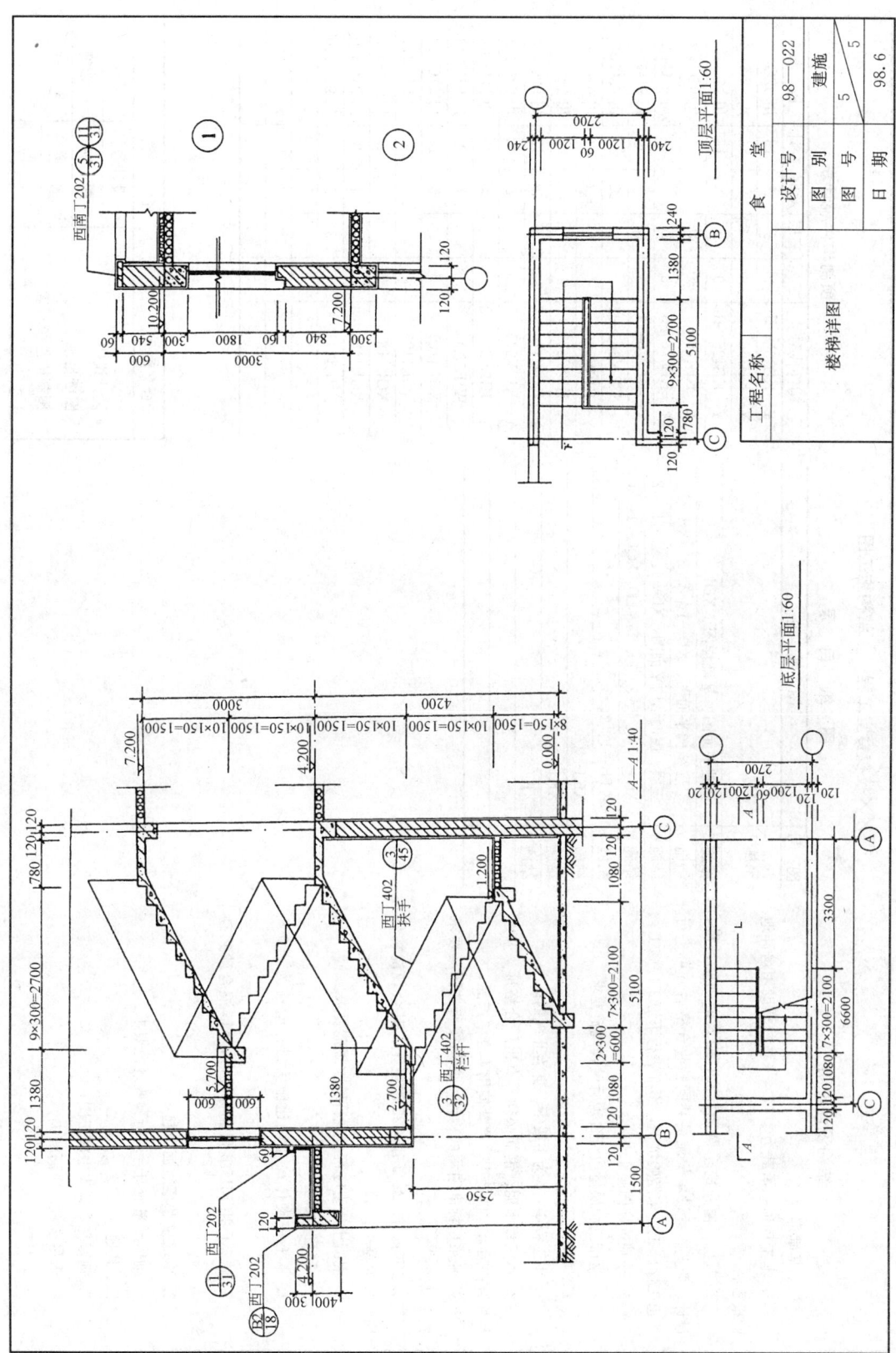

××技校食堂工程 结构施工图

图 纸 目 录

图 号	图 纸 内 容
结施 1	本页
结施 2	基础平面图、基础详图、XDJ—1
结施 3	二层结构平面图、XL—1、2、3、XB—1
结施 4	三层、屋顶结构平面图、XL—4、9、11、12
结施 5	XL—5、6、7、8、10、13、LD、XQL—1、XGZ
结施 6	XTB—1、2、3、4、5
结施 7	XKJ—1
结施 8	XKJ—2
结施 9	XKJ—3

预制构件统计表

构件代号	二层	三层	屋面	合计	图 集
Y—KB365—3	9	9		18	川92G402
Y—KB366—3	30	24		54	川92G402
Y—KB425—3	9	9		18	川92G402
Y—KB426—3	30	24		54	川92G402
Y—KB276—3	3	2		5	川92G402
Y—KB275—3	3	3		6	川92G402
Y—KBW365—2			22	22	川92G402
Y—KBW366—2			41	41	川92G402
Y—KBW425—2			24	24	川92G402
Y—KBW426—2			47	47	川92G402
Y—KBW275—2			8	8	川92G402
Y—KBW276—2			23	23	川92G402
WJB36A1			1	1	川91G313
XGL4101		6	6	12	川91G310
XGL4103	4			4	川91G310
XGL4181	2			2	川91G310
XGL4181		4	4	8	川91G310
XGL4241		3	3	6	川91G310

工程名称	食 堂		
设计说明	设计号		
图纸目录	图 别	结施	
预制构件统计表	图 号	1	9
	日 期		

结构设计说明

一、基础部分

1. 本工程地基承载力参照××技校辅助用房详地勘勘报告；
2. 基坑、槽开挖至设计标高，应及时通知地勘设计、质监、建设单位派员共同验收合格后方可进行下道工序施工，未经验坑槽，不准进行下道工序施工；
3. 基础按详图施工；
4. 基础工程质量应符合现行验收规范要求。

二、混凝土部分

1. 本工程水泥、钢筋必须具有出厂合格证，并经复检合格后，才能使用。严禁使用不合格产品；
2. 凡采用标准图集的构件，必须按所选图集产品要求；

施工制作，XKJ—1、2、3 用 C25 混凝土；其余现浇构件用 C20 混凝土。

三、砖砌体部分

1. 本工程砌体尺寸以建施为准，壁柱为 370×490；
2. 砖砌体用 MU15 机制标准砖，M5 混合砂浆砌筑；
3. XGZ 从垫层表面做起。
4. 砌体质量应符合现行验收规范要求。

四、其他

1. 预留孔洞详水电施工图。
2. 未尽事宜，协商解决。

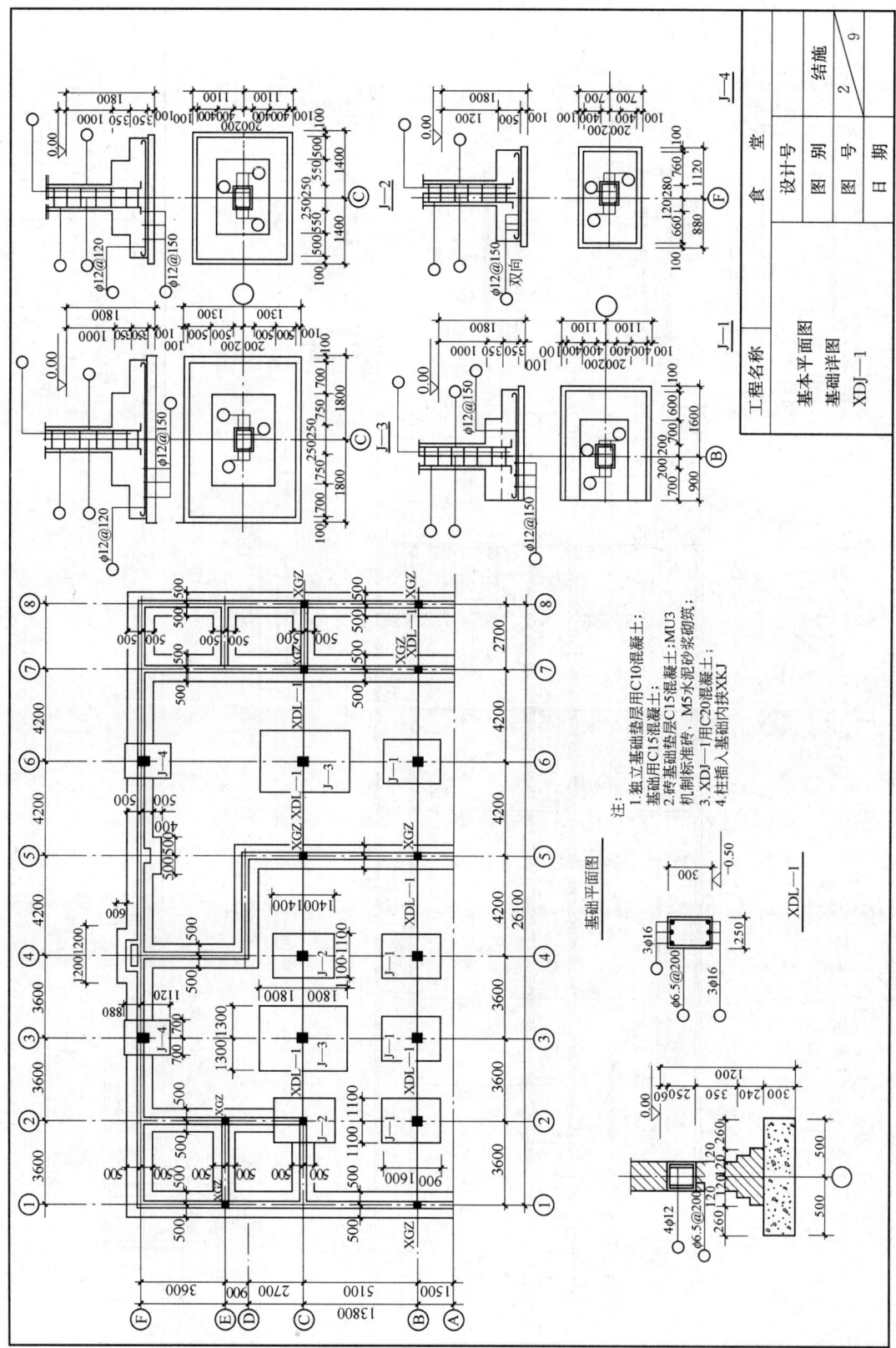

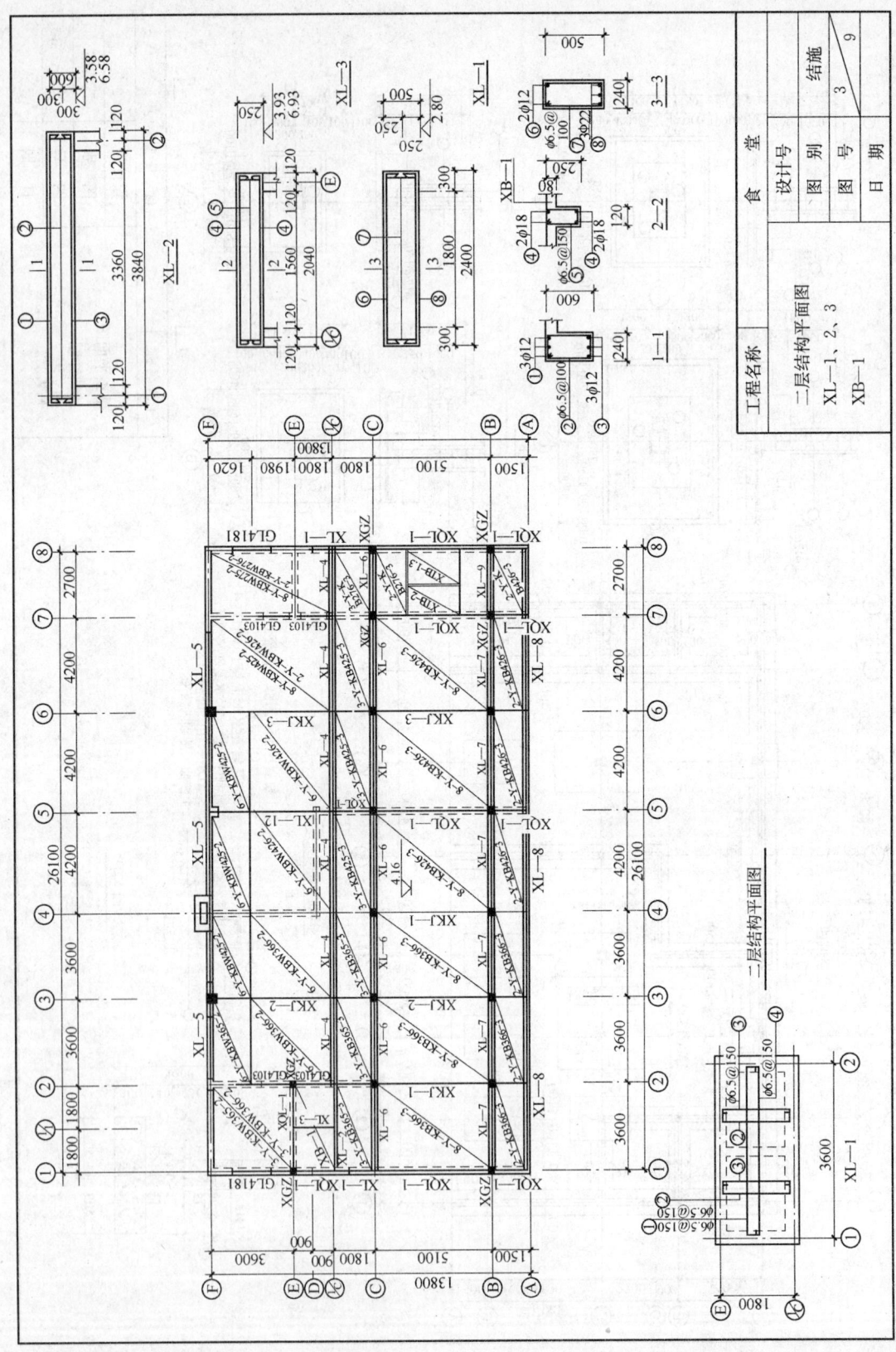

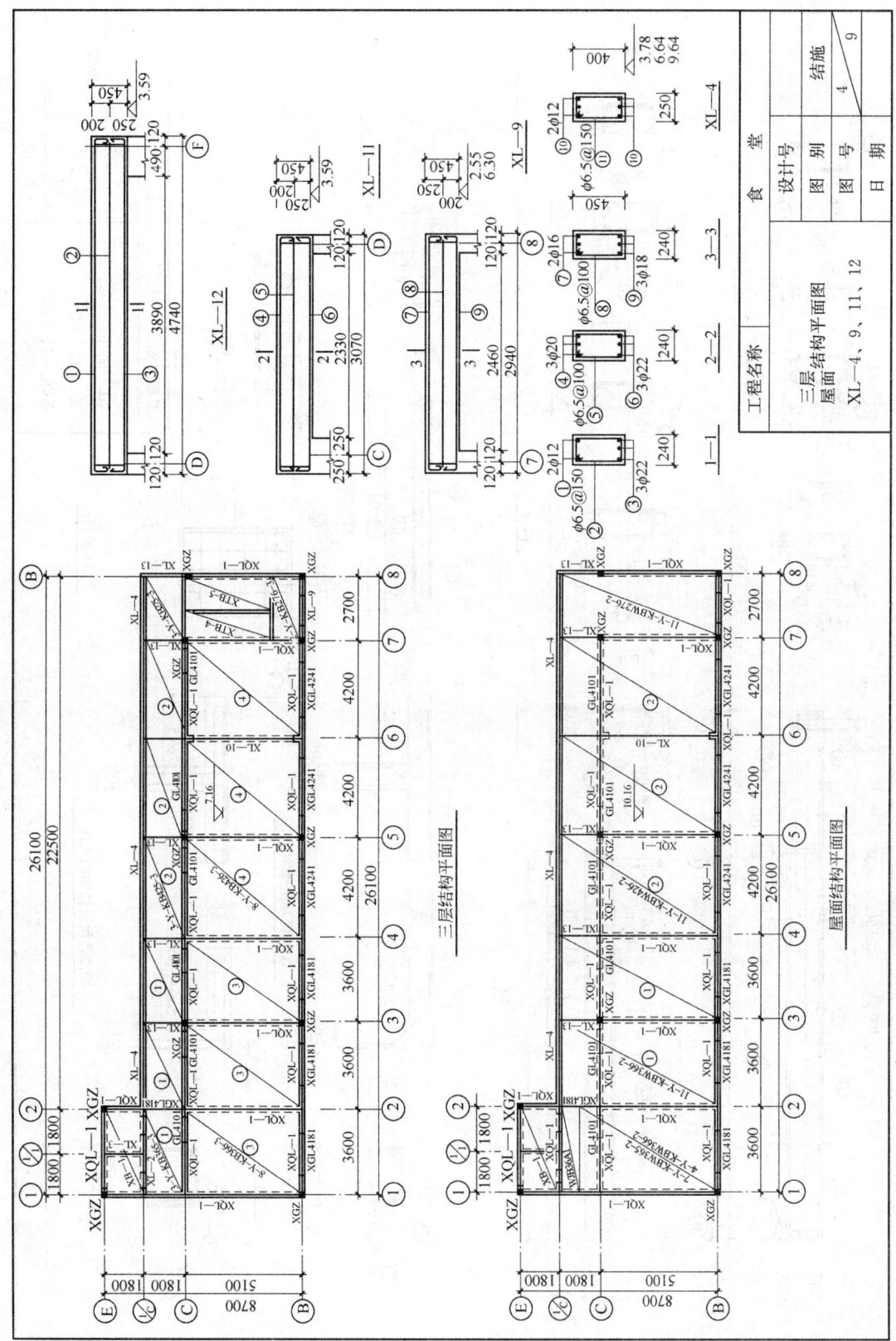

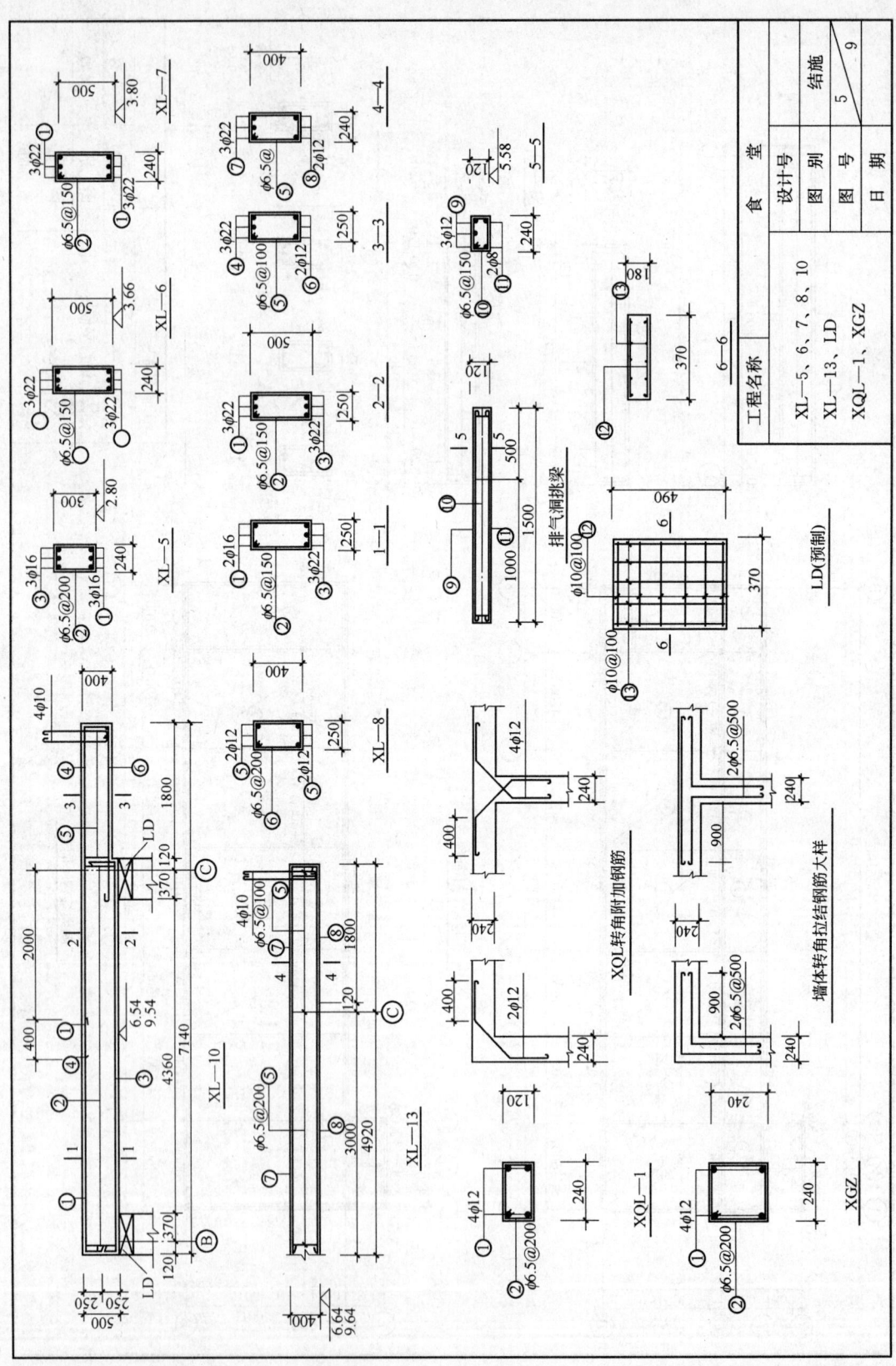

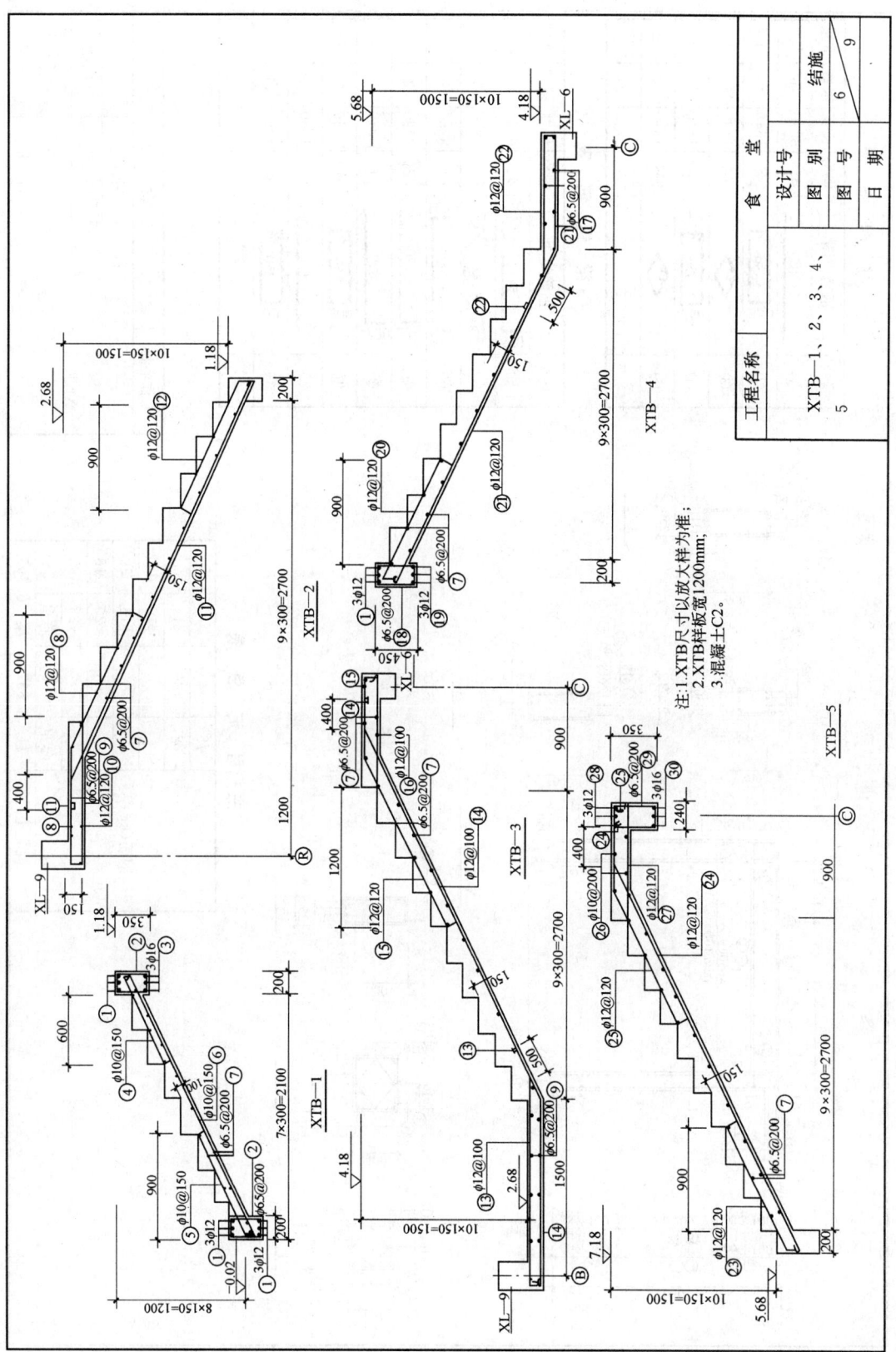

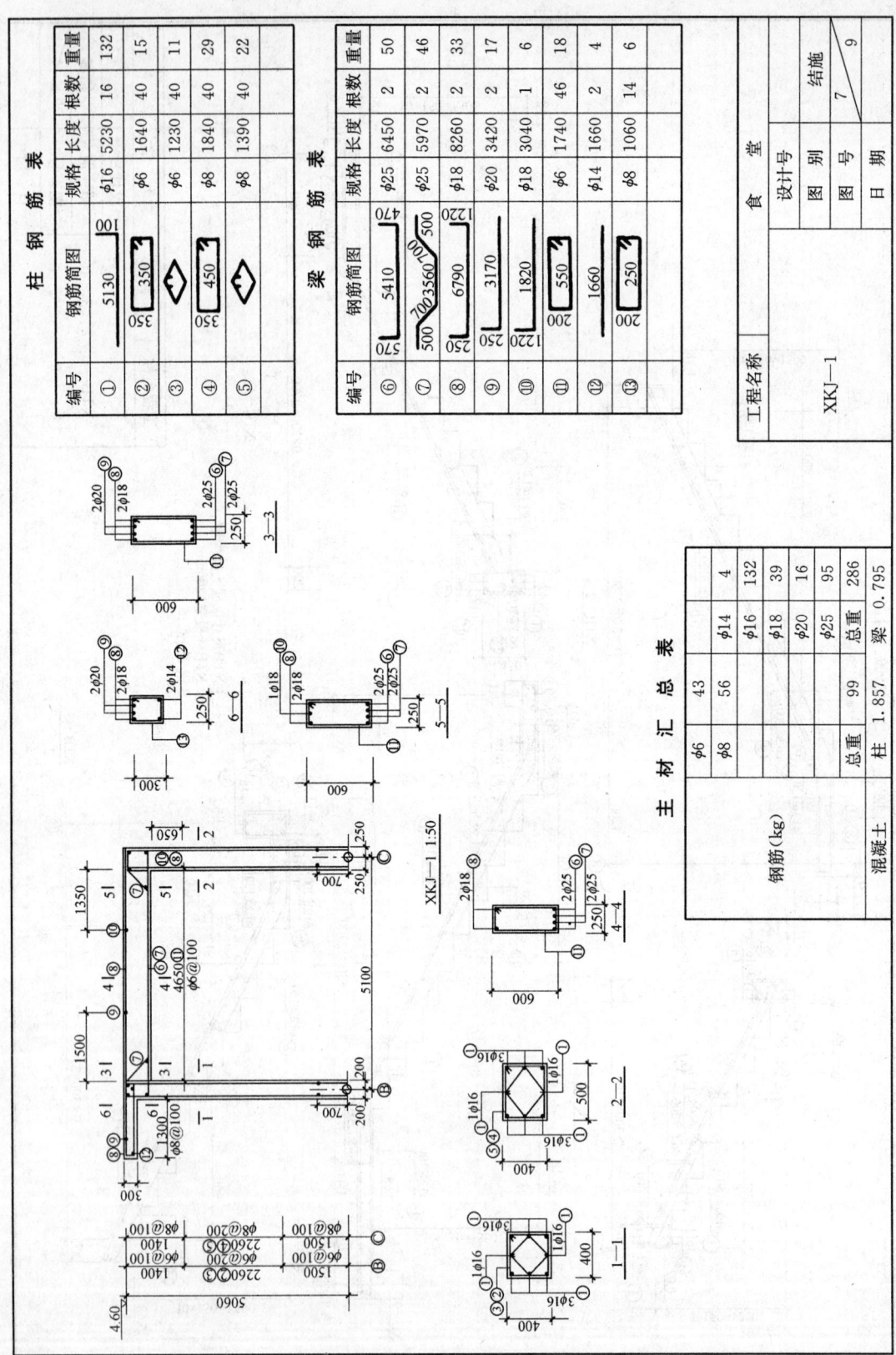

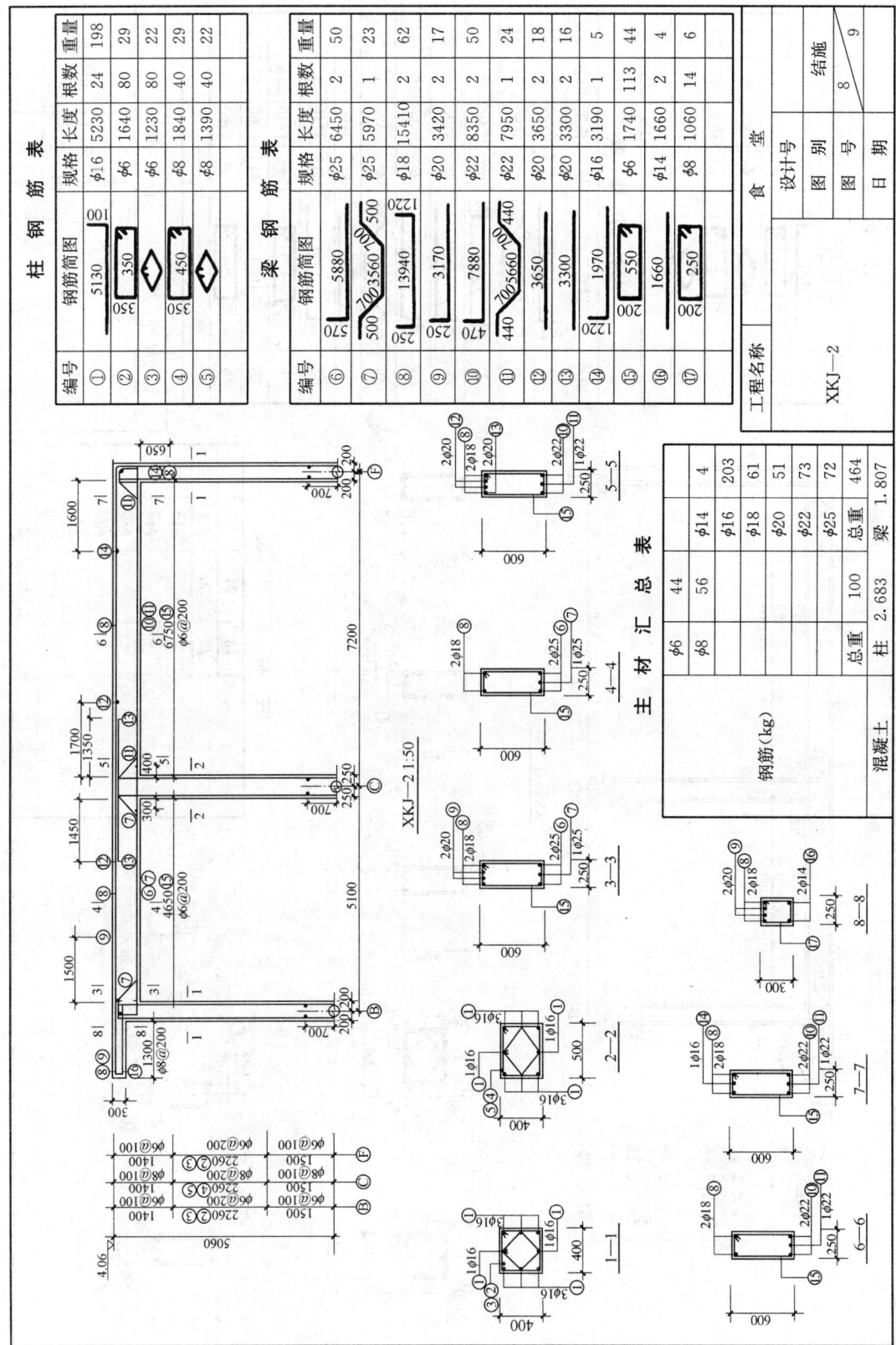

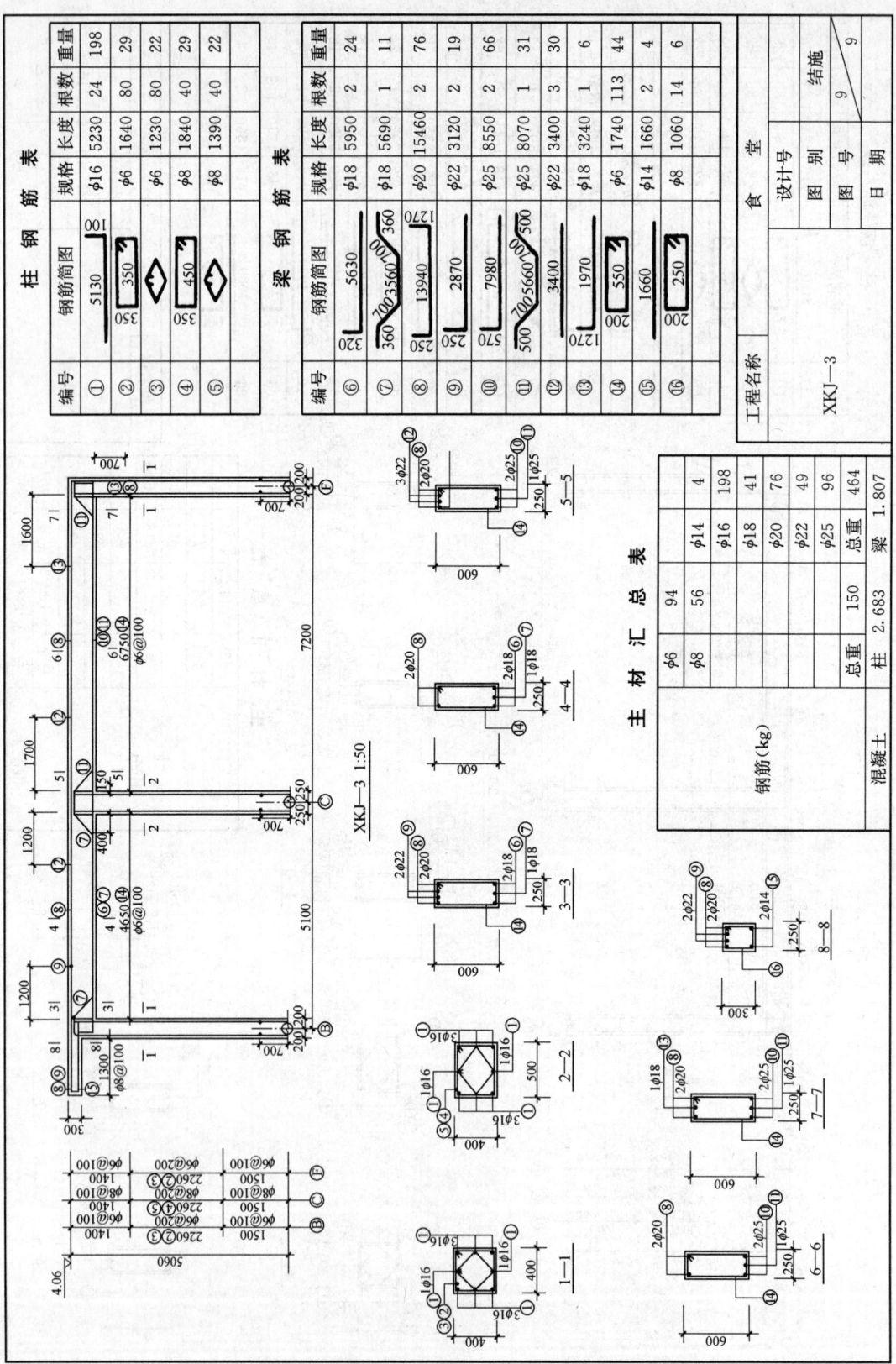

基 数 计 算 表

表 6-1

单位工程名称××技校食堂

序号	基数名称	代号	图号	墙体种类、部位	墙高(m)	墙厚(m)	计　算　式	数量	单位
1	外墙中线长	$L_{中底}$			4.26	0.24	墙高：$L_{中底}$、$L_{内底}$：$4.20+0.06=4.26$m ①、⑧轴 ⑥轴 $L_{中底}=13.8\times2+26.10=53.70$m	53.70	m
		$L_{中楼}$			3.00	0.24	Ⓑ、①~⑧ Ⓓ、Ⓑ~Ⓔ Ⓔ、①~② $L_{中楼}=26.10+(5.10+1.80\times2)+3.60$ ②、Ⓓ~Ⓔ ⑧、Ⓑ~Ⓓ $+1.80+(5.1+0.12)$ $=26.10+8.70+3.60+1.80+5.22=45.42$m	45.42	m
2	内墙净长线	$L_{内底}$			4.26	0.24	②、Ⓒ~Ⓕ Ⓒ、①~② $L_{内底}=\left(2.70+0.9+3.6-0.12-\dfrac{0.50}{2}\right)+(3.60-0.12-0.20)$ Ⓔ、①~② ④、Ⓓ~Ⓕ $+(3.60-0.24)+(0.90+3.60-0.12)+4.20$ ⑦、Ⓐ~Ⓔ Ⓔ、Ⓒ~⑧ $+(1.5+5.1+2.7)+(13.80-0.12)+(2.70-0.24)\times2$ $=6.83+3.28+3.36+4.38+4.20+9.30+13.68+4.92$ $=49.95$m	49.95	m
		$L_{内楼24}$			3.00	0.24	Ⓒ、①~⑦ ⒾⒸ、①~② ②、③、④、⑤、Ⓑ~Ⓒ $L_{内楼24}=(26.10-2.70-0.12)+(3.60-0.12)+(5.10-0.24)$ $\times4$ ⑦、Ⓑ~Ⓔ $+(5.10-0.12)=23.28+3.48+19.44+4.98=51.18$m	51.18	m
		$L_{内楼12}$			2.92	0.115	ⒾⒹ、ⒾⒸ~Ⓔ $1.80-0.24=1.56$m	1.56	m
3	外墙外边周长	$L_{外}$					$L_{外}=(13.80+0.12)\times2+26.10+0.24$ $=54.18$m	54.18	m
4	底层建筑面积	$S_{底}$					$S_{底}=(26.10+0.24)\times(13.80+0.12)=366.65$m²	366.65	m²

续表

序号	基数名称	代号	图号	墙体种类、部位	墙高(m)	墙厚(m)	单位	数量	计算式
5	全部建筑面积	S					m²	756.61	$S_{底}=366.65m^2$ $S_{楼}=[26.34×(5.10+1.80+0.24)+(3.60+0.24)×1.80]×2层$ $=(188.07+6.91)×2=389.96m^2$ 全部建筑面积$=366.65+389.96=756.61m^2$

表6-2

门窗明细表

单位工程名称××技校食堂

序号	脱窗(孔洞)名称	代号	所在图号	框扇断面(cm²) 框	框扇断面(cm²) 扇	洞口尺寸(mm) 宽	洞口尺寸(mm) 高	樘数	面积(m²) 每樘	面积(m²) 小计	所在部位 $L_{中}$	所在部位 $L_{内}$
1	全板夹板门	M1				900	2700	4	2.43	9.72	$\frac{4}{9.72}$	
2	全板夹板门	M2				900	2000	12	1.80	21.60		$\frac{12}{21.60}$
3	百页夹板门	M3				700	2000	4	1.40	5.60		$\frac{4}{5.60}$
4	钢门带窗	MC1				2.70×2.80 2700	1.8×1.0 2800	1	5.76	5.76	$\frac{1}{5.76}$	
5	钢门带窗	MC2				3.30×2.8 3300	2.4×1.0 2800	1	6.84	6.84	$\frac{1}{6.84}$	
	门小计									49.52	22.32	27.20
6	铝合金推拉窗	C1				1800	1800	10	3.20	32.0	$\frac{10}{32.0}$	
7	钢平开窗	C2				2400	1800	1	4.32	4.32	$\frac{1}{4.32}$	
8	钢平开窗	C3				3000	1800	2	5.40	10.80	$\frac{2}{10.80}$	
9	铝合金推拉窗	C4				2400	1800	6	4.32	25.92	$\frac{6}{25.92}$	
10	铝合金推拉窗	C5				900	900	4	0.81	3.24	$\frac{4}{3.24}$	
11	铝合金圆形固定窗	C6				φ1200		2	1.13	2.26	$\frac{2}{2.26}$	
	窗小计									78.54	78.54	
	合 计									128.06		

表 6-3

钢筋混凝土圈、过、挑梁明细表

单位工程名称 ××技校食堂

序号	名称	代号	所在图号	构件尺寸及计算式(m)	件数	体积(m³)		所在部位		
						单位	小计			
1	C20钢筋混凝土地圈梁			$L_{中底}$ ③⑥轴柱 构造柱 (53.70+49.95−0.40×2−0.24×9)×0.24×0.25 =(103.65−2.96)×0.24×0.25 =100.69×0.24×0.25=6.04m³ 垛增加：0.37×0.49×0.25=0.05m³			6.09			
2	C20钢筋混凝土底层圈梁	QL1		①轴 Ⓐ轴梁头 构造柱 ②轴 柱 构造柱 $(13.80-0.25-0.24\times2)+\left(7.20-\dfrac{0.50}{2}-0.24\right)$ Ⓕ轴 ④⑤⑦⑧轴 构造柱 Ⓐ轴梁头 ④轴头 +(3.60+2.70)+(13.80×3−0.24×6−0.25×3+0.12) Ⓓ轴 +(3.60−0.24+2.70−0.24)+(4.20)]×0.24×0.12 =(13.07+6.71+6.30+39.33+5.82+4.20)×0.0288 =75.43×0.0288 =2.17m³			2.17			

底层圈梁布置示意图

续表

序号	名称	代号	所在图号	构件尺寸及计算式(m)	件数	体积(m^3)		所在部位			
						单位	小计				
	C20 钢筋混凝土二层圈梁	QL1		①、②轴　缺口　构造柱　③、④、⑤轴 [(5.10+3.60)×2−1.80−0.12×4+(5.10−0.24)×3 ⑦轴　构造柱　⑧轴　构造柱　⑧轴　构造柱 +(5.10−0.12×2)+(5.10−0.12×2)+(5.10−0.12×2) Ⓔ轴　构造柱　1/C轴　Ⓒ轴 +(3.60−0.12×2)+(3.60−0.24)+(3.60−0.24+19.8−0.12 构造柱　Ⓑ轴　构造柱　构造柱 −0.24×2−0.12)+(3.60−0.12−0.12+19.8−0.24 构造柱 ×2−0.12+2.7−0.12×2)]×0.24×0.12 =(15.12+14.58+4.86+4.86+3.36+3.36+22.44+25.02) ×0.24×0.12 =93.63×0.24×0.12 =2.70m^3 二层圈梁布置示意图			2.70				

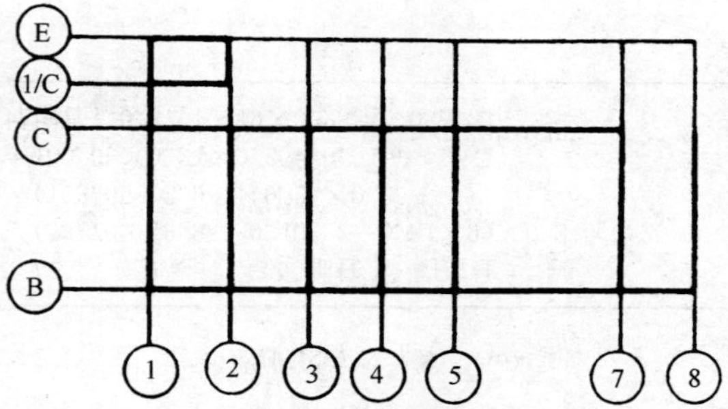

续表

序号	名称	代号	所在图号	构件尺寸及计算式(m)	件数	体积(m³) 单位	小计	所在部位
	C20钢筋混凝土三层圈梁	QL1		三层 ①⑥轴 2.70m³+(3.60−0.24)×0.24×0.12 =2.70+0.10 =2.80m³ 三层圈梁布置示意图 扣除 XL—13 代圈梁体积：3.12×0.24×0.12×10根=0.90m³ 圈梁小计：13.58m³−0.90m³=12.68m³			2.80	
3	现浇钢筋挑梁	XL—13		3.12×0.24×0.4×10根=3.00m³				
4	排气洞挑梁	墙内部分		5Ⓐ 5×1.0×0.24×0.12=0.14m³				
5	C20钢筋混凝土过梁		川91G310	GL4181 0.099×10根=0.99m³ GL4103 0.043×4根=0.172m³ GL4101 0.043×12根=0.516m³ GL4241 0.167×6根=1.002m³ 小计：2.68m³			2.68	

工程量计算表

表 6-4

单位工程名称 ××食堂

序号	定额编号	分项工程名称	单位	工程量	计 算 式
1	1—48	人工平整场地	m²	483.01	$(26.10+0.24+2.0\times2)\times(13.80+0.12+2.0)$ $=30.34\times15.92=483.01\text{m}^2$
2	1—8	人工挖地槽	m³	132.09	槽宽$=0.50\times2+0.30\times2=1.60\text{m}$ ⑧①轴　⑧轴 槽长$=13.80\times2+[26.10-(1.40+0.60)\times2]+$ 　　　　　　　Ⓔ轴　　　　Ⓒ轴 $\left(2.70+0.90+3.60-\dfrac{1.60}{2}-\dfrac{3.40}{2}\right)+\left(3.60-\dfrac{1.60}{2}-\dfrac{2.80}{2}\right)+\left(13.80\right.$ 　　　Ⓓ轴　　　　　　　Ⓒ、Ⓔ轴　　　　　　　　④、Ⓓ、⑤轴 $\left.-\dfrac{1.60}{2}+4.20\right)+\left(13.80-\dfrac{1.60}{2}\right)+(2.70-1.60)\times2$ $=27.60+22.10+4.70+2.0+1.40+17.20+13.0+2.20$ $=90.20\text{m}$ 槽深$=1.20-0.30=0.90\text{m}$ $V_{槽}=90.20\times1.60\times0.90=129.89\text{m}^3$ 烟囱，垛增加：$[(2.4+0.6)\times0.6+(1.0+0.6)\times0.4]\times0.9=2.20\text{m}^3$] 132.09m^3
3	1—17	人工挖地坑	m³	138.48	J—1 4@$(2.50+2\times0.3)\times(2.20+2\times0.30)\times(1.80-0.30)$ $=4@3.10\times2.80\times1.50$ $=4@13.02=52.08\text{m}^3$ J—2 2@$(2.80+0.60)\times(2.20+0.60)\times1.50$ $=2@3.40\times2.80\times1.50$ $=2@14.28=28.56\text{m}^3$

续表

序号	定额编号	分项工程名称	单位	工程量	计 算 式
3	1—17	人工挖地坑	m³	138.48	J—3 2ⓐ(3.80+0.60)×(2.60+0.60)×1.50 =2ⓐ4.40×3.20×1.50 =2ⓐ21.12=42.24m³ J—4 2ⓐ(2.0+0.60)×(1.40+0.60)×1.50 =2ⓐ2.60×2.0×1.50 =2ⓐ7.80=15.60m³ 小计：138.48m³
4	8—16	C10混凝土基础垫层	m³	5.86	$V=(4×2.50×2.20+2×2.20+2×3.60×2.60+2×2.0×1.40)×0.10$ $=58.64×0.10$ $=5.86m^3$
5	8—16换	C15混凝土砖基础垫层	m³	28.95	垫层长=(13.80×2)+(26.10−1.20×2)+$\left(2.70+0.9+3.60-\frac{1.60}{2}-\frac{1.0}{2}\right)$+(13.80 ①⑧轴　　　　　Ⓕ轴　　　　　　ⒸⒹ⑤轴　　　　　⑦轴 $+(3.60-1.0)+\left(3.60-\frac{1.20}{2}-\frac{1.0}{2}\right)+\left(13.80+4.20-\frac{1.0}{2}\right)+(17.50+13.30+3.40$ 　Ⓔ轴　　　　　ⒸⒺ轴　　　　　②轴　　　　　　　柱基 $-\frac{1.0}{2}\right)+(2.70-1.0)×2$ =27.60+23.70+5.90+2.60+2.50+17.50+13.30+3.40 =96.50m $V=96.50×1.0×0.30=28.95m^3$
6	5—396换	现浇C15钢筋混凝土独立基础	m³	24.55	J—1 4ⓐ(2.40×2.0+1.80×1.20)×0.35 =4ⓐ1.68+0.756 =4ⓐ2.436=9.74m³

续表

序号	定额编号	分项工程名称	单位	工程量	计 算 式
6	5-396 换	现浇 C15 钢筋混凝土独立基础	m³	24.55	J-2 2ⓐ(2.60×2.0+1.60×1.20)×0.35 =2ⓐ1.82+0.672 =2ⓐ2.492=4.98m³ J-3 2ⓐ(3.40×2.40+2.0×1.40)×0.35 =2ⓐ2.856+0.98 =2ⓐ3.836=7.67m³ J-4 2ⓐ1.80×1.20×0.50 =2ⓐ1.08=2.16m³ 小计：24.55m³
7	5-403 换	砖基础内 C20 混凝土构造柱（从垫层上至-0.31处）	m³	0.40	一字形　　　T形 5×0.59×(0.24×0.30)+4×0.59×(0.24×0.30+0.24×0.03) =5×0.04248+4×0.04673 =0.40m³
8	4-1	M5 水泥砂浆砌砖基础	m³	20.89	$L_{中底}$　　　柱　　　$L_{中底}$　　　烟囱 $V=[53.70-0.40×2+49.95+(0.60-0.12)×2+1.20-0.24]$ 　　　　　　　　　梁　　　　构造柱 ×(0.65×0.24+6×0.007875)+0.37×0.49×0.65-0.53 =104.77×0.2033+0.118-0.53 =21.30+0.118-0.53 =20.89m³
9	5-405 换	现浇 C20 钢筋混凝土基础梁	m³	3.15	Ⓑ轴　　两头　柱　　　构造柱　Ⓒ轴　　②轴柱　⑦轴构造柱 基础梁长=(26.10-0.24-0.40×4-0.24)+(26.10-3.60-2.70-0.20-0.12 　　　　　柱　　构造柱 　　　　-0.40×3-0.24)=24.02+18.04 =42.06m $V=42.06×0.25×0.30=3.15m³$

续表

序号	定额编号	分项工程名称	单位	工程量	计 算 式
10	5-409 换	现浇 C20 钢筋混凝土过梁	m³	2.68	川 91G310 标准图： XGL4181　0.099m³×10 根=0.99 XGL4103　0.043m³×4 根=0.172 XGL4101　0.043m³×12 根=0.516 XGL4241　0.167m³×6 根=1.002 2.68m³
11	5-417	现浇 C20 钢筋混凝土有梁板	m³	1.99	XB-1 2@(1.80+0.12-0.12)×(3.60+0.24)×0.08=2@0.41=0.82m³ XL-2 2@3.84×0.24×0.60=2@0.553=1.11m³ XL-3 2@1.56×0.12×(0.25-0.08)=2@0.032=0.06m³ 小计：1.99m³
12	5-406 换	现浇 C20 钢筋混凝土梁	m³	21.80	梁头重复部分 XL-1 2@2.40×0.24×0.50=2@0.288=0.58m³ XL-4 [(26.10-3.60+0.24)×0.25×0.40-0.24×0.25×0.24]×3 =(2.274-0.014)×3=6.78m³ XL-5 Ⓕ轴　　　　　柱 (3.60×2+4.20×3+0.24-0.40×2)×0.24×0.30=1.39m³ XL-6 Ⓒ轴　　　构造柱　　柱 (26.10+0.24-0.24×3-0.40×4)×0.24×0.50 =24.02×0.24×0.50 =2.88m³

续表

序号	定额编号	分项工程名称	单位	工程量	计 算 式
12	5—406换	现浇C20钢筋混凝土梁	m³	21.56	XL—7 Ⓑ轴　　构造柱 (26.10−2.70−0.24×2−0.40×4)×0.24×0.50 =21.32×0.24×0.50 =2.56m³ XL—8 (26.10+0.24)×0.25×0.40=2.63m³ XL—9 2@2.94×0.24×0.45=2@0.318=0.64m³ XL—10 2@(4.36+0.37×2+0.12×2)×0.25×0.50+1.80×0.25×0.40=2@0.668+ 0.18=1.70m³ XL—11 3.07×0.24×0.45=0.33m³ XL—12 4.74×0.24×0.45=0.51m³ XL—13(挑出墙部分) 扣与XL—4接头 10@(1.80−0.25)×0.24×0.40 =10@0.149=1.49m³ 排气洞挑梁(挑出墙部分) 5@0.50×0.24×0.12=0.07m³ 小计：21.56m³
13	5—403换	现浇C20钢筋混凝土构造柱	m³	7.88	−0.31~4.20标高 一字形：5@0.24×0.30×4.51=1.62m³ T形：4@(0.24×0.30+0.24×0.03)×4.51=1.43m³ ⎤ 3.05m³ 4.20~10.08标高 直角：5@0.24×0.30×5.88=2.12m³

续表

序号	定额编号	分项工程名称	单位	工程量	计 算 式
13	5—403 换	现浇 C20 钢筋混凝土构造柱	m³	7.88	T形：5@(0.24×0.30+0.24×0.03)×5.88=2.33m³ 端头：1@(0.24×0.27)×5.88=0.38m³ 小计：7.88m³
14	5—421	现浇 C20 钢筋混凝土整体楼梯	m²	24.36	XTB—1(2.10+0.20)×1.20=2.76m² XTB—2, 3(5.10−0.24)×(2.7−0.24)=11.96m² XTB—4, 5(2.70+0.20+0.78+0.24)×(2.7−0.24)=9.64m² 小计：24.36m²
15	5—419	现浇 C20 钢筋混凝土平板	m³	0.52	XB—1 1@1.80×3.60×0.08=0.52m³
16	5—408 换	现浇 C20 钢筋混凝土地圈梁	m³	6.09	$L_{内底}$　　$L_{中底}$　　③⑥轴　构造柱 (53.70+49.95−0.40×2−0.24×9)×0.24×0.25 =(103.65−2.96)×0.24×0.25 =100.69×0.24×0.25=6.04m³　⎤ 垛增加：0.37×0.49×0.25=0.05m³　⎦ 6.09m³
17	5—408 换	现浇 C20 钢筋混凝土圈梁	m³	9.91	底层： 　　①轴　Ⓐ轴梁头　构造柱　②轴　柱　构造柱　Ⓔ轴 [13.80−0.25−0.24×2)+(7.20−$\frac{5.0}{2}$−0.24)+(3.60+2.70)+ 　④⑤⑦⑧轴　构造柱　Ⓐ轴梁头　④轴梁头　Ⓔ轴　　　　　　　　　Ⓓ轴 (13.80×3−0.24×6−0.25×3+0.12)+(3.60−0.24+2.70−0.24+4.20)] 　　　　　　　　　　×0.24×0.12 =(13.07+6.71+6.30+39.33+5.82+4.20)×0.24×0.0288 =75.43×0.0288 =2.17m³

续表

序号	定额编号	分项工程名称	单位	工程量	计 算 式
17	5—408换	现浇C20钢筋混凝土圈梁	m³	9.91	二层： ①②轴 缺口 ③④⑤轴 ⑦轴 构造柱 [(5.10+3.60)×2−1.80−0.12×4+(5.10−0.24)×3+(5.10−0.12×2) ⑧轴 构造柱 ⑧轴 构造柱 Ⓔ轴 构造柱 Ⓓ⓵Ⓒ轴 +(5.10−0.12×2)+(5.10−0.12×2)+(3.60−0.12×2)+(3.60−0.24) Ⓒ轴 构造柱 Ⓑ轴 +(3.60−0.24+19.80−0.12−0.24×2−0.12)+(3.60−0.12−0.12 构造柱 +19.80−0.24×2−0.12+2.70−0.12×2)]×0.24×0.12 =(15.12+14.58+4.86+4.86+4.86+3.36+3.36+22.44+25.02)×0.24×0.12 =93.63×0.24×0.12 =2.70m³ 三层： 二层 Ⓓ⓵Ⓒ轴 2.70m³+(3.60−0.24)×0.24×0.12 =2.70+0.10 =2.80m³ 扣除XL—13在墙内部分按圈梁计算：3.12×0.24×0.12×10根=0.90m³(一) XL—13在墙内部分按圈梁计算：3.12×0.24×0.40×10根=3.00m³ 排气洞挑梁在墙内部分算圈梁：1.0×0.24×0.12×5根=0.14m³ 圈梁小计：9.91m³
18	5—401	现浇C25钢筋混凝土框架柱	m³	8.97	KJ1 2@(0.40×0.40+0.40×0.50)×5.06 　　=2@1.822=3.64m³ KJ2 KJ3 } 2@[0.40×0.40×5.06+0.40×0.40×(5.06+0.20)+0.40×0.50×5.06] 　　=2@2.663 　　=5.33m³ 小计：8.97m³

续表

序号	定额编号	分项工程名称	单位	工程量	计算式
19	5—406	现浇 C25 钢筋混凝土框架梁	m³	5.21	KJ1 2@4.65×0.60×0.25+1.30×0.25×0.30 =2@0.795=1.59m³ KJ2、3 2@(4.65+6.75)×0.60×0.25+1.30×0.25×0.30 =2@1.71+0.10 =3.62m³ 小计：5.21m³
20	5—426	现浇 C20 混凝土走廊栏板扶手	m³	0.58	(26.10−3.60−0.12+1.80−0.12)×0.06×0.20×2 道 =24.06×0.06×0.20×2 =0.58m³
21	5—432	现浇女儿墙压顶	m³	1.703	三楼屋面：(6.90+1.80+26.10)×2×$\frac{0.05+0.06}{2}$×0.30 =69.60×0.0165=1.148m³ 一楼屋面：(3.60−0.12+26.10−5×0.24+3.60+1.80−0.12) ×$\frac{0.05+0.06}{2}$×0.30 =33.66×0.0165=0.555m³ 小计：1.703m³
22	5—453	C25 钢筋混凝土预应力空心板制作	m³	48.96	（按标准图计算） 空心板型号　　数量　　混凝土体积$\frac{单位体积}{小计}$　　钢筋$\frac{单位重量}{小计}$ YKBW-3652　　22　　$\frac{0.126}{2.772}$　　$\frac{6.66}{146.52}$ YKBW-3662　　41　　$\frac{0.153}{6.273}$　　$\frac{7.83}{321.03}$ YKBW-4252　　24　　$\frac{0.147}{3.528}$　　$\frac{12.72}{305.28}$ YKBW-4262　　47　　$\frac{0.178}{8.366}$　　$\frac{14.83}{697.01}$ YKBW-2752　　8　　$\frac{0.094}{0.752}$　　$\frac{2.88}{23.04}$

续表

序号	定额编号	分项工程名称	单位	工程量	计　算　式			
					(按标准图计算)			
					空心板型号	数量	混凝土体积(单位体积/小计)	钢筋(单位重量/小计)
22	5—453	C25钢筋混凝土预应力空心板制作	m³	48.96	YKBW-2762	23	0.114/2.622	3.50/80.50
					YKB-3653	18	0.126/2.268	4.80/86.40
					YKB-4253	18	0.147/2.646	9.95/179.10
					YKB-3663	54	0.153/8.262	5.97/322.38
					YKB-2753	6	0.094/0.564	2.88/17.280
					YKB-4263	54	0.178/9.612	11.77/635.58
					YKB-2763	5	0.114/0.570	3.50/17.50
					小计:		48.235	2831.62
					制作工程量：$48.235 \times 1.015^* = 48.96 m^3$			
23	5—454换	预制C20钢筋混凝土槽形板	m³	0.21	WJB—36A₁			
					$0.209 m^3/块 \times 1.015^* = 0.21 m^3$			
24	6—8	空心板、槽板运输(25km)	m³	49.08	$(48.24+0.21) \times 1.013^* = 49.08 m^3$			
25	6—330	空心板安装	m³	48.48	$48.24 \times 1.005^* = 48.48 m^3$			
26	6—305	槽形板安装	m³	0.21	$0.21 \times 1.005^* = 0.21 m^3$			
27	5—467	C20混凝土屋面架空隔热板	m³	4.26	块数统计(块尺寸600×600)			
					A区:			
					宽度上块数$(3.60-0.24) \div 0.60 = 5$块			
					长度上块数$(6.90+1.80-0.24) \div 0.60 = 14$块			
					块数小计：$5 \times 14 = 70$块			

续表

序号	定额编号	分项工程名称	单位	工程量	计 算 式
27	5—467	C20 混凝土屋面架空隔热板 架空隔热板尺寸： 595×595×25 φ64 钢筋 4 根双向 （A区 B区 示意图）	m³	4.26	B区： 宽度上块数(6.90-0.24)÷0.60≒11块 长度上块数(22.50÷0.60)≒37块 块数小计：11×37=407块 屋面隔热板面积=(70+407)×0.60×0.60=171.72m² V=477×0.595×0.595×0.025=4.20m³（净） 制作工程量=4.20×1.015*=4.26m³
28	6—37	架空隔热板运输	m³	4.25	V=4.20×1.013*=4.25m³
29	6—371	架空隔热板安装	m³	4.22	V=4.20×1.005*=4.22m³
30	5—17	现浇独立基础模板（含垫层）	m²	48.02	J-1 4@(2.50+2.20)×2×0.10+[(2.50-0.1+2.20-0.20) ×2+(0.70+0.20)×2+(0.40+0.20)×2]×0.35 =4@5.07 =20.28m³ J-2 2@(2.80+2.20)×2×0.10+[(2.80-0.20+2.20-0.20) ×2+(0.55+0.25)×2+(0.40+0.20)×2]×0.35 =2@5.20 =10.40m² J-3 2@(3.60+2.60)×2×0.10+[(3.60-0.20+2.60-0.20) ×2+(0.75+0.25)×2+(0.50+0.20)×2]×0.35 =2@6.49 =12.98m² J-4 2@(2.0+1.40)×2×0.10+[(2.0-0.20+1.40-0.20)×0.50 =2@2.18 =4.36m² 小计：48.02m²

续表

序号	定额编号	分项工程名称	单位	工程量	计 算 式
31	5—58	现浇框架柱模板	m³	83.55	梁与柱连接面 KJ1 2@[(0.40+0.40)×2+(0.40+0.50)×2]×5.06—(0.60×0.25×2+0.30×0.25) =2@17.20—0.375 =33.65m² KJ2、3 2@((0.40+0.40)×2×5.06+(0.40+0.40)×2×(5.06+0.20)+(0.40 扣梁与柱连接面 +0.50)×2×5.06—(0.60×0.25×4+0.30×0.25) =2@25.63—0.68 =49.90m² 小计：83.55m²
32	5—58	现浇构造柱模板	m²	74.35	砖基础内： 一字形：0.36×0.59×2面×5根=2.12 T 形：(0.36×0.59+0.06×0.59×4面)×4根=1.42] 3.54m² 砖墙身内： 一字形：0.36×4.51×2面×5根=16.24m² T 形：(0.36×4.51+0.06×4.51×4面)×4根=10.82m² (0.36×5.88+0.06×5.88×4面)×5根=17.64m² 直角：(0.30×5.88×2面+0.06×5.88×2面)×5根=21.17m² 端头：(0.30×5.88×2面+0.24×5.88)×1根=4.94m² 小计：74.35m²
33	5—69	现浇基础梁模板	m²	35.75	42.06×(0.30×2+0.25)=35.75m²
34	5—77	现浇过梁模板	m²	34.02	XGL4181 10@2.30×0.18×2面+0.24×1.80=12.60m² XGL4103 4@1.50×0.12×2面+0.24×1.0=2.40m² XGL4101 12@1.50×0.12×2面+0.24×1.0=7.20m² XGL4241 6@2.90×0.24×2面+0.24×2.40=11.82m² 小计：34.02m²

续表

序号	定额编号	分项工程名称	单位	工程量	计 算 式
35	5—82	现浇地圈梁模板	m²	50.66	100.69×0.25×2面=50.35 垛：(0.37×2+0.49)×0.25=0.31 } 50.66m²
36	5—82	现浇圈梁模板	m²	63.85	底层 二层 三层 (75.43+93.63+96.99)×0.12×2面=63.85m²
37	5—73	现浇矩形梁模板	m²	278.52	侧模　　　　　　　底模 XL—1　2@2.40×0.50×2面+1.80×0.24=5.66m² XL—4　3@22.84×(0.40×2+0.25)=71.95m² XL—5　19.24×0.30×2+(2.70+2.40+3.0+3.30+3.0)×0.24=15.00m² XL—6　24.02×(0.50×2面+0.24)=29.78m² XL—7　21.32×(0.50×2+0.24)=26.44m² XL—8　26.34×(0.40×2+0.25)=27.66m² XL—9　2@2.94×(0.45×2+0.24)=6.70m² XL—10　2@5.34×(0.50×2+0.25)+1.80×(0.40×2+0.25) 　　　　=17.13m² XL—11　3.07×(0.45×2+0.24)=3.50m² XL—12　4.74×0.45×2+(4.74−0.90)×0.24=5.19m² XL—13　10@(1.80−0.25)×(0.40×2+0.24)=16.12m² 排气洞挑梁　5@1.50×0.12×2+0.50×0.24=2.40m² 框架梁： KJ1　2@4.65×(0.60×2+0.25)+1.30×(0.30×2+0.25) 　　　=15.72m² KJ2、3　2@11.40×(0.60×2+0.25)+1.30×(0.30×2+0.25) 　　　=35.27m² 小计：278.52m²
38	5—100	现浇有梁板模板	m²	22.07	XB—1　2@1.80×3.36=12.10 XL—2　2@3.84×0.60×2=9.22 } 22.07m² XL—3　2@1.56×0.12×2=0.75
39	5—108	现浇平板模板	m²	6.48	1.80×3.60=6.48m²

续表

序号	定额编号	分项工程名称	单位	工程量	计算式
40	5-119	现浇整体楼梯模板	m²	24.36	同制作工程量 24.36m²
41	5-33	现浇砖基础垫层模板	m²	57.90	96.50×0.30×2 面=57.90m²
42	5-131	模板扶手模板	m	48.12	24.06×2=48.12m
43	5-130	现浇女儿墙压顶板模板	m²	17.55	(69.60+33.66)×(0.05+0.06+0.06)=17.55m²
44	5-174	预制槽形板模板	m³	0.21	0.21m³
45	5-169	预应力空心板模板	m³	48.96	48.96m³
46	5-185	预制架空隔热板模板	m³	4.26	见制作工程量
47	3-6	外墙双排脚手架	m²	763.63	①～⑧立面： ⑧～①立面： (26.10+0.24)×(10.80+0.30)×2 面=584.75m² Ⓐ～Ⓕ立面： Ⓕ～Ⓐ立面： (13.80+0.24)×(4.80+0.30)+(13.80-1.50-3.60+0.24)×(10.80-4.80)×2 面 =71.60+107.28=178.88m² 小计：763.63m²
48	3-20	底层顶棚抹灰满堂脚手架	m²	325.83	S=S底-墙结构面积-梯间面积 =366.65-(53.70+49.95)×0.24-(6.60-0.12)×2.46 =325.83m²
49	3-15	内墙里脚手架	m²	303.31	S=L内楼24×墙角+L内楼口×墙高 =51.18×(3.0-0.12)×2 层+1.56×2.92×2 层 =303.31m²
50	3-6	现浇钢筋混凝土框架立脚手架	m²	269.26	KJ1 2@[0.40×4+3.60+(0.40+0.50)×2+3.60]×5.06 =2@53.64=107.28m² KJ2,3 2@[(0.40×4+3.60)×5.06+(0.40×4+3.60)×5.26 +[(0.40+0.50)×2+3.60]×5.06 =2@80.99=161.98m² 小计：269.26m²

续表

序号	定额编号	分项工程名称	单位	工程量	计 算 式
51	3—6	现浇钢筋混凝土框架梁脚手架		162.62	KJ1 2@(4.65+1.30)×(4.06+0.30) =2@25.94=51.88m² KJ2,3 2@(11.40+1.30)×(4.06+0.30) =2@55.37=110.74m² 小计：162.62m²
52	5—294	现浇构件圆钢筋制安 φ4	kg	41.75	按钢筋计算表汇总
53	5—294	现浇构件圆钢筋制安 φ6.5	kg	307.18	按钢筋计算表汇总
54	5—295	现浇构件圆钢筋制安 φ8	kg	58.17	按钢筋计算表汇总
55	5—296	现浇构件圆钢筋制安 φ10	kg	94.32	按钢筋计算表汇总
56	5—297	现浇构件圆钢筋制安 φ12	kg	3566.85	按钢筋计算表汇总
57	5—299	现浇构件圆钢筋制安 φ16	kg	714.86	按钢筋计算表汇总
58	5—300	现浇构件圆钢筋制安 φ18	kg	41.92	按钢筋计算表汇总
59	5—309	现浇构件螺纹钢筋制安 φ14	kg	79.36	按钢筋计算表汇总
60	5—310	现浇构件螺纹钢筋制安 φ16	kg	912.68	按钢筋计算表汇总
61	5—311	现浇构件螺纹钢筋制安 φ18	kg	220.96	按钢筋计算表汇总
62	5—312	现浇构件螺纹钢筋制安 φ20	kg	208.01	按钢筋计算表汇总
63	5—313	现浇构件螺纹钢筋制安 φ22	kg	1850.92	按钢筋计算表汇总
64	5—314	现浇构件螺纹钢筋制安 φ25	kg	364.21	按钢筋计算表汇总
65	5—321	预制构件圆钢筋制安 φ4	kg	104.85	按钢筋计算表汇总
66	5—326	预制构件圆钢筋制安 φ10	kg	30.48	按钢筋计算表汇总
67	5—334	预制构件圆钢筋制安 φ18	kg	15.08	按钢筋计算表汇总
68	5—359	先张法预应力钢筋制安 φ64	kg	2831.62	按钢筋计算表汇总
69	5—354	箍筋制安 φ4	kg	9.92	按钢筋计算表汇总
70	5—355	箍筋制安 φ6.5	kg	1598.47	按钢筋计算表汇总

续表

序号	定额编号	分项工程名称	单位	工程量	计 算 式
71	5—356	箍筋制安 φ8	kg	270.20	按钢筋计算表汇总
72	5—384	现浇构件成型钢筋汽车运输(1km)	t	10.340	见钢筋计算表
73	7—57	胶合板门框制作(带亮)	m²	9.72	M1 (见门窗明细表)9.72m²
74	7—58	胶合板门框安装(带亮)	m²	9.72	M1 (见门窗明细表)9.72m²
75	7—59	胶合板门扇制作(带亮)	m²	9.72	M1 (见门窗明细表)9.72m²
76	7—60	胶合板门扇安装(带亮)	m²	9.72	M1 (见门窗明细表)9.72m²
77	7—65	胶合板门框制作(无亮)	m²	27.20	M2 M3 (见门窗明细表)S=21.60+5.60=27.20m²
78	7—66	胶合板门框安装(无亮)	m²	27.20	M2 M3 (见门窗明细表)S=21.60+5.60=27.20m²
79	7—67	胶合板门扇制作(无亮)	m²	27.20	M2 M3 (见门窗明细表)S=21.60+5.60=27.20m²
80	7—68	胶合板门扇安装(无亮)	m²	27.20	M2 M3 (见门窗明细表)S=21.60+5.60=27.20m²
81	7—306	钢门带窗安装	m²	13.02	MC1 MC2 (见门窗明细表)S=5.94+7.08=13.02m²
82	7—308	钢平开窗安装	m²	15.12	C2 C3 (见门窗明细表)S=4.32+10.80=15.12m²
83	7—289	铝合金推拉窗安装	m²	61.16	C1 C4 C5 (见门窗明细表)32.0+25.92+3.24=61.16m²

续表

序号	定额编号	分项工程名称	单位	工程量	计 算 式
84	7—290	铝合金固定圆形窗安装	m²	2.26	（见门窗明细表） $S=2.26m^2$
85	6—93	木门运输（远距5km）	m²	36.92	$S=31.32+5.60=36.92m^2$
86	11—409	木门调合漆二遍	m²	38.32	$S=31.32+5.60\times1.25*=38.32m^2$
87	11—594	钢门窗防锈漆一遍	m²	28.14	$S=13.02+15.12=28.14m^2$
88	11—574	钢门窗调合漆二遍	m²	28.14	$S=28.14m^2$
89	5—382	梯踏步预埋铁件	kg	56.00	梯步上 水平栏杆 转弯 块数：$47+4+5=56$个 重量：—8：$56@0.09\times0.15\times0.008\times7850$ $=56@0.85=47.60kg$ $\phi8$：$56@(0.10+0.09\times2+0.008\times12.5)\times0.395$ $=56@0.15=8.40kg$ 小计：56.00kg 预埋件大样图
90	4—10换	M5混合砂浆砌砖墙	m³	204.82	柱 $L_{内底}$ $L_{中楼}$ $L_{内楼24}$ $V_{240}=[(53.70-0.40\times2+49.95)\times(4.18-0.12)+(45.42+51.18)\times(3.0$ 门窗 圈梁 过梁 构柱 $-0.12)\times2-128.06]\times0.24-9.91\times2.68-1.39-0.69-0.58-(7.88$ 架 $-3.05\times\frac{0.25}{4.51})\times0.24\times0.37\times6.0\times2$根 $=(102.85\times4.06+96.60\times5.76-128.06)\times0.24-22.96+1.07$ $=845.93\times0.24-22.96+1.07$ $=181.13m^3$ 排气洞 山墙 $1.50\times(1.98+0.51-0.12)\times0.24\times5$道$=4.27$ 纵墙 $(15.0-0.24\times4$道$)\times0.24\times0.60=2.02$ $\Big]8.11m^3$ $14.04\times0.24\times(0.60-0.06)=1.82$

203

续表

序号	定额编号	分项工程名称	单位	工程量	计 算 式
90	4—10换	M5混合砂浆砌砖墙	m³	204.82	女儿墙： 三楼至屋面　(6.90+1.80+26.10)×2×0.24×0.54=9.02m³ 底层至屋面　(3.60—0.12+3.60—0.12+4.20—0.12+2.70+3.60+1.80—0.12)×0.60×0.24+(15.0—4×0.24)×0.24×(0.60+0.54) =2.739+3.841 =6.58m³ 小计：204.82m³
91	4—8换	M5混合砂浆砌砖墙	m³	1.05	V_{120}=1.56×2.92×0.115×2层=1.05m³
92	4—60换	M2.5混合砂浆砌屋面隔热板砖墩	m³	2.64	长度方向块数：37+5=42块 宽度方向块数：14块 四周边上的隔热板块数：(42—2)×2+14×2=108块　四周 砖墩个数=(每块隔热板上算一个)477块+(108—4角)×2÷4+4×3÷4 =477+52+3=532(个) V=0.24×0.115×0.18×532=2.64m³
93	4—8换	M2.5混合砂浆砌走廊栏板墙	m³	5.87	V=24.06×2层×(1.10—0.06+0.02)×0.115 =5.87m³
94	4—60换	M2.5混合砂浆砌雨篷止水带	m³	1.00	V=[26.10+(1.5—0.12)×2]×0.30×0.115=1.00m³
95	8—29	普通水磨石地面	m²	331.77	S=底层建筑面积—墙长×墙厚—灶合面积 $L_{中厚}$　　$L_{内底}$ =366.65—(53.70+49.95)×0.24—5.0×1.0×2个 =366.65—24.88—10.0 =331.77m²
96	8—16	现浇C10混凝土地面垫层	m³	26.54	V=331.77×0.08=26.54m³
97	8—72	卫生间防滑地砖地面	m²	10.11	S=(1.80—0.24)×(1.80—0.12—0.06)×2间×2层 =10.11m²

续表

序号	定额编号	分项工程名称	单位	工程量	计算式
98	8—24换	1:2水泥砂浆抹楼梯间	m²	29.42	S=现浇楼梯+未算平台 =24.36+(1.38−0.20)×(2.70−0.24)+(1.08−0.20)×(2.70−0.24) =24.36+2.90+2.16 =29.42m²
99	8—37	水泥豆石楼面	m²	301.82	走廊：[(1.80−0.24)×3.60+(1.80−0.12)×(26.1−3.6−0.24)]×2层 =86.02m² 房间：$\left[\begin{array}{l}(3.60-0.24)\times(5.10-0.24)\times 3间+(4.20-0.24)\times(5.10-0.24)\\+(4.20-0.24)\times 2-0.24)\times(5.10-0.24)\end{array}\right]\times 2$层 =(48.99+19.25+39.66)×2 =215.80m²　小计：301.82m²
100	11—30	水泥砂浆抹走道扶手	m²	22.13	(26.10−0.12+1.80−0.12)×2层×(0.20+0.04×2+0.06×2) =27.66×2×0.40 =22.13m²
101	9—45	一布二油塑料油膏卫生间防水层	m²	14.63	卷起高度：200 S=[(1.8−0.24)×1.56+1.56×4×0.20]×4间 =(2.43+1.25)×4 =14.63m²
102	8—27换	1:2水泥砂浆踢脚线	m	354.54	底层： 梯间(6.60−0.12)×2+2.46=15.42m 库房(2.70−0.24+3.60−0.24+3.60−0.24+3.36)×2 +(3.60−0.24+2.46)×2×2间=48.36m 楼层： 走廊[(26.10−0.24+1.80−0.24)×2−(2.7−0.24)×2×3间+(4.20−0.24+5.10−0.24)×2 =104.76m 房间[(3.60−0.24+5.10−0.24)×2×3间+(4.20−0.24+5.10−0.24)×2 +(4.20−0.24×2−0.24+5.10−0.24)×2]×2层=186m 长度小计：354.54m

续表

序号	定额编号	分项工程名称	单位	工程量	计 算 式
103	11—286	混合砂浆楼梯间顶面（顶棚面）	m²	32.36	（用水泥砂浆楼梯间楼面工程量） S=29.42×1.10*=32.36m²
104	8—152	塑料扶手楼梯型钢栏杆	m	18.01	确定斜面系数：$\sqrt{\dfrac{150}{300}}$ 26°34′ 查表C=1.118* (1) 斜长部分： 第一段：2.10m 第二段：0.30×10步=3.0m 第三段：0.30×10步=3.0m 第四段：0.30×10步=3.0m 第五段：0.30×10步=3.0m 小计：14.10m×1.118*=15.76m (2) 水平段： 2.70m标高处：0.30×1步=0.30m 7.20m标高处：1.20+0.06+0.05=1.31m 转弯处：(0.05×2+0.06)×4处=0.64m 合计：18.01m
105	8—43	C15混凝土散水（700宽）	m²	27.85	①轴　　　Ⓔ轴　　　⑧轴 [(13.80+0.24)+(3.60+0.70)+4.20+2.70+0.12−0.20+0.70)(6.60 +3.60×2+0.12]×0.70 =39.78×0.70 =27.85m²
106	9—143	沥青砂浆散水伸缩缝	m	43.28	沿墙脚缝：39.78−0.70×2=38.38m ⎫ 分格缝：39.78÷6.0≈7道　　　　　⎬ 43.28m 　　　　7×0.70=4.9m　　　　　　　⎭
107	13—2	建筑物垂直运输（框架）	m²	366.65	见基数计算表
108	13—1	建筑物垂直运输（混合）	m²	389.96	见基数计算表

续表

序号	定额编号	分项工程名称	单位	工程量	计 算 式
109	10—201	现浇水泥珍珠岩屋面找坡	m^3	34.52	三层屋面： 平均厚$_1=\dfrac{6.90}{2}\times 2\%\times\dfrac{1}{2}+0.06=0.095$m $V=[(26.1-0.24)\times(9.60-0.24)+1.80\times(3.60-0.24)]\times 0.095$ $=(242.05+6.05)\times 0.095$ $=248.10\times 0.095$ $=23.57m^3$ 底层屋面： 平均厚$_2=3.60\times 2\%\times\dfrac{1}{2}+0.06=0.096$m 平均厚$_3=(3.60+1.80-1.50)\times 2\%\times\dfrac{1}{2}+0.06=0.079$m 平均厚$_4=(3.60+1.80)\times 2\%\times\dfrac{1}{2}+0.06=0.114$m $V=(3.60-0.24)\times(3.60-0.12)\times 0.096+(3.60+1.80-1.98+0.12-0.12)$ $\times(3.60\times 2+4.20)\times 0.079+3.42\times 4.2\times 0.094+(3.60+1.80-0.24)$ $\times(4.20+2.70-0.12)\times 0.114$ $=11.693\times 0.096+26.676\times 0.079+14.364\times 0.094+34.955\times 0.114$ $=8.57m^3$ Ⓐ轴雨篷： 平均厚$=(1.50-0.24)\times 2\%\times\dfrac{1}{2}+0.06=0.073$m $V=(26.10-0.24)\times(1.50-0.24)\times 0.073$ $=2.38m^3$ 小计：34.52m^3
110	8—18	1:3水泥砂浆屋面找平层25厚	m^2	415.89	排气洞屋面 $S=248.10+11.69+26.68+14.36+34.96+(0.51+1.98+0.51)\times(3.6\times 2+4.2$ 雨篷 $\times 2+0.24)+25.86\times 1.26$ $=335.79+3.0\times 15.84+32.58=415.89m^2$

续表

序号	定额编号	分项工程名称	单位	工程量	计 算 式
111	11—75	排气洞墙挑檐口彩色水刷石面（外墙上）		13.25	4.80~5.70 的标高（外墙），内墙从屋面至 5.70m 标高。 外：0.24×0.78×5 道=0.94m² 内：(1.50−0.12−0.06)×0.24×5 道=1.58m² ⎤ 山墙：(1.98+0.51−0.12)×(1.5−0.06)=3.41m² ⎬ 13.25m² 挑檐口：(15.0+0.24)×2×(0.12+0.12)=7.32m² ⎦
112	9—45 9—46	二布三油塑料油膏屋面防水层		536.90	屋面找平层面积：415.89m² 女儿墙内侧面积：49.56m² 雨蓬内侧：49.56m² 排气洞屋面：15.24×(0.51×2+1.98)=45.72m² ⎤ Ⓔ、Ⓒ轴山墙边卷上：(26.10−0.24+1.80)×(0.30−0.06)=6.64m² ⎬ 排气洞山墙边卷上：(0.51+1.98+0.25+0.51−0.12)×2边×(0.54−0.06)=6.26× ⎥ 47.91m² 0.48=2.82m² ⎦ 小计：536.90m²
113	9—66 换	∅110 塑料水落管	m	37.20	4.20×4 根+10.20×2 根=37.20m
114	9—70 换	∅110 塑料水斗	个	6	
115	11—35	水泥砂浆抹混凝土柱面	m²	47.91	400×500 断面 3 根 3@(0.4+0.5)×2×4.06=21.924 400×400 断面 4 根 4@0.4×4×4.06=25.984
116	1—46	室内回填土	m³	61.38	净面积：331.77m²（水磨石地面） 垫层　水磨石面 回填土厚：0.30−0.08 − 0.035=0.185m V=331.77×0.185=61.38m³
117	1—46	人工地槽、坑回填土	m³	190.16	槽　　坑　　砖垫　独基　砖基　深 V=132.09+138.48−28.95−5.86−24.55−19.37−0.4×0.4×0.70 ×6 根−0.4×0.5×0.70×4 根 =270.57−79.96=190.61m³

208

续表

序号	定额编号	分项工程名称	单位	工程量	计 算 式
118	11—286	混合砂浆抹顶棚面	m^2	760.04	底层 $\begin{cases} \text{地面面积 有梁板底系数} \\ 331.77 \times 1.10^* = 364.95 \\ \text{排气洞至面顶棚增加:} \\ (0.51+0.24) \times 2 \times 15.0 = 22.50 \end{cases}$ 387.45m^2 卫生间: 10.11m^2 楼层 $\begin{cases} \text{走廊: } 86.02 \times 1.10^* = 94.62m^2 \\ \text{有梁房间 } 39.66 \times 2 \text{层} \times 1.10^* = 87.25m^2 \\ \text{无梁房间 } (48.99+19.25) \times 2 \text{层} = 136.48m^2 \\ \text{梯间 } 29.42 \times 1.50^* = 44.13m^2 \end{cases}$ 372.59m^2 ⎬ 760.04m^2
119	11—168	瓷砖墙裙	m^2	184.91	卫生间: $\{[(1.80-0.24) \times 4-0.70] \times 1.80 \times 2 \text{间} - 0.10 \times 0.90 \times 2 \text{间} + (0.90$ C5 C5侧面 $+0.10 \times 2) \times 0.10^* \times 2 \text{樘} \} \times 2 \text{层}$ $=(19.94-0.18+0.22) \times 2 \text{层}$ $=19.98 \times 2$ $=39.96m^2$ 底层操作间: 左间: $[(13.80-0.12) \times 2+3.60 \times 3+4.20-0.24+0.16 \times 4+0.26 \times 2-0.90 \times 2$ MC1 柱侧面 M1 $\times 2 \times 0.14^* \times 2 \text{樘} + (1.80 \times 2+1.80) \times 0.10^*$ 灶台上柱侧面 MC1 门窗空圈 M1 $-0.90] \times 1.80+(1.80-0.65) \times 0.16 \times 2-1.80 \times 0.8+1.80$ $=73.04+0.37-1.44+1.01+0.54$ $=73.52m^2$ 侧面空圈示意: MC1 800/1000/1800/900 2800

209

续表

序号	定额编号	分项工程名称	单位	工程量	计 算 式
		侧面空圈示意: MC2 (2800 × 2400, 900, 800, 1000) C3 (1800 × 3000, 800, 1000)			右间: 柱侧面 M1 MC2 [(13.80−0.12)×2+4.20×3−0.24+0.16×2−0.9×2−0.9]×1.80 MC2 C3 门窗空圈 M1 +[(1.80−0.65)×0.37×2]−(0.80×2.40+3.0×0.8×2)+1.80×2 灶台上柱侧面 MC2 C3 0.14*×2榀+(1.80×2+2.40)×0.10+(0.80×2+3.0)×2榀×0.10* =41.54×1.80+0.85−6.72+(1.01+0.60+0.92) =71.43m² 小计: 39.96+73.52+71.43=184.91m²
120	11—30	水泥砂浆抹女儿墙压顶	m²	42.34	长度=69.60+33.66=103.26m S=(0.06+0.05+0.30)×103.26 =0.41×103.26 =42.34m²
121	11—36	水泥砂浆抹女儿墙内侧	m²	49.56	长度: 103.26m S=103.26×(0.54−0.06) =49.56m²
122	11—30	水泥砂浆抹雨篷边内侧	m²	16.27	S=(26.10−0.24+1.50−0.24)×2×0.30=16.27m²

续表

序号	定额编号	分项工程名称	单位	工程量	计 算 式
123	11—36	排气洞墙混合砂浆抹面	m²	53.47	标高 4.02m 以上（不扣除女儿墙头所占面积） 横隔墙：(0.51+1.98)×1.50×8 面=29.88m² 内纵墙：(15.0-0.24×4)×(0.60+0.12)=10.11m² 外纵墙：(15.0-0.24×4)×(0.24+0.60+0.12)=13.48m² 合计 53.47m²
124	11—36	混合砂浆抹走道栏板墙内侧	m²	49.55	(26.10-3.60-0.24+1.80-0.24)×1.04×2 层 =49.55m²
125	11—627	墙面、顶棚、楼梯底面刷仿瓷涂料二遍	m²	1954.88	墙面：1109.01 顶棚面：760.04 楼梯底面：32.36 合计 1954.88m² 排气洞墙面：53.47
126	11—30	1:2 水泥砂浆抹楼梯挡水线（50 宽）	m²	1.13	楼踏步：47×(0.30+0.15)=21.15 水平：1.20+0.06=1.26 合计 22.65m 转弯：0.06×4 处=0.24 S=22.65×0.05=1.13m²
127	8—13	卫生间炉渣垫层	m³	1.52	(1.80-0.18)×(1.80-0.24)×0.15 =1.62×1.56×4×0.15 =10.11×0.15=1.52m³
128	1—49 1—50×2	人工运土 50m	m³	18.58	V=挖槽-填坑 =132.09+138.48-190.61-61.38 =18.58m³
129	11—36	混合砂浆抹内墙面	m²	1109.01	1. 底层 (1) 库房 [(3.60-0.24)×4×2 间+(3.60-0.24+2.70-0.24)×2×2 间]×(4.20 C1 M1 -0.12)-1.8×1.8×4-0.9×2.7×4 =(26.88+23.28)×4.08-12.96-9.72 =181.97m²

211

续表

序号	定额编号	分项工程名称	单位	工程量	计 算 式

129	11—36	混合砂浆抹内墙面	m²	1109.01	(2) 左操作间
					           柱侧
					[2×(13.80−0.12)+3.60×3+4.20−0.24+0.08+0.13+0.16×2]×(4.20
					         M1 C2
					−0.12−1.80)−(2.7−1.8)×0.9×2−(2.8−1.8)×2.7−(1.8−0.8)×2.40
					=(27.36+15.29)×2.28−1.62−2.7−2.40
					=90.52m²
					(3) 右操作间
					           柱侧
					[2×(13.80−0.12)+4.20×3−0.24+4.20+0.16×2]×(4.20−0.12−1.80)
					         MC2 C3
					−(2.7−1.8)×0.9×2−(2.8−0.8)×3.3−(1.80−0.8)×3.0
					=(27.36+16.88)×2.28−1.62−6.6−3.0
					=89.65m²
					2. 楼层
					(1) 卫生间
					             C5
					[(1.80−0.24)×4×(3.0−0.08−1.80)−(0.9−0.1)×0.9
					M3
					−(2.0−1.8)×0.70]×4 间
					=6.13×4=24.52m²
					(2) 走廊墙
					            M3 M2
					[(1.8×2+1.8−0.24+26.1−2.7−0.24)×2.88−(0.7×2×2+0.9×2.0
					×6)]×2层
					=67.96×2
					=135.92m²

续表

序号	定额编号	分项工程名称	单位	工程量	计 算 式

129	11—36	混合砂浆抹内墙面	m²	1109.01	(3) 房间
					{[3.60−0.24+5.10−0.24)×2(3.0−0.12)−(0.9×2.0−1.8×1.8]×3 间
					          M2 C1
					+(5.10−0.24+4.2−0.24)×2.88−0.9×2.0−2.4×1.80−(4.2×2−0.24
					         M2 C4
					+5.1−0.24+0.25×2)×2.88−0.9×2×2−2.4×1.8×2)×2 层
					       M2 C4
					=(126.92+44.68+77.88−3.60−8.64)×2
					=474.48m²
					3. 梯间 补缺
					(1) 底层[(6.60−0.24)×2+2.46]×2.55+(1.5−0.12)×4.08×2+2.46
					×(4.20−2.70−0.12)
					=3.87+11.26+3.39=18.52m²
					(2) 楼层(10.2−0.12−2.70)×(5.1×2+2.46)
					=7.38×12.66
					=93.43m²
					小计: 1109.01m²

130	11—72	彩色水刷石外墙面	m²	107.55	⑧~①立面
					(26.10+0.24)×(4.80+0.30)−(2.7×2.8−1.8×1.0)−(3.30×2.8−2.4
					         MC1 MC2
					×1.0)−2.4×1.8−3.0×1.8×2+(5.70−0.12−4.80)×0.24×5 道
					  C2 C3 排气洞隔墙厚
					=107.55m²

131	11—175	外墙面贴面砖	m²	467.16	⑧~①立面 檐口, 栏板 (1.80×2+0.24)×(10.80−4.20−0.60)−0.9×0.9×4+22.5×(1.10+0.40 C5 +0.60+0.40+0.68+0.06) =23.04−3.24+72.9 =92.70m²

续表

序号	定额编号	分项工程名称	单位	工程量	计　算　式
131	11—175	外墙面贴面砖	m²	467.16	①～⑧立面(含Ⓐ轴立面) 　　　　　　C1　　　　　　C4　　　　　C6 (26.10+0.24)×(10.80−3.80)−1.8×1.8×6−2.4×1.8×6−(1.20)² 　　　　　　①、⑤、⑦、⑧墙厚部分 ×0.7854×2+3.80×0.24×4 =140.41m² Ⓐ～Ⓕ立面 　　　　　　　　C1 (13.80+0.24)×(4.80+0.30)−1.80×1.80×2+(5.1+0.24)×(10.80−4.80) 　　　　　　　　　　　　　　　　　　　　　②轴立面 +1.80×[5.30−4.80)+(8.30−6.80)+(10.80−9.80)]+(1.80+0.24) ×(10.80−4.20−0.36) =71.60−6.48+32.04+5.40+12.73 =115.29m² Ⓕ～Ⓐ立面 　　　　　　　C1 (13.80+0.24)×(4.80+0.30)−1.80×1.80×2+(5.10+1.80×2+0.24) ×(10.80−4.8) =71.60−6.48+53.64 =118.76m² 小计：467.16m²

钢筋混凝土构件钢筋计算表　　　　　　　　　　　　　　　　　　　表 6-5

单位工程名称 ××食堂

序号	构件名称	图号	件数	代号	形　状　尺　寸 (mm)	直径	根数	长度(m)		分　规　格			总重 (kg)
								每根	共长	直径	长度	单件重	
												合计重	
1	现浇钢筋混凝土地圈梁				217 ⌐(155) └───── 　　103650 　　　　207	φ12	4	103.65	414.60	φ12	414.60	368.16× 1.064*	597.44
												391.72	
						φ6.5	518	1.00	518	φ6.5	518	134.68	
												134.68	

续表

序号	构件名称	图号	件数-代号	形状尺寸 (mm)		直径	根数	长度 (m) 每根	长度 (m) 共长	分规格 直径	分规格 长度	分规格 单件重	合计重	总重 (kg)
1	现浇钢筋混凝土地圈梁			400 650 400	直角：5处 T形：10处	φ12	50	1.60	80	φ12	80	71.04	71.04	597.44
				79800		φ12	4	79.80	319.20	φ12	319.20	283.45× 1.064*	301.59	
				87 207 (155)		φ6.5	355	0.74	262.7	φ6.5	262.7	68.30	68.30	
2	现浇钢筋混凝土底层圈梁	XQL-1		400 650 400	直角：2处 T形：4处	φ12	20	1.60	32.00	φ12	32.00	28.42	28.42	398.31
				80430		φ12	4	80.43	321.72	φ12	321.72	285.69× 1.064*	303.97	
				87 207 (155)		φ6.5	402	0.74	297.48	φ6.5	297.48	77.34	77.34	
3	现浇钢筋混凝土二层圈梁	XQL-1(已扣除XL-13 长度)		400 650 400	直角：5处 T形：9处	φ12	46	1.60	73.60	φ12	73.60	65.36	16.99	398.30
				83180		φ12	4	83.18	332.72	φ12	332.72	295.46× 1.064*	314.36	
				87 207 (155)		φ6.5	416	0.74	307.84	φ6.5	307.84	80.04	80.04	
4	现浇钢筋混凝土三层圈梁	XQL-1(已扣除XL-13 长度)		400 650 400	直角：6处 T形：10处	φ12	50	1.60	80.00	φ12	80.00	20.80	20.80	415.20
5	现浇钢筋混凝土独立基础		4-J1	2330 1930		φ12	14	2.48	34.72	φ12	70.08	62.23	248.92	691.42
			2-J2	2530 1930		φ12	17	2.08	35.36	φ12	83.00	73.70	147.40	
						φ12	17	2.68	45.56	φ12	132.60	117.75	235.50	
			2-J3	3330 2330		φ12	18	2.08	37.44	φ12	59.52	29.80	59.60	
						φ12	21	3.48	73.08					
			2-J4	1730 1130		φ12	24	2.48	59.52	φ12	33.56			
						φ12	9	1.88	16.92					
						φ12	13	1.28	16.64					

注：1.064*为钢筋接头系数。

续表

序号	构件名称	图号—代号	形状尺寸 (mm)	直径	根数	长度(m) 每根	长度(m) 共长	分规格 直径	分规格 长度	分规格 单件重	合计重	总重(kg)
6	现浇钢筋混凝土地梁	XDL—1	⑧轴 26290; 257×207 (155); ⓒ轴 19990; 257×207 (155)	φ16	6	26.29	157.74	φ16	277.68	438.73× 1.085*	476.02	540.10
				φ6.5	131	1.08	141.48	φ6.5	249.48	64.08	64.08	
				φ16	6	19.99	119.94					
				φ6.5	100	1.08	108.0					
7	现浇钢筋混凝土梁	2—XL1	⑦ 2350; 457×197 (155); 225—225	φ12	2	2.95	5.90	φ12	5.90	5.24	10.48	79.52
			⑧ 2350; 225—225	φ6.5	25	1.46	36.50	φ6.5	36.50	9.49	18.98	
				φ22	3	2.80	8.40	φ22	8.40	25.03	50.06	
		2—XL2	② 3790; 557×197 (155); 275—275	φ12	3	4.49	13.47	φ12	13.47	11.96	23.92	135.18
			③ 3790; 275—275	φ6.5	39	1.66	64.74	φ6.5	64.74	16.83	33.66	
			④ 275—275	φ22	3	4.34	13.02	φ22	13.02	38.80	77.60	
		2—XL3	⑤ 1990; 217×87 (155); 200—200	φ18	2	2.62	5.24	φ18	5.24	20.96	41.92	50.22
			⑥ 1990; 200—200	φ6.5	21	0.76	15.96	φ6.5	15.96	4.15	8.30	
				φ18	2	2.62	5.24					
8	现浇钢筋混凝土梁	3—XL4	⑪ 22740; 357×207 (155); 200—200	φ12	4	22.89	91.56	φ12	91.56	81.31	243.93	396.69
				φ6.5	153	1.28	195.84	φ6.5	195.84	50.92	152.76	
		XL5	② 20040; 257×197 (155); 225—225	φ16	6	20.24	121.44	φ16	121.44	191.88	191.88	219.72
				φ6.5	101	1.06	107.06	φ6.5	107.06	27.84	27.84	

注：1.085*为钢筋接头系数。

续表

序号	构件名称	图号	件数—代号	形状尺寸(mm)		长度(m)			分规格				总重(kg)
						根数	每根	共长	直径	长度	单件重	合计重	
8	现浇钢筋混凝土梁		XL6	275⌐26290⌐275	(155) 457⌐197	6	26.84	161.04	φ22	161.04	479.90	479.90	546.71
						176	1.46	256.96	φ6.5	256.96	66.81	66.81	
			XL7	③275⌐21510⌐275	②457⌐197	6	22.06	132.36	φ22	132.36	394.43	394.43	449.47
						145	1.46	211.70	φ6.5	211.70	55.04	55.04	
			XL8	225⌐26290⌐225	(155) 357⌐207	4	26.49	105.96	φ12	105.96	94.09	94.09	138.35
						133	1.28	170.24	φ6.5	170.24	44.26	44.26	
			2—XL9	175⌐2890⌐225	(155) 407⌐197	2	3.54	7.08	φ16	7.08	11.19	22.38	44.30
						31	1.36	42.16	φ6.5	42.16	10.96	21.92	
			2—XL10	225⌐3460⌐225	(155) 457⌐207	3	3.24	9.72	φ18	9.72	19.44	38.88	299.48
						2	3.89	7.78	φ16	7.78	12.29	24.58	
				225⌐5290⌐300	4295	37	1.48	54.76	φ6.5	31.26	93.15	186.30	
				(155) 357⌐207	2265	3	5.82	17.46	φ22	4.84	4.30	8.60	
						3	4.60	13.80	φ22	79.08	20.56	41.12	
						19	1.28	24.32	φ6.5				
						2	2.42	4.84	φ12				
			LX11	175⌐3020⌐175	(155) 407⌐197	3	3.37	10.11	φ20	10.11	24.97	24.97	66.95
						31	1.36	42.16	φ6.5	42.16	10.96	10.96	
				225⌐3020⌐225		3	3.47	10.41	φ22	10.41	31.02	31.02	

217

续表

序号	构件名称	图号 件数—代号	形状尺寸 (mm)	直径	根数	长度(m) 每根	长度(m) 共长	分规格 直径	分规格 长度	分规格 单件重	合计重	总重(kg)
8	现浇钢筋混凝土梁	XL12	175 4690 225 / 4690 225 / 407 197 (155)	φ12	2	5.04	10.08	φ12	10.08	8.95	8.95	66.57
				φ6.5	33	1.36	44.88	φ6.5	44.88	11.67	11.67	
		10—XL13	357 197 (155) / 4870 / 4870 300	φ22	3	5.14	15.42	φ22	15.42	45.95	45.95	669.30
				φ6.5	36	1.26	45.36	φ6.5	45.36	11.79	117.90	
		XL13 上捅筋 XL10 上捅筋		φ22	3	5.17	15.51	φ22	15.51	46.22	462.20	
				φ12	2	5.02	10.04	φ12	10.04	8.92	89.20	
9	排汽洞挑梁	5根	1460 / 1450 1450	φ10	4	1.59	6.36	φ10	6.36	3.92	47.04	47.04
				φ12	3	1.60	4.80	φ12	4.80	4.26	21.30	37.35
			77 (155)	φ8	2	1.53	3.06	φ8	3.06	1.21	6.05	
				φ6.5	11	0.70	7.70	φ6.5	7.70	2.00	10.00	
10	现浇钢筋混凝土有梁板	2—XB1	3810 60 / 2010 60 / 2010 3810 60	φ6.5	15	3.93	58.95	φ6.5	231.24	60.12	120.24	120.24
				φ6.5	27	2.13	57.51					
				φ6.5	27	2.09	56.43					
				φ6.5	15	3.89	58.35					
11	现浇钢筋混凝土构造柱	标高:(9根) −0.90~4.20	200 5100 / 210 210 (155)	φ12	4	5.30	21.20	φ12	21.20	18.83× 1.064*	180.32	584.97
				φ6.5	27	1.00	27.00	φ6.5	27.00	7.02	63.18	
		标高:(11根) 4.20~10.08	200 5880 / 210 210 (155)	φ12	4	6.08	24.32	φ12	24.32	21.60× 1.064*	252.81	
				φ6.5	31	1.00	31.00	φ6.5	31.00	8.06	88.66	

续表

序号	构件名称	图号	件数—代号	形状尺寸 (mm)		直径	根数	长度(m) 每根	长度(m) 共长	分规格 直径	分规格 长度	分规格 单件重	合计重	总重(kg)
12	现浇钢筋混凝土整体楼梯		XTB1	(2900)	317×167 (155)	φ12	9	3.05	27.45	φ16	8.7	13.75	13.75	84.81
				2900	930, 80	φ6.5	32	1.12	35.84	φ12	27.45	24.38	24.38	
				1050, 80	2655	φ16	3	2.90	8.7	φ10	45.81	28.26	28.26	
				1170		φ10	9	1.09	9.81	φ6.5	70.84	18.42	18.42	
						φ10	9	1.21	10.89					
			XTB2	1170	1020, 1410, 120	φ6.5	28	2.79	25.11	φ6.5	78.50	20.41	20.41	120.31
				1290	400, 4010	φ6.5	32	1.25	40	φ12	112.50	99.90	99.90	
			⑨号筋已包括XTB3	1240, 120	2670	φ12	11	2.75	30.25					
						φ12	14	1.44	20.16					
						φ12	11	4.56	50.16					
				1170	1770, 500, 120	φ12	11	1.48	16.25					
			XTB3	3680, 400, 1605	590, 1720, 120	φ6.5	14	2.75	38.50	φ6.5	100.20	26.06	26.06	166.28
			⑫号筋已包括XTB4	870	2670	φ6.5	28	1.25	71.25	φ12	157.91	140.22	140.22	
						φ6.5	13	2.54	33.02					
						φ12	13	5.88	76.44					
						φ12	13	2.55	33.15					
						φ12	15	1.02	15.30					
						φ6.5	9	2.75	24.75					

续表

序号	构件名称	图号	件数—代号	形状尺寸 (mm)	直径	根数	长度(m) 每根	长度(m) 共长	分规格 直径	分规格 长度	分规格 单件重	合计重	总重 (kg)
12	现浇钢筋混凝土整体楼梯		XTB3 ①号筋已包括XTB4	1320	φ6.5	3	1.40	4.20					166.28
				1170 / 2890	φ6.5	24	1.25	30	φ6.5	50.48	13.12	13.12	
				2890	φ12	3	3.04	9.12	φ12	92.94	82.53	82.53	
				407 / 157 (155)	φ20	3	2.89	8.67	φ20	8.67	21.41	21.41	
			XTB4 ①号筋已算		φ6.5	16	1.28	20.48					117.06
				2875 / 995	φ12	11	1.63	17.93					
				1236 / 1270 500 120 120	φ12	11	4.02	44.22					
					φ12	11	1.97	21.67					
			XTB5	1170 1204 120 120	φ6.5	35	1.25	43.75	φ6.5	62.31	16.20	16.20	146.43
				3534 400 695 1380 120	φ12	11	1.52	16.72	φ10	30.80	19.00	19.00	
					φ12	11	4.08	44.88	φ12	125.26	111.23	111.23	
				2670 980 120	φ12	11	2.39	26.29					
					φ10	11	2.80	30.80					
				307 / 197 (155)	φ12	25	1.13	28.25					
					φ12	3	3.04	9.12					
				2890	φ6.5	16	1.16	18.56					

续表

序号	构件名称	图号	件数—代号	形状尺寸 (mm)		直径	根数	长度(m)		分规格				总重 (kg)
								每根	共长	直径	长度	单件重	合计重	
13	现浇钢筋混凝土框架		2—KJ1			φ16	16	5.14	82.24	φ6.5	195.72	50.89	101.78	792.54
						φ6.5	42	1.58	66.36	φ8	148.82	58.78	117.56	
						φ6.5	42	1.16	48.72	φ14	3.32	4.02	8.04	
						φ8	42	1.82	76.44	φ18	19.61	39.22	78.44	
						φ8	42	1.35	56.7	φ20	6.86	16.94	33.88	
						φ25	2	6.54	13.08	φ25	25.06	96.48	192.96	
						φ25	2	5.99	11.98	φ16	82.24	129.94	259.88	
						φ6.5	48	1.68	80.64					
						φ18	2	8.28	16.56					
						φ20	2	3.43	6.86					
						φ18	1	3.05	3.05					
						φ14	2	1.66	3.32					
						φ8	14	1.12	15.68					
			KJ2			φ16	24	5.14	123.36	φ6.5	426.72	110.95		634.23
						φ6.5	84	1.58	132.72	φ8	148.82	58.78		
						φ6.5	84	1.16	97.44	φ14	3.32	4.02		
						φ8	42	1.82	76.44	φ16	126.56	199.96		

续表

序号	构件名称	图号	件数—代号	形状尺寸(mm)	直径	根数	长度(m) 每根	长度(m) 共长	分规格 直径	分规格 长度	分规格 单件重	合计重	总重(kg)
13	现浇钢筋混凝土框架梁		KJ2	(190) 290 290	φ8	42	1.35	56.70	φ18	30.86	61.72		634.23
				500 770 5925 570 500	φ25	2	6.50	13.0	φ20	20.76	51.28		
				3175 250	φ25	1	5.99	5.99	φ22	24.97	74.41		
				1225 13950 470 7925	φ20	2	3.43	6.86	φ25	18.99	73.11		
				440 770 5750 3650	φ18	2	15.43	30.86					
				770 250	φ22	2	8.40	16.80					
				1975 3300	φ22	1	8.17	8.17					
				1220 1660	φ20	2	3.65	7.30					
					φ20	2	3.30	6.60					
					φ16	1	3.20	3.20					
				(155) 557 207 357	φ6.5	117	1.68	196.56					
				(190) 258 208 358	φ14	2	1.66	3.32					
			KJ3	5035 100	φ8	14	1.12	15.68					634.24
				(155) 252 252 458	φ16	24	5.14	123.36	φ6.5	426.72	110.95		
					φ6.5	84	1.58	132.72	φ8	148.82	58.78		
					φ6.5	84	1.16	97.44	φ18	20.96	41.92		
					φ8	42	1.82	76.44	φ20	30.96	76.47		

222

续表

序号	构件名称	图号	件数—代号	形状尺寸 (mm)		直径	根数	长度(m) 每根	长度(m) 共长	分规格 直径	分规格 长度	分规格 单件重	合计重	总重 (kg)
13	现浇钢筋混凝土框架	KJ3		(190)290 290 290	320 5675	φ8	42	1.35	56.70	φ22	16.46	49.05		634.24
				360 770 3450 360 770	13950 250	φ18	2	6.00	12.0	φ14	3.32	4.02		
				2875		φ18	1	5.71	5.71	φ25	25.49	98.14		
				500 770 5750 500 770	8025	φ20	2	15.48	30.96	φ16	123.36	194.91		
				1975		φ22	2	3.13	6.26					
				1660	3400	φ25	2	8.60	17.20					
				1275 557	1275 207	φ25	1	8.29	8.29					
						φ22	3	3.40	10.20					
				1370 100		φ18	1	3.25	3.25					
				(155) 252 252	(155) 357 358	φ6.5	117	1.68	196.56					
						φ14	2	1.66	3.32					
						φ8	14	1.12	15.68					
14	框架在柱基中钢筋		4—J1 2—J2 2—J3 2—J4	290 290 (190)	(190) 458	φ16	8	1.47	11.76	φ16	11.76	18.58	185.80	250.82
						φ6.5	7	1.58	11.06	φ8	22.19	8.77	35.08	
						φ6.5	7	1.16	8.12	φ6.5	19.18	4.99	29.94	
						φ8	7	1.82	12.74					
						φ8	7	1.35	9.45					

续表

序号	构件名称	图号	件数—代号	形状尺寸 (mm)		直径	根数	长度(m) 每根	长度(m) 共长	分规格 直径	分规格 长度	分规格 单件重	合计重	总重 (kg)
15	现浇混凝土走廊扶手		二层楼	24060	15⌐170⌐15	φ8	2	24.06	48.12	φ8	48.12	19.01	38.02	40.44
						φ4	122	0.20	24.40	φ4	24.40	2.42	2.42	
16	现浇混凝土女儿墙压顶			103200	170	φ4	3	103.20	309.60	φ4	397.32	39.33	39.33	39.33
						φ4	516	0.17	87.72					
17	现浇钢筋混凝土平板		1—XB1	3810 ⌐60 2010	60⌐ 2010 3810	φ6.5	15	3.93	58.95	φ6.5	231.24	60.12	60.12	60.12
						φ6.5	27	2.13	57.51					
						φ6.5	27	2.09	56.43					
						φ6.5	15	3.89	58.35					
18	现浇钢筋混凝土过梁		10—XGLA181	2280	(155) 197 137	φ14	2	2.28	4.56	φ6.5	16.20	4.21	42.10	97.30
						φ6.5	14	0.82	11.48	φ14	4.56	5.52	55.20	
			4—XGLA103	2280	1480	φ6.5	2	2.36	4.72	φ6.5	6.30	0.62	2.48	13.76
				1480 (95) 194 74		φ14	2	1.66	3.32	φ14	3.12	0.81	3.24	
						φ4	2	1.56	3.12	φ4	3.32	4.02	8.04	
			12—XGLA10	1480	1480	φ12	2	0.63	6.30	φ6.5	6.30	0.62	7.44	51.84
				(95) 194 74		φ6.5	2	1.63	3.26	φ12	3.12	0.81	9.72	
						φ4	10	1.56	3.12					
						φ4	10	0.63	6.30					
19	现浇钢筋混凝土过梁		6—XGLA241	2880	2880	φ16	2	3.08	6.16	φ12	3.26	2.89	34.68	97.38
						φ8	2	2.98	5.96	φ6.5	15.98	4.15	24.90	
										φ8	5.96	2.35	14.10	

续表

序号	构件名称	图号	件数—代号	形状尺寸(mm)	直径	根数	长度(m) 每根	长度(m) 共长	分规格 直径	分规格 长度	分规格 单件重	分规格 合计重	总重(kg)
19	现浇钢筋混凝土过梁		6—XGL4A1	197 (155) 197	φ6.5	17	0.94	15.98	φ16	6.16	9.73	58.38	97.38
	现浇构件钢筋小计												10339.72
1	预制钢筋混凝土梁垫		4—LD	340 ⌐460⌐ 120⌐3540⌐120	φ10	12	0.47	5.64	φ10	11.54	7.12	28.48	28.48
					φ10	10	0.59	5.90					
					φ18	2	3.77	7.54	φ4	47.42	4.69	4.69	
					φ4	2	3.59	7.18	φ10	3.24	2.00	2.00	
					φ4	8	1.89	15.12	φ18	7.54	15.08	15.08	
2	预制钢筋混凝土槽形板		WJB36A1	320⌐1400⌐320 120⌐850⌐120 ⌐850⌐120	φ4	16	1.14	18.24					21.77
					φ10	2	1.62	3.24					
					φ4	6	0.90	5.40					
				320⌐⌐320	φ4	4	0.37	1.48					
3	预制架空隔热板		474块	575	φ4	8	0.58	4.64	φ4	4.64	0.46	100.16	100.16
	预制构件钢筋小计												150.41
4	预应力空心板			按标准图计算,见工程量计算式					φ_b4				2831.62
5	先张法预应力构件钢筋小计												2831.62

第三节 工料分析及汇总

工料分析包括工日、机械台班、材料用量分析。具体做法是依据工程量计算表中的分项工程名称及其工程量，套用本书附录中《全国统一建筑工程基础定额》，将计算结果填入"工日、机械台班、材料用量计算表"，具体计算见表6-6及续表6-6；工日、材料、机械台班汇总见表6-7。

工日、机械台班、材料用量计算表

工程名称：××食堂

表6-6

序号	定额编号	项目名称	单位	工程数量	综合工日	机械台班 电动打夯机	材料用量 钢管 φ48×3.5 (kg)	直角扣件 (个)	对接扣件 (个)	回转扣件 (个)	底座 (个)	木脚手板 (m³)	垫木 60×60 ×60(块)	8#铁丝 (kg)	铁钉 (kg)	防锈漆 (kg)	溶剂油 (kg)	钢丝绳 (kg)	缆风桩木 (m³)
		建筑面积																	
		一、土石方																	
1	1—8	人工挖地槽	m³	132.09	0.537/70.93	0.0018/0.24												
2	1—17	人工挖地坑	m³	138.48	0.633/87.66	0.0052/0.72												
3	1—46	坑槽回填土	m³	190.16	0.294/55.91	0.0798/15.17												
4	1—46	室内回填土	m³	61.38	0.294/18.05	0.0798/4.90												
5	1—48	人工平整场地	m²	428.40	0.0315/13.49													
6	1—49 1—50	人工运土(50m)	m³	18.51	0.295/5.46													
		分部小计			251.50	21.03												
		二、脚手架				载重汽车6吨												
7	3—6	外墙双排脚手架	m²	763.63	0.072/54.98	0.0017/1.30	0.649/495.6	0.129/98.5	0.018/13.7	0.005/3.8	0.004/3.1	0.001/0.764	0.021/16.0	0.048/36.7	0.006/4.6	0.056/42.7	0.006/4.6	0.003/2.30	0.00003/0.023
8	3—6	现浇框架柱脚手架	m²	269.26	0.072/19.39	0.0017/0.46	0.649/174.7	0.129/34.7	0.018/4.8	0.005/1.3	0.004/1.1	0.001/0.269	0.021/5.7	0.048/12.9	0.006/12.9	0.056/15.1	0.006/1.6	0.003/0.81	0.00003/0.008

注：分数中，分子为定额用量，分母为工程量乘以分子后的结果。

续表

序号	定额编号	项目名称	单位	工程数量	综合工日	机械台班		材料用量													
						载重汽车 6t	钢管 φ48×3.5 (kg)	直角扣件 (个)	对接扣件 (个)	回转扣件 (个)	底座 (个)	木脚手板 (m³)	垫木 60×60×60(块)	8# 铁丝 (kg)	铁钉 (kg)	防锈漆 (kg)	溶剂油 (kg)	钢丝绳 (kg)	缆风桩木 (m³)	挡脚板 (m³)
9	3-6	现浇框架梁脚手架	m²	162.62	0.072/11.71	0.0017/0.28	0.649/105.5	0.129/21	0.018/2.9	0.005/0.8	0.004/0.7	0.001/0.163	0.021/3.4	0.048/7.8	0.006/1.0	0.056/9.1	0.006/1.0	0.003/0.5	0.00003/0.005	0.00005/0.016
10	3-15	内墙里脚手架	m²	303.31	0.035/10.62		0.012/3.6	0.0024/0.7	0.0001/0.03			0.0001/0.030		0.006/1.8	0.0204/6.2	0.001/0.3	0.0001/0.03			
11	3-20	底层顶棚抹灰满堂架	m²	325.83	0.094/30.63		0.1006/32.78	0.0146/4.8	0.0028/0.9	0.0046/1.50	0.002/0.7	0.0006/0.195		0.224/73.0	0.0194/6.3	0.0087/2.8	0.001/0.03			
		分部小计			127.33	2.04	812.18	159.70	22.33	7.40	5.60	1.421	25.10	132.20	31.00	70.00	7.53	3.61	0.036	0.016
		三、砌筑					M5水泥砂浆 (m³)	标准砖 (千块)	水 (m³)		M5混合M2.5混合砂浆 (m³)									
12	4-1	M5水泥砂浆砌砖基础	m³	20.89	1.218/25.44	0.039/0.81	0.236/4.93	0.524/10.946	0.105/2.19											
13	4-8换	M5混合砂浆砌1/2砖墙	m³	1.05	2.014/2.11	0.033/0.03		0.564/0.592	0.113/0.12	0.195/0.205										
14	4-8换	M2.5混合砂浆砌栏板砖墙	m³	5.87	2.014/11.82	0.033/0.19		0.564/3.311	0.113/0.66		0.195/1.145									
15	4-10换	M5混合砂浆砌一砖墙	m³	204.82	1.608/329.35	0.038/7.78		0.531/108.759	0.106/21.71	0.225/46.08										
16	4-60换	M2.5混合砂浆砌屋面板隔热砖墩	m³	2.64	2.30/6.07	0.35/0.92		0.551/1.455	0.11/0.29	0.211/0.557										
17	4-60换	M2.5混合砂浆砌雨篷边	m³	1.00	2.30/2.30	0.35/0.35		0.551/0.551	0.11/0.11	0.211/0.211										
		分部小计			377.09	10.08	4.93	125.61	25.08	47.053	1.145									

续表

序号	定额编号	项目名称	单位	工程数量	综合工日	机械台班			材料用量										
						载重汽车 6t	汽车起重机 5t	500内圆锯	组合钢模板 (kg)	模板枋板材 (m³)	支撑方木 (m³)	零星卡具 (kg)	铁钉 (kg)	8号铁丝 (kg)	80号草板纸 (张)	隔离剂 (kg)	1:2水泥砂浆 (m³)	22号铁丝 (kg)	支撑钢管及扣件 (kg)	梁钢卡具 (kg)

四、混凝土及钢筋混凝土

序号	定额编号	项目名称	单位	工程数量	综合工日	载重汽车 6t	汽车起重机 5t	500内圆锯	组合钢模板 (kg)	模板枋板材 (m³)	支撑方木 (m³)	零星卡具 (kg)	铁钉 (kg)	8号铁丝 (kg)	80号草板纸 (张)	隔离剂 (kg)	1:2水泥砂浆 (m³)	22号铁丝 (kg)	支撑钢管及扣件 (kg)	梁钢卡具 (kg)
18	5-17	独立基础模板	m²	48.02	0.265/12.73	0.0028/0.13	0.0008/0.04	0.0007/0.03	0.70/33.61	0.001/0.048	0.0065/0.312	0.259/12.44	0.123/5.91	0.52/24.97	0.30/14.41	0.10/4.80	0.00012/0.006	0.0018/0.09		
19	5-33	砖基础垫层模板	m²	57.90	0.128/7.41	0.0011/0.06		0.0016/0.09		0.0145/0.840			0.197/11.41							
20	5-58	框架柱模板	m²	83.55	0.41/34.26	0.0028/0.10	0.0018/0.15	0.0006/0.05	0.781/65.25	0.00064/0.053	0.00182/0.152	0.6674/55.76	0.018/1.50		0.30/25.07	0.10/8.36	0.00012/0.007	0.0018/0.10		
21	5-58	构造柱模板	m²	74.35	0.41/30.48	0.0028/0.21	0.0018/0.13	0.0006/0.04	0.781/58.07	0.00064/0.048	0.00182/0.135	0.6674/49.62	0.018/1.34		0.30/22.31	0.10/7.44				
22	5-69	基础梁模板	m²	35.75	0.339/12.12	0.0023/0.08	0.0011/0.04	0.0004/0.01	0.767/27.42	0.00043/0.015	0.0028/0.100	0.3182/11.38	0.219/7.83	0.172/6.15	0.30/10.73	0.10/3.58	0.00012/0.004	0.0018/0.06	0.459/38.35	0.1715/6.13
23	5-73	矩形梁模板	m²	278.52	0.496/138.15	0.0033/0.92	0.002/0.56	0.0004/0.11	0.773/215.30	0.00017/0.047	0.00835/0.284		0.632/21.50	0.120/4.08					0.459/34.13	
24	5-77	过梁模板	m²	34.02	0.586/19.94	0.0031/0.11	0.0008/0.03	0.0063/0.21	0.738/25.11	0.00193/0.066	0.00109/0.055	0.1202/4.09	0.33/16.72	0.645/32.68	0.30/10.21	0.10/3.40	0.00012/0.004	0.0018/0.061	0.695/193.57	
25	5-82	地圈梁模板	m²	50.66	0.361/18.29	0.0015/0.08	0.0008/0.04	0.0001/0.01	0.765/38.75	0.00014/0.007	0.00109/0.055		0.33/16.72	0.645/32.68	0.30/15.20	0.10/5.07	0.00003/0.002	0.0018/0.09		
26	5-82	圈梁模板	m²	63.85	0.361/23.05	0.0015/0.10	0.0008/0.05	0.0001/0.01	0.765/48.85	0.00014/0.009	0.00109/0.070		0.33/21.07	0.645/41.18	0.30/19.16	0.10/6.39	0.00003/0.002	0.0018/0.11		
27	5-100	有梁板模板	m²	22.07	0.429/9.47	0.0042/0.09	0.0024/0.05	0.0004/0.01	0.721/15.91	0.0007/0.015	0.00193/0.043	0.3525/7.78	0.017/0.38	0.2214/4.89	0.30/6.62	0.10/2.21	0.00007/0.002	0.0018/0.04	0.580/12.8	0.0546/1.21
28	5-108	平板模板	m²	6.48	0.362/2.35	0.0034/0.02	0.002/0.01	0.0009/0.006	0.6828/4.42	0.00051/0.003	0.00231/0.015	0.2766/1.79	0.018/0.12		0.30/1.94	0.10/0.65	0.00003/0.001	0.0018/0.01	0.480/3.11	
29	5-119	现浇整体楼梯模板	m²	24.36	1.063/25.89	0.005/0.12		0.05/1.22		0.0178/0.434	0.0168/0.409		1.068/26.02			0.204/4.97				
30	5-131	栏板扶手模板	m	48.12	0.239/11.50	0.0011/0.05		0.0092/0.44		0.00324/0.156	0.00423/0.204		0.2073/9.98			0.033/1.59				

续表

序号	定额编号	项目名称	单位	工程数量	综合工日	机械台班									材料用量								
						载重汽车6t	500内圆锯	5t内卷扬机	φ40内钢筋切断机	φ40内钢筋弯曲机	10t内龙门吊	3t内卷扬机	600内单面压刨床	其他	钢拉模(kg)	定型钢模(kg)	22号铁丝(kg)	1:2水泥砂浆(m³)	隔离剂(kg)	铁钉(kg)	支撑方木(m³)	模板纺板材(m³)
31	5-130	女儿墙压顶模板	m²	17.55	0.455/7.99	0.0032/0.06	0.0098/0.17													0.761/13.4	0.005/0.088	0.01733/0.304
32	5-174	预制槽板模板	m³	0.21	1.579/0.33					0.023/0.005					3.354/0.70	0.051/0.01	0.003/0.001	2.50/0.53			
33	5-169	预应力空心板模板	m³	48.96	1.733/84.85			0.004/0.002			0.041/2.01			3.709/181.59		0.042/2.06	0.003/0.147	4.92/240.88			
34	5-185	预制隔热板模板	m³	4.26	1.195/5.09							0.004/0.02				0.082/0.35	0.005/0.021	4.0/1.70	0.34/1.45	0.024/0.102	
								5t内卷扬机	φ40内钢筋切断机	φ40内钢筋弯曲机	30kW内电焊机	75kVA对焊机	φ14内钢筋调直机	75kVA长臂点焊机 / 65t内钢筋拉伸机		φ10内钢筋(吨)	φ外钢筋(吨)	#22铁丝(kg)	电焊条(kg)	水(m³)	螺纹钢筋(吨)	
35	5-294	现浇构件圆钢筋制安φ6.5	t	0.307	22.63/6.95	0.37/0.11	0.12/0.04									1.02/0.313		15.67/4.81	7.20/25.68	0.15/0.54		
36	5-295	现浇构件圆钢筋制安φ8	t	0.058	14.75/0.86	0.32/0.02	0.12/0.01		0.36/0.02							1.02/0.059		8.80/0.51	7.20/5.15	0.15/0.11		
37	5-296	现浇构件圆钢筋制安φ10	t	0.094	10.90/1.02	0.30/0.05	0.10/0.02		0.31/0.03							1.02/0.096		5.64/0.53	9.60/0.40	0.12/0.01		
38	5-297	现浇构件圆钢筋制安φ12	t	3.567	9.54/34.03	0.28/1.00	0.09/0.32		0.26/0.93		0.45/0.32						1.045/3.728	4.62/16.48	7.20/25.68	0.15/0.54		
39	5-299	现浇构件圆钢筋制安φ16	t	0.715	7.32/5.23	0.17/0.12	0.10/0.07		0.23/0.16		0.42/0.02	0.09/0.06					1.045/0.747	2.60/1.86	7.20/5.15	0.15/0.11		
40	5-300	现浇构件圆钢筋制安φ18	t	0.042	6.45/0.27	0.16/0.01	0.09/0.004		0.20/0.01		0.53/0.04	0.07/0.003					1.045/0.044	2.05/0.09	9.60/0.40	0.12/0.01		
41	5-309	现浇构件螺纹钢筋φ14	t	0.079	9.03/0.71	0.22/0.02	0.10/0.01		0.21/0.02		0.53/0.04	0.11/0.01						3.39/0.27	7.20/0.57	0.15/0.01		1.045/0.083
42	5-310	现浇构件螺纹钢筋φ16	t	0.913	8.16/7.45	0.19/0.17	0.11/0.10		0.23/0.21		0.50/0.48	0.11/0.10						2.60/2.37	7.20/6.57	0.15/0.14		1.045/0.954
43	5-311	现浇构件螺纹钢筋φ18	t	0.221	7.06/1.56	0.17/0.04	0.10/0.02		0.20/0.04		0.50/0.11	0.09/0.02						3.02/0.67	9.60/2.12	0.12/0.03		1.045/0.231
44	5-294	现浇构件圆钢筋φ4	t	0.042	22.63/0.95	0.37/0.02	0.12/0.01									1.02/0.043		15.67/0.66				

续表

序号	定额编号	项目名称	单位	工程数量	综合工目	机械台班									材料用量								
						5t内卷扬机	φ40内钢筋切断机	φ40内钢筋弯曲机	30kW电焊机	75kVA对焊机	75kVA长臂点焊机	φ14内钢筋调直机		螺纹钢筋(吨)	22号铁丝(kg)	电焊条(kg)	水(m³)	φ5以下冷拔丝(t)	φ10内钢筋(t)	φ10外钢筋(t)	张拉机具(kg)
45	5-312	现浇构件螺纹钢筋制安φ20	t	0.208	6.49/1.35	0.16/0.03	0.09/0.02	0.17/0.04	0.50/0.10	0.10/0.02				1.045/0.217	2.05/0.43	9.60/2.00	0.12/0.02				
46	5-313	现浇构件螺纹钢筋制安φ22	t	1.851	5.80/10.74	0.14/0.26	0.09/0.17	0.20/0.37	0.46/0.85	0.06/0.11				1.045/1.934	1.67/3.09	9.60/17.77	0.08/0.15				
47	5-314	现浇构件螺纹钢筋制安φ25	t	0.364	5.19/1.89		0.09/0.03	0.18/0.07	0.46/0.17	0.06/0.02				1.045/0.380	1.07/0.39	12.00/4.37	0.08/0.03				
48	5-321	预制构件钢筋制安φ4	t	0.105	32.14/3.37	0.27/0.01	0.44/0.05				2.18/0.23	0.73/0.08			2.14/0.22		5.27/0.55	1.090/0.114			
49	5-326	预制构件钢筋制安φ10	t	0.030	10.33/0.31		0.09/0.003	0.27/0.01							5.64/0.17				1.015/0.030		
50	5-334	预制构件钢筋制安φ18	t	0.015	6.09/0.09	0.14/0.002	0.08/0.001	0.18/0.002	0.42/0.01	0.07/0.001					2.05/0.03	9.60/0.14	0.12/0.001				
51	5-359	先张法构件钢筋制安φ4	t	2.832	18.62/52.73			1.23/0.332				0.73/0.007						1.09/3.09	1.015/0.030	1.035/0.016	39.61/112.18
52	5-354	箍筋制安φ4	t	0.010	40.87/0.41		0.44/0.004								15.67/0.16			1.02/0.010			
53	5-355	箍筋制安φ6.5	t	1.598	28.88/46.15	0.37/0.59	0.19/0.304								15.67/25.04				1.02/1.630		
54	5-356	箍筋制安φ8	t	0.270	18.67/5.04	0.32/0.09	0.18/0.049								8.80/2.38				1.02/0.275		
55	5-384	现浇构件成型钢筋汽车运1km	t	10.340	1.96/20.27	6t汽车 0.49/5.07							铁件(吨) 1.01/0.057								
56	5-382	梯踏步预埋件制安	t	0.056	24.50/1.37	400L搅拌机 0.062/0.52	插入式震捣器 0.124/1.04	机动翻斗车	200L灰浆机 4.39/0.25				草袋子(m²) 0.084/0.71	C15混凝土(m³)	1:2水泥砂浆(m³)	C20混凝土(m³) 36.0/2.02					
57	5-403换	现浇C20混凝土构造柱	t	8.41	2.562/21.55	0.062/0.52	0.124/1.04	0.004/0.03					0.084/0.71		0.899/7.56		0.031/0.261	C20混凝土(m³) 0.986/8.292			
58	5-396换	现浇C15混凝土独立基础	m³	24.55	1.058/25.97	0.039/0.96	0.077/1.89	0.078/1.91					1.015/24.918	0.326/8.00	0.931/22.86						

续表

序号	定额编号	项目名称	单位	工程数量	综合工日	机械台班					材料用量					
						400L搅拌机	插入式振捣器	200L灰浆机	平板式振捣器	6t内塔吊	C25混凝土 (m³)	草袋子 (m²)	水 (m³)	1:2水泥砂浆 (m³)	C20混凝土 (m³)	二等板枋材 (m³)	15m皮带运输机	机动翻斗车	10t内龙门吊
59	5-405换	现浇C20混凝土基础梁	m³	3.15	1.334/4.20	0.063/0.20	0.125/0.39					0.603/1.90	1.014/3.19		1.015/3.197				
60	5-409换	现浇C20混凝土过梁	m³	2.68	2.61/6.99	0.063/0.17	0.125/0.34					1.857/4.98	1.317/3.53		1.015/2.720				
61	5-417	现浇C20混凝土有梁板	m³	1.99	1.307/2.60	0.063/0.13	0.063/0.13		0.063/0.13			1.099/2.19	1.204/2.40		1.015/2.020				
62	5-406换	现浇C20混凝土梁	m³	21.80	1.551/33.81	0.063/1.37	0.125/2.73					0.595/12.97	1.019/22.21		1.015/22.13				
63	5-408换	现浇C20混凝土地圈梁	m³	6.09	2.410/14.68	0.039/0.24	0.077/0.47					0.826/5.03	0.984/5.99		1.015/6.181				
64	5-408换	现浇C20混凝土圈梁	m³	9.91	2.410/23.88	0.039/0.39	0.077/0.76					0.826/8.19	0.984/9.75		1.015/10.059				
65	5-401	现浇C25混凝土框架柱	m³	8.97	2.164/19.41	0.062/0.56	0.124/1.11	0.004/0.04			0.986/8.844	0.10/0.90	0.909/8.15	0.031/0.278					
66	5-406	现浇C25混凝土框架梁	m³	5.21	1.551/8.08	0.063/0.33	0.125/0.65				1.015/5.288	0.595/3.10	1.019/5.31						
67	5-419	现浇C20混凝土平板	m²	0.52	1.351/0.70	0.063/0.03	0.063/0.03		0.063/0.03			1.422/0.74	1.289/0.67		1.015/0.528				
68	5-421	现浇C20混凝土整体楼梯	m²	24.36	0.575/14.01	0.026/0.63	0.052/1.27					0.218/5.31	0.29/7.06		0.260/6.334				
69	5-426	现浇C20混凝土栏板扶手	m³	0.58	5.327/3.09	0.10/0.06	0.063/0.03					1.840/1.07	1.587/0.92		1.015/0.589				
70	5-432	现浇C20混凝土女儿墙压顶	m³	1.703	2.648/4.51	0.10/0.17						3.834/6.53	2.052/3.49		1.015/1.729				
71	5-453	C25混凝土预应力空心板	m³	48.96	1.533/75.06	0.025/1.22	0.050/2.45			0.013/0.64	1.015/49.694	1.345/65.85	2.178/106.63			0.0034/0.166	0.025/1.22	0.063/3.08	0.013/0.64
72	5-454换	预制C20混凝土槽形板	m³	0.21	1.440/0.30	0.025/0.005	0.050/0.01			0.013/0.003		1.163/0.24	2.570/0.54		1.015/0.213	0.0014/0.001	0.025/0.005	0.063/0.01	0.013/0.003

续表

序号	定额编号	项目名称	单位	工程数量	综合工日	机械台班							材料用量							
						6t内塔吊	440L搅拌机	平板式震捣器	15m皮带运输机	机动翻斗车	10t内龙门吊		C20混凝土 (m^3)	二等枋板材 (m^3)	草袋子 (m^2)	水 (m^3)				
73	5—467	预制C20混凝土隔热板	m^3	4.26	$\frac{1.668}{7.11}$	$\frac{0.013}{0.06}$	$\frac{0.025}{0.11}$	$\frac{0.05}{0.21}$	$\frac{0.05}{0.21}$	$\frac{0.063}{0.27}$	$\frac{0.013}{0.06}$		$\frac{1.015}{4.324}$	$\frac{0.0107}{0.046}$	$\frac{3.68}{15.68}$	$\frac{3.08}{13.12}$				
		分部小计			912.60															
		五、构件运输及安装				6t汽车	5t内汽车吊	8t汽车	30kVA电焊机				一等板枋材 (m^3)	钢丝绳 (kg)	8号铁丝 (kg)	电焊条 (kg)	垫铁 (kg)	方垫木 (m^3)	麻绳 (kg)	
74	6—8	空心板、槽板汽车运25km	m^3	49.08	$\frac{0.986}{48.39}$	$\frac{0.371}{18.21}$	$\frac{0.247}{12.12}$						$\frac{0.001}{0.049}$	$\frac{0.031}{1.52}$	$\frac{0.15}{7.36}$					
75	6—37	隔热板运1km	m^3	4.25	$\frac{0.364}{1.55}$		$\frac{0.091}{0.39}$	$\frac{0.137}{0.58}$					$\frac{0.005}{0.021}$	$\frac{0.053}{0.23}$	$\frac{0.525}{2.23}$					
76	6—93	木门汽车运5km	m^2	36.92	$\frac{0.0124}{0.46}$	$\frac{0.0062}{0.23}$														
77	6—305	槽形板安装	m^3	0.21	$\frac{1.101}{0.23}$				$\frac{0.097}{0.02}$							$\frac{0.261}{0.05}$	$\frac{1.184}{0.25}$	$\frac{0.0008}{0.0002}$	$\frac{0.005}{0.001}$	
78	6—330	空心板安装	m^3	48.48	$\frac{1.473}{71.41}$				$\frac{0.161}{7.81}$							$\frac{1.174}{56.92}$	$\frac{4.038}{195.76}$	$\frac{0.0034}{0.165}$	$\frac{0.005}{0.24}$	
79	6—371	隔热板安装	m^3	4.22	$\frac{0.474}{2.0}$				7.83									$\frac{0.001}{0.004}$	$\frac{0.005}{0.02}$	
		分部小计			124.04	18.44	12.51	0.58	7.83				0.07	1.75	9.59	56.97	196.01	0.169	0.26	

续表

序号	定额编号	项目名称	单位	工程数量	综合工日	机械台班							材料用量						
						500内圆锯	450mm杠平刨床	400杠三面压刨床	50木工打眼机	160木工开榫机	400木工多面裁口机		一等木枋(m^3)	三层胶合板(m^2)	3mm玻璃(m^2)	油灰(kg)	铁钉(kg)	乳白胶(kg)	麻刀石灰浆(m^3)
80		六、门窗																	
81	7-59	门窗扇制作	m^3	9.72	$\frac{0.237}{2.30}$	$\frac{0.0051}{0.05}$	$\frac{0.0153}{0.15}$	$\frac{0.0153}{0.15}$	$\frac{0.0225}{0.22}$	$\frac{0.0225}{0.22}$	$\frac{0.006}{0.06}$		$\frac{0.0188}{0.183}$	$\frac{1.587}{15.43}$	$\frac{0.1496}{1.45}$	$\frac{0.1679}{1.63}$	$\frac{0.0397}{0.39}$	$\frac{0.1189}{1.16}$	
82	7-60	门窗安装	m^3	9.72	$\frac{0.153}{1.49}$												$\frac{0.0006}{0.01}$		
83	7-65	胶合板门框制作(无亮)	m^3	27.20	$\frac{0.084}{2.28}$	$\frac{0.0021}{0.06}$	$\frac{0.0056}{0.15}$	$\frac{0.0044}{0.12}$	$\frac{0.0044}{0.12}$	$\frac{0.002}{0.05}$	$\frac{0.0025}{0.07}$		$\frac{0.02114}{0.575}$				$\frac{0.014}{0.38}$	$\frac{0.006}{0.16}$	
84	7-66	胶合板门框安装(无亮)	m^3	27.20	$\frac{0.171}{4.65}$								$\frac{0.00369}{0.100}$				$\frac{0.1018}{2.77}$		$\frac{0.0028}{0.076}$
85	7-67	胶合板门扇制作(无亮)	m^3	27.20	$\frac{0.276}{7.51}$	$\frac{0.0059}{0.16}$	$\frac{0.0176}{0.48}$	$\frac{0.0176}{0.48}$	$\frac{0.0282}{0.77}$	$\frac{0.0282}{0.77}$	$\frac{0.007}{0.19}$		$\frac{0.0194}{0.528}$	$\frac{2.0136}{54.77}$			$\frac{0.0502}{1.37}$	$\frac{0.1189}{3.23}$	
86	7-68	胶合板门扇安装(无亮)	m^3	27.20	$\frac{0.097}{2.64}$			玻璃胶(支)	密封毛条(m)	地脚(个)	膨胀螺栓(套)	密封油膏(kg)	软填料(kg)	铝合金推拉窗(m^2)	4mm玻璃(m^2)				
87	7-289	铝合金推拉窗安装	m^3	61.16	$\frac{0.757}{46.30}$		$\frac{1.00}{61.16}$	$\frac{0.502}{30.70}$	$\frac{4.133}{252.77}$	$\frac{4.98}{304.6}$	$\frac{9.96}{609.2}$	$\frac{0.367}{22.45}$		$\frac{0.398}{24.34}$	$\frac{0.946}{57.86}$				
88	7-290	铝合金固定窗安装	m^3	2.26	$\frac{0.421}{0.95}$			$\frac{0.727}{1.64}$	$\frac{7.78}{17.6}$	$\frac{7.78}{17.6}$	$\frac{15.56}{35.2}$	$\frac{0.534}{1.21}$		$\frac{0.6671}{1.51}$		$\frac{1.01}{2.28}$			
89	7-306	钢门带窗安装	m^3	13.02	$\frac{0.276}{3.59}$														
90	7-308	钢平开窗安装	m^3	15.12	$\frac{0.281}{4.25}$														
91	7-57	胶合板门框制作(有亮)	m^3	9.72	$\frac{0.086}{0.84}$	$\frac{0.0006}{0.006}$							$\frac{0.0204}{0.198}$				$\frac{0.0097}{0.09}$	$\frac{0.006}{0.06}$	
	7-58	胶合板门框安装(有亮)	m^3	9.72	$\frac{0.147}{1.43}$								$\frac{0.00383}{0.037}$				$\frac{0.104}{1.01}$		$\frac{0.0024}{0.023}$
		分部小计			78.23	0.30							1.621				6.02	4.61	0.099

233

续表

序号	定额编号	项目名称	单位	工程数量	综合工日	防腐油(kg)	木楔 m³	垫木 m³	清油 kg	油漆溶剂油(kg)	板条 1000×30×8(根)	螺钉(百个)	铝合金固定窗(m²)	普通钢门窗(m²)	电焊条(kg)	现浇混凝土(m³)	1:2水泥砂浆(m³)	预埋铁件	40kVA电焊机
		六、门窗																	
80	7—59	门窗扇制作	m³	9.72	0.237/2.30		0.00009/0.001	0.00001/0.0001	0.0129/0.13	0.0074/0.07									
81	7—60	门窗安装	m³	9.72	0.153/1.49														
82	7—65	胶合板门框制作(无亮)	m³	27.20	0.084/2.28		0.00003/0.001	0.00001/0.0003	0.0046/0.13	0.0027/0.07									
83	7—66	胶合板门框安装(无亮)	m³	27.20	0.171/4.65	0.3083/8.39				0.0357/0.97									
84	7—67	胶合板门扇制作(无亮)	m³	27.20	0.276/7.51		0.00009/0.002	0.00001/0.0003	0.0129/0.35	0.0074/0.20									
85	7—68	胶合板门扇安装(无亮)	m³	27.20	0.097/2.64							0.133/0.30							
86	7—289	铝合金推拉窗安装	m³	61.16	0.757/46.30														
87	7—290	铝合金固定窗安装	m³	2.26	0.421/0.95								0.926/2.09						
88	7—306	钢门带窗安装	m³	13.02	0.276/3.59									0.962/12.53	0.0294/0.38	0.002/0.03	0.0015/0.020	0.297/3.87	0.0095/0.12
89	7—308	钢平开窗安装	m³	15.12	0.281/4.25									0.948/14.33	0.0284/0.43	0.002/0.03	0.0024/0.036	0.292/4.41	0.0109/0.16
90	7—57	胶合板门框制作(有亮)	m³	9.72	0.086/0.84		0.00003/0.0003	0.00001/0.0001	0.0046/0.04	0.0027/0.03									
91	7—58	胶合板门框安装(有亮)	m³	9.72	0.147/1.43	0.2829/2.75					0.0247/0.24								
		分部小计			78.23	11.14	0.004	0.001	0.65	0.37	1.21	0.30	2.09	26.86	0.81	0.06	0.056	8.28	0.28

续表

序号	定额编号	项目名称	单位	工程数量	综合工日	机械台班					材料用量								
						400L搅拌机	平板式震动器	200L灰浆机	平面磨面机	石料切割机	1:1.25水泥豆石浆(m³)	炉渣(m³)	水(m³)	1:3水泥砂浆(m³)	素水泥浆(m³)	C15混凝土(m³)	1:2水泥砂浆(m³)	草袋子(m²)	1:2.5水泥白石子浆(块)	水泥(kg)	三角金刚石(块)	金刚石200×75×50(块)
92	8-13	七、楼地面 卫生间炉渣垫层	m³	1.52	0.383/0.58							1.218/1.85	0.20/0.30									
93	8-16	C10混凝土基础垫层	m³	5.86	1.225/7.18	0.101/0.59	0.079/0.46						0.50/2.93									
94	8-16	C10混凝土地面垫层	m³	26.54	1.225/32.51	0.101/2.68	0.079/2.10				1.01/26.805		0.50/13.27									
95	8-18	1:3水泥砂浆屋面找平	m²	415.89	0.078/32.44			0.0034/1.41					0.006/2.50	0.0202/8.401	0.001/0.416							
96	8-16换	C15混凝土砖基础垫层	m³	28.95	1.225/35.46	0.101/2.92	0.079/2.29						0.50/14.48			1.01/29.240						
97	8-24换	1:2水泥砂浆楼梯间地面	m²	29.42	0.396/11.65			0.0045/0.13					0.0505/1.49		0.0013/0.038		0.0269/0.791	0.2926/8.61				
98	8-27换	1:2水泥砂浆踢脚线	m	354.54	0.05/17.73												0.003/1.064					
99	8-29	普通水磨石地面	m²	331.77	0.565/187.45			0.0025/0.75	0.1078/35.76				0.056/18.58		0.001/0.332			0.22/72.99	0.0173/5.740	0.26/86.26	0.30/99.53	0.03/9.95
100	8-37	水泥豆石楼面	m²	301.82	0.179/54.03			0.0025/0.75			0.0152/4.59		0.038/11.47		0.001/0.302			0.22/66.40				
101	8-43	C15混凝土散水	m²	27.85	0.165/4.60	0.0071/0.20		0.0009/0.03					0.038/1.06			0.0711/1.980		0.22/6.13				
102	8-72	卫生间防滑地砖	m²	10.11	0.372/3.76		30kVA电焊机 φ60切管机	0.0017/0.02		0.0126/0.13			0.026/0.26		0.001/0.010		0.0101/0.102				φ50钢管(m) 1.06/19.09	扁钢(kg) 3.472/62.53
103	8-152	塑料扶手型钢栏杆	m	18.01	0.246/4.43	0.153/2.76																
		分部小计			391.82			2.38	35.76	0.13	4.59	1.85	66.34	8.401	1.098	31.22	1.957	154.13	5.74	86.36		

续表

序号	定额编号	项目名称	单位	工程数量	综合工日	3mm玻璃(m²)	草酸(kg)	硬白蜡(kg)	煤油(kg)	溶剂油(kg)	清油(kg)	棉纱头(kg)	1:2水泥砂浆(m³)	粗砂(m³)	30号石油沥青(kg)	木柴(kg)	横板防板材(m³)	锯木屑(m³)	彩釉砖(m²)	白水泥(kg)	石料切割锯片(片)
		七、楼地面																			
92	8-13	卫生间炉渣垫层	m³	1.52	0.383/0.58																
93	8-16	C10混凝土基础垫层	m³	5.86	1.225/7.18																
94	8-16	C10混凝土地面垫层	m³	26.54	1.225/32.51																
95	8-18	1:3水泥砂浆屋面找平	m²	415.89	0.078/32.44																
96	8-16换	C15混凝土砖基础垫层	m³	28.95	1.225/35.46																
97	8-24换	1:2水泥砂浆楼梯间地面	m²	29.42	0.396/11.65																
98	8-27换	1:2水泥砂浆踢脚线	m	354.54	0.05/17.73																
99	8-29	普通水磨石地面	m²	331.77	0.565/187.45	0.0538/17.85	0.01/3.32	0.0265/8.79	0.04/13.27	0.0053/1.76	0.0053/1.76	0.011/3.65									
100	8-37	水泥豆石楼面	m²	301.82	0.179/54.03																
101	8-43	C15混凝土散水	m²	27.85	0.165/4.60																
102	8-72	卫生间防滑地砖	m²	10.11	0.372/3.76	φ18圆钢(kg)	电焊条(kg)	乙炔气(m³)				0.01/0.101	0.0051/0.142	0.0001/0.003	0.0111/0.31	0.004/0.11	0.0004/0.011	0.006/0.17	1.02/10.31	0.10/1.01	0.0032/0.03
						5.504/99.13	0.25/4.50	0.246/4.43													
103	8-152	塑料扶手型钢梯栏杆	m	18.01	0.246/4.43																
		分部小计							13.27	1.76	1.76	3.75	0.142	0.003	0.31	0.11	0.011	0.23	10.31	1.01	0.03

续表

序号	定额编号	项目名称	单位	工程数量	综合工日	机械台班 200L灰浆机	材料用量 1:3水泥砂浆(m³)	1:2.5水泥砂浆(m³)	水(m³)	松厚板(m³)	塑料排水管φ110(m)	卡箍及螺栓(套)	1.8mm玻纤布(m²)	塑料油膏(kg)	木柴(kg)	排水检查口(个)	伸缩节(个)	密封胶(kg)	塑料水斗(个)	C20细石混凝土(m³)	沥青砂浆(m³)	水泥珍珠岩(m³)	水(m³)
		八、屋面及防水																					
104	9—45	卫生间一布二油塑料油膏防水层	m²	14.63	0.035/0.51								1.205/17.63	8.73/127.72	2.72/39.79								
105	9—45 9—46	屋面二布三油塑料油膏防水	m²	536.90	0.056/30.07								2.326/1248.8	11.97/6426.7	3.73/2002.6								
106	9—66换	φ110塑料水落管	m	37.20	0.289/10.75						1.054/39.21	0.714/26.56				0.111/4.13	0.101/3.76	0.012/0.45	1.01/6.06	0.003/0.018			
107	9—70换	φ110塑料水斗	个	6	0.301/1.81													0.031/0.186	6.06				
108	9—143	散水沥青砂浆伸缩缝	m	43.28	0.066/2.86						39.21	26.56	1266.43	6554.42	2042.39	4.13	3.76	0.636		0.018	0.0048/0.208		
		分部小计			46.00																0.208		
		九、保温、隔热																					
109	10—201	水泥珍珠岩屋面找坡	m³	34.52	0.719/24.82																	1.04/35.90	0.70/24.16
		十、装饰																					
110	11—25	水泥砂浆抹女儿墙内侧	m²	49.56	0.145/7.19	0.0039/0.19	0.0162/0.80	0.0069/0.34	0.007/0.35	0.00005/0.002													

237

续表

序号	定额编号	项目名称	单位	工程数量	综合工日	200L灰浆机	石料切割机	1:3水泥砂浆 (m³)	1:2.5水泥砂浆 (m³)	水 (m³)	松厚板 (m³)	素水泥浆 (m³)	107胶 (kg)	1:1:6混合砂浆 (m³)	1:1:4混合砂浆 (m³)
111	11-30	水泥砂浆抹扶手	m²	22.13	0.656/14.52	0.0037/0.08		0.0155/0.343	0.0067/0.148	0.0079/0.17		0.001/0.022	0.0221/0.49		
112	11-30	水泥砂浆抹女儿墙压顶	m²	42.34	0.656/27.78	0.0037/0.16		0.0155/0.656	0.0067/0.284	0.0079/0.33		0.001/0.042	0.0221/0.94		
113	11-30	水泥砂浆抹雨蓬边	m²	16.27	0.656/10.67	0.0037/0.06		0.0155/0.252	0.0067/0.109	0.0079/0.13		0.001/0.016	0.0221/0.36		
114	11-30	水泥砂浆梯挡水线	m²	1.13	0.656/0.74	0.0037/0.004		0.0155/0.018	0.0067/0.008	0.0079/0.01		0.001/0.001	0.00221/0.02		
115	11-35	水泥砂浆混凝土柱面	m²	47.91	0.215/10.30	0.0037/0.18		0.0133/0.637	0.0089/0.426	0.0079/0.378		0.001/0.048	0.0221/1.06		
116	11-36	混合砂浆抹排气洞墙	m²	53.47	0.137/7.33	0.0039/0.21				0.0069/0.37	0.00005/0.002			0.0162/0.866	0.0069/0.369
117	11-36	混合砂浆抹栏板墙内侧	m²	49.55	0.137/6.79	0.0039/0.19				0.0069/0.34	0.00005/0.003			0.0162/0.803	0.0069/0.342
118	11-36	混合砂浆抹内墙	m²	1109.01	0.137/151.93	0.0041/4.33				0.0069/7.65	0.00005/0.055			0.0162/17.966	0.0069/7.652
119	11-75	水刷石挑檐	m²	13.25	0.892/11.82	0.0041/0.05		0.0133/0.176		0.0282/0.37		0.001/0.013	0.0221/0.29		
120	11-72	彩色水刷石外墙面	m²	107.55	0.379/40.76	0.0042/0.45	0.0148/2.74	0.0139/1.495		0.0284/3.05		0.0011/0.118	0.0248/2.67		
121	11-168	瓷砖墙裙	m²	184.91	0.643/118.90	0.0032/0.59		0.0111/2.053		0.0081/1.50	0.00005/0.009	0.001/0.185	0.0221/4.09		
122	11-175	外墙面贴面砖	m²	467.16	0.622/290.57	0.0038/1.78		0.0089/4.158		0.0091/4.25		0.001/0.467	0.0221/10.32		
123	11-186	混合砂浆抹梯间顶棚	m²	32.36	0.139/4.50	0.0029/0.09				0.0019/0.06	0.00016/0.005	0.001/0.032	0.0276/0.89		
124	11-286	混合砂浆抹顶棚	m²	760.04	0.139/105.65	0.0029/2.20				0.0019/1.44	0.00016/0.122	0.001/0.760	0.0276/20.98		

续表

序号	定额编号	项目名称	单位	工程数量	综合工日	1:1.5白石子浆(m³)	1:0.2:2混合砂浆(m³)	瓷板152×152(块)	白水泥(kg)	阴阳角瓷片(块)	压顶瓷片(块)	石料切割锯片(片)	棉纱头(kg)	1:1水泥砂浆(m³)	150×75面砖(块)	YJ-302胶粘剂(kg)
111	11-30	水泥砂浆抹扶手	m²	22.13	0.656/14.52											
112	11-30	水泥砂浆抹女儿墙压顶	m²	42.34	0.656/27.78											
113	11-30	水泥砂浆压顶雨篷边	m²	16.27	0.656/10.67											
114	11-30	水泥砂浆梯挡水线	m²	1.13	0.656/0.74											
115	11-30	水泥砂浆线凝土柱面	m²	47.91	0.215/10.30											
116	11-35	混合砂浆抹排气洞墙	m²	53.47	0.137/7.33											
117	11-36	混合砂浆抹栏板墙内侧	m²	49.55	0.137/6.79	0.0111/0.147										
118	11-36	混合砂浆抹内墙	m²	1109.01	0.137/151.93	0.0115/1.237										
119	11-75	水刷石挑檐	m²	13.25	0.892/11.82		0.0082/1.516									
120	11-72	彩色水刷石外墙面	m²	107.55	0.379/40.76		0.0122/5.699									
121	11-168	瓷砖墙裙	m²	184.91	0.643/118.90			44.80/8284	0.15/27.7	3.80/703	4.70/869	0.0096/1.78	0.01/1.85			
122	11-175	外墙面面砖	m²	467.16	0.622/290.57			纸筋石灰浆(m³) 0.002/0.065	1:3:9混合砂浆(m³) 0.0062/0.20	1:0.5:1混合砂浆(m³) 0.009/0.291			0.01/4.67	0.0016/0.747	75.40/35224	0.1303/60.87
123	11-186	混合砂浆抹梯间顶棚	m²	32.36	0.139/4.50			0.002/1.520	0.0062/4.712	0.009/6.840						
124	11-286	混合砂浆抹顶棚	m²	760.04	0.139/105.65											

续表

序号	定额编号	项目名称	单位	工程数量	综合工日	机械台班	红丹防锈漆 (kg)	熟桐油 (kg)	溶剂油 (kg)	石膏粉 (kg)	无光调合漆 (kg)	调合漆 (kg)	清油 (kg)	漆片 (kg)	酒精 (kg)	催干剂 (kg)	砂纸 (张)	白布 (m²)	双飞粉 (kg)	117胶 (kg)
125	11-409	木门调合漆二遍	m²	38.32	0.177/6.78			0.0425/1.63	0.1114/4.27	0.0504/1.93	0.25/9.58	0.22/8.43	0.0175/0.67	0.0007/0.03	0.0043/0.16	0.0103/0.39	0.42/16.09	0.0025/0.10		
126	11-574	钢门窗调合漆二遍	m²	28.14	0.097/2.73				0.024/0.68			0.225/6.33				0.0041/0.12	0.11/3.10	0.0014/0.04		
127	11-594	钢门窗防锈漆一遍	m²	28.14	0.039/1.10		0.1652/4.65		0.0172/0.48								0.27/7.60			
128	11-627	墙面、顶棚仿瓷涂料二遍	m²	1954.88	0.112/218.95														2.0/3910	0.80/1563.90
		分部小计			1039.01															
		十一、建筑工程垂直运输				2t内卷扬机														
129	13-1	建筑物垂直运输（混合）	m²	389.96		0.117/45.63														
130	13-2	建筑物垂直运输（框架）	m²	366.65		0.156/57.20														
		分部小计				102.83														
		合　计			3372.44															

240

工日、材料、机械台班汇总表　　　　　　　　　　表 6-7

工程名称：××食堂

序号	名　　称	单位	数量	其　　中
一、	工日	工日	3372.44	土石方：251.50 脚手架：127.33 砌筑：377.09 混凝土及钢筋混凝土：912.60 构件运安：124.04 门窗：78.23 楼地面：391.82 屋面：46.0 保温：24.82 装饰：1039.01
二、	机械			
1	6t 载重汽车	台班	22.61	脚手架：2.04 混凝土及钢筋混凝土：2.13 构件运安：18.44
2	8t 汽车	台班	0.58	构件运安：0.58
3	机动翻斗车	台班	5.27	混凝土及钢筋混凝土：5.27
4	电动打夯机	台班	21.03	土石方：21.03
5	6t 内塔吊	台班	0.70	混凝土及钢筋混凝土：0.70
6	10t 内龙门吊	台班	0.71	混凝土及钢筋混凝土：0.71
7	3t 内卷扬机	台班	2.01	混凝土及钢筋混凝土：2.01
8	5t 内卷扬机	台班	2.54	混凝土及钢筋混凝土：2.54
9	2t 内卷扬机	台班	102.83	垂直运输：102.83
10	15m 皮带运输机	台班	1.44	混凝土及钢筋混凝土：1.44
11	5t 内起重机	台班	13.61	混凝土及钢筋混凝土：1.10 构件运安：12.51
12	200L 灰浆机	台班	20.71	砌筑：10.08 混凝土及钢筋混凝土：0.07
13	400L 混凝土搅拌机	台班	13.49	混凝土及钢筋混凝土：7.10 楼地面：6.39
14	插入式振动器	台班	13.27	混凝土及钢筋混凝土：13.27
15	平板式振动器	台班	2.71	混凝土及钢筋混凝土：0.37 楼地面：2.34
16	平面磨面机	台班	35.76	楼地面：35.76
17	石料切割机	台班	2.87	楼地面：0.13 装饰：2.74
18	500 内圆锯	台班	2.73	混凝土及钢筋混凝土：2.43 门窗：0.30
19	600 内木工单面压刨	台班	0.02	混凝土及钢筋混凝土：0.02
20	450 木工平刨床	台班	0.78	门窗：0.78
21	400 木工三面压刨床	台班	0.75	门窗：0.75
22	50 木工打眼机	台班	1.11	门窗：1.11
23	160 木工开榫机	台班	1.04	门窗：1.04
24	400 木工多面裁口机	台班	35.76	楼地面：35.76
25	40kVA 电焊机	台班	0.28	门窗：0.28
26	30kW 内电焊机	台班	2.35	混凝土及钢筋混凝土：2.35
27	75kVA 对焊机	台班	8.53	混凝土及钢筋混凝土：0.70 构件运安：7.83

续表

序号	名称	单位	数量	其中
28	75kVA长臂点焊机	台班	0.23	混凝土及钢筋混凝土：0.23
29	φ14钢筋调直机	台班	0.09	混凝土及钢筋混凝土：0.09
30	φ40内钢筋切断机	台班	1.23	混凝土及钢筋混凝土：1.23
31	φ40内钢筋弯曲机	台班	2.24	混凝土及钢筋混凝土：2.24
三、	材料			
1	水	m³	360.95	砌筑：25.08 混凝土及钢筋混凝土：224.97 楼地面：66.34 保温：24.16 装饰：20.40
2	M5混合砂浆	m³	47.053	砌筑：47.053
3	M2.5混合砂浆	m³	1.145	砌筑：1.145
4	1:2水泥砂浆	m³	3.947	混凝土及钢筋混凝土：1.1934 门窗：0.056 楼地面：1.957
5	1:1水泥砂浆	m³	0.889	楼地面：0.142 装饰0.747
6	M5水泥砂浆	m³	4.93	砌筑：4.93
7	1:1.25水泥豆石浆	m³	4.59	楼地面：4.59
8	1:3水泥砂浆	m³	18.989	楼地面：8.401 装饰：10.588
9	素水泥浆	m³	2.802	楼地面：1.098 装饰：1.704
10	1:2.5水泥白石子浆	m³	5.74	楼地面：5.74
11	水泥	kg	86.36	楼地面：86.36
12	1:2.5水泥砂浆	m³	1.315	装饰：1.315
13	1:1:6混合砂浆	m³	19.635	装饰：19.635
14	1:1:4混合砂浆	m³	8.363	装饰：8.363
15	1:1.5白石子浆	m³	1.384	装饰：1.384
16	1:0.2:2混合砂浆	m³	7.215	装饰：7.215
17	1:3:9混合砂浆	m³	4.912	装饰：4.912
18	1:0.5:1混合砂浆	m³	7.131	装饰：7.131
19	C10混凝土	m³	32.724	楼地面：32.724
20	C15混凝土	m³	56.198	混凝土及钢筋混凝土：24.918 门窗：0.06 楼地面：31.22
21	C20混凝土	m³	68.316	混凝土及钢筋混凝土：68.316
22	C25混凝土	m³	63.826	混凝土及钢筋混凝土：63.826
23	C20细石混凝土	m³	0.018	屋面：0.018
24	沥青砂浆	m³	0.208	屋面：0.208
25	水泥珍珠岩	m³	35.90	保温：35.90
26	纸筋灰浆	m³	1.585	装饰：1.585
27	麻刀石灰浆	m³	0.099	门窗：0.099

续表

序号	名 称	单 位	数 量	其 中
28	钢管	kg	1113.23	脚手架：812.18 混凝土及钢筋混凝土：281.96 楼地面：19.09
29	直角扣件	个	159.70	脚手架：159.70
30	对接扣件	个	22.33	脚手架：22.33
31	回转扣件	个	7.40	脚手架：7.40
32	底座	个	5.60	脚手架：5.60
33	预埋铁件	kg	8.28	门窗：8.28
34	扁钢	kg	62.53	楼地面：62.53
35	φ18 圆钢筋	kg	99.13	楼地面：99.13
36	φ10 内钢筋	t	2.446	混凝土及钢筋混凝土：2.446
37	φ10 外钢筋	t	4.535	混凝土及钢筋混凝土：4.535
38	螺纹钢筋	t	3.799	混凝土及钢筋混凝土：3.799
39	冷拔丝	t	3.214	混凝土及钢筋混凝土：3.214
40	8号钢丝	kg	255.74	脚手架：132.20 混凝土及钢筋混凝土：113.95 构件运安：9.59
41	22号钢丝	kg	62.58	混凝土及钢筋混凝土：62.58
42	铁钉	kg	162.25	脚手架：37.02 混凝土及钢筋混凝土：125.23
43	钢丝绳	kg	5.36	脚手架：3.61 构件运安：1.75
44	零星卡具	kg	142.82	混凝土及钢筋混凝土：142.82
45	梁卡具	kg	7.34	混凝土及钢筋混凝土：7.34
46	钢拉模	kg	181.59	混凝土及钢筋混凝土：181.59
47	定型钢模	kg	0.70	混凝土及钢筋混凝土：0.70
48	组合钢模板	kg	532.69	混凝土及钢筋混凝土：532.69
49	螺钉	百个	0.30	门窗：0.30
50	石料切割锯片	片	1.81	楼地面：0.03 装饰：1.78
51	卡箍及螺栓	套	26.56	屋面：26.56
52	电焊条	kg	129.07	混凝土及钢筋混凝土：66.79 构件运安：56.97 门窗：0.81 楼地面：4.50
53	张拉机具	kg	2.18	混凝土及钢筋混凝土：112.18
54	垫铁	kg	196.01	构件运安：196.01
55	地脚	个	322.2	门窗：322.2
56	松厚板	m³	0.20	装饰：0.20
57	一等枋材	m³	1.621	门窗：1.621
58	二等枋材	m³	0.283	混凝土及钢筋混凝土：0.213 构件运安：0.07
59	木脚手板	m³	1.421	脚手架：1.421

续表

序号	名　称	单位	数　量	其　中
60	60×60×60 垫木	块	25.10	脚手架：25.10
61	缆风桩木	m³	0.036	脚手架：0.036
62	方垫木	m³	0.17	构件运安：0.169　门窗：0.001
63	模板枋板材	m³	2.158	混凝土及钢筋混凝土：2.147　楼地面：0.011
64	枋木	m³	1.867	混凝土及钢筋混凝土：1.867
65	三层胶合板	m²	70.20	门窗：70.20
66	木楔	m³	0.004	门窗：0.004
67	1000×30×8 板条	根	1.21	门窗：1.21
68	锯木屑	m³	0.23	楼地面：0.23
69	木柴	kg	2042.5	楼地面：0.11　屋面：2042.39
70	6mm 玻璃	m²	61.16	门窗：61.16
71	3mm 玻璃	m²	19.30	门窗：1.45　楼地面：17.85
72	4mm 玻璃	m²	2.28	门窗：2.28
73	铝合金推拉窗	m²	57.86	门窗：57.86
74	粗砂	m³	0.003	楼地面：0.003
75	白水泥	kg	28.71	楼地面：1.01　装饰：27.70
76	铝合金固定窗	m²	2.09	门窗：2.09
77	乙炔气	m³	4.43	楼地面：4.43
78	棉纱头	kg	10.27	楼地面：3.75　装饰：6.52
79	30 号石油沥青	kg	0.31	楼地面：0.31
80	彩釉砖	m²	10.31	楼地面：10.31
81	150×75 面砖	块	35224	装饰：35224
82	152×152 瓷板	块	8284	装饰：8284
83	阴阳角瓷片	块	703	装饰：703
84	压顶瓷片	块	869	装饰：869
85	φ110 塑料排水管	m	39.21	屋面：39.21
86	1.8mm 玻纤布	m²	1266.43	屋面：1266.43
87	塑料油膏	kg	6554.42	屋面：6554.42
88	排水检查口	个	4.13	屋面：4.13
89	膨胀螺栓	套	644.4	门窗：644.4
90	密封油膏	kg	23.66	门窗：23.66
91	伸缩节	个	3.76	屋面：3.76
92	密封胶	kg	0.64	屋面：0.64

续表

序号	名称	单位	数量	其中
93	塑料水斗	个	6.06	屋面：6.06
94	麻绳	kg	0.26	构件运安：0.26
95	玻璃胶	支	32.34	门窗：32.34
96	密封毛条	m	252.77	门窗：252.77
97	YJ-302胶粘剂	kg	60.87	装饰：60.87
98	红丹防锈漆	kg	4.65	装饰：4.65
99	熟桐油	kg	1.63	装饰：1.63
100	石膏粉	kg	1.93	装饰：1.93
101	无光调和漆	kg	9.58	装饰：9.58
102	调和漆	kg	14.76	装饰：14.76
103	漆片	kg	0.03	装饰：0.03
104	酒精	kg	0.16	装饰：0.16
105	催干剂	kg	0.51	装饰：0.51
106	砂纸	张	26.79	装饰：26.79
107	白布	m²	0.14	装饰：0.14
108	双飞粉	kg	3910	装饰：3910
109	软填料	kg	25.85	门窗：25.85
110	油灰	kg	1.63	门窗：1.63
111	乳白胶	kg	4.61	门窗：4.61
112	防腐油	kg	11.14	门窗：11.14
113	清油	kg	3.08	门窗：0.65　楼地面：1.76　装饰：0.67
114	80号草板纸	张	125.65	混凝土及钢筋混凝土：125.65
115	隔离剂	kg	299.12	混凝土及钢筋混凝土：299.12
116	炉渣	m³	1.85	楼地面：1.85
117	三角金刚石	块	99.53	楼地面：99.53
118	200×75×50金刚石	块	9.95	楼地面：9.95
119	草酸	kg	3.32	楼地面：3.32
120	硬白蜡	kg	8.79	楼地面：8.79
121	煤油	kg	13.27	楼地面：13.27
122	草袋子	m²	297.52	混凝土及钢筋混凝土：143.39　楼地面：154.13
123	108胶	kg	42.11	装饰：42.11
124	117胶	kg	1563.90	装饰：1563.90
125	防锈漆	kg	70.0	脚手架：70.0
126	溶剂油	kg	15.09	脚手架：7.53　门窗：0.37　楼地面：7.19
127	挡脚板	m³	0.16	脚手架：0.16
128	标准砖	千块	125.61	砌筑：125.61

第四节 直接费计算

根据某地区工日单价、机械台班价格和材料价格和表6-7中的工日、材料、机械台班数量计算直接费，具体计算见表6-8。

直接费计算表（实物金额法） 表6-8

工程名称：××食堂

序号	名称	单位	数量	单价(元)	金额(元)	序号	名称	单位	数量	单价(元)	金额(元)
一	工日	工日	3372.44	25.00	84311	21	400木工三面压刨床	台班	0.75	48.15	36.11
二	机械				22694.97	22	50木工打眼机	台班	1.11	10.01	11.11
1	6t载重汽车	台班	22.61	242.62	5485.64	23	160木工开榫机	台班	1.04	49.28	51.25
2	8t汽车	台班	0.58	333.87	193.64	24	400木工多面载口机	台班	35.76	30.16	1078.52
3	机动翻斗车	台班	5.27	92.03	485.00	25	40kVA电焊机	台班	0.28	65.64	18.38
4	电动打夯机	台班	21.03	20.24	425.65	26	30kW内电焊机	台班	2.35	47.42	111.44
5	6t内塔吊	台班	0.70	447.70	313.39	27	75kVA对焊机	台班	8.53	69.89	596.16
6	10t内龙门吊	台班	0.71	227.14	161.27	28	75kVA长臂点焊机	台班	0.23	85.62	19.69
7	3t内卷扬机	台班	2.01	63.03	126.69	29	φ14钢筋调直机	台班	0.09	41.56	3.74
8	5t内卷扬机	台班	2.54	77.28	196.29	30	φ40内钢筋切断机	台班	1.23	36.73	45.18
9	2t内卷扬机	台班	102.83	52.00	5347.16	31	φ40内钢筋弯曲机	台班	2.24	24.69	55.31
10	15m皮带运输机	台班	1.44	67.64	97.40	三	材料				209780.41
11	5t内起重机	台班	13.61	385.53	5247.06	1	水	m³	360.95	0.80	288.76
12	200L灰浆机	台班	20.71	15.92	329.70	2	M5混合砂浆	m³	47.053	120.00	5646.36
13	400L混凝土搅拌机	台班	13.49	94.59	1276.02	3	M2.5混合砂浆	m³	1.145	102.30	117.13
14	插入式震动器	台班	13.27	10.62	140.93	4	1:2水泥砂浆	m³	3.947	230.02	907.89
15	平板式震动器	台班	2.71	12.77	34.61	5	1:1水泥砂浆	m³	0.889	288.98	256.90
16	平面磨面机	台班	35.76	19.04	680.87	6	M5水泥砂浆	m³	4.93	124.32	612.90
17	石料切割机	台班	2.87	18.41	52.84	7	1:1.25水泥豆石浆	m³	4.59	268.20	1231.04
18	500内圆锯	台班	2.73	22.29	60.85	8	1:3水泥砂浆	m³	18.989	182.82	3471.57
19	600木工单面压刨	台班	0.02	24.17	0.48	9	素水泥浆	m³	2.802	461.70	1293.68
20	450木工平刨床	台班	0.78	16.14	12.59	10	1:2.5水泥白石子浆	m³	5.74	407.74	2340.43

续表

序号	名称	单位	数量	单价(元)	金额(元)	序号	名称	单位	数量	单价(元)	金额(元)
11	水泥	kg	86.36	0.30	25.91	34	扁钢	kg	62.53	3.10	193.84
12	1:2.5水泥砂浆	m³	1.315	210.72	277.10	35	φ18钢筋	kg	99.13	2.90	287.48
13	1:1:6混合砂浆	m³	19.635	128.22	2517.60	36	φ10内钢筋	t	2.446	2950	7215.70
14	1:1:4混合砂浆	m³	8.363	155.32	1298.94	37	φ10外钢筋	t	4.535	2900	13151.50
15	1:1.5白石子浆	m³	1.384	464.90	643.42	38	螺纹钢筋	t	3.799	2900	11017.10
16	1:0.2:2混合砂浆	m³	7.215	216.70	1563.49	39	冷拔丝	t	3.214	3100	9963.40
17	1:3:9混合砂浆	m³	4.912	115.00	564.88	40	8号钢丝	kg	255.74	3.50	895.09
18	1:0.5:1混合砂浆	m³	7.131	243.20	1734.26	41	22号钢丝	kg	62.58	4.00	250.32
19	C10混凝土	m³	32.724	133.39	4365.05	42	铁钉	kg	162.25	6.00	973.50
20	C15混凝土	m³	56.198	144.40	8114.99	43	钢丝绳	kg	5.36	4.50	24.12
21	C20混凝土	m³	68.316	155.93	10652.51	44	零星卡具	kg	142.82	4.60	656.97
22	C25混凝土	m³	63.826	165.80	10582.35	45	梁卡具	kg	7.34	4.50	33.03
23	C20细石混凝土	m³	0.018	170.64	3.07	46	钢拉模	kg	181.59	4.50	817.16
24	沥青砂浆	m³	0.208	378.92	78.82	47	定型钢模	kg	0.70	4.50	3.15
25	水泥珍珠岩	m³	35.90	113.65	4080.04	48	组合钢模	kg	532.69	4.30	2290.57
26	纸筋灰浆	m³	1.585	110.90	175.78	49	螺钉	百个	0.30	2.80	0.84
27	麻刀石灰浆	m³	0.099	140.18	13.88	50	石料切割锯片	片	1.81	80.00	144.80
28	钢管	kg	1113.23	3.50	3896.31	51	卡籠及螺栓	套	26.56	2.00	53.12
29	直角扣件	个	159.70	4.80	766.56	52	电焊条	kg	129.07	6.00	774.42
30	对接扣件	个	22.33	4.30	96.02	53	张拉机具	kg	2.18	8.00	17.44
31	回转扣件	个	7.40	4.80	35.52	54	垫铁	kg	196.01	2.80	548.83
32	底座	个	5.60	4.20	23.52	55	地脚	个	322.20	0.18	58.00
33	预埋铁件	kg	8.28	3.80	31.46	56	松厚板	m³	0.20	1200.00	240

续表

序号	名称	单位	数量	单价(元)	金额(元)	序号	名称	单位	数量	单价(元)	金额(元)
57	一等枋材	m³	1.621	1200.00	1945.20	80	彩釉砖	m²	10.31	55.00	567.05
58	二等枋材	m³	0.283	1100.00	311.30	81	150×75面砖	块	35224	0.50	17612
59	木脚手板	m³	1.421	1000.00	1421	82	152×152瓷板	块	8284	0.55	4556.20
60	60×60×60垫木	块	25.10	0.30	7.53	83	阴阳角瓷片	块	703	0.30	210.90
61	缆风桩木	m³	0.036	1000.00	36	84	压顶瓷片	块	869	0.30	260.70
62	方垫木	m³	0.17	1000.00	170	85	φ110塑料排水管	m	39.21	22.00	862.62
63	模板枋板材	m³	2.158	1100.00	2373.80	86	1.8mm玻纤布	m²	1266.43	1.20	1519.72
64	枋木	m³	1.867	1200.00	2240.4	87	塑料油膏	kg	6554.42	1.85	12125.68
65	三层胶合板	m²	70.20	14.00	982.80	88	排水检查口	个	4.13	18.00	74.34
66	木楔	m³	0.004	800.00	3.20	89	膨胀螺栓	套	644.4	2.20	1417.68
67	1000×30×8板条	根	1.21	0.30	0.36	90	密封油膏	kg	23.66	16.00	378.56
68	锯木屑	m³	0.23	7.00	1.61	91	伸缩节	个	3.76	9.50	35.72
69	木柴	kg	2042.5	0.20	408.50	92	密封胶	kg	0.64	14.00	8.96
70	6mm玻璃	m²	61.16	27.00	1651.32	93	塑料水斗	个	6.06	19.00	115.14
71	3mm玻璃	m²	19.30	13.16	253.99	94	麻绳	kg	0.26	4.50	1.17
72	4mm玻璃	m²	2.28	18.66	42.54	95	玻璃胶	支	32.34	5.10	164.93
73	铝合金推拉窗	m²	57.86	236.00	13654.96	96	密封毛条	m	252.77	0.20	50.55
74	粗砂	m³	0.003	35.00	0.11	97	YJ-302胶粘剂	kg	60.87	15.80	961.75
75	白水泥	kg	28.71	0.50	14.36	98	红丹防锈漆	kg	4.65	12.00	55.8
76	铝合金固定窗	m²	2.09	193.00	403.37	99	熟桐油	kg	1.63	18.20	29.67
77	乙炔气	m³	4.43	12.00	53.16	100	石膏粉	kg	1.93	0.50	0.97
78	棉纱头	kg	10.27	5.00	51.35	101	无光调合漆	kg	9.58	16.00	153.28
79	30号石油沥青	kg	0.31	0.88	0.27	102	调合漆	kg	14.76	14.50	214.02

续表

序号	名称	单位	数量	单价(元)	金额(元)	序号	名称	单位	数量	单价(元)	金额(元)
103	漆片	kg	0.03	24.00	0.72	117	三角金刚石	块	99.53	3.70	368.26
104	酒精	kg	0.16	13.00	2.08	118	200×75×50金刚石	块	9.95	10.00	99.50
105	催干剂	kg	0.51	15.00	7.65	119	草酸	kg	3.32	7.00	23.24
106	砂纸	张	26.79	0.18	4.82	120	硬白蜡	kg	8.79	6.00	52.74
107	白布	m²	0.14	5.60	0.78	121	煤油	kg	13.27	1.60	21.23
108	双飞粉	kg	3910	0.50	1955	122	草袋子	m²	297.52	0.55	163.64
109	软填料	kg	25.85	3.80	98.23	123	108胶	kg	42.11	1.10	46.32
110	油灰	kg	1.63	2.60	4.24	124	117胶	kg	1563.90	1.15	1798.49
111	乳白胶	kg	4.61	7.00	32.27	125	防锈漆	kg	70.0	10.00	700
112	防腐油	kg	11.14	1.50	16.71	126	溶剂油	kg	15.09	7.60	114.68
113	清油	kg	3.08	11.80	36.34	127	挡脚板	m³	0.16	900.00	144
114	80号草板纸	张	125.65	1.10	138.22	128	标准砖	千块	125.61	150.00	18841.50
115	隔离剂	kg	299.12	1.20	358.94		合计:				316786.38
116	炉渣	m³	1.85	15.00	27.75						

第五节 工程造价计算

本工程的工程类别为四类,施工企业的取费级别为三级Ⅰ档。根据表6-8、表6-9、表6-10中的数据和第五章中表5-6~表5-11费率,计算工程造价(表6-11)。

脚手架费、模板费分析表　　　　　　　　　表6-9

工程名称:××食堂

费用名称		工料机名称	单位	数量	单价(元)	合价(元)	小计(元)	
脚手架费	人工费	人工	工日	127.33	25.00	3183.25	3183.25	9808.20
	机械费	6t载重汽车	台班	2.04	242.62	494.94	494.94	
	材料费	钢管	kg	812.18	3.50	2842.63	6130.01	
		直角扣件	个	159.70	4.80	266.56		
		对接扣件	个	22.33	4.30	96.02		
		回转扣件	个	7.40	4.80	35.52		
		底座	个	5.60	4.20	23.52		
		木脚手板	m³	1.421	1000.00	1421.00		
		垫木(60×60×60)	块	25.10	0.30	7.53		
		缆风桩木	m³	0.036	1000.00	36.00		
		防锈漆	kg	70.0	10.00	700.00		
		溶剂油	kg	7.53	7.60	57.23		
		挡脚板	m³	0.16	900.00	144.00		
模板及支架费	人工费	人工	工日	443.90	25.00	11097.50	11097.50	22611.88
	机械费	6t载重汽车	台班	2.13	242.62	516.78	1124.46	
		5t起重机	台班	1.10	385.53	424.08		
		500内圆锯	台班	2.43	22.29	54.16		
		10t内龙门吊	台班	0.01	227.14	2.27		
		3t内卷扬机	台班	2.01	63.03	126.69		
		600内木工单面压刨床	台班	0.02	24.17	0.48		
	材料费	组合钢模板	kg	532.69	4.30	2290.57	10389.92	
		枋板材	m³	2.179	1100.00	2396.90		
		支撑方木	m³	1.867	1200.00	2240.40		
		零星卡具	kg	142.86	4.60	657.16		
		铁钉	kg	138.63	6.00	831.78		
		8号铁丝	kg	113.95	3.50	398.83		
		80号草板纸	张	125.65	1.10	138.22		
		隔离剂	kg	299.12	1.20	358.94		
		1:2水泥砂浆	m³	0.197	230.02	45.31		
		22号钢丝	kg	2.98	4.00	11.92		
		支撑钢管及扣件	kg	281.96	3.50	986.86		
		梁卡具	kg	7.34	4.50	33.03		

取费条件及费率

表 6-10

工程名称：××食堂

序号	项目	有关条件及费率	备注
1	施工企业资质等级	三级	取费按三级Ⅰ档
2	建筑层数及工程类别	三层、四类工程	工程在市区
3	直接工程费	284366.30 元	取费用：316786.38元 　　　脚手架费　模板费 316786.38－9808.20－22611.88 ＝284366.30 元
4	文明施工费费率	0.9%	见表
5	安全施工费费率	1.0%	见表
6	临时设施费费率	2.0%	见表
7	二次搬运费费率	0.3%	见表
8	脚手架费	9808.20	见表
9	模板及支架费	22611.88	见表
10	工程定额测定费费率	0.12%	见表
11	企业管理费费率	5.1%	见表
12	社会保障费费率	16%	见表
13	住房公积金费率	6.0%	见表
14	利润率	6.0%	
15	税率	营业税率：3.093% 城市维护税率：7% 教育费附加税率：3%	见表

建筑工程造价计算表

表 6-11

工程名称：

序号	费用名称		计算式	金额(元)
(一)	直接工程费		见表	284366.30
(二)	单项材料价差调整		采用实物金额法计算不发生	—
(三)	综合系数调整材料价差			—
(四)	措施费	环境保护费	不计取	—
		文明施工费	316786.38×0.9%＝2851.08	2851.08
		安全施工费	316786.38×1.0%＝3167.86	3167.86
		临时设施费	316786.38×2.0%＝6335.73	6335.73
		夜间施工增加费	不计取	—
		二次搬运费	316786.38×0.3%＝950.36	950.36
		大型机械进出场及安拆费	不计取	—
		混凝土、钢筋混凝土模板及支架费	22611.88(见表)	22611.88
		脚手架费	9808.20(见表)	9808.20
		已完工程及设备保护费	不计取	—
		施工排降水费	不计取	—

续表

序号	费用名称		计算式	金额(元)
(五)	规费	工程排污费	不计取	—
		工程定额测定费	316786.38×0.12%=380.14	380.14
		社会保障费	84311.00×16%=13489.76	13489.76
		住房公积金	84311.00×6%=5058.66	5058.66
		危险作业意外伤害保险	不计取	—
(六)	企业管理费		316786.38×5.1%=16156.11	16156.11
(七)	利润		316786.38×6.0%=19007.18	19007.18
(八)	营业税		384183.26×3.093%=11882.79	11882.79
(九)	城市维护建设税		11882.79×7%=831.80	831.80
(十)	教育费附加		11882.79×3%=356.48	356.48
	工程造价			397254.33

第二篇 工程造价控制

第二篇 工程造价构成

第一章 建设工程合同价的控制

第一节 建设工程招标投标概述

一、建设工程招投标的理论基础

建设工程招投标是运用于建设工程交易的一种方式。它的特点是由固定的买主设定包括以商品质量、价格、期限为主的标的,邀请若干卖主通过秘密报价,由买主选择优胜者后,与其达成交易协议、签订工程承包合同,然后按合同实现标的的竞争过程。

建设工程招标投标制是在市场经济条件下产生的,因而必然受竞争机制、供求机制、价格机制的制约。

1. 竞争机制

竞争是商品经济规律的普遍规律。竞争的结果是优胜劣汰。该竞争机制不断促进企业经济效益的提高,从而推动本行业乃至整个社会生产力的不断发展。

招投标制体现了商品供给者之间的竞争以及商品供给者和商品需求者之间的竞争。

在招投标制中,商品供给者之间的竞争是建筑市场竞争的主体。为了争夺和占领有限的市场容量,在竞争中处于不败之地,促使投标者力图从质量、价格、交货期限等方面提高自己的竞争能力,尽可能将其他投标者挤出市场。因而,这种竞争的实质是投标者之间,经营实力、科学技术、商品质量、服务质量、经营思想、合理定价、投标策略等方面的竞争。

2. 供求机制

供求机制是市场经济的重要规律。供求规律在提高经济效益和保障社会生产平衡发展方面起到了积极作用。实行招标投标制是利用供求规律解决建筑商品供求问题的一种方式。利用这种方式,必须建立供略大于求的买方市场,使建筑商品招标者在市场上处于有利地位,对商品或商品生产者有较充裕的选择范围。其特点表现为,招标者需要什么,投标者就生产什么;需要多少,就生产多少;要求何种质量,就按何种质量等级生产。

实行招投标制的买方市场,是招标者导向的市场。其主要表现为:商品的价格由市场价值决定。因而,投标者必须采用先进的技术、管理手段和管理方法,努力降低成本,以较低的报价中标,并能获取较好的经济效益。另外,在买方市场条件下,由于招标者对投标者有充分的选择余地,市场能为投标者提供广泛的需求信息,从而对投标者的经营活动起到了导向作用。

3. 价格机制

实行招投标的建设工程，同样受到价格机制的作用，其表现为：以本行业的社会必要劳动量为指导，制定合理的标底价格，通过招标选择报价合理、社会信誉高的投标者为中标单位，完成商品交易活动。因此，由于价格竞争成为重要内容，生产同种建筑产品的投标者，为了提高中标率，必然会自觉运用价值规律，使报价低而合理的投标者取胜。

二、建设工程招标方式与程序

按现行规定，施工招标可采用项目全部工程招标、单位工程招标、特殊专业工程招标等方式进行。但不得对单位工程的分部分项工程进行招标。

工程施工招标常采用以下两种方式：

（一）公开招标

1. 公开招标方式

公开招标是指招标人以招标公告的方式邀请不特定的法人或其他组织投标。

招标单位通过报刊、广播、电视等媒介发布招标信息。投标单位根据招标信息，在规定的日期内向招标单位申请施工投标，经招标单位审查合格后领取或购取招标文件，才能参加投标。

2. 公开招标程序

公开招标的一般程序如下：

（1）申报招标项目，然后由招标办公室发布招标信息。

（2）组织招标工作小组，并报上级主管部门核准。

（3）对报名的投标单位进行资格审查，确定投标单位后分发招标文件，并收取投标保证金。

（4）组织评标小组、编写招标文件和编制标底，报主管机构核准。

（5）组织投标单位进行现场踏勘和对招标文件答疑。

（6）确定评标办法，公开开标和评审投标的文件。

（7）召开决标会，确定中标单位。

（8）发出中标通知书，收回未中标单位领取的招标资料和图纸，退还投标保证金。

（9）与中标单位签订工程施工承包合同。

（二）邀请招标

1. 邀请招标方式

邀请招标是指招标人以投标邀请书的方式邀请特定的法人或者其他组织投标。

邀请招标是由招标单位向符合本工程资质要求、工程质量及企业信誉好的施工企业发出投标邀请，被邀请施工企业应邀参加投标的一种方式。

2. 邀请招标程序

邀请招标的程序与公开招标的程序基本相同。

3. 邀请招标的有关说明

邀请招标的工程通常是保密工程或者有特殊要求的工程，或者属于规模小、内容简单的工程。

被邀请参加投标的施工企业不得少于3个。

招标单位发出投标邀请书后,被邀请施工企业也可以不参加投标;施工企业在收到投标邀请书后,招标单位不得以任何借口拒绝被邀请单位参加投标,因拒绝而延误被邀请单位投标的,招标单位应负包括经济赔偿等在内的一切责任。

三、工程施工投标主要内容及程序

工程施工投标是指施工企业根据业主或招标单位发出的招标文件中提出的各项要求,提交满足这些要求的要价和各项相关条件文件的过程。

工程施工投标并非只指报价,还包括一系列建议和要求。

投标是获取工程施工承包权的主要手段,也是对业主发出要约的承诺。施工企业一旦提交投标文件,就必须在规定的期限内信守自己的承诺,不得随意反悔;否则,投标人必须承担反悔的经济和法律责任。

1. 投标文件的主要内容

投标文件应包括下列内容:
(1) 综合说明。
(2) 按照工程量清单计算的标价。
(3) 钢材、木材、水泥等主要材料用量。
(4) 施工方案(包括选用的主要施工机械)。
(5) 计划开工、竣工日期,工程总进度。
(6) 保证工程质量、进度、施工安全的主要技术组织措施。
(7) 对合同主要条件的确认。

2. 工程施工投标的主要程序

工程施工投标的主要程序如下:
(1) 根据招标公告、有关信息及业主的资信可靠情况,选择投标项目。
(2) 精心挑选精干且富有经验的工作人员组成投标工作小组。
(3) 领取或购买招标文件。
(4) 熟悉和研究招标文件。
(5) 勘察施工现场。
(6) 参加招标单位组织的答疑会。
(7) 编制施工组织设计。
(8) 编制标价。
(9) 研究和确定投标策略。
(10) 调整标价。
(11) 确认合同主要条款。
(12) 编写标书综合说明。
(13) 审核标书后,按规定时间送达指定地点。
(14) 参加开标、评标会议。
(15) 收到中标通知书后,签订工程承包合同。

第二节 建设工程标底的确定

一、标底的编制原则

编制标底应遵循下列原则：

1. 编制依据具有可靠性

编制标底应根据设计图纸及有关资料、招标文件，参照国家规定的建筑工程基础定额、地区预算定额及各种规范，以及要素市场的价格确定工程量和编制标底。

标底的工程量应力求准确。要实现这一目标，必须统一使用国家规定的定额和工程量计算规则。在计算工程材料费时，材料价格应力求与市场价格相吻合，按照有关规定，编制标底或标价时应按当时的材料市场价格，结算时应按当月的材料市场价格调整。

2. 标底价应具有完整性

标底价应由工程成本、利润和税金组成，一般应控制在批准的总概算或投资包干的限额内。

3. 标底价与招标文件的一致性

标底价的内容、编制依据应该与招标文件的规定相一致。例如，招标文件规定了该工程项目的取费等级，在编制标底时应按这一要求计算。又如，招标文件规定了某些材料的价格，标底也应按这些单价计算材料费。

4. 标底价格的合理性

标底价格作为招标单位的期望价格，应力求与建筑市场的实际情况相吻合，要有利于竞争和保证工程质量。

根据国家规定的定额和有关文件编制出的工程造价，往往不一定是招标单位的期望工程造价。因为这些计算依据与市场的实际情况不会完全相同。比如，市场材料价格可能比定额基价中的材料单价要低，人工费比定额基价中的要高等等。这就需要根据变化的情况进行调整，这是竞争的需要。当然，这种调整以确保工程质量为前提，不能将工程成本降到连合格产品都生产不出来的地步。

5. 一个工程只能编制一个标底

这一原则体现了标底价惟一性的原则，也同时体现了招投标中公正性的原则。

二、标底的编制依据

标底价格的编制依据一般包括：

1. 招标文件的商务条款。
2. 工程施工图纸、标准图集，工程量计算规则。
3. 施工现场地质、水文、地上情况等资料。
4. 施工方案或施工组织设计。
5. 现行的预算定额、概算定额、工期定额、费用定额、材料预算价格、机械台班预算价格及有关调整材料价差的文件等。

三、标底的编制内容

标底一般应包括下列内容：
1. 标底编制单位名称、编制人员资格证章。
2. 标底编制说明

包括编制依据，说明已经计算或没有计算的内容。
3. 标底价格审定书

工程施工招标的标底价格在开标前应报招标管理机构审定，招标管理机构在规定的时间内完成标底价格的审定工作，未经审定的标底价格无效。
4. 标底价格计算书

包括全部的分项工程项目、直接费计算表、材料价差调整表、费用计算表等。
5. 主要材料用量表
6. 标底附件

如各次交底纪要，各种材料及设备的价格来源说明，现场的水文、地质资料，施工方案等。

四、标底的编制方法

当前，建筑工程招标的标底主要采用以下四种方法来编制。

1. 以施工图预算为基础确定标底

这是目前采用较多的一种确定标底的方法，其编制的具体步骤如下：

（1）准备工作

首先，要熟悉施工图及设计说明，若发现图纸之间有矛盾或说明不明确的地方，应及时要求设计单位会同建设单位交底、补充。其次，要认真勘察施工现场，对现场条件及周围环境进行实地了解，收集编制施工方案和有关技术措施费用的依据。第三，要了解招标文件中有关招标范围，材料、半成品和设备的加工订货情况，了解工程质量和工期要求、物资供应方式等情况。此外，还要进行市场调查，掌握材料、设备的市场价格，以便正确编制暂估价格。

（2）计算工程量

在没有工程量清单的情况下，根据工程施工图及设计说明（包括采用的标准图）和现行的预算定额确定分项工程项目，然后再根据工程量计算规则和施工图逐项计算分项工程量。

（3）预算定额的套用和换算

根据已计算分项工程项目的内容套用对应的定额基价和定额材料用量。若不能直接套用预算定额，还须按规定换算后再使用。

（4）计算定额直接费、主要材料用量

根据工程量和定额基价计算定额直接费；根据工程量和定额人工费单价计算定额人工费；根据工程量和定额材料费单价计算定额材料费；根据工程量和定额机械费单价计算定额机械费；根据工程量和定额材料耗用量计算分项工程材料用量，并分别汇总为单位工程材料用量。

(5) 材料价差调整

根据调价差文件的规定，调整主要材料价差和地方材料价差。

(6) 计算其他直接费和现场经费

(7) 计算间接费

(8) 计算计划利润

(9) 计算税金

(10) 确定包干费和技术措施费等

(11) 汇总上述费用构成标底价格

采用该方法编制工程标底的特点是：工程项目划分较符合施工实际情况，人工、材料、机械台班消耗量比较详细准确，若无设计和价格上的变化，算出的工程造价比较准确。因此，采用本办法编制工程标底有较高的准确性。

2. 以工程概算为基础确定标底

以工程概算为基础的方法编制标底与以施工图预算为基础的方法确定标底基本相同。所不同的地方是：此方法采用的定额不同；分项工程项目在预算定额的基础上作了适当归并与综合，使工程量计算工作有所简化。

采用这种方法编制标底也适用于在施工图阶段进行招标工作，更适用于在扩大初步设计阶段即进行招标的工程。

3. 以综合预算定额为基础确定标底

综合预算定额是介于预算定额与概算定额之间的扩大综合定额。其主要特点是在预算定额的基础上，对有关子目进行合并，也可以进一步进行"并费"，即将其他直接费、间接费、计划利润和税金等所有费用均纳入扩大分项工工程单价内，构成专门为编制标底使用的完全工程单价，从而进一步简化标底编制工作。

4. 以平方米造价包干为基础确定标底

该方法主要适用于采用标准设计及大量建造的住宅工程。其做法是由地方工程造价管理部门经过多年工程造价数据的收集，对不同结构体系的住宅的工程造价进行测算分析后，制定每平方米造价包干标准。在具体工程招标时，还要根据工程装修等情况进行适当调整，确定标底单价。

考虑到基础工程因地基条件不同而有很大差别。因而平方米造价包干多以工程的 ± 0.00 标高以上为对象，基础及地下室工程仍以施工图预算为基础编制标底，两者之和构成完整标底。

五、编制标底需考虑的有关因素

应该指出，招标工程的标底大多数是在工程概算或施工图预算基础上确定的，但它不完全等同于工程概算或施工图预算。因此，编制一个合理的标底还必须在此基础上考虑以下因素：

1. 标底必须符合目标工期的要求，对提前工期方面的因素应有所反映

招标工程的工期一般应按建设部颁发的工期定额为准。但实际招标工程的目标工期往往比定额工期要短。而缩短工期，施工单位要考虑施工措施，增加人员和设备数量，付出比正常工期更多的人力、物力、财力，这样就会提高工程成本。因此，编制工程标底时，

必须考虑这一因素，将目标工期对照工期定额，按提前工期的天数给出必要的赶工费和奖励，列入标底价内。

2. 标底必须保证招标方的质量要求，对高于国家施工验收规范的质量因素应有所反映

标底中对工程质量的反映，应按国家相关的施工验收规范的要求建成合格产品。若招标方有更高的质量要求，施工单位要付出更多的费用方能满足要求。因此，标底计算应体现优质优价因素。

3. 标底要适应建筑材料市场价格的变化，考虑材料价差因素

现实中，由于材料价格的不统一、不稳定性，在编制标底时，材料价格变化较大的材料。应列出清单，随同招标文件、图纸发给投标方，供报价时参考，并在编制标底时考虑材料价差方面的因素。

4. 标底应合理考虑招标工程的自然地理条件等因素

编制标底时，应将地下工程等招标工程范围内的费用正确计入标底价格，应将由于自然条件导致施工不利因素而增加的费用计入标底价格。

第三节 标底价及中标价的控制方法

标底价是建设单位的期望价格，在开标前又具有保密的特性，因此，在实际招标工作中应研究标底价的控制方法。

建设单位选择中标施工单位，主要考虑三个方面的因素：质量、造价、工期。这三个方面具有既统一又相互制约的辩证关系。

所谓统一，是指必须全面考虑这三个方面的因素，不可缺一。

所谓相互制约，是指压低造价，工期不变，可能会影响工程质量；缩短工期，造价不变，也会降低工程质量；提高质量，可能会提高工程造价；过分延长工期，也会增加工程造价。

从考虑上述三个方面因素的不同侧重点出发，标底价或中标价的控制有以下几种方法：

一、不低于工程成本的合理标底

1. 概述

以不低于工程成本的合理标底来选择中标价，是指在保证税金的前提下，标底不能低于直接工程费与间接费之和。2000年1月1日起施行的中华人民共和国招标投标法作了上述规定。

采取这一方法控制标底，充分体现了价格竞争机制，使有实力的施工企业占据更多的市场份额，也使建设单位能用较少的投入，获取较大的经济效益，进而促进建筑市场的充分发育。

采用该方法控制标底，给投标单位营造了一个较大的空间，又能以竞争机制达到降低工程造价的目的，这对于只要求获得合格建筑产品，在工期上有活动余地而资金筹措较困难的建设单位来说，是一个很好的选择。

2. 基本方法

(1) 要根据工程施工图、预算定额、费用定额、市场材料价格等依据，正确计算工程成本费用、利润和税金。

(2) 标底价的降低额度应控制在利润额的范围之内。

(3) 为了便于计算中标价，在标底价中应注明工程成本价格。

3. 适用范围

(1) 该方法通常适用于建设单位经营状况不好或工程质量无特殊要求等情况的工程招标。

(2) 该方法较适合于有经营实力且想占领建筑市场的施工企业运作。

4. 举例说明

某建设单位为了增加经济来源，将原来的临街面的砖围墙拆除，利用院内场地修建 2000m^2 左右建筑面积的砖混结构单层商业用房，拟采用不低于工程成本价的方法招标，选择中标施工企业。

(1) 建筑物概况

建筑面积：2015m^2

结构类型：砖混

层　　高：3.60m

开　　间：3.90m

进　　深：5.70m

基　　础：混凝土垫层砖基础

墙　　体：砖墙、水刷石外墙面、混合砂浆内墙面

地　　面：混凝土垫层、水泥砂浆面

屋　　面：预应力空心板、塑料油膏防水层

门　　窗：铝塑窗、铝合金卷帘门

(2) 工程造价计算

工程类别：五类

取费等级：四级Ⅰ档

根据施工图、预算定额、费用定额、现行材料预算价格计算出工程预算造价为：

直接工程费：705250元 ⎤
间接费：　　94142元　⎦ 工程成本：799392元 ⎤
利　润：　　31975元　　　　　　　　　　　　⎬ 工程预算造价：860465元
税　金：　　29098元　　　　　　　　　　　　⎦

(3) 确定标底价格

考虑到本地区的施工企业较多且队伍素质好，有竞争能力，有降低工程造价的空间。再者，建设单位通过贷款获得建设资金，应尽量减少支出。所以，拟定在原预算工程造价的基础上调减利润的四分之三后作为工程标底价，即：

$$860465 - 31975 \times \frac{3}{4} \approx 836484 \text{ 元}$$

（附：工程成本价为 799392 元）

（4）确定中标价

在本工程招标的开标会议上，根据甲、乙、丙、丁四个施工单位的报价情况和确定的标底价对比，甲施工单位符合中标条件，结果如下表：

单 位	工程投标报价(元)	工程标底(元)	工程成本(元)	中标单位
甲施工单位	805060			√
乙施工单位	878134			
丙施工单位	790468			
丁施工单位	836400			
建设单位		836484	799392	

二、综合评分法确定中标单位

1. 概述

综合评分法是指对标价、质量、工期、社会信誉等几个方面分别评分，选择总分最高的为中标单位的评标方法。

建设部颁发的《建设工程招标投标暂行规定》中指出：确定中标企业的主要依据是标价合理，能保证质量和工期，经济效益好，社会信誉高。

（1）标价合理

标价合理是指标价与标底较接近。但并不意味着标价越低越好，一般决标价的浮动不应超出审定标底价的±3%。

（2）保证质量

投标单位提交的施工方案，在技术上应达到国家规定的质量验收规范的合格标准，所采用的施工方法和技术措施能满足建设工程的要求。招标单位如要求工程质量达到优良，则应考虑施工单位是否能保证这一目标的实现，同时也应考虑优质优价的因素，待中标后另行确定计算方法。

（3）工期适当

建设工期应根据建设部颁发的工期定额确定，并考虑采取技术措施和改进管理办法后可能压缩的工期。若招标工程有工期提前的要求，则决标工期应接近或者少于标底所规定的工期。

（4）企业社会信誉高

指投标单位过去执行承包合同的情况良好，承建类似工程的质量好，造价合理，工期适当，有较丰富的施工经验等。具体以优良工程年竣工面积、企业资质、上年度获取的荣誉称号、上两年度获取的"鲁班奖"等奖项、上年度安全生产情况、项目班子业绩、项目班子管理水平等为指标，进行定量评分，加权平均后汇总计算。

2. 评标定标方法与步骤

（1）确定评标定标目标

评标定标目标是指综合评分法的具体计算项目。如，某地区建设工程施工招标评标实施办法中规定，以工程报价合理、工期适当、工程质量好、企业信誉良好等为四个评标定标目标。

(2) 评标定标目标的量比

上述四个方面的评标定标目标过于原则和笼统，在操作中很难把握，所以要确定这些目标的量化方法，见表 1-1。

评标定标目标量化指标计算方法　　　　　　　　　　　　　表 1-1

评标定标目标	量化指标	计算方法		
工程报价合理程度	相对报价 x_p	$x_p = 100 - \left\lvert \dfrac{标价}{标底} - 1 \right\rvert \times 100$ 注：当 $\left\lvert \dfrac{标价}{标底} \times 100\% \right\rvert \leqslant 5\%$ 时计算		
工期适当	工期缩短率 x_t	$x_t = \left\lvert \dfrac{招标工期 - 投标工期}{招标工期} \right\rvert \times 1000$ 注：将工期缩短 10% 定为 100 分，超过或低于 10% 取消资格，在 101%~110% 之间扣分		
工程质量好	优良工程率 x_q	$x_q = \dfrac{上二年度优良工程竣工面积}{上二年度承包工程竣工面积} \times 100$		
企业信誉好	企业信誉 x_n	项　　目	评定级别	分　值
		企业资质 x_1	一级 二级 三级以下	20 15 10
		上年度企业获荣誉称号 x_2	获省部级 获地市级 获县级	30 25 20
		上年度工程质量奖 x_3	获"鲁班奖" 获省优奖 获地市级工程质量奖	50 40 30

(3) 确定各评标定标量化指标的相对权重

对于不同的工程项目，由于侧重点不同，各评标定标指标的权重确定是不同的。

对于商业用建筑和生产性建筑来说，一般优先侧重工期。如果能将工期提前，则可以提前给业主带来经济效益。例如，商场、宾馆等工程可以提前营业，就会产生早盈利、缩短投资回收期、少付贷款利息等效益。

对非经营性的工程，如政府办公大楼、污水处理站等则可以侧重工程造价，尽量节约投资。而对一些公共建筑如展览馆、体育馆等工程则应侧重工程质量，保证工程的牢固性、可靠性和美观性。因此，需要根据不同的工程类别和性质分别确定各指标的权重。

某地区确定的住宅工程各指标相对权重见表 1-2。

住宅工程各指标相对权重(%)　　　　　　　　　　　　　表 1-2

工程报价权重 k_1	工期权重 k_2	质量权重 k_3	企业信誉权重 k_4
50	10	25	15

(4) 对投标单位进行综合评价

在实际工作中,往往对各评定指标规定了一个上限和下限,超出这个界限的投标单位就要出局,不能继续参加评标活动。例如,某地区规定工程报价超出了标底价格的±5%范围,就认定为脱标,中止参加后续的评标工作。

通过以下例子说明综合评分法的评标过程。

某住宅工程,标底价为 850 万,标底工期为 360d,评定指标的相对权重见表 1-2,拟对以下甲、乙、丙、丁四个投标单位(见表 1-3)进行综合评价,确定其中标单位。

各投标单位报价情况一览表 表 1-3

投标单位	工程报价(万元)	投标工期(d)	上二年度优良工程建筑面积(m^2)	上二年度承建工程建筑面积(m^2)	企业资质等级	上年度获荣誉称号	上年度获工程质量奖
甲	809	355	24000	50600	一级	地市级	鲁班奖
乙	861	365	46000	60090	一级	地市级	省优
丙	798	350	18000	46000	二级	县级	无
丁	824	340	21500	73060	二级	无	市优

① 根据评分标准及评分方法计算各指标值

各投标单位指标值计算见表 1-4。

各投标单位指标值计算表 表 1-4

| 指标
投标单位 | 相对报价 x_p | 工期缩短率 x_t | 优良工程率 x_q | 企业信誉 | | | $x_n = x_1 + x_2 + x_3$ |
				企业资质 x_1	荣誉称号 x_2	质量奖 x_3	
甲	$100 - \left\|\frac{809}{850} - 1\right\| \times 100 = 95.2$	$\frac{360-355}{360} \times 1000 = 13.9$	$\frac{24000}{50600} \times 100 = 47.4$	20	25	50	95
乙	$100 - \left\|\frac{861}{850} - 1\right\| \times 100 = 98.7$	$\frac{360-365}{360} \times 1000 = -13.9$	$\frac{46000}{60090} \times 100 = 76.6$	20	25	40	85
丙	$100 - \left\|\frac{798}{850} - 1\right\| \times 100 = 93.9$	$\frac{360-350}{360} \times 1000 = 27.8$	$\frac{18000}{46000} \times 100 = 39.1$	15	20	—	35
丁	$100 - \left\|\frac{824}{850} - 1\right\| \times 100 = 96.9$	$\frac{360-340}{360} \times 1000 = 55.6$	$\frac{21500}{73060} \times 100 = 29.4$	15	—	30	45

② 根据指标值和表 1-2 相对权重确定投标单位名次

通过计算,各投标单位名次见表 1-5。

③ 根据表 1-5 的评定结果,最后确定乙施工企业为中标单位。

各投标单位总分计算及名次表　　　　　　　　　　　　　　　表 1-5

指标 计算式 投标单位	工程报价 $x_p \times k_1$	工　期 $x_t \times k_2$	优良率 $x_q \times k_3$	企业信誉 $x_n \times k_4$	总分	名次
甲	95.2×50%=47.60	13.9×10%=1.39	47.4×25%=11.85	95×15%=14.25	75.09	2
乙	98.7×50%=49.35	−13.9×10%=−1.39	76.6×25%=19.15	85×15%=12.75	79.86	1
丙	标价低于标底 5%取消评标资格	—	—	—	—	—
丁	96.9×50%=48.45	55.6×10%=5.56	29.4×25%=7.35	45×15%=6.75	68.11	3

三、以各投标报价的算术平均值为实施标底价

1. 概述

该方法的基本思路是,根据各有效投标报价的算术平均值来确定工程标底价。其基本做法是,工程招标时也需按规定编制标底价,开标时先判断各投标报价是否在工程标底价的±5%范围之内(也可另外确定一个范围),如果有若干个投标价符合该条件,就将这些有效报价算术平均后确定为实施标底价,以最接近实施标底价的投标价为中标价,或者以实施标底价为依据计算报价分值。

采用该方法确定中标单位,应首先评定各投标单位在工程质量、工期、社会信誉等方面是否符合招标工程的要求,只有那些符合条件的投标单位方有资格参加工程投标的评定工作。

用该方法确定中标单位,除了符合现行招标投标工作的各项规定外,还更有效地提高了工程标底、标价的保密性。这对于那些个别投标单位非法获取标底方面的情报,使自己在投标中占据有利地位的做法起到了制约作用。使得类似于上述不正当做法失去了作用,从而维护了招标投标工作的客观公正性。

2. 计算方法与步骤

这里只对如何计算和确定中标价及实施标底价作介绍,其他方面不再叙述。

(1) 编制工程标底

某工程按照招标文件的要求,编制出的工程标底价为 270 万元。

(2) 筛选有效工程报价

根据下列工程报价资料以及必须在标底价±5%以内的规定,筛选有效工程报价(见表 1-6)。

有效工程报价筛选表　　　　　　　　　　　　　　　表 1-6

投标单位	工程报价(万元)	是标底价的百分比	超出百分比	有效报价认定
A	285	$\frac{285}{270} \times 100\% = 105.56\%$	5.56%	×
B	272	$\frac{272}{270} \times 100\% = 100.74\%$	0.74%	√
C	260	$\frac{260}{270} \times 100\% = 96.30\%$	−3.7%	√

续表

投标单位	工程报价(万元)	是标底价的百分比	超出百分比	有效报价认定
D	256	$\frac{256}{270} \times 100\% = 94.81\%$	-5.19%	×
E	258	$\frac{258}{270} \times 100\% = 95.56\%$	-4.44%	√
F	263	$\frac{263}{270} \times 100\% = 97.41\%$	-2.59%	√

(3) 计算实施标底价格

根据表1-6中有效报价的数据,计算实施标底价格。

$$实施标底价 = \frac{\Sigma 有效投标价值}{有效投标价个数} = \frac{272+260+258+263}{4} = \frac{1053}{4} = 263.25 \text{ 万元}$$

(4) 计算最接近实施标底的工程报价顺序

计算出的最接近实施标底价的工程报价顺序见表1-7。

最接近实施标底价计算表　　　　　　　　　表1-7

投标单位	工程报价(万元)	实施标底价(万元)	工程报价是实施标底价的倍数	差额绝对值	最接近顺序
①	②	③	④=②÷③	⑤=|④-1|	⑥
B	272	263.25	1.033	0.033	4
C	260	263.25	0.988	0.012	2
E	258	263.25	0.980	0.020	3
F	263	263.25	0.999	0.001	1

从表1-7计算结果可以看出,F投标单位的工程报标最接近实施标底价。

四、算术平均投标报价后再与标底价加权平均确定中标价

1. 概述

该方法与算术平均投标报价确定实施标底价的方法有许多相同之处。不同的是,先要划分算术平均投标标价与标底价的权重百分比,然后计算出期望工程造价,接近期望工程造价者得高分,技术评标和商务评标得分最高者为中标单位。

2. 计算方法与步骤

这里只介绍商务评价的作法,技术评标不再赘述。

(1) 投标单位的确定

招标单位从申请投标合格单位中和没有申请投标但符合条件的施工单位中随机抽取七个或以上单位作为该工程的投标单位。

(2) 标底价的确定

根据施工图纸、预算定额、费用定额、现行材料预算价格和招标文件编制工程标底。

(3) 投标价的确定

根据施工图纸、企业定额、参照预算定额、费用定额、市场材料预算价格和招标文件编制投标价。

(4) 确定权重

权重应在招标文件中确定。比如,投标价和标底价各占50%左右,或者投标价、标底价各占40%~60%左右。具体权重在开标时由评标小组的专家确定。

(5) 计算期望工程造价

第一步,根据开标后的投标报价去掉一个最高报价和一个最低报价,再将剩余的工程报价算术平均,得出工程报价的综合价;

第二步,确定综合报价与标底价的权重;

第三步,根据权重和综合报价、标底价计算期望工程造价。

(6) 计算接近程度

$$\text{投标价接近期望工程造价程度} = \left(1 - \left|1 - \frac{\text{投标价}}{\text{期望工程造价}}\right|\right) \times 100\%$$

3. 实例

(1) 招标单位按规定随机选定7个投标单位。

(2) 根据施工图纸、预算定额、费用定额、现行材料预算价格、招标文件等编制出工程标底价为560万元。

(3) 按招标文件标底和标价各占50%左右的规定和开标评标小组专家的意见确定投标价占55%、标底价占45%的权重。

(4) 下列投标单位的技术评标已获通过,根据表1-8各自所报标价和确定的标底价各分别权重,计算期望工程造价。

表1-8

投标单位	投标报价(万元)	标价值排列顺序	投标单位	投标报价(万元)	标价值排列顺序
A	600	1	E	480	7
B	580	2	F	490	6
C	550	4	G	545	5
D	565	3			

取掉表1-8中A施工企业的投标价(最高)和E施工企业的投标价(最低)后计算期望工程造价。

$$\text{期望工程造价} = 560 \times 45\% + \frac{580 + 550 + 565 + 490 + 545}{5} \times 55\% = 252 + 300.3 = 552.3 \text{ 万元}$$

(5) 计算各投标价接近期望工程造价程度

$$\text{B标价接近程度} = \left(1 - \left|1 - \frac{580}{552.3}\right|\right) \times 100\% = 94.98\%$$

$$\text{C标价接近程度} = \left(1 - \left|1 - \frac{550}{552.3}\right|\right) \times 100\% = 99.58\%$$

$$\text{D标价接近程度} = \left(1 - \left|1 - \frac{565}{552.3}\right|\right) \times 100\% = 97.70\%$$

$$\text{F标价接近程度} = \left(1 - \left|1 - \frac{490}{552.3}\right|\right) \times 100\% = 88.72\%$$

$$G\text{标价接近程度} = \left[1 - \left|1 - \frac{545}{552.3}\right|\right] \times 100\% = 98.68\%$$

上述投标报价接近期望工程造价的顺序见表 1-9。

表 1-9

投标单位	接近程度(%)	排列顺序	投标单位	接近程度(%)	排列顺序
B	94.98	4	F	88.72	5
C	99.58	1	G	98.68	2
D	97.70	3			

五、用工程单价法编制标底价

1. 概述

工程单价法编制标底价是指根据给出的招标工程的工程量清单,分别确定每个分项工程项目的完全工程单价后,再计算出工程标底价的方法。

按照现行招标投标实施办法的规定,招标文件中应包含招标工程的工程量清单。由于工程量项目和工程量是统一的,所以中标的关键是完全工程单价的高低。这里所指的完全工程单价包括了分项工程的直接工程费、间接费、利润和税金等全部费用。因此,编制合理的完全工程单价是编制工程标底的关键工作。

2. 完全工程单价的确定

完全工程单价是以分项工程为范围确定的,所以亦称分项工程单价。

通常,可以采用现行预算定额、费用定额和现行材料预算价格编制分项工程单价,其计算式如下:

$$\text{分项工程单价} = \text{单位分项工程直接费(基价)} \times (1 + \text{其他直接费费率}) \times (1 + \text{间接费费率}) \times (1 + \text{利润率}) \times (1 + \text{税率})$$

3. 实例

根据下列建筑工程基础定额、某地区工日单价、材料预算价格、机械台班预算价格、费用定额等资料,编制 M5 水泥砂浆砌砖基础和现浇 C25 混凝土过梁两个分项工程单价。

建筑工程基础定额摘录　　　　　表 1-10

计量单位:10m³

定额编号			4-1	5-409
项目		单位	砖基础	现浇过梁
人工	综合工日	工日	12.18	26.10
材料	M5 水泥砂浆	m³	2.36	—
	标准砖	千块	5.236	—
	C25 混凝土	m³	—	10.15
	水	m³	1.05	13.17
	草袋子	m²	—	18.57
机械	200L 灰浆搅拌机	台班	0.39	
	400L 混凝土搅拌机	台班		0.63
	插入式混凝土振捣器	台班		1.25

人工单价：25.00 元/工日

M5 水泥砂浆：124.32 元/m^3

标准砖：140.00 元/千块

C25 混凝土：155.93 元/m^3

水：0.80 元/m^3

草袋子：0.85 元/m^2

200L 灰浆搅拌机：15.92 元/台班

400L 混凝土搅拌机：81.52 元/台班

插入式混凝土振捣器：10.60 元/台班

直他直接费费率：8.90%

间接费费率：9.78%

利润率：6%

税率：3.37%

解：(1) M5 水泥砂浆砌砖基础完全工程单价计算

单位分项工程直接费 $=(12.18×25.00+2.36×124.32+5.236×140.00+1.05×0.80+0.39$

$×15.92)÷10=133.80$ 元/m^3

完全工程单价$=133.80×(1+8.9\%)×(1+9.78\%)×(1+6\%)×(1+3.37\%)$

$=175.27$ 元/m^3

(2) 现浇 C25 混凝土过梁完全工程单价计算

单位分项工程直接费 $=(26.10×25.00+10.15×155.93+13.17×0.80+18.57×0.85+0.63$

$×81.52+1.25×10.60)÷10=232.61$ 元/m^3

完全工程单价$=232.61×(1+8.9\%)×(1+9.78\%)+(1+6\%)+(1+3.37\%)$

$=304.71$ 元/m^3

4. 用完全工程单价法编制标底的意义

通过以上计算，我们算出了两个项目的完全工程单价，当某招标工程的工程量清单中列出了砖基础为 78.51m^3，现浇过梁为 14.35m^3 时，就可以快速、简便地算出该两个项目的工程造价为：

M5 水泥砂浆砌砖基础工程造价 $=78.51×175.27=13760.45$ 元

现浇 C25 混凝土过梁工程造价 $=14.35×304.71=4372.59$ 元

诸如此类，求出招标工程中各分项工程造价后就可以得到单位工程预算造价。

用完全工程单价法编制标底具有以下几个方面的意义：

(1) 明显反映出各投标报价的水平

由于采用统一的工程量清单，采用完全工程单价法编制标底后，各投标报价与标底价的差额明显反映出了各施工企业的报价水平，能为选择中标单位提供明确的数字依据。

(2) 工程单价固定，工程量按实调整

当施工单位中标后,其工程单价一般是不允许改变的,补充项目的工程单价水平也应一致。但是,工程量可以按实调整。这种做法,将投标的侧重点放在了工程单价的报价上,而不会由于工程量计算产生的错误而影响标底或标价的准确性。

(3) 调整工程造价简单方便

在签订合同后到竣工验收的整个过程中,由于各种原因,总会发生减少或增加若干项目的情况。这时,用完全工程单价法调整工程造价就会感到非常方便,容易操作。

六、异地编制标底

为了避免本地编制标底,参加投标的单位利用复杂的关系网获取标底情报,可以采取异地编制标底的方式来进行。

具体做法是:行业协会有计划地联系若干个城市的标底编制小组建成协作网。当某地需要编制标底时,在招标主管部门的监督下,用随机的方式,选定异地编标底的城市,然后将招标资料送达编标底的小组,最后在规定的时间内将编好的标底密封后交委托方。

该方法的主要作用有二个,一是保证标底保密性的一项措施,也就是人为设置一些关口,通过异地编制标底的方式,防止用不正当的手段获取标底信息;二是充分利用技术力量,保证标底的高质量。

采用异地编制标底的操作程序为:

1. 招标单位向行业协会提出异地编制标底的申请;
2. 协会根据有关规定采用随机的方式选定编制标底的地点;
3. 将完整的招标文件送到指定的具有资格证书编制小组或事务所;
4. 招标单位与编制单位签订异地编制标底的合同书;
5. 编制小组按要求编好标底后,按合同规定的时间将标底密封后交委托单位。

七、先分后合法

在招标、投标过程中,为保障这项工作的公开、公平、公正和诚实信用,在行政上采取必要的手段外,也可以通过改变操作方法来达到这一目的,例如,标价、标底编制过程中的先分后合法就是其中的一种操作方法。

先分后合法的操作思路是,当采用编制施工图预算的方法来确定标底时,适当将单位工程划分为若干个分部工程,由若干个编制人员背靠背地分别计算,然后在开标时再将各个分部汇总成一个完整的标底价。不难看出,这一操作方法增强了标底的保密性,在现阶段具有一定的现实意义。

采用先分后合法编制标底的具体操作过程如下:

1. 单位工程的分解

通常,一个单位工程可以分解为以下若干个可独立计算的部分:

(1) 基础工程(以室外地坪为界);
(2) 金属结构工程(制作、运输、安装和油漆);
(3) 门窗工程(制作、运输、安装和油漆);
(4) 钢筋混凝土构件(制作、运输、安装);
(5) 墙体、内外抹灰、脚手架工程;

(6) 钢筋工程;

(7) 屋面、楼地面工程。

2．编制方法与步骤

一个单位工程，如果按上述方法划分，就可以组织 2~7 人分头编制标底。具体步骤和方法如下：

(1) 每人一套完整的施工图、预算定额、费用定额和招标文件；

(2) 根据分配的任务列出分项工程名称并计算工程量。若某个分项工程的归类不清楚，可提交组长协调；每个人将列出的分项工程名称清单(不含工程量)交组长汇总，由组长处理解决漏项、重算的项目；

(3) 分别计算工程量；

(4) 分别套用预算定额、计算定额直接费；

(5) 分别进行工料分析和汇总；

(6) 分别调整材料价差；

(7) 根据费用定额和招标文件分别计算工程造价；

(8) 将各自编制部分的工程标底价格、主要材料用量，填写在标底指标一览表中，用专用信封密封后再盖密封章。

3．先分后合法编制标底采用的表格

在该方法中除了要使用编制施工图预算的各种表格外，还需使用以下几种表格：

(1) 分部工程量项目清单表

分部工程量项目清单表见表 1-11。

分部工程量项目清单表　　　　　　　　　　　　　　　　表 1-11

单位工程名称：　　　　　汇总用代码：

序号	分部名称	分项工程名称	备注	序号	分部名称	分项工程名称	备注

　　年　　月　　日　　　　　　　　　　　　　　　　　　编制人：

(2) 单位工程工程量项目汇总表

单位工程工程量项目汇总表见表 1-12。

单位工程工程量项目汇总表　　　　　　　　　　　　　　表 1-12

单位工程名称：

序　号	汇总代码	分部名称	分项工程名称	备　注

　　年　　月　　日　　　　　　　　　　　　　　　　　汇总人：

(3) 分部标底指标一览表

分部标底指标一览表见表 1-13。

分部标底指标一览表 表 1-13

单位工程名称： 汇总代码：

序 号	分部名称	工程标底价(元)	钢材用量(t)	水泥用量(t)	木材用量(m³)
	年 月 日			编制人 资格证章：	

(4) 标底指标汇总表

标底指标汇总表见表 1-14。

标底指标汇总表 表 1-14

单位工程名称：

序 号	汇总代码	工程标底价(元)	钢材用量(t)	水泥用量(t)	木材用量(m³)
	合 计				
	年 月 日			汇总人：	

八、用工程主材费控制标底

用工程主材料控制标底是指在编制标底时，一律按招标单位规定的材料价格计算材料费或者主材费不列入标底价的控制方法。

在建筑安装工程造价中，材料费占一半以上。如果在标底编制阶段能控制好工程材料费，那么就可以有效地控制工程造价。

1. 统一规定材料价格

目前，在招投标工作中，招标单位统一规定材料价格是有一定条件的。首先，确定的材料价格一般不能高于工程造价主管部门制定的指导价；其次，没有指导价的工程材料要根据通过市场调查的市场平均价确定；三是，新材料、高档材料应先制定暂估价，执行价在工程建设中再解决。

统一规定材料价格后的优点是：

(1) 从总体上能实现控制工程造价的目标；

(2) 当有了工程量清单、材料价格也确定后，能降低标价与标底的误差率，增强标底的稳定性和可靠性。另外,还可以呈现出被淘汰的标价是由编制失误造成的原因。

(3) 可以灵活地实施采用材料费包干或可调整的承包方式,使权利和义务很好结合,使风险和利润的机会并存。

2. 不计算主材费

在编制标底时,不计算主材费,这是安装工程和装饰工程招标比较适用的方法。

不计算主材费主要有两种打算;一是将来由招标单位供应材料,施工单位只收取部分材料保管费;二是招标时不计算,中标后由建设单位和施工单位共同确定材料价格。

该方法通过控制主材费达到了控制工程造价的目的。

第四节 建设工程投标价的确定

一、投标价的编制依据

当前,国内工程投标时,往往将标价控制在标底的±5%以内,超过这个界限就是废标(国际工程无此限制),所以,这一规定使得必须有统一的依据来编制标价(或标书)。

在招标投标过程中,各地区均制定了标价的编制依据,通常包括:

1. 现行的概算、预算定额,费用定额及有关造价计算的各项规定;
2. 地区材料预算价格和调整材料价差的文件;
3. 现行的人工工资标准、机械台班预算价格;
4. 招标工程的设计图纸、标准图集及有关施工规范;
5. 经过批准的招标文件;
6. 施工方案;
7. 招标答疑会议纪要。

由于上述依据也是编制标底的基本依据,虽然投标单位可以根据本企业机械设备、技术力量、施工方案、经营管理水平的实际情况对标价进行合理的调整,但必须以上述依据为基础。

二、标价的编制内容

标价一般应包括下列内容:

1. 标价编制单位,编制人资格证章;
2. 标价编制说明;
3. 标价计算书,包括分部分项工程项目、直接费计算表、工料分析表、材料材价调整表、费用计算表等;
4. 主要材料用量汇总表。

三、标价的编制方法与计算步骤

标价的编制方法与标底的编制方法基本相同。

标价的计算步骤如下:

1. 做好标价计算前的准备工作

在计算标价前首先要熟悉、研究招标文件，掌握市场信息，在广泛收集资料、了解竞争对手实力的基础上，确定计算标价的基本原则。另外，还应做好施工现场的实地勘察工作，因为不同的施工场地和环境，发生的费用也不同。

2. 计算或复核工程量

如果需要计算工程量，则应该根据施工图、工程量计算规则认真、详尽地计算，并且要注意以下几点：

(1) 所划分的分部分项工程项目要与(概)预算定额中的项目一致；
(2) 严格按设计图纸规定的数据和说明计算；
(3) 计算的工程量要与拟定的施工方案相呼应；
(4) 认真检查和复核，避免重算或漏算工程项目。

如果招标文件提供了工程量清单，也应根据施工图认真复核，以便发现问题后在投标书中说明。

3. 确定工程单价

分项工程单价(基价)一般可以直接从预算定额、概算定额、单位估价表及单位估价汇总表中查得。但是，各施工企业为了增强在投标中的竞争能力，可以根据本企业的劳动效率、技术水平、材料供应渠道、管理水平等状况自己编制分项工程单价表，为计算投标价提供依据。

本企业的分项工程单价表的编制过程为，先编制人工工日单价、材料预算价格、机械台班预算价格，然后再根据企业积累的各有关人工、材料、机械台班的消耗量资料，计算出分项工程单价。

4. 计算直接工程费

工程量乘以分项工程单价汇总成单位工程直接费后再根据规定的取费等级计算其他直接费。

5. 计算间接费

根据直接工程费和规定的费率计算间接费。

6. 计算利润和税金

根据工程预算成本和利润率计算利润。根据成本加利润为基础及税率计算税金。

7. 确定基础标价和工程实际投标价

将上述费用汇总后，就构成该工程的基础标价，再运用投标策略和调整有关费用确定工程实际标价。

将上述计算步骤的各种表格装订成册，汇总成工程标底计算书。

第五节 建设工程投标价的控制方法

为了提高在建筑市场的竞争能力，在做到心中有数的情况下，合理控制工程报价，会收到好的效果。

一、用企业定额确定工程消耗量

1. 概述

目前，我们一般以预算定额的消耗量作为标价的计算依据。如果采用比预算定额水平更高的企业定额来编制标价，就能有根据地降低工程成本，编制出合理的工程报价。

施工企业内部使用的定额，称为施工定额。施工定额是企业根据自身的生产力水平和管理水平制定的内部定额。显然，为了能使施工定额从客观上起到提高劳动生产率和管理水平的作用，其定额水平必然要高于预算定额。

我们知道，预算定额确定建筑产品价格，建筑产品也是商品，按照马克思主义政治经济学有关理论，商品的价值由生产这个商品的社会必要劳动量确定，因此，预算定额的水平是平均水平。既然施工定额的水平要高于预算定额的水平，那么我们就将该定额的水平定格在平均先进水平上。很明确，施工企业应该编制出劳动效率高、消耗量低的施工定额用于企业管理的基础工作，并促使企业内部通过技术革新、采用新材料、采用新工艺及新的操作方法，努力降低成本，不断降低各种消耗，使自己处于低报价而又有较好收益的有利地位。所以，采用企业内部定额，无疑是控制工程报价的有效手段。

用企业定额编制工程标价应完成二个阶段的工作，一是不断编制和修订施工定额，二是根据施工定额计算工程消耗量。

2. 标价计算中施工定额与预算定额的对比分析

施工定额反映了本企业的技术和管理水平，采用该定额确定消耗量，计算投标价，不仅可以使企业生产成本低于行业平均成本，而且还能使企业在投标中处于价格优势地位。下面通过某地区预算定额和某企业施工定额在计算标价时的消耗量对比分析来说明施工定额的运用带来的价格优势(见表1-15、表1-16)。

某投标工程砖石分部工料分析表　　　　　表1-15

序号	预算定额编号	项目名称	单位	工程量	定额工日	工日小计	M5水泥砂浆(m^3)	标准砖(块)	M2.5混合砂浆(m^3)	M5混合砂浆(m^3)
1	1C0003	M5水泥砂浆砌砖基础	m^3	145.00	1.36	197.20	$\frac{0.236}{34.22}$	$\frac{523}{75835}$		
2	1C0011	M2.5混合砂浆砌砖墙	m^3	264.90	1.76	466.22		$\frac{526}{139337}$	$\frac{0.224}{59.338}$	
3	1C0035	M5混合砂浆砌砖柱	m^3	22.00	2.37	52.14		$\frac{545}{11990}$		$\frac{0.228}{5.016}$
		小　　计				715.56	34.22	227162	59.338	5.016
1	4-1-1	M5水泥砂浆砌砖基础	m^3	145.00	1.056	153.12	$\frac{0.248}{35.96}$	$\frac{512}{74240}$		
2	4-2-13	M2.5水泥砂浆砌一砖内墙	m^3	84.70	1.39	117.73		$\frac{520}{44044}$	$\frac{0.229}{19.396}$	
3	4-2-18	M2.5水泥砂浆砌一砖外墙	m^3	180.20	1.39	250.48		$\frac{523}{94245}$	$\frac{0.229}{41.266}$	
4	4-3-37	M5混合砂浆砌砖柱	m^3	22.00	2.25	49.50		$\frac{542}{11924}$		$\frac{0.218}{4.796}$
5	4-2注	立皮数杆加工	m^3	264.90	0.025	6.62				
		小　　计				577.45	35.96	224453	60.662	4.796

某投标工程砖石分部人工、材料费对比分析表　　　　　表 1-16

序号	项目名称	单位	预算定额	施工定额	节约或超支	单价	节约或超支金额	预算定额消耗量的金额	节约和超支占预算定额百分比
①	②	③	④	⑤	⑥=④-⑤	⑦	⑧=⑥×⑦	⑨=④×⑦	⑩=⑧÷⑨
1	人工	工日	715.56	577.45	138.11	15.80	2182.14	11305.85	19.30%
2	M5 水泥砂浆	m³	34.22	35.96	-1.74	124.32	-216.32	4254.23	-5.08%
3	标准砖	块	227162	224453	2709	0.14	379.26	31802.68	1.19%
4	M2.5 混合砂浆	m³	59.338	60.662	-1.324	102.30	-135.45	6070.28	-2.23%
5	M5 混合砂浆	m³	5.016	4.796	0.22	120.0	26.40	601.92	4.39%
	小　计						2236.03	54034.96	4.14%

通过表 1-15 和表 1-16 的分析,最后结果为:该投标工程砖石分部的人工、材料费报价可以在预算定额的基础上降低 54034.96 元,降低率为 4.14%。

二、预算成本法

1. 概述

预算成本法是指根据投标工程施工图、预算定额和招标文件先计算预算成本价,然后在此基础上进行有关费用的调整,再确定工程报价的方法。

预算成本法确定标价的运用条件:

(1) 采用预算定额编制标底和标价的地区。

(2) 招标文件中允许间接费率、利润率浮动。

(3) 招标文件中规定以最接近标底的较低标价为中标价。

2. 预算成本法确定标价的步骤

预算成本法确定投标价的步骤为:

(1) 根据施工图和预算定额及有关文件计算工程量;

(2) 根据工程量、预算定额和生产要素单价计算工程直接费;

(3) 根据直接费和间接费定额计算间接费后确定工程预算成本;

(4) 根据工程预算成本和利润率、税率计算利润和税金;

(5) 汇总上述费用确定工程造价;

(6) 根据投标策略和企业经营管理水平、施工技术水平状况调减间接费用和利润,使工程标价总额控制在企业预算成本加税金的范围内。

三、不平衡报价法

1. 概述

所谓不平衡报价是相对于常规的平衡报价而言,是指在总报价保持不变的前提下,与正常计算方法相比,提高某些分项工程单价,同时降低另外一些工程单价的报价方法。其主要目的是尽早收取工程备料款和进度款,从而增加流动资金数量,有利于资金周转;尽可能获得银行存款利息或减少贷款利息而获取额外利润。

2. 不平衡报价的原则

不平衡报价总的原则是保持正常报价的总额不变，而人为地调整某些项目的工程单价。

由于工程设计深度的不同或设计单位在设计中产生差错等原因，招标文件中提供的工程量清单中的数量准确性往往不会太高，加上设计图纸的基础工程量与实际施工的工程量也会发生变化。所以，在确定投标报价时，对那些预计实际工程量将增加的分项工程适当调增工程单价；对那些预计实际工程量将减少的分项工程适当调减工程单价；对早期完成的分项工程适当调增单价；对于后期完成的分项工程适当调减工程单价。

3. 不平衡报价的数学模型

假设在工程量清单中存在 x 个分项工程可以进行不平衡报价，其工程量为 A_1、A_2、A_3、……A_x，正常报价为 V_1、V_2、V_3、……V_x；在工程量清单中存在 m 个分项工程可以调整工程单价，其工程量为 B_1、B_2、B_3……B_m，工程单价经不平衡调增为 P_1、P_2、P_3……P_m；在工程量清单中存在 n 个分项工程可以调减工程单价，其工程量为 C_1、C_2、C_3……C_n，工程单价经不平衡调减为 Q_1、Q_2、Q_3……Q_n，则不平衡报价的数学模型为：

$$\sum_{i=1}^{x}(A_i \times V_i) = \sum_{i=1}^{m}(B_i \times P_i) + \sum_{i=1}^{n}(C_i \times Q_i)$$

4. 不平衡报价的计算方法与步骤

(1) 分析工程量清单，确定调增工程单价的分项工程项目

例如，根据某招标工程的工程量清单，将早期完成的基础垫层、混凝土满堂基础、混凝土挖孔桩的工程单价适当提高；将少计算工程量的外墙花岗岩贴面、不锈钢门安装的工程单价提高。

(2) 分析工程量清单，确定调减工程单价的分项工程项目

根据上述招标工程的工程量清单，将后期完成的混合砂浆抹内墙面、混合砂浆抹顶棚面、铝塑窗、屋面保温层的工程单价降低；将多算工程量的铝合金卷帘门、抹灰面乳胶漆的工程单价降低。

(3) 根据数学模型，用不平衡报价计算表分析计算

不平衡报价计算分析表见表 1-17。

不平衡报价计算分析表　　　　　　　　　　表 1-17

序号	项目名称	单位	平衡报价			不平衡报价			差额
			工程量	工程单价	合价	工程量	工程单价	合价	
1	C15 混凝土挖孔桩护壁	m³	303.60	272.63	82770.47	303.60	299.89	91046.60	8276.13
2	C20 混凝土挖孔桩桩芯	m³	1079.90	194.61	210159.34	1079.90	214.07	231174.19	21014.85
3	C10 混凝土基础垫层	m³	139.69	169.20	23635.55	139.69	186.12	25999.10	2363.55
4	C20 混凝土满堂基础	m³	2016.81	196.64	396585.52	2016.81	216.30	436236.00	39650.48
5	不锈钢门安装	m²	265.72	237.47	63100.52	265.72	291.50	78040.38	14939.86

续表

序号	项目名称	单位	平衡报价			不平衡报价			差额
			工程量	工程单价	合价	工程量	工程单价	合价	
6	花岗石贴外墙面	m²	77.35	377	29160.95	77.35	810.76	63176.39	34015.44
7	混合砂浆抹内墙面	m²	13685.00	6.71	91826.35	13685.00	5.21	71298.85	−20527.50
8	混合砂浆抹顶棚	m²	8015.927	6.01	48175.72	8016.00	4.32	34629.12	−13546.60
9	铝塑窗安装	m²	981.00	216	211896	981.00	160	156960	−54936
10	屋面珍珠岩混凝土保温层	m³	285.41	212.46	60638.21	285.41	150	42811.50	−17826.71
11	铝合金卷帘门	m²	235.50	185	43567.50	235.50	128	30144	−13423.50
	小 计				1261516.13			1261516.13	0

(4) 不平衡报价效果分析

不平衡报价效果分析见表 1-18。

不平衡报价效果分析表　　　　　表 1-18

早期施工项目			预计工程量增加项目						
项目名称	提高工程单价后可多结算费用（见表1-17）	多结算费用带来利息收入（10%）	项目名称	预计增加工程量（m²）	平衡报价金额		不平衡报价金额		增加金额
					工程单价	小 计	工程单价	小 计	
C15 混凝土挖孔桩护壁	8276.13	827.61	不锈钢门安装	105.60	237.47	25076.83	291.50	30782.40	5705.57
C20 混凝土挖孔桩芯	21014.85	2101.49	花岗石贴外墙面	334.00	377.00	125918	810.76	270793.84	144875.84
C10 混凝土基础垫层	2363.55	236.36							
C20 混凝土满堂基础	39650.48	3965.05							
合 计		7130.51							150518.41

通过上述分析可以看出，该部分工程量实行不平衡报价后，比平衡报价增加了 7130.51+150581.41=157711.92 元的工程直接费，比平衡报价直接费提高了 $\frac{157711.92}{1261516.13} \times 100\% = 12.5\%$，其效果是显著的。

四、相似程度估价法

相似程度估价法是指利用已办竣工结算的资料估算投标工程造价的方法。

1. 适用范围

(1) 工程报价的时间紧迫；

(2) 定额缺项较多；

(3) 建筑装饰工程。

2. 计算思路

我们知道，在一定地区的一定时期内，同类建筑或装饰工程在建筑物层高、开间、进深等方面具有一定的相似性；在建筑物的结构类型、各部位的材料使用及装饰方案上具有一定的可比性。因此，我们可以采用已完同类工程的结算资料，通过相似程度系数计算的方法来确定投标工程报价。

3. 采用相似程度估价法的基本条件

(1) 投标工程要与类似工程的结构类型基本相同；
(2) 投标工程要与类似工程的施工方案基本相同；
(3) 投标工程要与类似工程的装饰材料基本相同；
(4) 投标工程的建筑面积、层高、进深、开间等特征要素应与类似工程基本相同；
(5) 类似工程的施工工期与竣工日期应接近投标工程的工期和日期。

4. 计算公式

$$\frac{投标工程}{估算造价} = \frac{投标工程}{建筑面积} \times \frac{类似工程}{平方米造价} \times \frac{投标工程相}{似程度系数}$$

式中

$$投标工程相似程度系数 = \Sigma \left(\frac{类似工程的分部工程造价占总造价的百分比}{100} \times \frac{投标工程的分部工程造价相似程度百分比}{100} \right)$$

其中：(1) $\frac{类似工程的分部工程造价占总造价百分比}{} = \frac{类似工程的分部工程造价}{类似工程总造价} \times 100\%$

(2) $\frac{投标工程的分部工程相似程度百分比}{} = \frac{投标工程的分部工程主要材料单价}{类似工程的分部工程主要材料单价} \times 100\%$

或 $= \frac{投标工程的分部工程主要项目定额基价}{类似工程的分部工程主要项目定额基价} \times 100\%$

5. 用相似程度估价法确定工程报价实例

我们以估算装饰工程造价的实例来说明该方法的操作过程。

【例】根据表1-19中类似住宅工程和投标住宅工程的有关资料，估算住宅装饰工程报价：

住宅装饰工程有关资料   表1-19

工程对象\有关资料	每平方米造价（元/m²）	建筑面积（m²）	主房间开间（m）	主房间进深（m）	层高（m）	地面装饰材料单价（元/m²）	顶棚装饰项目定额基价（元/m²）	墙面装饰材料单价（元/m²）	灯饰（元/套）	卫生洁具（元/户）
类似工程	346	2000	3.90	5.10	3.10	30	34.87	48	800	5000
投标工程		2300	3.60	4.80	3.00	36	59.03	51	750	5200
类似工程分部造价占总造价百分比						22%	30%	24%	10%	14%

【解】 (1) 计算投标工程与类似工程相似程度百分比

① $\dfrac{\text{地面装饰分部}}{\text{相似程度百分比}} = \dfrac{\text{投标工程地面装饰材料单价}}{\text{类似工程地面装饰材料单价}} \times 100\% = \dfrac{36}{30} \times 100\% = 120\%$

② $\dfrac{\text{顶棚装饰分部}}{\text{相似程度百分比}} = \dfrac{\text{投标工程顶棚装饰项目定额基价}}{\text{类似工程顶棚装饰项目定额基价}} \times 100\% = \dfrac{59.03}{34.87} \times 100\% = 169\%$

③ $\dfrac{\text{墙面装饰分部}}{\text{相似程度百分比}} = \dfrac{\text{投标工程墙面装饰材料单价}}{\text{类似工程墙面装饰材料单价}} \times 100\% = \dfrac{51}{48} \times 100\% = 106\%$

④ $\dfrac{\text{灯饰分部相}}{\text{似程度百分比}} = \dfrac{\text{投标工程每户灯具估算费用}}{\text{类似工程每户灯具结算费用}} \times 100\% = \dfrac{750}{800} \times 100\% = 94\%$

⑤ $\dfrac{\text{卫生洁具相似}}{\text{程度百分比}} = \dfrac{\text{投标工程每户卫生洁具估算费用}}{\text{类似工程每户卫生洁具结算费用}} \times 100\% = \dfrac{5200}{5000} \times 100\% = 104\%$

(2) 计算投标工程相似程度系数

投标工程相似程度系数计算见表1-20。

投标工程相似程度系数计算表　　表1-20

分部工程名称	类似工程各分部工程造价占总造价百分比（%）	投标工程各分部相似程度百分比（%）	投标工程相似程度系数
①	②	③	④=②×③
地　面	22	120	0.2640
顶　棚	30	169	0.5070
墙　面	24	106	0.2544
灯　饰	10	94	0.0940
卫生洁具	14	104	0.1456
小　计	100		1.2650

(3) 计算投标工程估算造价

$\dfrac{\text{投标工程}}{\text{估算造价}} = 2300\text{m}^2 \times 346\text{元/m}^2 \times 1.2650 = 1006687\text{元}$

(4) 确定投标工程报价

按照企业确定的投标策略，考虑其他不可预见费用和该工程的竞争情况，根据估算造价确定工程投标报价。

五、面积系数法

面积系数法是通过有关面积系数的计算估算建筑装饰工程造价来确定装饰工程投标价的方法。

建筑装饰工程的主要内容是装饰建筑物的内外表面。由于同一建筑物的建筑面积与建筑装饰面积具有相关性，所以，我们可以利用建筑面积或墙面面积等乘上相关系数，就可以较方便地估算建筑装饰工程造价。

1. 面积系数法的主要思路

用面积系数法估算装饰工程造价的主要思路：根据建筑面积、墙面面积与各个装饰面相关性的内在联系，用统计、测算的方法确定若干相关系数，再用投标工程的建筑面积（或轴线间的面积）、墙面面积乘以对应的相关系数估算出装饰工程量，再乘以单位造价后汇总出整个装饰工程造价。

2. 主要工程量计算公式及相关系数

主要装饰工程量计算公式及相关系数见表 1-21。

主要装饰工程量计算公式及相关系数表　　　　　　　　　表 1-21

序号	项目名称	计 算 公 式	相关系数（统计计算取得）
1	楼地面	工程量 = 建筑面积（或轴线尺寸面积）× 净面积系数	净面积系数： 商场：0.98 住宅：0.90 宾馆：0.93
2	顶棚	工程量 = 建筑面积（或轴线尺寸面积）× 复杂程度系数	顶棚复杂程度系数： 在同一平面上：1.0 高差 10cm 内：1.05 高差 20cm 内：1.10
3	外墙面	工程量 = 外墙面全部面积 − 门窗面积 + 门窗面积 × 门窗洞口侧面面积系数	门窗洞口侧面面积系数： 门：0.36 窗：0.26
4	内墙面	工程量 = 净高 × [（内墙轴线长 × 2 + 外墙轴线长）− 装饰房间数 × 0.96] − 内外墙门窗面积 × 调整系数	门窗面积调整系数： 内墙上门：1.64 外墙上门：0.64 有内窗台：0.74 无内窗台：0.97 铝塑窗：0.82
5	台阶	工程量 = 台阶投影水平面面积 × 台阶装饰系数	台阶装饰系数： 1 + 0.15 × 台阶踏步数
6	楼梯	工程量 = 梯间轴线面积（或净面积）× 展开系数	展开系数：1.45

3. 面积系数法估算装饰工程造价计算公式

$$\text{装饰工程造价} = \Sigma(\text{各分项装饰工程量} \times \text{单位造价})$$

其中：$\text{单位造价} = \text{装饰工程预算定额基价} \times (1 + \text{其他直接费费率}) \times (1 + \text{间接费费率}) \times (1 + \text{利润率}) \times (1 + \text{风险率}) \times (1 + \text{税率})$

式中　$\text{风险率} = \dfrac{\text{装饰材料费增长额}}{\text{直接费} + \text{间接费} + \text{利润}} + \dfrac{\text{工程量误差引起的直接费、间接费、利润误差}}{\text{直接费} + \text{间接费} + \text{利润}}$

按照在市场经济条件下，费用应浮动的观点，可以将各种费率规定一个浮动的范围，供估算工程造价时取定使用。例如表 1-22 就是费率按三个等级浮动的例子。

面积系数估价法主要费率表　　　　　表 1-22

浮动等级	其他直接费率(%)	间接费率(%)	利润率(%)	风险率(%)	税率(%)
一	5.5	11	10	3	3.5
二	4.5	9.5	8	3	3.5
三	3	7.5	6.5	3	3.5

注：1. 以定额基价为取费基础。

2. 上述费率参考某地区有关费率确定。

4. 计算步骤

(1) 基本数据计算

① 建筑面积。

② 按不同装饰材料分类计算轴线尺寸水平面积。

③ 室内净高。

④ 建筑物总高。

⑤ 门窗及洞口面积。

⑥ 台阶投影面积。

⑦ 内、外墙轴线尺寸长。

(2) 计算装饰工程量

$$装饰工程量 = 基本数据 \times 相关系数$$

(3) 估算装饰工程造价

5. 面积系数估价法实例

(1) 某商住楼装饰工程的基本数据如下：

建筑面积=2561.60+12.96(半个山墙厚所占面积)=2574.56m²

每层建筑面积=2574.56÷5=514.91m²

层数：商店一层、住宅四层，共五层。

水磨石楼梯：	57.60m²
地砖地面：	88.0m²
花岗石地面(含走道)：	456.00m²
木地板楼面：	856.00m²
地砖楼面：	1104.00m²

2561.60m²(按轴线尺寸计算)

花岗石台阶(二步踏步)：　　37.31m²

底层商店净高：　　4.32m

住宅净高：　　2.95m

外墙总高：　　18.20m

装饰房间数：20×4 层+3=83 间(其中商店 3 间)

内墙上木门面积(木门已算费用)：　　324.00m²(其中商店 21.60m²)

铝塑窗面积(外墙上)：　　412.00m²

铝合金卷帘门：　　97.20m²

金属防盗门(内墙上)：　　36.00m²

每层住宅 $\begin{cases} 外墙长：108.00m & 墙厚：0.24m \\ 内墙长：366.00m & 墙厚：0.24m \end{cases}$

底层商店 $\begin{cases} 外墙长：108.00m & 墙厚：0.24m \\ 内墙长：89m & 墙厚：0.24m \end{cases}$

底层顶棚面高差：16cm
（轻钢龙骨、埃特板面、乳胶漆面）
住宅顶棚：无高差
（混合砂浆底已算费用，需算乳胶漆面）
内墙面装饰：乳胶漆面
外墙面装饰：墙面砖

(2) 装饰工程量计算

① 水磨石楼梯
$$S=57.60\times1.45^*=83.52m^2$$

（注：带"*"号的数据为表1-21中的相关系数，下同）。

② 商场地砖地面
$$S=88.00\times0.98^*=86.24m^2$$

③ 住宅地砖楼面
$$S=1104.00\times0.90^*=993.60m^2$$

④ 商场花岗石地面
$$S=456.00\times0.98^*=446.88m^2$$

⑤ 住宅木地板楼面
$$S=856.00\times0.90^*=770.40m^2$$

⑥ 花岗石台阶
$$S=37.31\times(1+0.15\times2)=48.50m^2$$

⑦ 铝塑窗安装
$$S=412.00m^2$$

⑧ 铝合金卷帘门安装
$$S=97.20m^2$$

⑨ 金属防盗门安装
$$S=36.00m^2$$

⑩ 商场轻钢龙骨、埃特板面吊顶，面刷乳胶漆
$$S=514.91\times0.98^*\times1.10^*=555.07m^2$$

⑪ 住宅顶棚面刷乳胶漆
$$S=514.91\times0.90^*\times1.0\times4层=1853.68m^2$$

⑫ 商场、住宅内墙面刷乳胶漆
$$S_{商场}=4.32\times[(89.0\times2+108.0)-3\times0.96^*]$$

卷帘门$$木门
$-97.20\times0.64^*-21.60\times1.64^*=4.32\times283.12-62.21-35.42=1125.45m^2$

$S_{住宅}=2.95\times[(366\times2+108)-20\times0.96^*]\times4层$

木门

$-(324.0-21.60)\times 1.64^{*}-412.00\times 0.82^{*}-36.00\times 1.64^{*}=9685.44-892.82$
$=8792.62$

小计：9918.07m²

⑬ 外墙面砖

$$S=108.0\times 18.00-\overset{\text{门窗面积}}{(412+97.20)}+\overset{\text{门窗洞口侧面积}}{412\times 0.26^{*}+97.20\times 0.36^{*}}$$
$=1965.60-509.20+142.11=1598.51\text{m}^2$

(3) 装饰工程单位造价计算

根据某地区装饰工程预算定额及表1-22中第二等级费率，计算装饰工程单位造价(见表1-23)。

(4) 装饰工程造价计算

装饰工程造价计算见表1-24。

装饰工程单位造价计算表　　　　　　　表 1-23

序号	项 目 名 称	定额基价(元/m²)	综合费率：(1+4.5%)×(1+9.5%)×(1+8%)×(1+3%)×(1+3.5%)	单位造价(元/m²)
①	②	③	④	⑤=③×④
1	水磨石楼梯	25.88	1.3174	34.09
2	地砖地面	45.34	1.3174	59.73
3	地砖楼面	39.07	1.3174	51.47
4	花岗石地面	198.24	1.3174	261.16
5	木地板楼面	86.50	1.3174	113.96
6	花岗石台阶	198.94	1.3174	262.08
7	铝塑窗安装	323.76	1.3174	426.52
8	铝合金卷帘门安装	210.84	1.3174	277.76
9	金属防盗门安装	281.52	1.3174	370.87
10	轻钢龙骨、埃特板、乳胶漆吊顶	73.61	1.3174	96.97
11	顶棚面乳胶漆	15.98	1.3174	21.05
12	内墙面乳胶漆	15.31	1.3174	20.17
13	外墙面贴面砖	61.06	1.3174	80.44

装饰工程造价计算表　　　　　　　表 1-24

序号	项 目 名 称	工程量(m²)	单位造价(元/m²)	分项工程造价(元)
①	②	③	④	⑤=③×④
1	水磨石楼梯	83.52	34.09	2847.20
2	商场地砖地面	86.24	59.73	5151.12
3	住宅地砖地面	993.60	51.47	51140.59

续表

序号①	项目名称②	工程量(m²)③	单位造价(元/m²)④	分项工程造价(元)⑤=③×④
4	商场花岗石地面	446.88	261.16	116707.18
5	住宅木地板楼面	770.40	113.96	87794.78
6	花岗石台阶	48.50	262.08	12710.88
7	铝塑窗安装	412.00	426.52	175726.24
8	铝合金卷帘门安装	97.20	277.76	26998.27
9	金属防盗门安装	36.00	370.87	13351.32
10	商场轻钢龙骨、埃特板、乳胶漆面吊顶	555.07	96.97	53825.14
11	住宅顶棚面刷乳胶漆	1853.68	21.05	39019.96
12	商场、住宅内墙面刷乳胶漆	9918.07	20.17	200047.47
13	外墙面砖	1598.51	80.44	128584.14
	工程造价			913904.29
	单方造价：354.97元/m²			

(5) 装饰工程标价确定

根据投标策略与其他条件调整装饰工程造价后确定工程投标报价。

第二章 建设工程实施阶段工程造价控制

第一节 施工组织设计的优化

施工组织设计的编制，应考虑全局，抓住主要矛盾，预见薄弱环节，实事求是地做好施工全过程的合理安排。在实际编制过程中，应从以下几个方面对施工组织设计进行优化。

一、充分做好施工准备工作

在收到中标通知书后，施工单位应着手编制详尽的施工组织设计。

由于工程开工前的一系列准备工作可以采用不同的方法去完成，不论在技术方面或者组织方面，通常都有许多可行方案供施工人员选择。但是，必须注意到，采用不同的施工方案，其经济效果是不同的。所以，造价工程师应结合工程项目的性质、规模、工期、劳动力数量、机械装备程度、材料供应情况、构件生产情况、运输条件、地质条件等各项具体的技术经济条件，对施工组织设计、施工方案、施工进度计划进行优化，提出改进意见，使方案更趋合理。

二、遵循均衡原则安排施工进度

在编制施工进度计划时，应按照工程项目合理的施工程序排列施工的先后顺序，根据施工情况划分施工段，安排流水作业，避免工作过分集中，有目的地削减高峰期工作量，减少临时设施的搭设，避免劳动力、材料、机械耗用量大进大出，保证施工过程按计划、有节奏地进行。

施工均衡性指标，可按下列算式计算：

$$主要分项工程施工不均衡系数 = \frac{高峰月工程量}{平均月工程量}$$

$$主要材料、资源消耗不均衡系数 = \frac{高峰月耗用量}{平均月耗用量}$$

$$劳动力消耗量不均衡系数 = \frac{高峰月劳动力消耗量}{平均月劳动力消耗量}$$

以上算式中的系数值越大，说明均衡性越差。

三、力求提高施工机械利用率

在工程施工中，主要施工机械利用率的高低，直接影响工程成本和施工进度。因此，必须充分利用现有机械装备，在不影响工程总进度的前提下，对进度计划进行合理调整，以便提高主要施工机械的利用率,从而达到降低工程成本的目的。

四、施工方法、施工技术的采用以简化工序、提高经济效益为原则

在保证工程质量的前提下,尽量采用成熟的施工方法,采用简化工序和提高经济效益的施工技术。因为成熟的施工方法只要提出要求,施工人员不需花更多的时间去掌握它。简化工序的施工技术既节约了时间,也达到了提高劳动生产率的目的。

五、施工方案的优化

施工方案的优化,应灵活运用定性的方法和定量的方法,对各种施工方案从技术上和经济上进行对比评价,最后选定能合理利用人力、物力、财力、各种资源的,项目投资最低的方案。

1. 定性分析

根据以往经验对施工方案的优劣进行分析。例如,工期是否适当,可按常规做法或工期定额进行分析;选择的施工机械是否适当,主要看能否满足使用要求、机械提供使用的可靠性;施工平面图设计是否合理,主要看场地利用是否合理,临时设施设置是否恰当等。

用定性分析的方法优化施工方案,比较方便,但不精确,要求有关人员必须具有丰富的施工经验和管理经验。

2. 定量分析方法

(1) 价值量分析法

通过对多种方案发生的费用计算,以价值量最低的方案为优选方案。

例如,某框架结构的框架柱内的竖钢筋连接,可采用电渣压力焊、绑条焊及搭接焊三种方案,若每层有 2560 个接头,试分析采用哪种方法较经济。

某工程钢筋接头焊点价值量分析表　　　　　　　表 2-1

名 称	电渣压力焊		绑 条 焊		搭 接 焊		对 比 分 析	
	用 量	金 额	用 量	金 额	用 量	金 额	电渣压力焊比绑条焊节约	电渣压力焊比搭接焊节约
钢 筋	0.18kg	0.54	2.04kg	6.12	1.02kg	3.06		
焊药、焊条	0.25kg	0.96	0.31kg	1.86	0.16kg	0.96		
人 工	0.02工日	0.46	0.05工日	1.15	0.03工日	0.69		
用 电 量	2.1W·h	0.07	25.2W·h	0.84	13.5W·h	0.45		
每个接头小计		2.03		9.97		5.16		
每层接头合计		5196.80		25523.20		13209.60	20326.40	8012.80

注:每层接头个数:2560 个。

从表 2-1 分析的结果来看,采用电渣压力焊的方法价值量最低,分别比绑条焊节约 20326.40 元,比搭接焊节约 8012.80 元,故应采用电渣压力焊的施工方案。

(2) 价值工程分析法

我们可以通过运用价值工程的基本原理来优选施工方案。下面通过某学校实验大楼的土方工程的施工方案选择过程来说明其应用方法。

① 确定价值工程研究对象

某学校实验大楼的满堂基础挖土方。

② 功能定义

安全、迅速、高效、高质量挖 5500m^3 土方。

③ 施工方案分析

按要求，挖出的土方堆放在距施工地点 100m 处，留作回填。施工人员先提出了基本方案，A 方案，后经过实地勘察和反复研究，又提出其他四种施工方案（见表 2-2）。

施工方案分析表　　　　　　　　　　　　　　　　表 2-2

施工方案	施工方法	施工机械	工程量（m^3）	主要施工方法	工期（d）	工程成本（元）	方案优缺点
A	挖运	挖土机 1 台 汽车 3 台 推土机 1 台	5500	挖土机挖土装汽车，推土机配合卸土	14	5900	1. 质量高、安全有把握 2. 施工管理较容易 3. 成本较高
B	挖推	挖土机 1 台 推土机 2 台	5500	挖土机挖土，推土机将土推到存土场地	13	3100	1. 节约费用 2. 现场较乱 3. 施工安全不能保证
C	挖运推	挖土机 1 台 汽车 2 台 推土机 1 台	5500	A、B 两种方法相结合	12	3800	1. 施工质量较好 2. 成本较高 3. 较安全
D	推土	推土机 2 台	5500	用推土机将土推出基坑外再推往存土场地	20	3600	1. 放坡面积大，破坏了基坑边坡 2. 效率低、工期长 3. 施工安全较差
E	铲运	铲运机 2 台	5500	铲运机挖土运土	10	3650	1. 工程质量高 2. 坑底平整、边坡好 3. 较安全

④ 方案评价

经过表 2-3 对提出的五个方案进行分析比较，考虑到实验大楼的施工现场狭窄，综合考虑工程质量、工程成本、施工安全、方案总分等因素，采用 E 方案比较合适。该方案比先提出的基本方案（A 方案）缩短工期 4d，降低成本 2250 元。

施工方案评价表　　　　　　　　　　　　　　　　表 2-3

指标	评分等级	评分标准	施工方案				
			A	B	C	D	E
工程成本	1. 高	0	0				
	2. 适中	10			10	10	10
	3. 低	15		15			

续表

指标	评分等级	评分标准	施工方案				
			A	B	C	D	E
工期	1. 长	0				0	
	2. 适中	10	10	10	10		
	3. 短	15					15
工程质量	1. 高	20	20		20		20
	2. 有把握	10					
	3. 无把握	5		5		5	
施工安全	1. 能保证	10	10		10		10
	2. 不能保证	5		5		5	
施工管理	1. 费用低	10	10				10
	2. 费用高	5		5	5	5	
方案总分			50	40	55	25	65
排列顺序			3	4	2	5	1

第二节 用施工预算控制工程成本

一、施工预算及编制方法

1. 施工预算的概念

施工预算是为了适应施工企业管理的需要，按照队、组核算的要求，根据施工图纸、施工定额（或劳动定额）、施工组织设计，考虑挖掘企业内部潜力，在开工前由施工单位编制的技术经济文件。施工预算规定了单位或分部、分层、分段工程的人工、材料、施工机械台班消耗量和工程直接费的消耗量，是施工企业加强管理、控制工程成本的重要手段。

2. 施工预算的编制内容

施工预算的编制内容主要包括：

（1）计算工程量；

（2）套用施工定额（或劳动定额）；

（3）人工、材料、机械台班用量分析和汇总；

（4）进行"两算"对比分析。

3. 施工预算编制依据

（1）经过会审的施工图、会审纪要及有关标准图；

（2）施工定额、劳动定额；

（3）施工方案；

（4）人工工资标准、机械台班预算价格、材料预算价格及市场价格。

4. 施工预算的编制方法

施工预算的编制方法主要有以下三种：
(1) 实物法

根据施工图纸、施工定额，结合施工方案所确定的施工技术措施，算出工程量后，套用施工定额，分析人工、材料消耗量。

(2) 实物金额法

用实物法计算出的人工、材料消耗量，分别乘以所在地区的工日单价和材料单价，求出人工费、材料费的编制过程就是实物金额法。

(3) 单位估价法

根据施工图和施工定额计算工程量后，套用施工定额基价，逐项算出直接费后再汇总成单位工程、分部工程、分层及分段的工程直接费。

二、"两算"对比

"两算"是指施工图预算和施工预算。前者是确定工程造价的依据，后者是施工企业控制工程成本的尺度。

通过"两算"对比，分析节约和超支的原因，以便提出解决问题的措施，防止工程成本的亏损，为降低工程成本提供依据。

1. "两算"对比的方法

两算对比的方法有实物对比法和金额对比法。

(1) 实物对比法

将施工预算和施工图预算计算出的人工、材料消耗量，分别填入两算对比表进行对比分析，算出节约或超支的数量及百分比，并分析其原因。

(2) 金额对比法

将施工预算和施工图预算计算出的人工费、材料费、机械费分别填入两算对比表进行对比分析，算出节约或超支的金额及百分比，并分析其原因。

2. "两算"对比的内容

(1) 人工数量及人工费的对比分析

施工预算的人工数量及人工费与施工图预算对比，一般要低6%左右。这是由于两者使用不同定额造成的。例如，砌砖墙分项工程项目中，砂子、标准砖和砂浆的场内水平运输距离，施工定额按50m考虑；而预算定额则是，砂子按80m、标准砖按170m、砂浆按180m运距考虑，预算定额已包括了材料、半成品的超运距用工。同时，预算定额的人工消耗指标还考虑了在施工定额中未包括，而在一般正常施工条件下又不可避免发生的一些零星用工因素。如土建施工各工种之间的工序搭接及土建与水电安装之间的交叉施工配合所需停歇的时间；因工程质量检查和隐蔽工程验收而影响工人操作的时间；施工中不可避免的其他少数零星用工等。另外，按照企业生产力水平编制的施工定额，其基工工作的用工量应少于预算定额。所以，施工定额的用工量一般都比预算定额低。

(2) 材料消耗量及材料费的对比分析

施工定额的材料损耗率一般都低于预算定额，如砌标准砖墙分项工程项目中，标准砖和砌筑砂浆的损耗率，预算定额规定为1%；某企业施工定额规定的损耗率，标准砖为0.5%~1%，砌筑砂浆为0.8%~1%。同时，编制施工预算时还要考虑和扣除技术措施的材料节约量。所以，施工预算的材料消耗量及材料费一般低于施工图预算。

有时，由于两种定额之间的水平不一致，个别项目也会出现施工预算的材料消耗量大于施工图预算的情况。不过，总的水平应该是施工预算低于施工图预算。如果出现反常情况，则应进行分析研究，找出原因，采取措施，加以解决。

（3）施工机械费的对比分析

施工预算的机械费，是根据施工组织设计或施工方案所规定的实际进场机械，按其种类、型号、台数、使用期限和台班单价计算。而施工图预算的施工机械是预算定额综合确定的，与实际情况可能不一致。因此，施工机械部分只能采用两种预算的机械费进行对比分析。如果发生施工预算的机械费大量超支，而又无特殊原因时，则应考虑改变原施工方案，尽量做到不亏损而略有节余。

（4）周转材料使用费的对比分析

周转材料主要指脚手架和模板。施工预算的脚手架是根据施工方案确定的搭设方式和材料。施工图预算则综合了脚手架搭设方式，按不同结构和高度，以建筑面积为基数计算的（有的地区也单独按搭设方式单独计算）。施工预算的模板是按混凝土与模板的接触面积计算；施工图预算的模板计算，各地区规定不同，有采用与施工预算相同的方法，也有按混凝土体积综合计算的方法。因而，周转材料宜采用按其发生的费用进行对比分析。

3. "两算"对比实例

（1）人工工日对比

某会议室工程人工工日"两算"对比的实例见表 2-4。

人工工日两算对比表　　　　表 2-4

工程名称：××会议室
建筑面积：54.08m²
结构与层数：砖混结构、单层

序号	分部工程名称	施工预算（工日）	施工图预算		对比分析			
			工日	占单位工程百分比（%）	节约（工日）	超支（工日）	节约或超支占本分部百分比（%）	节约或超支占单位工程百分比（%）
①	②	③	④	⑤	⑥=④-③	⑦=④-③	⑧=⑥/⑦÷④	⑨=⑤×⑧
1	土方	28.85	42.13	14.82	13.28		31.52	4.67
2	砖石	53.28	63.46	22.33	10.18		16.04	3.58
3	脚手架	6.65	2.43	0.86		−4.22	−173.66	−1.49
4	混凝土	28.72	37.87	13.32	9.15		24.16	3.22
5	木结构	24.09	15.13	5.32		−8.96	−59.22	−3.15
6	楼地面	27.16	29.53	10.39	2.37		8.03	0.84
7	屋面	13.78	15.57	5.48	1.79		11.50	0.63
8	装饰	70.93	78.12	27.48	7.19		9.20	2.53
	小计	253.46	284.24	100	43.96（节约：30.78）	−13.18		10.83

（2）主要材料对比

某会议室工程主要材料两算对比实例见表 2-5。

主要材料两算对比表　　　　　　　　　　　　　　表 2-5

工程名称：××会议室
建筑面积：54.80m²
结构与层数：砖混结构、单层

序号	材料名称	单位	施工预算			施工图预算			对比分析					
									数量差			金额差		
			数量	单价	金额	数量	单价	金额	节约	超支	%	节约	超支	%
①	②	③	④	⑤	⑥=④×⑤	⑦	⑧	⑨=⑦×⑧	⑩=⑦−④	⑪=⑦−④	⑫=⑩÷⑪	⑬=⑨−⑥	⑭=⑨−⑥	⑮=⑬÷⑭
1	标准砖	千块	21.615	127.00	2745.11	21.639	127.00	2748.15		0.024	0.11		3.04	0.11
2	32.5级水泥	t	10.266	160.00	1704.16	9.179	166.00	1523.71		−1.087	−11.84		−180.45	−11.84
3	42.5级水泥	t	1.366	188.00	256.81	2.633	188.00	495.00		1.267	48.12		238.19	48.12
4	φ4冷拔丝	t	0.209	2171.00	453.74	0.209	2171.00	453.74	0		0	0		
	小计				5159.82			5220.60				241.23（节约：60.78）	−180.45	

三、签发施工任务单和限额领料单

用施工预算控制分部分项工程成本是通过向生产班组下达施工任务单和限额领料单来实现的。

在施工前，施工队（或工程项目部）向生产班组下达施工任务单和限额领料单，在分部分项工程完工后，按两单结算付酬，从而在基本环节上控制了人工、机械、材料的消耗量。

1. 施工任务单

根据施工预算，以施工班组为对象，将应完成的工程量项目所需的定额工日数、材料需用量分别填入施工任务单。完工后通过质量验收，记录实耗工日数、材料量，并据此计算劳动报酬。

施工任务单见表 2-6。

2. 限额领料单

以施工班组为对象，根据施工任务单中所完成的各项材料需用量签发限额领料单，材料管理人员根据领料单发料，控制施工中的材料用量，工程结束后，计算实际耗用量，节约有奖，超支扣减酬劳。

限额领料单见表 2-7，限额领料发放记录见表 2-8。

施工任务单 表2-6

项目名称_____ 编　号_____ 开工日期_____
部位名称_____ 签 发 人_____ 交 底 人_____
施工班组_____ 签发日期_____ 回收日期_____

定额编号	分项工程名称	单位	定额工数			实际完成情况				考勤记录	
			工程量	时间定额/定额系数	定额工数	工程量	实需工数	实耗工数	工效(%)	姓名	日　期
小　计											

材料名称	单位	单位定额	定额数量	实需数量	实耗数量	施工要求及注意事项				
						验收内容	签证人			
						质　量　分				
						安　全　分				
						文明施工分		合计		

计划施工日期：　月 日～ 月 日　实际施工日期：　月 日～ 月 日　　工期超 d
　　　　　　　　　　　　　　　　　　　　　　　　　　　　　　　　　　　　　拖　 d

限额领料单　表2-7

年　月　日

单位工程		施工预算工程量		任务单编号	
分项工程		实际工程量		执行班组	

材料名称	规　格	单位	施工定额	计划用量	实际用量	计划单价	金额	级配	节约	超用

限额领料发放记录　　　　　　表2-8

月/日	名称、规格	单位	数量	领用人	月/日	名称、规格	单位	数量	领用人	月/日	名称、规格	单位	数量	领用人

四、通过分项成本分析、控制工程成本

在施工过程中，可以采取分项成本分析的方法，找出显著的成本差异，有针对性地采取有效措施，努力降低工程成本。

绘制成本控制折线图。将分部分项工程的承包成本、施工预算(计划)成本按时间顺序绘制成本折线图。在成本计划实施的过程中，将发生的实际成本绘在图中，进行比较分析(见图2-1)。

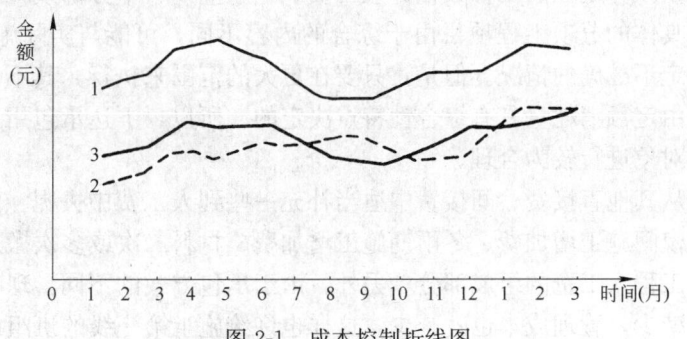

图2-1　成本控制折线图
1—承包成本；2—计划成本；3—实际成本

实际偏差＝实际成本－承包成本
计划偏差＝承包成本－计划成本
目标偏差＝实际成本－计划成本
目标偏差＝实际偏差＋计划偏差

分项成本分析表见表2-9。

分项成本分析表　　　　　　表2-9

单位工程：

分部或分项工程	计划成本（施工预算成本）			实际成本			成本分析				显著的成本差异
							增		减		
	数量	单价	金额	数量	单价	金额	金额	单价	金额	单价	

第三节 工程直接费的控制

一、工程人工费的控制

在施工过程中,人工费的控制具有较大的难度。尽管如此,我们可以从控制支出和按实签证两个方面来着手解决。

从定额的编制时间和执行时间来分析,定额的人工费具有滞后性。

在编制预算定额时,首先要测算预算定额的综合平均工资等级,再根据现行的工资标准和有关规定计算人工工日单价,工日单价乘以定额用工数就算出了构成定额基价之一的人工费。比如,某地区预算定额规定,每个工日的单价为 15.80 元。但是,由于预算定额的执行有一个周期,一般要使用 5 年左右再修订。而在这五年中,每年的实际工资在不断增长,使得定额人工费具有滞后性。所以,从这一实际情况出发,人工费的控制要分步进行。

首先是按定额人工费控制施工生产中的人工费,尽量以下达施工任务单的方式承包用工;二是考虑用其他直接费、间接费适当补充一些;三是如产生预算定额以外的用工项目,应按实签证。

按施工定额或预算定额的工日数核算人工费,一般应以一个分部或一个工种为对象来进行。因为定额具体的分项工程项目由于综合的内容不同,可能与实际施工情况有差别,从而产生用工核定不准确的情况。但是,只要在更大的范围来执行,其不合理的因素就会逐渐克服,这是由定额消耗量具有综合性特点决定的。所以,下达承包用工的任务时,应以分部或工种为对象进行较为合理。

为什么还要从其他直接费、间接费中适当补充一些到人工费中去呢?因为,其他直接费中的内容,如夜间施工增加费、冬雨期施工增加费、材料二次或多次搬运费等费用含有人工费,属于该工程人工费的组成部分;另外,由于承包方式的不同,现场管理人员和企业管理人员相对减少,管理成本也就减少,这样也许给施工第一线的班组或承包队伍增加了管理上的用工,所以,从现场经费和企业管理费中适当补充一些人工费也是符合实际情况的。

有些项目在施工中,会产生预算定额以外的内容,例如,挖基础土方时,出现了埋在土内的旧管道,这时,拆除废弃管道的用工应单独签证计算;又如,由于建设单位的原因停止了供电,或不能及时供料等原因造成的停工时间,应及时签证。

二、工程材料费的控制

我们知道,材料费是构成工程成本的主要内容。由于材料品种和规格多,用量大,所以其变化的范围也较大。因而,只要施工单位能控制好材料费的支出,就掌握了降低成本的主动权。

材料费的控制应从以下几个方面着手。

1. 以最佳方式采购材料,努力降低采购成本

(1) 采购地点、渠道不同价格不同

同一种材料，从生产厂家采购或从供应商处采购，价格不同。如果工程和材料生产厂家在同一地点，显然应从厂家直接采购最合算；如果工程与材料生产厂家不在同一地点时，应计算分析一下采购费用，包括运杂费、采购人员发生的费用后再决定选择自己采购还是由中间商供货。

(2) 建立长期合作关系的采购方式

建筑材料经销商往往以较低的价格给老客户，以吸引他们建立长期的合作关系，以薄利多销的策略来经销建筑材料。

施工单位与材料供应商之间的合作关系，除了有优惠的折扣外，还有一种相互信任的关系，例如质量上、数量上、付款方式上都是互相信任的。良好的信誉是双方合作的基础。

(3) 按工程进度计划采购供应材料

在施工的各个阶段，施工现场需要多少材料进场，应以保证正常的施工进度为原则。由于材料供应不能大量积压，因为积压的材料增加了材料的损耗和保管费用，所以，为了控制好材料成本，必须按施工进度计划采购和供应材料。

2. 根据施工实际情况确定材料规格

在施工中，当材料品种确定后，材料规格的选定对节约材料有较重要的意义。

例如，在净尺寸长和宽均为 5.40m 的房间里铺花岗石板地面，有三种不同的规格可供选用，即 450mm×450mm；500mm×500mm；600mm×600mm。每块的单价分别为：60.75元/块、80元/块、122.4元/块。这时，我们应根据上述情况进行分析，选用哪种规格的花岗石板材最经济。通过计算可知：

第一种：5.40m÷0.45m＝12 块　（行、列都取定为 12 块）

　　　　12×12＝144 块　（每个房间需用块数）

　　　　144×60.75元/块＝8748 元　（花岗石板材总费用）

第二种：5.40m÷0.50m≈11 块　（行、列都取定为 11 块）

　　　　11×11＝121 块　（房间需用块数）

　　　　121×80元/块＝9680 元　（总费用）

第三种：5.40m÷0.60m＝9 块　（行、列都取定为 9 块）

　　　　9×9＝81 块　（总块数）

　　　　81×122.40元/块＝9914.4 元　（总费用）

分析上述三组数据可以看出，采用第一种和第三种规格都不需切割，不浪费材料。但第一种比第三种规格费用更低，所以在施工设计没有具体特别要求的情况下，应首选使用 450mm×450mm 规格的花岗石板材。

又如，楼梯踏步贴瓷砖，当楼梯净宽为1350mm，踏步宽为300mm，高为150mm时，选用哪种规格的地面砖较合理。通过市场调查，符合楼梯用的地面砖有 350mm×350mm、400mm×400mm、450mm×450mm、500mm×500mm、600mm×600mm 等规格，假如各种规格的地砖每平方米的价格是一样的，怎样选择最合理。

上述问题中规格不同，但平米价格是一致的，我们可以通过采用哪种规格地砖的损耗最低的原则来选定，分析过程如下：

楼梯踏步板和踢脚板贴瓷砖时，缝要对齐，所以只能选择其中一种规格，不能混用。

(1) 以踏步宽计算

350mm×350mm 规格：踏步板切割一次，丢掉 50mm 宽；踢脚板切割二次，丢掉 50mm 宽。

400mm×400mm 规格：踏步板切割一次，丢掉 100mm 宽；踢脚板切割二次，丢掉 100mm 宽。

450mm×450mm 规格：切割一次，分成 300mm 宽、150mm 宽，无浪费。

500mm×500mm 规格：切割二次，分成 300mm 宽、150mm 宽，丢掉 50mm 宽。

600mm×600mm 规格：切割一次分成 300mm 宽二块，或切割三次分成 150mm 宽四块，无浪费。

结论：采用 450mm×450mm 或 600mm×600mm 规格较合理，无浪费。

(2) 以楼梯宽计算

350mm×350mm 规格：1.35÷0.35＝3.86 块≈4 块

400mm×400mm 规格：1.35÷0.40＝3.85 块≈4 块

450mm×450mm 规格：1.35÷0.45＝3 块

500mm×500mm 规格：1.35÷0.50＝2.70 块≈3 块

600mm×600mm 规格：1.35÷0.60＝2.25 块≈3 块

结论：450mm×450mm 比 600mm×600mm 更合理，没有浪费，所以选用 450mm×450mm 规格的地砖最经济合理。

3. 合理使用周转材料

金属脚手架、模板等周转材料的合理使用，也能达到节约和控制材料费的目的。这一目标可以通过以下几个方面来实现。

一是合理控制施工进度，减少模板的总投入量，应用发挥其周转使用效率。由于占用的模板少了，也就降低了模板摊销费的支出。

二是控制好工期，做到不拖延工期或合理提前工期，尽量降低脚手架的占用时间，充分提高周转使用率。

三是做好周转材料的保管、保养工作，及时除锈、防锈，通过延长周转使用次数达到降低摊销费用的目的。

4. 合理设计施工现场的平面布置

施工现场布置与材料费有关的内容有：

(1) 材料堆放场地合理

材料堆放场地合理是指，根据现有的条件，合理布置各种材料或构件的堆放地点，尽量不发生或少发生二次搬运费；尽量减少施工损耗和其他损耗。

(2) 混凝土、砂浆搅拌站位置合理

在没有使用商品混凝土的工地上，需使用混凝土搅拌机。混凝土搅拌机、砂浆搅拌机的位置应设在与原材料和半成品运输地点之间的较短的一条线上。因为较短的距离可以相对减少砂、石、水泥等原材料或半成品混凝土、砂浆的运输损耗，从而达到控制材料费的目的。

第四节 工程变更的控制

在工程项目的实施过程中,由于建设单位、设计、施工进度等方面的原因,常常会出现工程量、材料、施工进度等变化。这些变化会导致工程费用发生改变,因此,应该合理控制这些工程变更。

一、工程变更的原因

工程内容变更是建筑施工生产的特点之一。对一个较为复杂的工程,在实施过程中,可能会发生几十项甚至几百项的内容变化。工程内容变更的主要原因是:

1. 建设单位对建设工程提出新的要求。例如,修改项目总计划;削减预算;更换不同材质的门窗等等。
2. 由于设计上的错误,必须对设计图纸作修改。
3. 由于使用新技术,有必要改变原设计、原施工方案。
4. 由于施工现场的环境发生了变化,预定的工程条件不准确。
5. 政府部门对建设项目有新的要求,如环境保护要求、城市规划要求等。

二、工程变更程序

实际工作中的工程变更,情况较复杂,一般有以下几种:

1. 工程尚未开始

当与变更的相关分项工程尚未开始时,只需对工程设计进行修改和补充。例如,发现标高有错误或建设单位对工程提出新的要求等。

2. 工程正在施工

当变更所涉及到的工程正在施工。这种变更通常时间很紧迫,甚至可能发生现场停工、等待变更指令的情况。

3. 工程已完工

对已完工的工程进行变更时就必须作返工处理。

工程变更程序一般由合同规定。最理想的变更程序是,在变更执行前,双方就变更中涉及到的费用增加和工期延长的补偿达成协议。但是,合同双方对于费用和工期的补偿谈判常常会有反复和争执,这会影响变更的实施和整个工程的施工进度。所以,在国际承包工程中,施工合同通常赋予监理工程师以直接指令变更工程的权力。承包商在接到指令后必须执行变更。对具体的价格、费用和工期的调整由监理工程师、承包商、业主共同协商后确定。

三、工程变更申请

在工程项目管理中,工程变更通常要经过一定的手续,如申请、审查、批准、通知等。申请表的格式和内容可根据具体工程需要设计。某工程项目的工程变更申请表见表2-10。

工程变更申请表　　　　　　　　　　　　　表 2-10

申请人：		申请表编号：		合同号：	
变更的分项工程内容及技术资料说明：					
工程号： 施工段号：			图号：		
变更 依据			变更 说明		
变更所涉 及的资料					
变更的影响： 技术要求： 对其他工程的影响：			工程成本： 材　　料： 机　　械： 劳动力：		
计划变更实施日期					
变更申请人(签字)					
变更批准人(签字)					
备　　注					

四、FIDIC合同条件下工程变更的控制

FIDIC合同条件授予监理工程师很大的工程变更权力。只要监理工程师认为必要，便可对工程的形式、质量或数量作出变更。同时又规定，没有监理工程师的指示，承包商不得作任何变更(工程量表上规定的增加或减少工程量除外)。

1. 工程变更程序

FIDIC合同条件下，工程变更的一般程序是：

(1) 提出变更要求

工程变更可由承包商提出，也可由业主或监理工程师提出。承包商提出的变更多数是从方便承包商施工条件出发，提出变更要求的同时，提出变更后的图纸设计和费用计算问题；业主提出设计变更大多是由于当地政府有关要求或者工程性质发生改变等；监理工程师提出工程变更大多是发现设计错误或不足。

(2) 监理工程师审查变更

无论是哪一方提出工程变更，均需由监理工程师审查批准。监理工程师审批工程变更时应与业主和承包商进行适当的协商。尤其是一些费用增加较多的工程变更项目，更要与业主进行充分的协商，征得业主同意后才能批准。

(3) 编制工程变更文件

工程变更文件包括：

① 工程变更令

主要说明变更的理由和工程变更的概况，工程变更估价及对合同价的影响。

② 工程量清单

工程变更的工程量清单与合同中的工程量清单相同，并附工程量的计算式及有关确定工程单价的资料。

③ 设计图纸

④ 其他有关文件

（4）发出变更指标

监理工程师的变更指示应以书面形式发出。如果监理工程师有必要以口头形式发出指示，当口头指示发出后应尽快加以书面确认。

2. 工程变更估价

工程变更后，不应作废原合同，但是对变更产生的影响应按 FIDIC 合同条件第 52 条的规定进行估价。

如果监理工程师认为适当，应以合同中规定的费率及价格进行估价。当合同中未包括适用于该变更项目的价格和费率时，则应在合理的范围内使用合同中的费率和价格作为估价基础。若工程量清单中既没有与变更项目相同的项目，也没有相似的项目时，由监理工程师与业主和承包商适当协商后确定一个合适的费率或价格作为结算的依据；当双方意见不一致时，监理工程师有权单方面确定其认为合适的费率或价格。

为了支付的方便，在费率和价格没有取得一致意见前，监理工程师应确定暂行费率和价格，按期中暂付款支付。

五、工程变更中应注意的问题

1. 监理工程师的认可权应合理限制

在国际承包工程中，业主常常通过工程师对材料的认可权，提高材料的质量标准；对设计的认可权，提高设计质量标准；对施工认可权提高施工质量标准。如果施工合同条文规定比较含糊，这方面的争执在工程中比较多；如果这种认可权超过合同明确规定的范围和标准，它就变为业主的修改指令。因此，承包商对超出合同规定的要求应争取业主或工程师的书面确认，然后再提出工期和额外费用的索赔。

2. 工程变更不能超过合同规定的工程范围

工程变更不能超出合同规定的工程范围。如果超过了这个范围，承包商有权不执行变更或坚持先商定价格后再进行变更。

3. 变更程序的对策

在国际工程中，经常出现变更已成事实后，再进行价格谈判，这对承包商很不利。当遇到这种情况时可采取以下对策：

（1）控制（或拖延）施工进度，等待变更谈判结果。这样不仅损失较小，而且谈判回旋余地较大。

（2）争取以计时工或按承包商的实际费用支出计算费用补偿。例如采用成本加酬金的方法计算。这样可以避免价格谈判中的争执。

（3）应有完整的变更实施的记录和照片，并请监理工程师签字，为索赔作准备。

4. 承包商不能擅作主张进行工程变更

对任何工程问题,承包商不能自作主张,进行工程变更。特别是在国际承包工程中更不能这样做。如果施工中发现图纸错误或其他问题需进行变更,应首先通知工程师,经同意或通过变更程序后再进行变更。否则,不仅得不到应有的补偿,还会带来不必要的麻烦。

5. 承包商在签订变更协议过程中须提出补偿问题

在商讨变更工程,签订变更协议过程中,承包商必须提出变更索赔问题。在变更执行前就应对补偿范围、补偿办法、索赔值的计算方法,补偿款的支付时间等问题双方达成一致的意见。

第五节 施 工 索 赔

一、索赔及起因

1. 索赔的概念

索赔是在经济合同的实施过程中,合同一方因对方不履行或未能正确履行合同所规定的义务而受到损失,向对方提出的赔偿要求。

在承包建筑安装工程中,对承包商来说,索赔的范围更为广泛。一般只要不是承包商自身责任,而由外界干扰造成工期延长和成本增加,都有可能提出索赔。主要包括以下几种情况:

(1) 发包商违约

业主违约,未履行合同责任。例如未按合同规定及时交付施工图造成工程拖延,承包商可提出赔偿要求。

(2) 其他情况

其他情况包括,业主行使合同赋予的权利,指令变更工程;工程环境出现事先未能预料的情况或变化,如恶劣的气候条件、与勘察报告不同的地质情况、国家法令的修改、物价上涨、汇率变化等。由此造成的损失,承包商可提出补偿要求。

在实际工程中,索赔是双向的,业主也可以向承包商提出索赔要求。业主可以通过冲账、扣拨工程款、没收履约保函、扣保留金等实现对承包商的索赔。最常见、处理较多且比较困难的是承包商向业主提出的索赔。所以,通常将它作为索赔管理的重点和主要对象。

2. 索赔要求

在承包工程中,索赔要求通常有以下两个方面:

(1) 合同工期的延长

承包合同中都列有工期和工程延期的罚款条款。如果工程延期是由承包商管理不善造成的,则他必须承担责任,接受合同规定的处罚。而对外界干扰引起的工期拖延,承包商可以通过索赔,取得业主对合同工期延长的认可,则在这个范围内免去合同处罚。

(2) 费用补偿

由于非承包商自身责任造成工程成本增加,使承包商增加额外费用,蒙受经济损失,可根据合同规定向业主提出费用索赔要求。当该要求得到业主认可,则应向承包商追加支付这笔费用用以补偿损失。这样，承包商通过索赔不仅可以弥补损失，而且还能增加工程利润。

3. 索赔的起因

在目前的承包工程中，特别是国际承包工程中，索赔经常发生，而且索赔额很大。这主要由以下几个方面引起。

(1) 由现代承包工程的特点引起

现代承包工程的特点是工程量大、投资大、结构复杂、技术和质量要求高、工期长等等。再加上工程环境的不准确性和市场因素、社会因素等，导致地质条件的变化、建筑材料市场的变化、货币的贬值、城建环保部门对工程的建议要求等等，形成了对工程实施的内部和外部干扰，从而直接影响工程建设计划、设计、施工，进而影响工期和工程成本。

(2) 合同内容的有限性

施工合同是在工程开始前签订的，对如此复杂的工程和环境变化因素的影响，合同不可能对所有问题作出预见和规定，对所有的工程作出准确的说明。

另外，由于施工合同条件越来越复杂，合同中难免有考虑不周的条款，有缺陷和不足之处，如措词不当、说明不清楚、有二义性等，都会导致合同内容的不完整性。

上述原因会导致双方在实施合同中对责任、义务和权力的争执，而这些争执往往都与工期、成本、价格等经济利益相联系。

(3) 应业主要求

业主可能会在建筑形式、功能、质量、实施方式等方面提出合同以外的要求。

(4) 各承包商之间的相互影响

往往完成一个工程需若干个承包商共同工作。由于管理上的失误或技术上的原因，当一方失误不仅会造成自己的损失，而且还会殃及其他合作者，影响整个工程的实施。因此，在总体上应按合同条件，平等对待各方利益，坚持"谁过失，谁赔偿"的原则，进行索赔。索赔是受损失者的权利。

(5) 对合同理解的差异

由于合同文件十分复杂，内容又多，再加上双方看问题的立场和角度不同，会造成对合同权利和义务的范围界限划分的理解不一致，造成合同上的争执。

在国际承包工程中，合同双方来自不同的国度，使用不同的语言，适应不同的法律参照系，有不同的工程施工习惯。所以，双方对合同责任理解的差异也是引起索赔的主要原因之一。

综上所述，签订合同时确定的工程和价格是相对于投标时的合同条件、工程环境和施工方案，即"合同状态"。由于内部和外部的干扰因素引起"合同状态"中某些因素发生变化，打破了"合同状态"，造成工期延长和额外费用的增加，而这些变化没有包括在原合同工期和价格中，或者承包商不能通过合同价格得到补偿，则产生索赔要求。

上述这些情况，在工程承包合同的实施过程中都有可能产生，所以，索赔也不可避免。承包商为了取得工程经济效益，不能不重视对索赔问题的研究。

二、索赔的条件

索赔的根本目的在于保护自身利益，挽回损失，避免亏本。要想取得索赔的成功，提出索赔要求必须符合以下基本条件：

1. 客观性

客观性是指客观存在不符合合同或违反合同的干扰事件，并且对承包商的工期和成本造成影响。这些干扰事件还要有确凿的证据证明。

由于合同双方都在进行合同管理，都在对施工进程进行监督和跟踪，对任务索赔事件都能清楚地了解到。所以，承包商提出的任何索赔，必须是真实的。

2. 合法性

当内外部因素对施工过程产生干扰，而这些干扰非承包商自身责任引起，那么，按照合同条款对方应给予补偿。

索赔要求必须符合本工程施工合同的规定。合同作为工程施工中的法律文件，可以用来判定干扰事件的责任由谁承担、承担什么样责任、应赔偿多少等。所以，不同的合同条件，索赔要求具有不同的合法性，因而会产生不同的结果。

3. 合理性

合理性是指索赔要求合情合理，符合实际情况，真实反映由于干扰事件引起的实际损失、采用合理的计算方法等。

承包商不能为了追求利润，滥用索赔，或者采用不正当手段搞索赔，否则会产生以下不良影响：

（1）合同双方关系紧张

在合同的实施过程中，承包商滥用索赔手段，使双方关系紧张，互不信任，不利于合同的继续实施和双方的进一步合作。

（2）承包商信誉受损

提出不合理索赔要求，会使承包商的信誉受到损害，不利于将来的继续经营活动。在国际工程承包中，不利于在工程所在国继续扩展业务。任何业主在招标中都会对上述承包商存有戒心，敬而远之。

（3）会受到处罚

在工程施工中滥用索赔，对方会提出反索赔的要求。如果索赔违反法律，还会受到相应的法律处罚。

综上所述，承包商应该正确地、辩证地对待索赔问题。正当的、合理的索赔使损失得到补偿，增加了收益；不正当、不合理的索赔理应受到处罚。从合同双方整体利益出发，应极力避免干扰事件，避免索赔的产生。因为这些干扰事件对双方都可能造成损失，影响工程的正常施工、造成混乱和工期拖延。而且对于具体的干扰事件，能否取得索赔的成功，能否及时、如数地获得补偿是很难预料的，也是较难把握的，这会有许多风险，所以，承包商不能以索赔作为取得利润的基本手段。

三、索赔意识

在市场经济条件下，承包商要提高工程经济效益，必须重视索赔问题，必须牢固地树

立索赔意识。索赔意识主要体现在以下三个方面:

1. 法律意识

索赔是法律赋予承包商的正当权利,是保护自己正当权益的手段。强化索赔意识,实质上强化了承包商的法律意识。这不仅可以强化承包商的自我保护意识,提高自我保护能力,而且还能提高承包商履约的自觉性,自觉地防止自己侵害他人利益。

2. 市场经济意识

在市场经济环境下,承包企业以追求经济效益为目标。索赔是在合同规定的范围内,合理合法地追求经济效益的手段。通过索赔可以提高合同价格,增加收益。不讲索赔,放弃索赔机会,是不讲经济效益的表现。所以,索赔意识实质上反映了经济效益、市场经济的意识。

3. 工程管理意识

索赔工作涉及工程项目管理的各个方面,要取得索赔成功,必须提高整个工程项目的管理水平,更进一步健全和完善管理机制。在工程管理中,必须有专人负责索赔管理工作,将索赔管理贯穿于工程项目全过程。所以,搞好索赔工作能带动施工企业管理和工程项目管理整体水平的提高。

总之,承包商有了索赔意识,才能重视索赔、敢于索赔、善于索赔。

四、索赔的分类

从不同的角度,按不同的标准,索赔有以下几种分类方法:

1. 按照干扰事件的性质分类

(1) 工期拖延索赔

业主未能按合同规定的时间提供施工条件,如未及时交付设计图纸、技术资料、场地、道路等;非承包商原因业主指示停止工程实施;其他不可抗因素作用等原因,造成工程中断。

(2) 不可预见的外部障碍或条件索赔

例如,地质条件与预计的不同;出现未能预见的岩石、淤泥或地下水等。

(3) 工程变更索赔

业主或监理工程师指令修改设计、增加或减少工程量、增加或删除部分工程、修改实施计划等变更,造成工期延长和费用损失,承包商对此提出索赔。

(4) 工程终止索赔

由于某种原因、不可抗力因素影响、业主违约等使工程被迫在竣工前停止实施,并不再继续施工,使承包商蒙受经济损失,因此提出索赔。

(5) 其他索赔

如货币贬值、汇率变化、物价上涨、政策法令变化、业主推迟支付工程款等原因引起的索赔。

2. 按索赔要求分类

(1) 工期索赔

即要求业主延长工期,推迟竣工日期。

(2) 费用索赔

即要求业主补偿费用损失,调整合同价格。

3. 按索赔的起因分类

(1) 业主违约

包括业主和监理工程师没有履行合同责任、没有正确地行使合同赋予的权力、工程管理失误、不按合同支付工程款等。

(2) 合同错误

例如合同条文不全、错误、矛盾,设计图纸错误等。

(3) 合同变更

如双方签订新的变更协议、备忘录、修正案等;业主或监理工程师下达工程变更指令等。

(4) 工程环境变化

包括法律的变更,市场物价、货币兑换率、自然条件的变化等。

(5) 不可抗力因素

如恶劣的气候条件、地震、洪水、战争状态、禁运等。

4. 按索赔的处理方式分类

(1) 单项索赔

单项索赔是针对某一干扰事件提出的。其特点是,索赔处理是在合同实施过程中,干扰事件发生时或发生后立即进行,并在合同规定的索赔有效期内向业主提交索赔意向书和索赔报告。

(2) 总索赔

总索赔亦称一揽子索赔或综合索赔。这是国际承包工程中经常采用的索赔处理和解决方法。一般是在工程竣工前,承包商将工程实施过程中未解决的单项索赔集中起来,提出一份索赔报告,合同双方在工程支付前后进行最终谈判,以一揽子方案解决索赔问题。

五、索赔程序

索赔工作是对一个或一些具体干扰事件发生后进行索赔所涉及到的各项工作。这些工作通常由施工合同条件规定。FIDIC合同条件对索赔程序及争执的解决程序有非常详细和具体规定。承包商必须严格按照合同规定办事,在合同规定的有效期内提出索赔意向和索赔报告,按合同规定的程序工作。

在国际工程中,索赔工作通常可以分为以下几个步骤进行。

1. 索赔意向通知

当干扰事件发生后,承包商必须抓住索赔机会,迅速作出反应,在一定的时间内(FIDIC合同条件规定为28d),向监理工程师和业主递交索赔意向通知,声明将对此干扰事件提出索赔。

2. 索赔的内部处理

一当干扰事件发生,承包商就应进行索赔处理工作,直到正式向工程师和业主提出索赔报告。这一阶段的主要工作有:

(1) 事态调查

事态调查的目的是为了寻找索赔机会。通过对合同实施的跟踪、分析、诊断发现索赔机会后，则应对事件进行详细的调查和跟踪，以了解事件发生的前因后果，掌握事件的详细情况。在实际工作中，事态调查可以用合同事件调查表来进行。

(2) 原因分析

干扰事件原因分析，即分析由谁引起，由谁来负责。

(3) 索赔依据

准备索赔依据，即提出索赔的理由。索赔依据主要是合同条文，必须按合同条文判明这些干扰事件是否违反合同，是否在合同规定的赔偿范围内。只有符合合同规定的索赔要求才具有合法性。例如，某工程合同规定，在工程总价的8%范围内，工程变更是承包商的风险和机会，则业主指令增加的工程量在这一范围内，承包商不能提出索赔要求。

(4) 损失调查

损失调查的重点是收集、分析、对比实际与计划的施工进度，工程成本和费用方面的资料。如果干扰事件没有造成损失，则无索赔可言。如果有损失，则在这些资料的基础上计算索赔值。

(5) 收集证据

干扰事件发生后，承包商应抓紧证据的收集工作，使干扰事件持续期间保持完整的记录。因为这是索赔要求有效的前提条件。

(6) 起草索赔报告

索赔报告由合同管理人员在其他项目管理职能人员配合下起草。索赔报告是上述各项工作的总结和结果。

3. 提交索赔报告

承包商必须在合同规定的时间内向监理工程师和业主提交索赔报告。

4. 解决索赔

从递交索赔报告到最终获得赔偿的支付是索赔的解决过程。这个阶段的工作重点是，通过谈判或调查或仲裁使索赔得到合理解决。这一过程主要包括以下工作：

(1) 工程师审查索赔报告

监理工程师收到索赔报告后，通过分析索赔理由、索赔事件过程、索赔值计算后，评价索赔要求的合理性和合法性。若觉得理由不充分或证据不足，可以要求承包商作出解释或补充证据或修改索赔要求。工程师在这基础上提出索赔处理意见后交业主。

(2) 业主审批索赔报告

业主根据工程师的处理意见进行审查和批准承包商的索赔报告。业主也可以反驳、否定或部分否定承包商的索赔要求。承包商常常需要作进一步的解释和补充证据，工程师也需就处理意见作出说明。经过谈判，对索赔的解决进行磋商后，达成一致意见。经工程师和业主认可的索赔要求，承包商有权在工程进度款中获得支付。

六、工期索赔计算

1. 比例法

在工程实施中，业主推迟设计资料、设计图纸、建设场地、行驶道路等条件的提供，会直接造成工期的推迟或中断，从而影响整个工期。通常，上述活动的推迟时间可直接作为工期的延长天数。但是，当提供的条件能满足部分施工时，应按比例法来计算工期索赔值。

【例 2-1】 某承包工程，承包商总承包该工程的全部设计和施工任务。合同规定，业主应于1997年5月中旬前向承包商提供全部设计资料。该工程的主要结构设计部分占80%，其他轻型结构和零星设计部分占20%。但是，在合同实施过程中，业主在1997年12月至1998年6月之间才陆续将主要结构设计资料交付齐全，其余资料在1998年5月至1998年10月才交付齐全(设计资料交付时间由资料交接表及交接手续为证)。对此，承包商提出工期拖延索赔要求。其索赔计算如下：

【解】 对主要结构设计资料的提供时间可以取1997年12月初到1998年6月底的中间月份，即为1998年的3月中旬。其他结构设计资料的提供期可取1998年5月初到1998年10月底的中间月份，即为1988年7月底。综合这两方面的日期，按比例以平衡点的月份为全部设计资料的提供期。

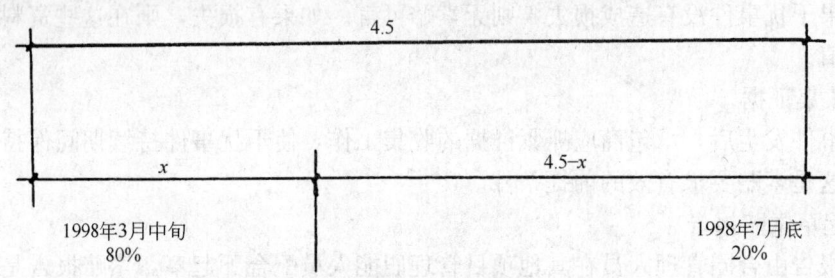

图 2-2 综合平衡日期示意图

按所示列出的计算式及计算结果为：

$$x \times 80\% = (4.5-x) \times 20\%$$

$$0.8x = 0.9 - 0.2x$$

$$x = \frac{0.90}{1} = 0.9 \text{ 月}$$

即全部设计资料提供期应为1998年4月中旬，则索赔工期为11个月(由1997年5月中旬拖延到1998年4月中旬)。

在实际工程中，干扰事件常常仅影响某些分项工程，要分析它们对总工期的影响，可以采用比例法分析。

【例 2-2】 某工程施工中，业主推迟工程室外楼梯设计图纸的批准，使该楼梯的施工延期20周，该室外楼梯工程的合同造价为45万元，而整个工程的合同总价为500万元，则承包商应提出索赔工期多少周？

【解】 总工期索赔 $= \dfrac{\text{受干扰部分的工程合同价}}{\text{工程合同总价}} \times \text{该部分工程受干扰工期拖延量}$

$$= \frac{45}{500} \times 20 = 1.8 \text{ 周}$$

答：承包商应提出1.8周的工期索赔。

【例 2-3】 某工程合同总价为360万元，总工期为12个月，现业主指令增加附属工程的合同价为 60 万元，计算承包商应提出的工期索赔时间。

【解】 $$总工期索赔 = \frac{增加工程量的合同价}{原合同总价} \times 原合同总工期$$

$$= \frac{60}{360} \times 12 = 2 \text{ 个月}$$

答：承包商应提出 2 个月的工期索赔。

2. 相对单位法

工程的变更必须会引起劳动量的变化，这时我们可以用劳动量相对单位法来计算工期索赔天数。

【例 2-4】 某工程原合同规定的工期为：土建工程 30 个月，安装工程 6 个月。现以一定量的劳动力需用量作为相对单位，则合同所规定的土建工程可折算为 520 个相对单位，安装工程可折算为 140 个相对单位。另外，合同规定，在工程量增减 5% 的范围内，承包商不能要求工期补偿。但是，在实际施工中，土建和安装各分项工程量都有较大幅度的增加。通过计算，实际土建工程量增加了 110 个相对单位、安装工程量增加了 50 个相对单位。对此，承包商应提出多少个月的工期赔偿？

【解】（1）考虑工程量增加 5% 作为承包商的风险

土建工程为：$520 \times 1.05 = 546$ 相对单位

安装工程为：$140 \times 1.05 = 147$ 相对单位

（2）计算工期延长

$$土建工程 = 30 \times \left(\frac{520 + 110}{546} - 1 \right) = 4.6 \text{ 个月}$$

$$安装工程 = 6 \times \left(\frac{145 + 50}{147} - 1 \right) = 1.8 \text{ 个月}$$

故： 总工期索赔 = 4.6 + 1.8 = 6.4 个月

3. 网络分析法

网络分析法是通过分析干扰事件发生前后的网络计划，对比两种工期的计算结果，从而计算出索赔工期。

4. 平均值计算法

合同规定，某工程 A、B、C、D 四个分项工程由业主供应水泥。在实际施工中、业主没有能按合同规定的日期供应水泥，造成停工待料。根据现场工程有关资料和合同双方的有关文件证明，由于业主水泥供应不及时对施工造成的停工时间如下：

A 分项工程： 15d
B 分项工程： 8d
C 分项工程： 10d
D 分项工程： 11d

承包商在一揽子索赔中，对业主由于材料供应不及时造成工期延长提出工期索赔的计算如下：

总延长天数： 15+8+10+11=44d
平均延长天数： 44÷4=11d
工期索赔值： 11d

5. 其他方法

在实际工程中,工期补偿天数的确定方法可以是多样的。例如,在干扰事件发生前由双方商讨在变更协议或其他附加协议中直接确定补偿天数;或者按实际工期延长记录确定补偿天数等。

七、费用索赔计算

费用索赔是整个工程合同索赔的重点和最终目标。费用索赔的计算方法,一般有以下几种:

1. 总费用法

总费用法是一种较简单的计算方法。他的基本思路是,把固定总价合同转化为成本加酬金合同,即以承包商的额外成本为基础加上管理费和利息等附加费作为索赔值。

【例 2-5】 某工程原合同报价如下:

现场成本(工程直接费+工地管理费)	2500000 元
公司管理费(现场成本×8%)	200000 元
利润、税金(现场成本+公司管理费)×9%	243000 元
合同总价	2943000 元

在实际工程中,由于完全非承包商原因造成现场实际成本增加 180000 元,试用总费用法计算索赔值。

【解】

现场成本增加量	180000 元
公司管理费(现场成本增量×8%)	14400 元
利息支付(按实际发生计算)	2000 元
利润、税金(现场成本+公司管理费+利息)×9%	17676 元
索赔值小计	214076 元

使用总费用法计算索赔值应符合以下几个条件:

(1) 合同实施过程中的总费用核算是准确的;工程成本核算符合认可的会计原则;成本分摊方法、分摊基础选择合理;实际成本与报价成本所包括的内容一致。

(2) 承包商的报价是合理的,反映实际情况。

(3) 费用损失的责任,或干扰事件的责任与承包商无任何关系。

(4) 合同争执的性质不适合其他计算方法确定索赔值。例如,特殊的附加工程;业主要求加速施工;承包商向业主提供特殊服务等等。

2. 分项法

分项法是按每个或每类干扰事件引起费用项目损失分别计算索赔值的方法。其特点是:

(1) 比总费用法复杂,处理较困难;

(2) 能反映实际情况,比较科学、合理;

(3) 能为索赔报告的进一步分析、评价、审核明确双方责任提供方法;

(4) 应用面广,容易被人们接受。

【例 2-6】 某工程因设计资料的拖延引起额外费用的索赔值计算如下：

费用项目	费用(元)
1. 现场管理人员工资损失	2510
2. 工地上不经济地使用劳动力损失	580
3. 现场管理人员和工人膳食补贴增加	650
4. 工地办公费增加	310
5. 工地交通费增加	340
6. 工地施工机械费用增加	2150
7. 保险费增加	1800
8. 分包商索赔	4160
9. 总部管理费(1～9项之和×10％)12500×10％＝1250	
合 计：	13750

【解】 用分项法计算索赔值，通常分三步进行：

第一步：分析每个或每类干扰事件所影响哪些费用项目，这些费用项目通常应与合同报价中的费用项目一致。

第二步：确定各费用项目索赔值的计算基础和计算方法，然后计算每个费用项目受干扰事件影响后的成本或费用值，再同原合同报价对比，就能得到该项费用的索赔值。

第三步：将各费用项目的计算值列表汇总，就得到总费用索赔值。

3. 因素分析法

因素分析法亦称连环替代法。为了保证分析结果的可比性，应将各指标按客观存在的经济关系，分解为若干因素指标连乘积的形式。还要注意各因素的排列顺序，即数量指标在前、质量指标在后；实物指标在前、价值指标在后；基本指标在前、从属指标在后以及相邻的因素指标相乘有意义的原则。

如： 某材料成本费 = $\begin{cases} \overbrace{完成工程量 \times 单位工程量材料消耗量 \times 单价}^{材料消耗量 \times 单价} \\ 完成工程量 \times 单位工程量材料费用 \end{cases}$

采用因素分析法进行因素分析的基本过程为：

(1) 分别列出各因数指标的数值，如计划与实际数值；基期与报告期数值；本项目数值与先进(平均)水平数值等，以便进行比较。

(2) 分析原则：用除法进行相对程度比较，即计算指标。结论是各因素指标相对变动(指数)的连乘积等于成本指标的总相对变动(指数)；用减法进行绝对差异比较。结论是，各因素指标绝对变动的代数和等于成本指标的绝对增减额。

【例 2-7】 某项工程量计划为 $850m^3$，由于采取了一定的技术和组织措施，实际只完成了 $830m^3$ 就达到了设计要求。但是，核算中发现某种材料费用实际是 73372 元，比计划材料费 71400 元还增加了 1972 元，试分析该种材料成本上升的原因。

【解】 我们知道，影响材料成本费用的因素除了工程量外，还受单位工程消耗量(单耗)和单位材料价格(单价)的影响，于是可以对材料成本变动进行多因数分析，分析资料及分析过程见表2-11。

某材料成本变动影响因素分析表 表 2-11

因素	单位	计划 ①	实际 ②	指数（相对比较） ③=②÷①	增减量（差异比较） ④=②-①	因素变动引起成本绝对变动		
						变动因素	工程量×单耗×单价	成本的绝对变动
工程量	m³	850	830	0.97647	−20	工程量减少	④×①×① −20×0.28×300	−1680
单耗	t	0.28	0.26	0.92857	−0.02	单耗降低	②×④×① 830×(−0.02)×300	−4980
单价	元	300	340	1.13333	40	价格上涨	②×②×④ 830×0.26×40	8632
成本	元	71400	73372	1.02762	1972	综合影响	(−1680)+(−4980)+8632	1972

上表因素分析结果表明，影响材料成本的因素是，工程量实际比计划减少20m³，是计划的97.647%，使材料费下降了1680元；单耗实际比计划减少0.02吨，是计划的92.857%，使材料费下降了4980元；单价实际比计划上涨了40元，是计划的113.333%，使材料费上升了8632元。三种因素综合作用的结果是，材料费用比计划上涨了2.762%，多花了1972元。因此，采取的对策是向甲方索取价格补贴。如果能得到价格差异补偿8632元，则该分项工程的材料费可以节约6660元(1680+4980)。

第六节 工程价款结算

当工程承包合同签订后，承包商在施工前应根据工程合同价向业主收取预付备料款；在工程施工进程中需拨付工程进度款；工程进度到一定阶段时，开始抵扣预付备料款并进行中间结算；承包工程全部完工后，应办理竣工结算。

一、工程备料款

按合同规定，在工程开工前，建设单位要支付一笔工程材料、预制结构构件的备料款给施工单位。需支付的工程备料款以形成工程实体的材料需用量及其储备的时间长短来计算，其计算公式如下：

$$工程备料款 = \frac{年度建安工作量 \times 主要材料所占比重}{年度施工日历天数} \times 材料储备天数$$

上式中，材料储备天数可以根据当地材料供应情况确定。

在实际工作中，工程备料款的额度，通常由各地区根据工程类型、施工工期、材料供应状况规定的。一般为当年建安工作量的25%左右。对于大量采用预制构件的工程可以适当增加。

【例2-8】 某工程承包合同规定，工程备料款按当年工作量的28%计算，该工程当年工作量为254万元，试计算工程备料款。

【解】 工程备料款=254×28%=71.12万元

二、工程备料款的扣还

由于工程备料款是按建安工作量与所需占用的储备材料计算的,随着工程的进展,材料储备随之减少,相应备料款也减少,因此,预收的备料款应当陆续扣还,直到工程全部竣工之前扣完。扣款的方法是,从未施工工程尚需的主要材料及构件的价值相当于备料款数额时起扣,从每次结算工程价款中,按材料比重扣抵工程价款。备料款的起扣点可按下列公式计算:

$$\text{预付备料款起扣点} = \text{承包工程价款总额} - \frac{\text{预付备料款的限额}}{\text{主要材料所占比重}}$$

需要说明的是,在实际工作中,情况比较复杂,有些工程工期较短,只有几个月,就无需分期扣还;有些工程工期较长,需跨年度,其备料款的占用时间较长,根据需要可以少扣或不扣。在一般情况下,工程进度达到65%时,开始抵扣预付备料款。

三、工程进度款

1. 按月完成工作量收取

该方法一般在中旬或月初收取上旬或上月完成的工程进度款,当工程进度达到预收备料款起扣点时,则应从应收工程进度款中减去应扣除的数额。收取工程进度款的计算公式为:

$$\text{本期工程进度款} = \text{本期完成工作量} - \text{应扣还的预收备料款}$$

【例2-9】 某工程上个月末完成建安工作量250000元(占年计划工作量的8%),应扣还的预收备料款为100000元,本月初应向建设单位收进多少工程进度款?

【解】 本期工程进度款=250000-100000=150000元

2. 按逐月累计完成工作量计算

以逐月累计完成工作量收取工程进度款是国际承包工程常用的方法之一。具体做法是:

(1)业主不支付承包商的工程备料款,工程所需的备料款全部由承包人自筹或向银行贷款。

(2)承包商进入施工现场的材料、构配件和设备,均可以报入当月的工程进度款,由业主负责支付。

(3)工程进度款采取逐月累计倒扣合同总金额的方法支付。该方法的优点是,如果上月累计多支付,即可在下期累计工作量中扣回,不会出现长期超支工程款的现象。

(4)支付工程进度款同时,扣除按合同规定的保留金。保留金一般为工程合同价的5%,大工程可在合同中固定一个数额。

(5)计算方法

① 工程量计算方法

累计完成工程量=本月完成工程量+上月累计完成工程量

未完工程量=合同工程量-累计完成工程量

② 工作量计算方法

累计完成工作量＝本月完成工作量＋上月累计完成工作量

未完工作量＝合同总金额－累计完成工作量

【例 2-10】 某工程花岗石板铺地面工程量为 2600m^2，4 月份～6 月份累计完成工程量 1800m^2，本月（7 月份）完成 500m^2 工程量，计算累计完成工程量和未完工程量。

【解】 花岗石地面累计工程量＝1800＋500＝2300m^2

花岗石地面未完工程量＝2600－2300＝300m^2

【例 2-11】 某工程合同总金额为 7800000 元，上半年累计完成工作量 3650000 元，本月份完成工作量 710000 元（其中包括材料进入现场金额 2000000 元），试计算本月累计完成工作量和未完工作量及扣除 5％保留金后应收取的工程进度款。

【解】 累计完成工作量＝3650000＋710000＝4360000 元

未完工作量＝7800000－4360000＝3440000 元

本期应收工程进度款＝710000－710000×5％＝674500 元

四、竣工结算

施工单位完成合同规定的工程内容，交工后，应向建设单位办理竣工结算。

在竣工结算时，若因某些条件变化使合同工程价款发生变化，则需按规定对合同价进行调整。

在实际工作中，当年开工、当年终工的工程，只需办理一次性结算。跨年度的工程，在年终办理一次年终结算，将未完工程结转到下一年度，这样，竣工结算等于各年度结算的总和。

办理工程价款竣工结算的一般公式为：

$$\frac{竣工结算}{工程价款} = \frac{预算造价或}{合同价} + \frac{施工过程中预算造价}{或合同价调整金额} - \frac{预付及已结算}{工程价款} - 保留金$$

五、综合例题

某建筑工程合同承包价为 800 万元，预付备料款占工程价款的 25％，主要材料及预制构件金额占工程价款的 64％，而实际完成工作量和合同价款调整增加额如表 2-12 所示，当保留金为合同价的 5％时（竣工结算时扣除）求预付备料款、每月结算工程款、竣工结算工程款、保留金各为多少？

某建筑工程逐月完成工作量和合同价调整增加额表　　　　表 2-12

月　份	1	2	3	4	5	6	7	8	9	合同价调整增加额
完成工作量（万元）	27	45	100	200	180	95	66	54	33	80

【解】（1）预付备料款

$$800×25\% = 200 \text{ 万元}$$

（2）计算预付备料款起扣点

$$\frac{预付备料款}{起扣点} = 800 - \frac{200}{64\%} = 487.5 \text{ 万元}$$

即：当累计结算工程价款为 487.5 万元时，开始扣备料款。

(3) 一月份应结算工程款为 27 万元,累计拨款为 27 万元;
(4) 二月份应结算工程款为 45 万元,累计拨款为 72 万元;
(5) 三月份应结算工程款为 100 万元,累计拨款为 172 万元;
(6) 四月份应结算工程款为 200 万元,累计拨款为 372 万元;
(7) 五月份应结算工程款为 180 万元,累计拨款为 552 万元;

因五月份累计拨款已超过 487.5 万元,且 552－487.5＝64.5 万元,所以应从五月份的 180 万元工程拨款中扣除一定数额的预付备料款。因此,五月份应结算的工程款为:

$$(180-64.5)+64.5\times(1-64\%)=138.72 \text{ 万元}$$

故五月份的累计拨款应为 372＋138.72＝510.72 万元

(8) 六月份应结算工程款为:

$$95\times(1-64\%)=34.20 \text{ 万元}$$

六月份累计拨款为 544.92 万元

(9) 七月份应结算工程款为:

$$66\times(1-64\%)=23.76 \text{ 万元}$$

七月份累计拨款为 568.68 万元

(10) 八月份应结算工程款为:

$$54\times(1-64\%)=19.44 \text{ 万元}$$

八月份累计拨款为 588.12 万元

(11) 九月份应结算工程款为

$$33\times(1-64\%)=11.88 \text{ 万元}$$

九月份累计拨款为 600 万元,加上预付备料款 200 万元,共拨 800 万元,加上合同价调整增加款 80 万元应为 880 万元工程款。

(12) 扣除保留金后竣工结算价款:

$$880-880\times5\%=836 \text{ 万元}$$

故九月份工程竣工交付使用后,应拨付工程价款为:

$$11.88+(836-800)=47.88 \text{ 万元}$$

保留金 44 万元,等一年保修期满后再付给承包商。

六、工程价款的动态结算

现行的工程价款结算方法是静态结算,没有反映价格等因素变化的影响。因此,要全面反映工程价款的结算,应实行工程价款的动态结算。所谓动态结算就是要把各种动态因素渗透到结算过程中,使结算价大体能反映实际的消耗费用。

常用的动态结算方法有以下几种:

1. 按竣工调价系数办理结算

目前,有些地区按竣工调价系数办理竣工结算。这种方法是合同双方采用现行的概、预算定额基价作为合同承包价。竣工时,根据合理的工期及当地建设工程造价管理部门颁发的各个季度的竣工调价系数,以直接工程费为基础,调整由于人工费、材料费、机械费等费用上涨(或下降)及工程变更等影响造成的价差。

【例 12-12】 某建筑工程已竣工,按预算定额计算的合同承包价为 4360000 元,其中:

直接工程费 3700000 元，间接费 360000 元，利润 169200 元，税金 130800 元，查工程造价部门颁发的该类工程本年度竣工调价系数为 1.024，试计算竣工工程价款。

【解】 （1）计算间接费占直接工程的百分比

$$\frac{360000}{3700000} \times 100\% = 9.73\%$$

（2）计算利润占直接工程费、间接费的百分比

$$\frac{169200}{3700000+360000} \times 100\% = 4.17\%$$

（3）计算税金占直接工程费、间接费、利润的百分比

$$\frac{130800}{3700000+360000+169200} \times 100\% = 3.093\%$$

（4）计算调整后的工程结算价款

调整后的工程结算价款 = 直接工程费 × 1.024 × (1+9.73%) × (1+4.17%) × (1+3.093%)
= 3700000 × 1.024 × 1.0973 × 1.0417 × 1.03093
= 4464768.05 元

2. 按实际价格计算

由于建筑材料市场的建立和发展，材料采购的范围和选择余地越来越大。为了调动合同双方的积极性，合理降低成本，工程主要材料费可按地方工程造价管理部门定期公布的最高限价结算，也可由合同双方根据市场供应情况共同定价。只要符合质量和工程的要求，合同文件规定承包人可以按上述两种方法确定主要材料单价后计算工程材料费。

3. 按调价文件结算

该方法是合同双方按现行的预算定额基价确定承包价。在合同期内，按照工程造价管理部门颁布的调价文件结算工程价款。调价文件一般规定了逐项调整主要材料价差的指导价格，还规定了地方材料按工程材料费为基础用综合系数调整价差的方法。上述调价文件可按季或半年公布一次。当工程跨季或跨年时，还应分段调整材料价差后再计算竣工工程价款。

4. 调值公式法

用调值公式来计算工程实际结算价款，主要调整建筑安装工程造价中有变化的内容。因此，要将工程造价划分为固定不变的费用和变化的费用两部分。一般情况下，人工费、主要材料费需要调整计算。调值公式表达如下：

$$P = P_0 \left(a_0 + a_1 \frac{A}{A_0} + a_2 \frac{B}{B_0} + a_3 \frac{C}{C_0} + a_4 \frac{D}{D_0} + \cdots \cdots \right)$$

式中　　P——调值后的工程实际结算价款；

　　　　P_0——调值前的合同价款或工程进度款；

　　　　a_0——固定不变的费用，不需要调整部分；

a_1、a_2、a_3、a_4……——分别表示各有关费用在合同总价中的比重；

A_0、B_0、C_0、D_0……——签订合同时与 a_1、a_2、a_3、a_4…对应的各项费用的基期价格或价格指数；

A、B、C、D……——在工程结算月份与 a_1、a_2、a_3、a_4…对应的各项费用的现行价格

或价格指数。

各部分费用占合同总价的比重,在投标时要求承包方提出,并在价格分析中予以论证,也可以由业主在招标文件中规定一个范围,由投标人在此范围内选定。如某国际承包工程的标书在对用外币支付项目的各费用比重规定了以下范围(见表2-13),并允许投标人根据其施工方法在该范围内选定具体系数。

某国际承包工程用外币支付项目的各费用比重　　　　　表2-13

外籍人员工资	水　　泥	钢　　材	设　　备	海上运输	固定费用
0.10～0.20	0.10～0.16	0.09～0.13	0.35～0.48	0.04～0.08	0.17

【例2-13】 某建筑工程,合同总价为160万元,合同签订日期为1999年2月,工程于1999年5月建成交付使用,根据表2-14所列各项费用构成比重及有关价格指数,计算该工程的实际结算价款。

表2-14

项　　目	人工费	钢　材	木　材	水　泥	粗集料	砂	不调价费用
比　　重	a_1 12%	a_2 18%	a_3 3%	a_4 16%	a_5 7%	a_6 5%	39%
1999年2月价格指数	A_0 110.3	B_0 101.2	C_0 98.5	D_0 103.2	E_0 97.4	F_0 95.7	
1999年5月价格指数	A 118.5	B 100.9	C 107.2	D 104.1	E 98.6	F 96.4	

【解】 实际结算工程价款

$$P = 160 \times \left(0.39 + 0.12 \times \frac{118.5}{110.3} + 0.18 \times \frac{100.9}{101.2} + 0.03 \times \frac{107.2}{98.5} \right.$$

$$\left. + 0.16 \times \frac{104.1}{103.2} + 0.07 \times \frac{98.6}{97.4} + 0.05 \times \frac{96.4}{95.7}\right) = 160 \times 1.013$$

$$= 162.08 \text{ 万元}$$

七、FIDIC合同条件下的工程费用计算

1. 工程结算的范围和条件

(1) 工程结算的范围

FIDIC合同条件所规定的工程结算范围主要包括两部分(见图2-3):一部分是工程量清单中的费用,这部分是承包商在投标时,根据合同条件的有关规定提出报价,并经业主认可的费用;另一部分是工程量清单以外的费用,这部分费用虽然在工程量清单中没有规定,但是在合同条件中有明确规定,因此也是工程结算的一部分。

(2) 工程结算的条件

① 质量合格

质量合格是工程结算的必要条件。结算是以各分项工程质量合格为前提的,并不是对承包商已完工的工程就支付价款,对于质量不合格的部分一律不予付款。

② 符合合同条件

一切结算均要符合合同的要求。例如,动员预付款的支付额要符合标书附件中规定的数量,支付的条件应符合合同条件的规定,即承包商提供履约保函和动员预付款保函之后

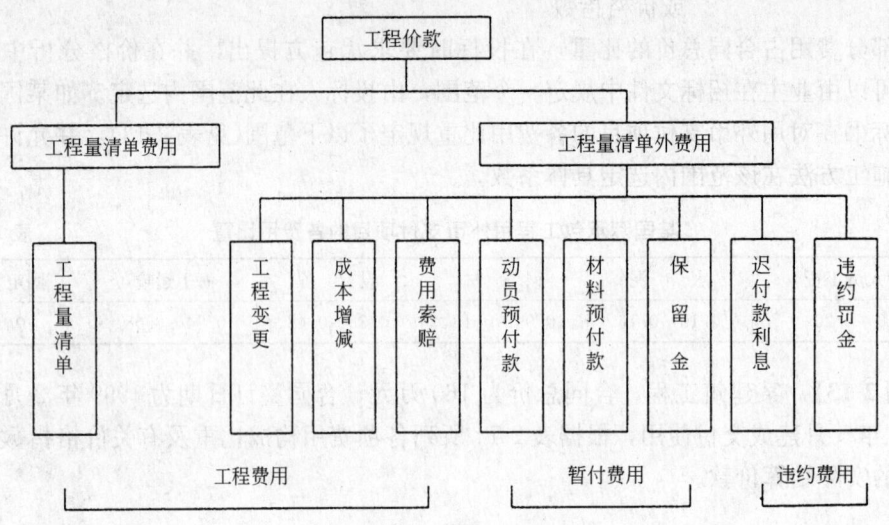

图 2-3 FIDIC 合同条件费用结算示意图

才可以支付动员预付款。

③ 变更项目必须符合规定

变更项目必须有监理工程师下达的变更通知才能要求补偿。FIDIC 合同条件规定,没有工程师的指示,承包商不得作任何变更。

④ 支付金额的限制

FIDIC 合同条件规定,如果在扣除保留金和其他金额之后的净额,小于投标书附件规定的临时支付证书的最小限额时,工程师没有义务开具任何支付证明。不予支付的金额将按月结转,直到达到或超过最低限额时才予以支付。

⑤ 承包商的工作使监理工程师满意

为了用经济手段约束承包商履行合同中规定的各项责任和义务,合同条件中规定,对于承包商申请支付的项目,即使达到上述条件的要求,但其他方面的工作未能使监理工程师满意,监理工程师可通过任何临时证书对他所签发的任何原有证书进行修正和更改,也有权在任何临时证书中删去或减少该工作的价值。所以,承包商的工作使监理工程师满意,也是工程结算的重要条件。

2. 工程结算的项目

(1) 工程量清单项目

① 一般项目

一般项目是指工程量清单中除暂定金和计日工以外的全部项目。这类项目的结算以造价工程师计算的工程量为依据,乘以工程量清单中的单价得出。这类项目结算程序较简便,一般通过每月签发支付证书支付进度款。

② 暂定金额

暂定金额是指包括在合同中,供工程任何部分的施工或提供货物、材料、设备或提供服务,或提供不可预料事件的费用的一项金额。这项金额可能全部或部分使用,或根本不使用。没有监理工程师的指示,承包商不能进行暂定金额项目的任何工作。

承包商完成监理工程师指示的暂定金额项目后，其金额的计算有两种方法。若能按工程量表中所列费率和单价计算就按此估价。否则，承包商应向造价工程师出示与暂定金开支有关的所有报价单、发票、凭证、账单或收据，造价工程师根据上述资料，按照合同的规定，确定支付金额。

③ 计日工

计日工费用的计算一般采用以下方法：

A. 按合同中包括的计日工作表中所定项目和承包商在其投标中确定的费率和价格计算；

B. 对于清单中没有定价的项目，应按实际发生的费用加上合同中规定的费率计算有关费用。

对这类按计日工作制实施的工程，承包商应在该工程持续进行过程中，每天向造价工程师提交从事该工作的所有工人的姓名、工种和工时的确切清单一式两份，以及表明所有该项工程所用和所需材料及承包商设备种类和数量的报表一式两份。

(2) 工程量清单以外的项目

① 动员预付款

动员预付款是业主借给承包商进驻场地和工程施工准备的用款。预付款额的大小，是承包商在投标时，根据业主规定的范围（一般为合同价的 5%~10%）和承包商本身资金的情况提出预付款的额度，并在标书附录中明确。

动员预付款的付款条件是：

A. 业主与承包商已签订合同书；

B. 提供了履约押金或履约保函；

C. 提供动员预付款保函。

在承包商完成上述三个条件的 14 天内，由监理工程师向业主提交动员预付款证书。业主收到工程师提交的支付动员预付款的证书后，在合同规定的时间内，按规定的外币比例进行支付。

动员预付款相当于业主给承包商的无息贷款。按照合同规定，当承包商的工程进度款累计金额超过合同价的 10%~20%时开始扣回，直至合同规定的竣工日期前三个月全部扣清。用这种方法扣回预付款，一般采用按月等额均摊的方法。如果某一个月支付证书的数额少于应付款，其差额可转入下一次扣回。扣回预付款的货币应与业主付款的货币相同。

② 材料设备预付款

对承包商购入并运至工地的材料、设备，业主应支付无息预付款。预付款根据材料设备的某一比例（通常为材料发票价的 70%~80%；设备发票价的 50%~60%）支付。

在支付材料设备预付款时，承包商需提交材料、设备供应合同订货合同的复印件并注明所供材料的性质和金额等主要情况。材料已运到工地后，应经监理工程师认可其质量及储存方式。

材料、设备预付款按合同规定的条件从承包商应得到的工程款中分批扣回。扣除次数和各次扣除的金额随工程性质不同而异，一般要求在合同规定的完工日期前至少三月扣清，最好是材料设备一用完，该项预付款即扣还完毕。

③ 保留金

保留金是指为了确保施工正常进行或在缺陷责任期间,由于承包商未能履行合同义务,由业主(或监理工程师)指定他人完成应由承包商承担的工作所发生的费用。

FIDIC 合同条件规定,保留金的款额为合同总价的 5%,从第一次付款证书开始,按期中支付工程款的 10% 扣留,直到累计扣留达合同总价的 5% 为止。

保留金的退还一般分两次进行。当颁发整个工程的移交证书时,将一半保留金退还给承包商;当工程的缺陷责任期满时,另一半保留金将由监理工程师开具证书付给承包商。到工程的缺陷责任期满时,承包商仍有未完工作,监理工程师有权在剩余工程完成之前扣发他认为与需要完成工程的费用相应的保留金余款。

④ 工程变更费用

工程变更费用支付的依据是工程变更令和监理工程师对变更项目所确定的变更费用。支付时间和支付方式也列入期中支付证书予以支付。

⑤ 索赔费用

索赔费用的计算依据是监理工程师批准的索赔审批书及其计算而得的款额。索赔费用随工程月进度款一并支付。

⑥ 价格调整费用

按照 FIDIC 合同条件第 70 条规定的计算方法调整款额。内容包括施工过程中出现的劳务和材料费用的变更,后续的法规及其他政策的变化导致的费用变更等。

⑦ 迟付款利息

按照合同规定,业主未能在合同规定的时间内向承包商付款,则承包商有权收到迟付款利息。

合同规定业主应付款的时间是在收到监理工程师颁发的临时付款证书的 28 天内或最终证书的 56 天内,如果业主未能在规定的时间内支付,则业主应按投标书附件中规定的利率,从应付之日起计算向承包商支付未付款额的利息。迟付款利息应在迟付款终止后的第一个月的付款证书中予以支付。

⑧ 违约罚金

对承包商的违约罚金主要包括拖延工期赔偿和未履行合同义务的罚金。这类费用可以从承包商的保留金中扣除,也可以从付给承包商的款项中扣除。

3. 工程费用结算程序

(1) 承包商提出付款申请

工程费用结算的一般程序是首先由承包商提出付款申请,填报一系列指定格式的月报表,说明承包商认为在这个月应得到的款项,包括:

① 已实施的永久工程的价值;

② 工程量表中的有关项目,包括承包商的设备、临时设施、计日工及类似项目;

③ 主要材料及承包商在工地交付的准备为永久工程配套而尚未安装设备发票价值及计算百分比;

④ 价格调整表;

⑤ 按合同规定承包商有权得到的任何其他金额。

承包商的付款申请将作为付款证书的附件,但他不是付款依据。造价工程师有权对承包商的付款申请作出任何方面的修改。

(2) 造价工程师审核

造价工程师对承包商提交的付款申请书进行全面审核，修正和删除不合理的部分，计算出付款净金额。计算付款净金额时，应扣除该项目应扣除的保留金、动员预付款、材料设备预付款、违约罚金等。若净金额小于合同规定的临时支付的最小限额时，则不要开具任何付款证书。

(3) 业主支付

业主收到造价工程师签发的付款证书后，按合同规定的时间将款额支付给承包商。

第三章 工程结算

第一节 概述

一、工程结算

工程结算亦称工程竣工结算,是指单位工程竣工后,施工单位根据施工实施过程中实际发生的变更情况,对原施工图预算工程造价或工程承包价进行调整、修正,重新确定工程造价的经济文件。

虽然承包商与业主签订了工程承包合同,按合同价支付工程价款,但是,施工过程中往往会发生地质条件的变化、设计变更、业主新的要求、施工情况发生了变化等。这些变化通过工程索赔已确认,那么,工程竣工后就要在原承包合同价的基础上进行调整,重新确定工程造价。这一过程就是编制工程结算的主要过程。

二、工程结算与竣工决算的联系和区别

工程结算是由施工单位编制的,一般以单位工程为对象;竣工决算是由建设单位编制的,一般以一个建设项目或单项工程为对象。

工程结算如实反映了单位工程竣工后的工程造价;竣工决算综合反映了竣工项目建设成果和财务情况。

竣工决算由若干个工程结算和费用概算汇总而成。

第二节 工程结算的内容

工程结算一般包括下列内容:

(1) 封面 内容包括:工程名称、建设单位、建筑面积、结构类型、结算造价、编制日期等,并设有施工单位、审查单位以及编制人、复核人、审核人的签字盖章的位置。

(2) 编制说明 内容包括:编制依据、结算范围、变更内容、双方协商处理的事项及其他必须说明的问题。

(3) 工程结算直接费计算表 内容包括:定额编号、分项工程名称、单位、工程量、定额基价、合价、人工费、机械费等。

(4) 工程结算费用计算表 内容包括:费用名称、费用计算基础、费率、计算式、费用金额等。

(5) 附表 内容包括:工程量增减计算表、材料价差计算表、补充基价分析表等。

第三节 工程结算编制依据

编制工程结算除了应具备全套竣工图纸、预算定额、材料价格、人工单价、取费标准外，还应具备以下资料：
(1) 工程施工合同；
(2) 施工图预算书；
(3) 设计变更通知单；
(4) 施工技术核定单；
(5) 隐蔽工程验收单；
(6) 材料代用核定单；
(7) 分包工程结算书；
(8) 经业主、监理工程师同意确认的应列入工程结算的其他事项。

第四节 工程结算的编制程序和方法

单位工程竣工结算的编制，是在施工图预算的基础上，根据业主和监理工程师确认的设计变更资料、修改后的竣工图、其他有关工程索赔资料，先进行直接费的增减调整计算，再按取费标准计算各项费用，最后汇总为工程结算造价。其编制程序和方法概述为：
(1) 收集、整理、熟悉有关原始资料；
(2) 深入现场，对照观察竣工工程；
(3) 认真检查复核有关原始资料；
(4) 计算调整工程量；
(5) 套定额基价，计算调整直接费；
(6) 计算结算造价。

第五节 工程结算编制实例

营业用房工程已竣工，在工程施工过程中发生了一些变更情况，根据这些情况需要编制工程结算。

一、营业用房工程变更情况

营业用房基础平面图见图 3-1，基础详图见图 3-2。
(1) 第Ⓗ轴的①—④段，基础底标高由原设计标高 —1.500m 改为 —1.800m(见表 3-1)；
(2) 第Ⓗ轴为①—④段，砖基础放脚改为等高式，基础垫层宽改为 1.100m，基础垫层厚度改为 0.30m(见表 3-1)；
(3) C20 混凝土地圈梁由原设计 240mm×240mm 断面，改为 240mm×300mm 断面，长度不变(见表 3-2)。

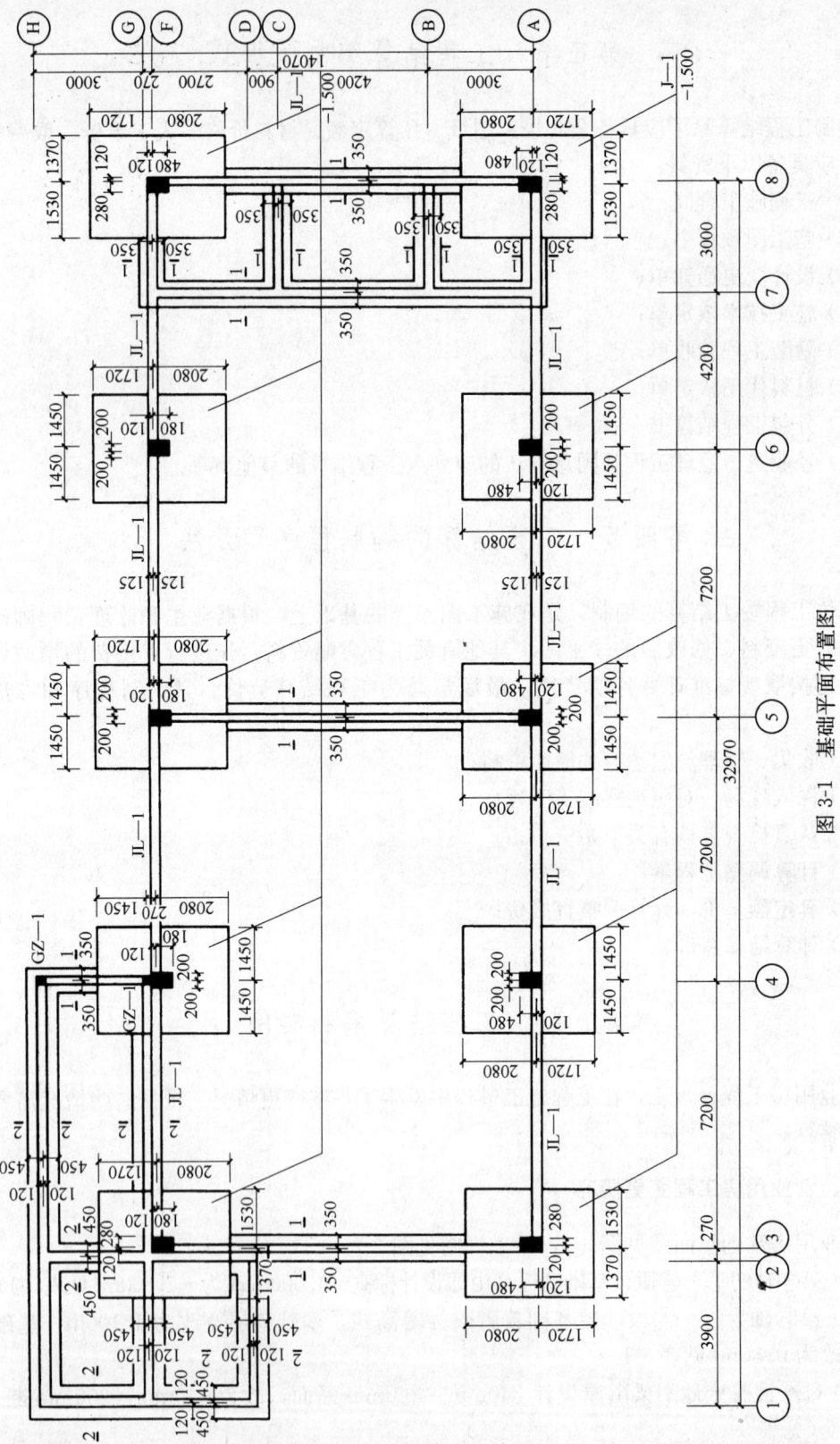

图 3-1 基础平面布置图

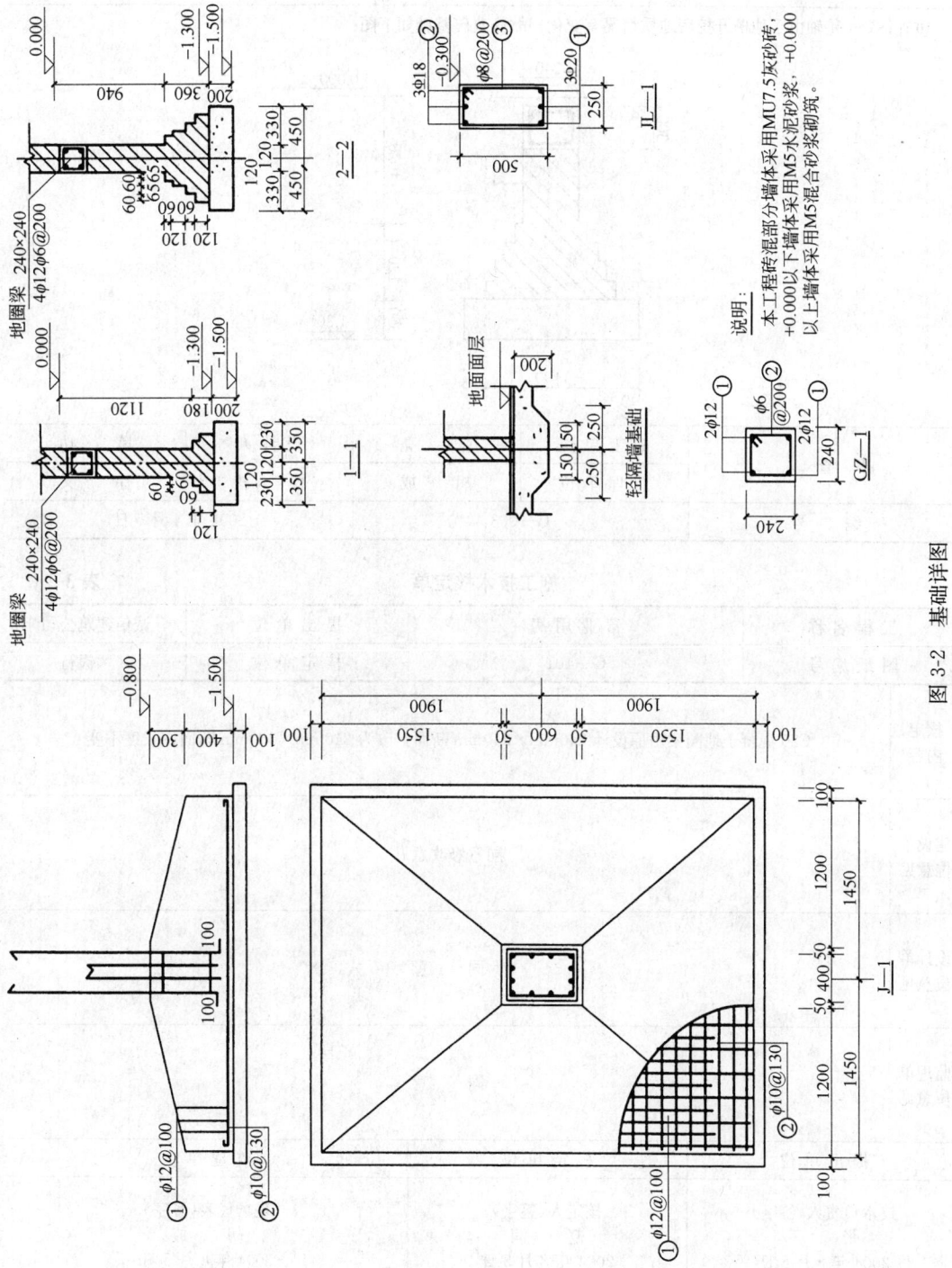

图 3-2 基础详图

设计变更通知单		表 3-1	
工程名称		营业用房	
项目名称		砖 基 础	

⑪轴上①—④轴由于地槽开挖后地质情况有变化，故修改砖基础如下图：

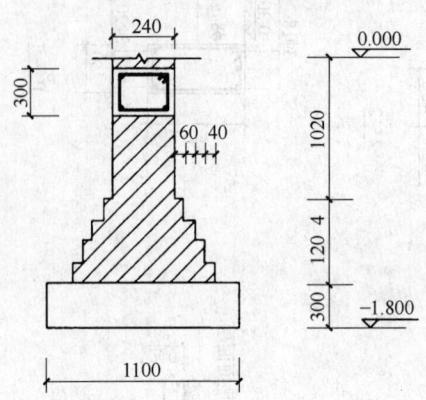

审 查 人	施工单位	张 亮	设计人	陈 功
	监理单位	胡 成	校 核	徐 义
编 号	G—003		2004 年 4 月 5 日	

施工技术核定单			表 3-2
工程名称	营业用房	提出单位	诚信建筑公司
图纸编号	G—101	核定单位	××银行
核定内容	C20 混凝土地圈梁由原设计 240mm×240mm 断面，改为 240mm×300mm 断面，长度不变		
建设单位意见	同意修改意见		
设计单位意见	同意		
监理单位意见	同意		
提出单位	核定单位		监理单位
技术负责人(签字) 张 亮 2004 年 8 月 5 日	核定人(签字) 赵 润 2004 年 8 月 5 日		现场代表(签字) 胡 成 2004 年 8 月 5 日

（4）基础施工图 2—2 剖面有垫层砖基础计算结果有误，需更正(见表 3-3)。

隐蔽工程验收单

表 3-3

建设单位：××银行　　　　　　　　　　　　　施工单位：

工程名称	营业用房	隐蔽日期	2004 年 6 月 6 日
项目名称	砖基础	施工图号	G—101

施工说明及简图：按照 4 月 5 日签发的设计变更通知单，ⓗ轴上①～④轴的地槽、砖基础、混凝土垫层、施工后的验收情况如下图：

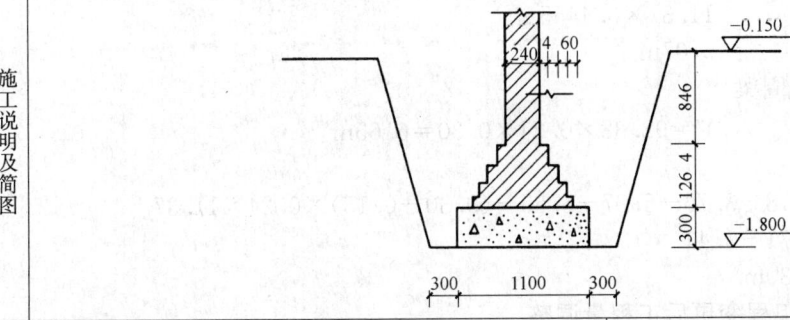

建设单位：××银行 主管负责人：赵润	监理单位：公正监理公司 现场代表：胡成	施工单位：诚信建筑公司 施工负责人：张亮 质检员：孙力

2004 年 6 月 6 日

二、计算调整工程量

1. 原预算工程量

（1）人工挖地槽

$$V = (3.90 + 0.27 + 7.20) \times (0.90 + 2 \times 0.30) \times 1.35$$
$$= 11.37 \times 1.50 \times 1.35$$
$$= 23.02 \text{m}^3$$

（2）C10 混凝土基础垫层

$$V = 11.37 \times 0.90 \times 0.20 = 2.05 \text{m}^3$$

（3）M5 水泥砂浆砌砖基础

$$V = 11.37 \times [1.06 \times 0.24 + 0.007875 \times (12 - 4)]$$
$$= 11.37 \times 0.3174$$
$$= 3.61 \text{m}^3$$

（4）C20 混凝土地圈梁

$$V = (12.10 + 39.18 + 8.75 + 32.35) \times 0.24 \times 0.24$$
$$= 92.38 \times 0.24 \times 0.24$$
$$= 5.32 \text{m}^3$$

（5）地槽回填土

$$V = 23.02 - 2.05 - 3.61 - (0.24 - 0.15) \times 0.24 \times 11.37$$
$$= 23.02 - 2.05 - 3.61 - 0.25$$
$$= 17.11 \text{m}^3$$

2. 工程变更后工程量

（1）人工挖地槽

$$V = 11.37 \times [1.10 + 0.3 \times 2 + \underbrace{(1.80 - 0.15)}_{1.65 \text{深}} \times \underbrace{0.30}_{\text{放坡系数}}] \times 1.65$$
$$= 11.37 \times 2.195 \times 1.65$$
$$= 41.18 \text{m}^3$$

(2) C10 混凝土基础垫层
$$V=11.37\times1.10\times0.30=3.75\text{m}^3$$
(3) M5 水泥砂浆砌砖基础

砖基础深 $=1.80-\overset{\text{垫层}}{0.30}-\overset{\text{圈梁}}{0.30}=1.20\text{m}$
$$V=11.37\times(1.20\times0.24+0.007875\times20)$$
$$=11.37\times0.4455$$
$$=5.07\text{m}^3$$
(4) C20 混凝土地圈梁
$$V=92.38\times0.24\times0.30=6.65\text{m}^3$$
(5) 地槽回填土
$$V=41.18-3.75-5.07-6.65-(0.30-0.15)\times0.24\times11.37$$
$$=25.71-0.41$$
$$=25.30\text{m}^3$$

3. ⒽH轴①~④段工程变更后工程量调整

(1) 人工挖地槽
$$V=41.18-23.02=18.16\text{m}^3$$
(2) C10 混凝土基础垫层
$$V=3.75-2.05=1.70\text{m}^3$$
(3) M5 水泥砂浆砌砖基础
$$V=5.07-3.61=1.46\text{m}^3$$
(4) C20 混凝土地圈梁
$$V=6.65-5.32=1.33\text{m}^3$$
(5) 地槽回填土
$$V=25.30-17.11=8.19\text{m}^3$$

4. C20 混凝土圈梁变更后，砖基础工程量调整

(1) 需调整的砖基础长
$$L=92.38-11.37=81.01\text{m}$$
(2) 圈梁高度调整为 0.30m 后，砖基础减少
$$V=81.01\times(0.30-0.24)\times0.24$$
$$=81.01\times0.0144$$
$$=1.17\text{m}^3$$

5. 原预算砖基础工程量计算有误调整

(1) 原预算有垫层砖基础 2—2 剖面工程量
$$V=10.27\text{m}^3$$
(2) 2—2 剖面更正后工程量
$$V=32.35\times[1.06\times0.24+0.007875\times(20-4)]=12.31\text{m}^3$$
(3) 砖基础工程量调增
$$V=12.31-10.27=2.04\text{m}^3$$
(4) 由砖基础增加引起地槽回填土减少
$$V=-2.04\text{m}^3$$
(5) 由砖基础增加引起人工运土增加
$$V=2.04\text{m}^3$$

三、调整项目工、料、机分析

见表 3-4。

表 3-4

调整项目工、料、机分析表

工程名称：营业用房

序号	定额编号	项目名称	单位	工程数量	综合工日	机械台班					材料用量					
						电动打夯机	200L灰浆机	平板振动器	400L搅拌机	插入式振动器	M5水泥砂浆(m³)	标准砖(块)	水(m³)	C20混凝土(m³)	草袋子(m³)	C10混凝土(m³)
		一、调增项目														
	1—46	人工地槽回填土	m³	18.16	0.294/5.34	0.08/1.45										
	8—16	C10混凝土基础垫层	m³	1.70	1.225/2.08			0.079/0.13	0.101/0.17				0.50/0.85			1.01/1.72
	4—1	M5水泥砂浆砌砖基础	m³	1.46	1.218/1.78		0.039/0.06				0.236/0.345	524/765	0.105/0.15			
	5—408	C20混凝土地圈梁	m³	1.33	2.41/3.21				0.039/0.05	0.077/0.10			0.984/1.31	1.015/1.35		
	1—46	人工地槽回填土	m³	8.19	0.294/2.41	0.08/0.66										
	4—1	M5水泥砂浆砌砖基础	m³	2.04	1.218/2.48		0.039/0.08				0.236/0.48	524/1069	0.105/0.21			
	1—49	人工运土	m³	2.04	0.204/0.42											
		调增小计			17.22	2.11	0.14	0.13	0.22	0.10	0.83	1834	2.52	1.35	0.826/1.10	1.72
		二、调减项目														
	4—1	M5水泥砂浆砌砖基础	m³	1.17	1.218/1.43	0.08/0.16	0.039/0.05				0.236/0.28	524/613	0.105/0.12			
	1—46	人工回填土	m³	2.04	0.294/0.60		0.05									
		调减小计			2.03	0.16	0.05				0.28	613	0.12		1.10	
		合　计			15.69	1.95	0.09	0.13	0.22	0.10	0.55	1221	2.40	1.35	1.10	1.72

四、调整项目直接费计算

调整项目直接费计算表见表 3-5。

调整项目直接费计算表（实物金额法） 表 3-5

工程名称：营业用房

序号	名称	单位	数量	单价(元)	金额(元)
一	人工	工日	15.69	25.00	392.25
二	机械				64.43
1	电动打夯机	台班	1.95	20.24	39.47
2	200L 灰浆搅拌机	台班	0.09	15.92	1.43
3	400L 混凝土搅拌机	台班	0.22	94.59	20.81
4	平板振动器	台班	0.13	12.77	1.66
5	插入式振动器	台班	0.10	10.62	1.06
三	材料				696.00
	M5 水泥砂浆	m^3	0.55	124.32	68.38
	烧结普通砖	块	1221	0.15	183.15
	水	m^3	2.40	1.20	2.88
	C20 混凝土	m^3	1.35	155.93	210.51
	草袋子	m^2	1.10	1.50	1.65
	C10 混凝土	m^3	1.72	133.39	229.43
	小计：				1152.68

五、营业用房调整项目工程造价计算

营业用房调整项目工程造价计算的费用项目及费率完全同预算造价计算过程，见表 3-6。

营业用房调整项目工程造价计算表 表 3-6

序号	费用名称		计算式	金额(元)
(一)	直接工程费		见表 3-5	1152.68
(二)	单项材料价差调整		采用实物金额法不计算此费用	—
(三)	综合系数调整材料价差		采用实物金额法不计算此费用	—
(四)	措施费	环境保护费	1152.68×0.4％=4.61	58.78
		文明施工费	1152.68×0.9％=10.37	
		安全施工费	1152.68×1.0％=11.53	
		临时设施费	1152.68×2.0％=23.05	
		夜间施工增加费	1152.68×0.5％=5.76	
		二次搬运费	1152.68×0.3％=3.46	
		大型机械进出场及安拆费	—	
		脚手架费	—	
		已完工程及设备保护费	—	
		混凝土及钢筋混凝土模板及支架费	—	
		施工排、降水费	—	

续表

序号	费用名称		计 算 式	金额(元)
（五）	规费	工程排污费	—	87.68
		工程定额测定费	1152.68×0.12%=1.38	
		社会保障费	见表3-5：392.25×16%=62.76	
		住房公积金	见表3-5：392.25×6.0%=23.54	
		危险作业意外伤害保险	—	
（六）	企业管理费		1152.68×5.1%=58.79	58.79
（七）	利润		1152.68×7%=80.69	80.69
（八）	营业税		1438.62×3.093%=44.50	44.50
（九）	城市维护建设税		44.50×7%=3.12	3.12
（十）	教育费附加		44.50×3%=1.34	1.34
	工程造价		（一）～（十）之和	1487.58

六、营业用房工程结算造价

(1) 营业用房原工程预算造价

预算造价=590861.22元

(2) 营业用房调整后增加的工程造价

调增造价=1487.58元(见表3-6)

(3) 营业用房工程结算造价

工程结算造价=590861.22+1487.58
     =592348.80元

第四章 工程量清单计价

第一节 概 述

一、工程量清单计价的概念

工程量清单计价是一种国际上通行的工程造价计价方式,是在建设工程招标投标中,招标人按照国家统一的《建设工程工程量清单计价规范》的要求以及施工图,提供工程量清单,由投标人依据工程量清单、施工图、企业定额、市场价格自主报价,并经评审后,合理低价中标的工程造价计价方式。

二、工程量清单计价编制内容

工程量清单计价编制内容包括两部分:一是由招标人编制的工程量清单;二是由投标人编制的工程量清单报价。

工程量清单报价编制内容包括:工、料、机消耗量的确定,综合单价的确定,措施项目费的确定和其他项目费的确定。

1. 工、料、机消耗量的确定

工、料、机消耗量是根据分部分项工程量和有关消耗量定额计算出来的。其计算公式为:

$$\begin{matrix}\text{分部分项工程}\\ \text{人工工日}\end{matrix} = \text{分部分项主项工程量} \times \text{定额用工量}$$
$$+ \Sigma(\text{分部分项附项工程量} \times \text{定额用工量})$$

$$\begin{matrix}\text{分部分项工程某}\\ \text{种材料用量}\end{matrix} = \text{分部分项主项工程量} \times \text{某种材料定额用量}$$
$$+ \Sigma\left(\text{分部分项附项工程量} \times \begin{matrix}\text{某种材料}\\ \text{定额用量}\end{matrix}\right)$$

$$\begin{matrix}\text{分部分项工程某种}\\ \text{机械台班用量}\end{matrix} = \text{分部分项主项工程量} \times \text{某种机械定额台班量}$$
$$+ \Sigma\left(\text{分部分项附项工程量} \times \begin{matrix}\text{某种机械}\\ \text{定额台班用量}\end{matrix}\right)$$

在套用定额分析计算工、料、机消耗量时,分两种情况:一是直接套用;二是分别套用。

(1) 直接套用定额,分析工、料、机用量 当分部分项工程量清单项目与定额项目的工程内容和项目特征完全一致时,就可以直接套用定额消耗量,计算出分部分项的工、料、机消耗量。例如,某工程 250mm 半圆球吸顶灯安装清单项目,可以直接套用工程内容相对应的消耗量定额时,就可以采用该定额分析工、料、机消耗量。

(2) 分别套用不同定额,分析工、料、机用量　当定额项目的工程内容与清单项目的工程内容不完全相同时,需要按清单项目的工程内容,分别套用不同的定额项目。例如,某工程 M5 水泥砂浆砌砖基础清单项目,包含了 C20 混凝土基础垫层附项工程量时,应分别套用 C20 混凝土基础垫层消耗量定额和 M5 水泥砂浆砌砖基础消耗量定额,分别计算其工、料、机消耗量。

2. 综合单价的确定

综合单价是有别于预算定额基价的另一种计价方式。

综合单价以分部分项工程项目为对象,从我国的实际情况出发,包括了除规费和税金以外的、完成分部分项工程量清单项目规定的、计量单位合格产品所需的全部费用。

综合单价主要包括:人工费、材料费、机械费、管理费、利润、风险费等费用。

综合单价不仅适用于分部分项工程量清单,也适用于措施项目清单、其他项目清单等。

综合单价的计算公式表达为

$$\text{分部分项工程量清单项目综合单价} = \text{人工费} + \text{材料费} + \text{机械费} + \text{管理费} + \text{利润}$$

其中

$$\text{人工费} = \sum_{i=1}^{n} (\text{定额工日} \times \text{人工单价})_i$$

$$\text{材料费} = \sum_{i=1}^{n} \left(\begin{array}{l} \text{某种材料} \\ \text{定额消耗量} \end{array} \times \text{材料单价} \right)_i$$

$$\text{机械费} = \sum_{i=1}^{m} \left(\begin{array}{l} \text{某种机械} \\ \text{定额消耗量} \end{array} \times \text{台班单价} \right)_i$$

$$\text{管理费} = \text{人工费（或直接费）} \times \text{管理费费率}$$

$$\text{利润} = \text{人工费（或直接费、或直接费} + \text{管理费）} \times \text{利润率}$$

3. 措施项目费确定

措施项目费应该由投标人根据拟建工程的施工方案或施工组织设计计算确定。一般,可以采用以下几种方法确定。

(1) 依据定额计算　脚手架、大型机械设备进出场及安拆费、垂直运输机械费等,可以根据已有的定额计算确定。

(2) 按系数计算　临时设施费、安全文明施工增加费、夜间施工增加费等,可以按直接费为基础乘以适当的系数确定。

(3) 按收费规定计算　室内空气污染测试费、环境保护费等可以按有关规定计取费用。

4. 其他项目费的确定

招标人部分的其他项目费可按估算金额确定。投标人部分的总承包服务费应根据招标人提出要求按所发生的费用确定。零星工作项目费应根据"零星工作项目计价表"确定。

其他项目清单中的预留金、材料购置费和零星工作项目费,均为预测和估算数额,虽在投标时计入投标人的报价中,但不应视为投标人所有。竣工结算时,应按承包人实际完成的工作内容结算,剩余部分仍归招标人所有。

第二节 工程量清单计价示例

根据给出的某工程基础平面图、剖面图(图 4-1)和清单计价规范(表 4-1)及建筑工程预算定额(表 4-2、表 4-3),计算砖基础清单工程量和编制砖基础工程量清单报价。

表 4-1 建设工程工程量清单计价规范(摘录)

A.3.1 砖基础。工程量清单项目设置及工程量计算规则,应按表 A.3.1 的规定执行。

表 A.3.1 砖基础(编码:010301)

项目编码	项目名称	项目特征	计量单位	工程量计算规则	工程内容
010301001	砖基础	1. 垫层材料种类、厚度 2. 砖品种、规格、强度等级 3. 基础类型 4. 基础深度 5. 砂浆强度等级	m^3	按设计图示尺寸以体积计算。包括附墙垛基础宽出部分体积,扣除地梁(圈梁)、构造柱所占体积,不扣除基础大放脚 T 形接头处的重叠部分及嵌入基础内的钢筋、铁件、管道、基础砂浆防潮层和单个面积 $0.3m^2$ 以内的孔洞所占体积,靠墙暖气沟的挑檐不增加。 基础长度:外墙按中心线,内墙按净长线计算	1. 砂浆制作、运输 2. 铺设垫层 3. 砌砖 4. 防潮层铺设 5. 材料运输

表 4-2 建筑工程预算定额(摘录)

工程内容:略

定额编号				8-16	9-53
项 目		单位	单价(元)	C10 混凝土基础垫层	1:2 水泥砂浆基础防潮层
				每 $1m^2$	每 $1m^2$
基 价		元		159.73	7.09
其中	人工费	元		35.80	1.66
	材料费	元		117.36	5.38
	机械费	元		6.57	0.05
人工	综合用工	工日	20.00	1.79	0.083
材料	1:2 水泥砂浆	m^3	221.60		0.0207
	C10 混凝土	m^3	116.20	1.01	
	防水粉	kg	1.20		0.664
机械	400L 混凝土搅拌机	台班	55.24	0.101	
	平板式振动器	台班	12.52	0.079	
	200L 砂浆搅拌机	台班	15.38		0.0035

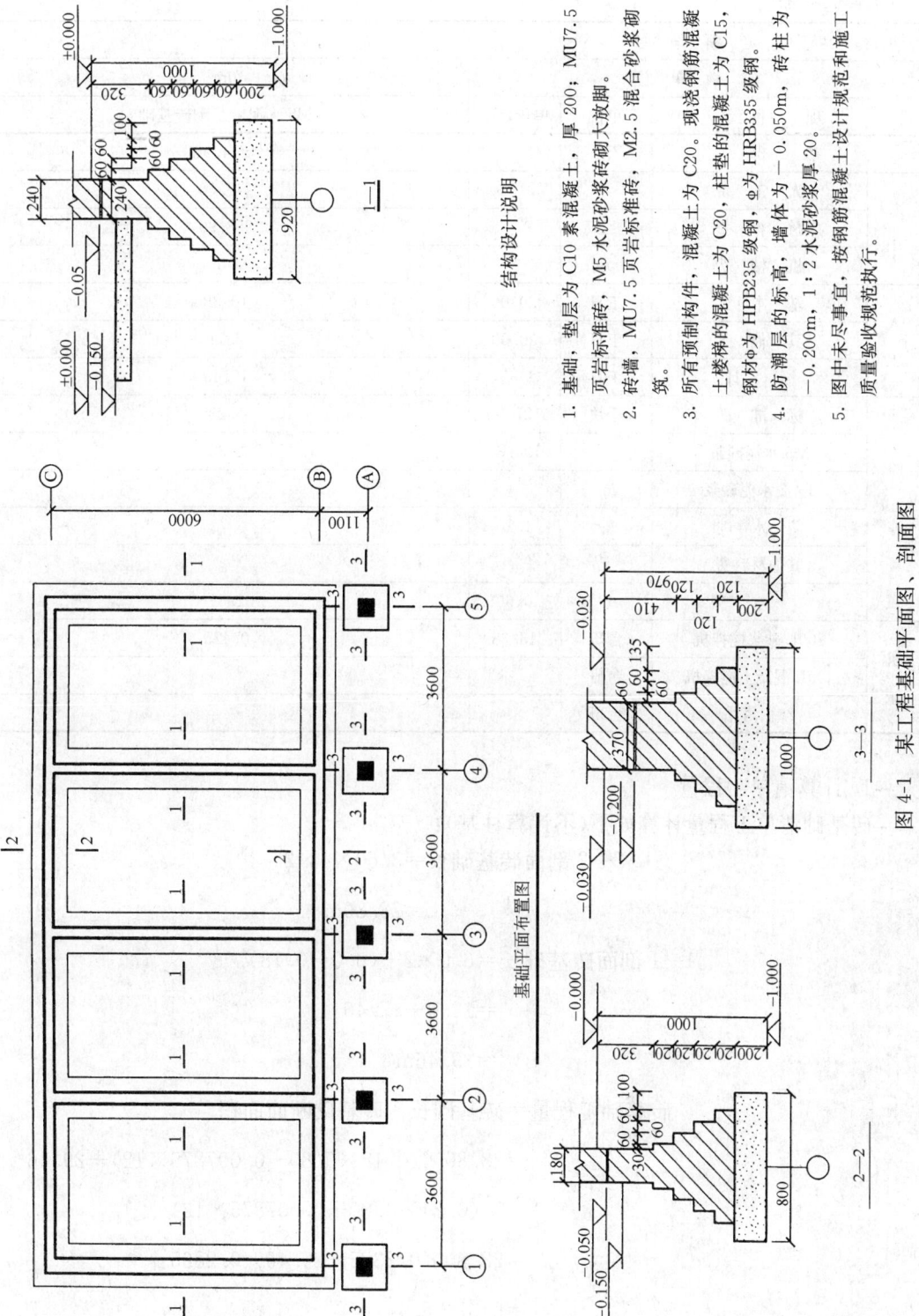

图 4-1 某工程基础平面图、剖面图

表 4-3 建筑工程预算定额(摘录)

工程内容：略

定 额 编 号				3—1
定 额 单 位				10m³
项 目		单位	单价(元)	M5 水泥砂浆砌砖基础
基 价		元		1214.90
其中	人 工 费	元		248.60
	材 料 费	元		958.99
	机 械 费	元		7.31
人工	基 本 工	工日	20.00	10.32
	其 他 工	工日	20.00	2.11
	合 计	工日		12.43
	标 准 砖	千块	127.00	5.23
	M5 水泥砂浆	m³	124.32	2.36
	1∶2 水泥砂浆	m³		
	防 水 粉	kg	1.20	
	其他材料费	元		
	水	m³	0.60	2.31
机械	200L 砂浆搅拌机	台班	15.38	0.475
	400L 混凝土搅拌机	台班		
	2t 内塔吊	台班		

1. 计算清单工程量

砖基础清单工程量计算如下（不计算柱基）：

2—2 剖面砖基础长＝3.60×4×2

＝28.80m

1—1 剖面砖基础长＝6.0×2＋(6.0－0.18)×3

＝12.0＋17.46

＝29.46m

砖基础工程量＝砖基础长×砖基础断面面积

＝28.80×(0.18×0.80＋0.007875×12)＋29.46

×(0.24×0.80＋0.007875×12)

＝28.80×0.2385＋29.46×0.2865

＝6.87＋8.44

＝15.31m³

根据清单计价规范(表 4-1)的要求和上述计算结果,将内容填入表 4-4 "分部分项工程量清单"中。

表 4-4　分部分项工程量清单

工程名称:某工程基础

序号	项目编码	项目名称	计量单位	工程数量
1	010301001001	砖基础 　垫层材料种类、厚度:C10 混凝土,200 厚。 　砖品种、规格、强度等级:页岩砖、240×115×53、MU7.5 　基础类型:带形砖基础 　基础深度:0.85m 　砂浆强度等级:M5 水泥砂浆 　防潮层:1:2 水泥砂浆 20 厚	m³	15.31

2. 编制砖基础清单报价

工程量清单是业主在工程招标时发布的。承包商应根据发布的工程量清单、选用的消耗量定额和施工图重新计算计价工程量,然后再根据消耗量定额、市场价和有关费率确定综合单价,最后再计算出分部分项工程量清单费、措施项目清单费、其他项目清单费、规费、税金,汇总成工程量清单报价。

(1) 计价工程量计算　根据表 4-1 中工程内容的分析,砖基础清单项目按预算定额项目划分,应该划分为砖基础、基础垫层和防潮层三个项目。所以,要根据预算定额的工程量计算规则分别计算上述三项计价工程量。

① 计算砖基础计价工程量　由于砖基础计价工程量计算规则与清单工程量计算规则相同,故其工程量也相同,为 15.31 m³。

② 计算 C10 混凝土基础垫层,计价工程量　依据:图 4-1 1—1 剖面,建筑工程预算定额:

$$\begin{aligned}
\text{C10 混凝土基础}\\
\text{垫层工程量}
\end{aligned} = \overset{\lceil 2-2\text{剖面}\rceil}{3.60\times 4\times 2} \times \overset{\text{厚}}{0.20} \times \overset{\text{宽}}{0.80} + \overset{\lceil 1-1\text{剖面}\rceil}{6.0\times 2+(6.0-0.8)\times 3} \times \overset{\text{厚}}{0.20} \times \overset{\text{宽}}{0.92}$$

$$= 4.61 + 5.08$$

$$= 9.69 \text{ m}^3$$

③ 计算基础防潮层,计价工程量:

$$\begin{aligned}
1:2\text{ 水泥砂浆}\\
\text{基础防潮层}
\end{aligned} = (3.60\times 4\times 2)\times 0.18 + [6.0\times 2+(6.0-0.18)\times 3]\times 0.24$$

$$= 28.80\times 0.18 + 29.46\times 0.24$$

$$= 5.18 + 7.07$$

$$= 12.25 \text{m}^2$$

表 4-5　分部分项工程量清单综合单价计算表

工程名称：某基础工程

序　号			1					
清单编码			010301001001					
清单项目名称			砖基础					
计量单位			m^3					
清单工程量			15.31					
综合单价分析								
定额编号			3-1		8-16		9-53	
定额子目名称			M5 水泥砂浆砌砖基础		C10 混凝土基础垫层		1：2 水泥砂浆墙基防潮层	
定额计量单位			m^3		m^3		m^3	
计价工程量			15.31		9.69		12.25	
工料机名称		单位	耗量 小计	单价 合价	耗量 小计	单价 合价	耗量 小计	单价 合价
人工	人工	工日	1.243 / 19.03	30.00 / 570.90	1.79 / 17.35	30.00 / 520.50	0.083 / 1.02	30.00 / 30.60
材料	水	m^3	0.231 / 3.54	1.50 / 5.31				
	防水粉	kg			0.664 / 8.13	1.50 / 12.20		
	M5 水泥砂浆	m^3	0.236 / 3.61	182.00 / 657.02			1：2 水泥砂浆 0.0207 / 0.254	280.00 / 71.12
	标准砖	块	523 / 8007.13	0.20 / 1601.43				
	C10 混凝土	m^3			1.01 / 9.79	210.00 / 2055.90		
机械	200 L 砂浆搅拌机	台班	0.475 / 7.27	36.00 / 261.72			0.0035 / 0.043	36.00 / 1.55
	400 L 混凝土搅拌机	台班			0.101 / 0.979	85.00 / 83.22		
	平板式振动器	台班			0.079 / 0.766	19.00 / 14.55		
工料机小计			3096.38		2674.17		115.47	
工料机合计			5886.02					
管理费			588.60					
利润			517.97					
清单合价			6992.59					
综合单价			456.73					

注：管理费＝工料机合计×10％；利润＝（工料机合计＋管理费）×8％；综合单价＝清单合价/清单工程量

（2）确定综合单价（表 4-5）　依据：砖基础的清单工程量为 15.31m^3；计价工程量见上述计算结果；承包商确定的人工、材料、机械台班的市场价如下：

人工	30 元/工日	
1:2 水泥砂浆	280 元/m³	
C10 混凝土	210 元/m³	
防水粉	1.5 元/kg	
400L 混凝土搅拌机	85 元/台班	
200L 砂浆搅拌机	36 元/台班	
标准砖	0.20 元/块	
M5 水泥砂浆	182 元/m³	
平板振动器	19 元/台班	
水	1.50 元/m³	

(3) 计算分部分项工程量清单费 将表 4-5 中的综合单价 456.73 元/m³ 和清单工程量 15.31m³ 填入表 4-6 后，计算分部分项工程量清单费。

表 4-6 分部分项工程量清单计价表

工程名称：

序号	项目编码	项目名称	计量单位	工程数量	金额（元）	
					综合单价	合价
		A.3 砌筑工程				
	010301001001	M5 水泥砂浆砌砖基础	m³	15.31	456.73	6992.54
		小　计				6992.54

(4) 计算基础工程清单报价 将表 4-6 中的 M5 水泥砂浆砌砖基础的分部分项工程量清单费填入表 4-7 中，措施项目清单费、其他项目清单费计算过程略，然后按表 4-7 中的顺序计算规费和税金，最后再汇总为基础工程清单报价。

表 4-7 单位工程费汇总表

工程名称：

序号	单位工程名称		金　额（元）	备　注
一	分部分项工程量清单计价合计		6992.54	根据表 1-6 数据
二	措施项目清单计价合计		200.00	计算过程从略
三	其他项目清单计价合计		500.00	计算过程从略
四	规费	工程排污费一×1%	69.93	
		定额管理费(一+二+三)×0.14%	10.77	
五	税金(一+二+三+四)×3.0928%		240.41	
	合　计		8013.65	

附录一

《全国统一建筑工程基础定额》
工程量计算规则

目 录

第一章　总则	342
第二章　建筑面积计算规则	343
第一节　计算建筑面积的范围	343
第二节　不计算建筑面积的范围	344
第三节　其他	344
第三章　土建工程预算工程量计算规则	345
第一节　土石方工程	345
第二节　桩基础工程	348
第三节　脚手架工程	348
第四节　砌筑工程	350
第五节　混凝土及钢筋混凝土工程	352
第六节　构件运输及安装工程	356
第七节　门窗及木结构工程	356
第八节　楼地面工程	357
第九节　屋面及防水工程	358
第十节　防腐、保温、隔热工程	360
第十一节　装饰工程	361
第十二节　金属结构制作工程	364
第十三节　建筑工程垂直运输定额	365
第十四节　建筑物超高增加人工、机械定额	365

第一章 总 则

第1.0.1条 为统一工业与民用建筑工程预算工程量的计算,制定本规则。

第1.0.2条 本规则适用于工业与民用房屋建筑及构筑物施工图设计阶段编制工程预算及工程量清单,也适用于工程设计变更后的工程量计算。本规则与《全国统一建筑工程基础定额》相配套,作为确定建筑工程造价及其消耗量的依据。

第1.0.3条 建筑工程预算工程量除依据《全国统一建筑工程基础定额》及本规则各项规定外,尚应依据以下文件:

1. 经审定的施工设计图纸及其说明;
2. 经审定的施工组织设计或施工技术措施方案;
3. 经审定的其他有关技术经济文件。

第1.0.4条 本规则的计算尺寸,以设计图纸表示的尺寸或设计图纸能读出的尺寸为准。除另有规定外,工程量的计量单位应按下列规定计算:

1. 以体积计算的为立方米　　　　(m^3);
2. 以面积计算的为平方米　　　　(m^2);
3. 以长度计算的为米　　　　　　(m);
4. 以重量计算的为吨或千克　　　(t 或 kg);
5. 以件(个或组)计算的为件　　　(个或组)。

汇总工程量时,其准确度取值:立方米、平方米、米以下取两位;吨以下取三位;千克、件取整数。

第1.0.5条 计算工程量时,应依施工图纸顺序,分部、分项,依次计算,并尽可能采用计算表格及计算机计算,简化计算过程。

第二章 建筑面积计算规则

第一节 计算建筑面积的范围

第 2.1.1 条 单层建筑物不论其高度如何，均按一层计算建筑面积。其建筑面积按建筑物外墙勒脚以上结构的外围水平面积计算。单层建筑物内设有部分楼层者，首层建筑面积已包括在单层建筑物内，二层及二层以上应计算建筑面积。高低联跨的单层建筑物，需分别计算建筑面积时，应以结构外边线为界分别计算。

第 2.1.2 条 多层建筑物建筑面积，按各层建筑面积之和计算，其首层建筑面积按外墙勒脚以上结构的外围水平面积计算，二层及二层以上按外墙结构的外围水平面积计算。

第 2.1.3 条 同一建筑物如结构、层数不同时，应分别计算建筑面积。

第 2.1.4 条 地下室、半地下室、地下车间、仓库、商店、车站、地下指挥部等及相应的出入口建筑面积，按其上口外墙（不包括采光井、防潮层及其保护墙）外围水平面积计算。

第 2.1.5 条 建于坡地的建筑物利用吊脚空间设置架空层和深基础地下架空层设计加以利用时，其层高超过 2.2m，按围护结构外围水平面积计算建筑面积。

第 2.1.6 条 穿过建筑物的通道，建筑物内的门厅、大厅，不论其高度如何均按一层建筑面积计算。门厅、大厅内设有回廊时，按其自然层的水平投影面积计算建筑面积。

第 2.1.7 条 室内楼梯间、电梯井、提物井、垃圾道、管道井等均按建筑物的自然层计算建筑面积。

第 2.1.8 条 书库、立体仓库设有结构层的，按结构层计算建筑面积，没有结构层的，按承重书架层或货架层计算建筑面积。

第 2.1.9 条 有围护结构的舞台灯光控制室，按其围护结构外围水平面积乘以层数计算建筑面积。

第 2.1.10 条 建筑物内设备管道层、贮藏室其层高超过 2.2m 时，应计算建筑面积。

第 2.1.11 条 有柱的雨篷、车棚、货棚、站台等，按柱外围水平面积计算建筑面积；独立柱的雨篷、单排柱的车棚、货棚、站台等，按其顶盖水平投影面积的一半计算建筑面积。

第 2.1.12 条 屋面上部有围护结构的楼梯间、水箱间、电梯机房等，按围护结构外围水平面积计算建筑面积。

第 2.1.13 条 建筑物外有围护结构的门斗、眺望间、观望电梯间、阳台、橱窗、挑廊、走廊等，按其围护结构外围水平面积计算建筑面积。

第 2.1.14 条 建筑物外有柱和顶盖走廊、檐廊，按柱外围水平面积计算建筑面积；有盖无柱的走廊、檐廊挑出墙外宽度在 1.5m 以上时，按其顶盖投影面积一半计算建筑面积。无围护结构的凹阳台、挑阳台，按其水平面积一半计算建筑面积。建筑物间有顶盖的架空走廊，按其顶盖水平投影面积计算建筑面积。

第 2.1.15 条 室外楼梯，按自然层投影面积之和计算建筑面积。

第 2.1.16 条 建筑物内变形缝、沉降缝等，凡缝宽在 300mm 以内者，均依其缝宽按自然层计算建筑面积，并入建筑物建筑面积之内计算。

第二节 不计算建筑面积的范围

第 2.2.1 条 突出外墙的构件、配件、附墙柱、垛、勒脚、台阶、悬挑雨篷、墙面抹灰、镶贴块材、装饰面等。

第 2.2.2 条 用于检修、消防等室外爬梯。

第 2.2.3 条 层高 2.2m 以内设备管道层、贮藏室、设计不利用的深基础架空层及吊脚架空层。

第 2.2.4 条 建筑物内操作平台、上料平台、安装箱或罐体平台；没有围护结构的屋顶水箱、花架、凉棚等。

第 2.2.5 条 独立烟囱、烟道、地沟、油（水）罐、气柜、水塔、贮油（水）池、贮仓、栈桥、地下人防通道等构筑物。

第 2.2.6 条 单层建筑物内分隔单层房间，舞台及后台悬挂的幕布、布景天桥、挑台。

第 2.2.7 条 建筑物内宽度大于 300mm 的变形缝、沉降缝。

第三节 其 他

第 2.3.1 条 建筑物与构筑物连接成一体的，属建筑物部分按本章第一、二节规定计算。

第 2.3.2 条 本规则适用于地上、地下建筑物的建筑面积计算，如遇有上述未尽事宜，可参照上述规则办理。

第三章 土建工程预算工程量计算规则

第一节 土石方工程

第3.1.1条 计算土石方工程量前,应确定下列各项资料:

1. 土壤及岩石类别的确定:

土石方工程土壤及岩石类别的划分,依工程勘测资料与《土壤及岩石分类表》对照后确定(见表3.1.1);

2. 地下水位标高及排(降)水方法;

3. 土方、沟槽、基坑挖(填)起止标高、施工方法及运距;

4. 岩石开凿、爆破方法、石碴清运方法及运距;

5. 其他有关资料。

第3.1.2条 土石方工程量计算一般规则:

1. 土方体积,均以挖掘前的天然密实体积为准计算。如遇有必须以天然密实体积折算时,可按表3.1.2所列数值换算。

土方体积折算表　　　　　　　　　　表3.1.2

虚方体积	天然密实度体积	夯实后体积	松填体积	虚方体积	天然密实度体积	夯实后体积	松填体积
1.00	0.77	0.67	0.83	1.50	1.15	1.00	1.25
1.30	1.00	0.87	1.08	1.20	0.92	0.80	1.00

2. 挖土一律以设计室外地坪标高为准计算。

第3.1.3条 平整场地及辗压工程量,按下列规定计算:

1. 人工平整场地是指建筑场地挖、填土方厚度在±30cm以内及找平。挖、填土方厚度超过±30cm以外时,按场地土方平衡竖向布置图另行计算。

2. 平整场地工程量按建筑物外墙外边线每边各加2m,以平方米计算。

3. 建筑场地原土碾压以平方米计算,填上碾压按图示填土厚度以立方米计算。

第3.1.4条 挖掘沟槽、基坑土方工程量,按下列规定计算:

1. 沟槽、基坑划分:

凡图示沟槽底宽在3m以内,且沟槽长大于槽宽三倍以上的,为沟槽。

凡图示基坑底面积在20m²以内的为基坑。

凡图示沟槽底宽3m以外,坑底面积20m²以外,平整场地挖土方厚度在30cm以外,均按挖土方计算。

2. 计算挖沟槽、基坑、土方工程量需放坡时,放坡系数按表3.1.4-1规定计算。

放坡系数表 表 3.1.4-1

土壤类别	放坡起点(m)	人工挖土	机械挖土	
			在坑内作业	在坑上作业
一、二类土	1.20	1:0.5	1:0.33	1:0.75
三类土	1.50	1:0.33	1:0.25	1:0.67
四类土	2.00	1:0.25	1:0.10	1:0.33

注：1. 沟槽、基坑中土壤类别不同时，分别按其放坡起点、放坡系数、依不同土壤厚度加权平均计算。
   2. 计算放坡时，在交接处的重复工程量不予扣除，原槽、坑作基础垫层时，放坡自垫层上表面开始计算。

3. 挖沟槽、基坑需支挡土板时，其宽度按图示沟槽、基坑底宽，单面加 10cm，双面加 20cm 计算。挡土板面积，按槽、坑垂直支撑面积计算，支挡土板后，不得再计算放坡。
4. 基础施工所需工作面，按表 3.1.4-2 规定计算。

基础施工所需工作面宽度计算表 表 3.1.4-2

基础材料	每边各增加工作面宽度(mm)	基础材料	每边各增加工作面宽度(mm)
砖基础	200	混凝土基础支模板	300
浆砌毛石、条石基础	150	基础垂直面做防水层	800(防水层面)
混凝土基础垫层支模板	300		

5. 挖沟槽长度，外墙按图示中心线长度计算；内墙按图示基础底面之间净长线长度计算；内外突出部分(垛、附墙烟囱等)体积并入沟槽土方工程量内计算。
6. 人工挖土方深度超过 1.5m 时，按下表增加工日。

人工挖土方超深增加工日表

单位：100m³

深 2m 以内	深 4m 以内	深 6m 以内
5.55 工日	17.60 工日	26.16 工日

7. 挖管道沟槽按图示中心线长度计算，沟底宽度，设计有规定的，按设计规定尺寸计算，设计无规定的，可按表 3.1.4-3 规定宽度计算。

管道地沟沟底宽度计算表 表 3.1.4-3

单位：m

管径(mm)	铸铁管、钢管、石棉水泥管	混凝土、钢筋混凝土、预应力混凝土管	陶土管
50～70	0.60	0.80	0.70
100～200	0.70	0.90	0.80
250～350	0.80	1.00	0.90
400～450	1.00	1.30	1.10
500～600	1.30	1.50	1.40
700～800	1.60	1.80	
900～1000	1.80	2.00	
1100～1200	2.00	2.30	
1300～1400	2.20	2.60	

注：1. 按上表计算管道沟土方工程量时，各种井类及管道(不含铸铁给水管)接口等处需加宽增加的土方量不另行计算，底面积大于 20m² 的井类，其增加工程量并入管沟土方内计算。
   2. 铺设铸铁给排水管道时其接口等处土方增加量，可按铸铁给排水管道地沟土方总量的 2.5%计算。

8. 沟槽、基坑深度，按图示槽、坑底面至室外地坪深度计算；管道地沟按图示沟底至室外地坪深度计算。

第3.1.5条 人工挖孔桩土方量按图示桩断面积乘以设计桩孔中心线深度计算。

第3.1.6条 岩石开凿及爆破工程量，区别石质按下列规定计算：

1. 人工凿岩石，按图示尺寸以立方米计算。
2. 爆破岩石按图示尺寸以立方米计算，其沟槽、基坑深度、宽允许超挖量：

次坚石：200mm

特坚石：150mm

超挖部分岩石并入岩石挖方量之内计算。

第3.1.7条 回填土区分夯填、松填按图示回填体积并依下列规定，以立方米计算：

1. 沟槽、基坑回填土，沟槽、基坑回填体积以挖方体积减去设计室外地坪以下埋设砌筑物（包括：基础垫层、基础等）体积计算。
2. 管道沟槽回填，以挖方体积减去管径所占体积计算。管径在500mm以下的不扣除管道所占体积；管径超过500mm以上时按表3.1.7规定扣除管道所占体积计算。

管道扣除土方体积表　　　　　　　　　　　　　表3.1.7

管道名称	管 道 直 径(mm)					
	501～600	601～800	801～1000	1001～1200	1201～1400	1401～1600
钢　　管	0.21	0.44	0.71			
铸 铁 管	0.24	0.49	0.77			
混凝土管	0.33	0.60	0.92	1.15	1.35	1.55

3. 房心回填土，按主墙之间的面积乘以回填土厚度计算。
4. 余土或取土工程量，可按下式计算：

余土外运体积＝挖土总体积－回填土总体积

式中计算结果为正值时为余土外运体积，负值时为须取土体积。

第3.1.8条 土方运距，按下列规定计算：

1. 推土机推土运距：按挖方区重心至回填区重心之间的直线距离计算。
2. 铲运机运土运距：按挖方区重心至卸土区重心加转向距离45m计算。
3. 自卸汽车运土运距：按挖方区重心至填土区（或堆放地点）重心的最短距离计算。

第3.1.9条 地基强夯按设计图示强夯面积，区分夯击能量，夯击遍数以平方米计算。

第3.1.10条 井点降水区别轻型井点、喷射井点、大口径井点、电渗井点、水平井点，按不同井管深度的井管安装、拆除，以根为单位计算，使用按套、天计算。

井点套组成：

轻型井点：50根为一套；

喷射井点：30根为一套；

大口径井点：45根为一套；

电渗井点阳极：30根为一套；

水平井点：10根为一套。

井管间距应根据地质条件和施工降水要求，依施工组织设计确定，施工组织设计没有规定时，可按轻型井点管距0.8～1.6m，喷射井点管距2～3m确定。

使用天应以每昼夜24小时为一天，使用天数应按施工组织设计规定的使用天数计算。

第二节 桩基础工程

第3.2.1条 计算打桩（灌注桩）工程量前应确定下列事项：

1. 确定土质级别：依工程地质资料中的土层构造，土壤物理、化学性质及每米沉桩时间鉴别适用定额土质级别。
2. 确定施工方法、工艺流程，采用机型，桩、土壤泥浆运距。

第3.2.2条 打预制钢筋混凝土桩的体积，按设计桩长（包括桩尖，不扣除桩尖虚体积）乘以桩截面面积计算。管桩的空心体积应扣除。如管桩的空心部分按设计要求灌注混凝土或其他填充材料时，应另行计算。

第3.2.3条 接桩：电焊接桩按设计接头，以个计算；硫磺胶泥接桩按桩断面以平方米计算。

第3.2.4条 送桩：按桩截面面积乘以送桩长度（即打桩架底至桩顶面高度或自桩顶面至自然地坪面另加0.5m）计算。

第3.2.5条 打拔钢板桩按钢板桩重量以吨计算。

第3.2.6条 打孔灌注桩：

1. 混凝土桩、砂桩、碎石桩的体积，按设计规定的桩长（包括桩尖、不扣除桩尖虚体积）乘以钢管管箍外径截面面积计算。
2. 扩大桩的体积按单桩体积乘以次数计算。
3. 打孔后先埋入预制混凝土桩尖，再灌注混凝土者，桩尖按钢筋混凝土章节规定计算体积，灌注桩按设计长度（自桩尖顶面至桩顶面高度）乘以钢管管箍外径截面面积计算。

第3.2.7条 钻孔灌注桩，按设计桩长（包括桩尖，不扣除桩尖虚体积）增加0.25m乘以设计断面面积计算。

第3.2.8条 灌注混凝土桩的钢筋笼制作依设计规定，按钢筋混凝土章节相应项目以吨计算。

第3.2.9条 泥浆运输工程量按钻孔体积以立方米计算。

第3.2.10条 其他：

1. 安、拆导向夹具，按设计图纸规定的水平延长米计算。
2. 桩架90°调面只适用轨道式、走管式、导杆、筒式柴油打桩机以次计算。

第三节 脚手架工程

第3.3.1条 脚手架工程量计算一般规则：

1. 建筑物外墙脚手架，凡设计室外地坪至檐口（或女儿墙上表面）的砌筑高度在15m以下的按单排脚手架计算；砌筑高度在15m以上的或砌筑高度虽不足15m，但外墙门窗及装饰面积超过外墙表面积60%以上时，均按双排脚手架计算。

采用竹制脚手架时，按双排计算。

2. 建筑物内墙脚手架，凡设计室内地坪至顶板下表面（或山墙高度的1/2处）的砌筑高度在3.6m以下的，按里脚手架计算；砌筑高度超过3.6m以上时，按单排脚手架计算。

3. 石砌墙体，凡砌筑高度超过1.0m以上时，按外脚手架计算。

4. 计算内、外墙脚手架时，均不扣除门、窗洞口、空圈洞口等所占的面积。

5. 同一建筑物高度不同时，应按不同高度分别计算。

6. 现浇钢筋混凝土框架柱、梁按双排脚手架计算。

7. 围墙脚手架，凡室外自然地坪至围墙顶面的砌筑高度在3.6m以下的，按里脚手架计算；砌筑高度超过3.6m以上时，按单排脚手架计算。

8. 室内天棚装饰面距设计室内地坪在3.6m以上时，应计算满堂脚手架，计算满堂脚手架后，墙面装饰工程则不再计算脚手架。

9. 滑升模板施工的钢筋混凝土烟囱、筒仓，不另计算脚手架。

10. 砌筑贮仓，按双排外脚手架计算。

11. 贮水（油）池，大型设备基础，凡距地坪高度超过1.2m以上的，均按双排脚手架计算。

12. 整体满堂钢筋混凝土基础，凡其宽度超过3m以上时，按其底板面积计算满堂脚手架。

第3.3.2条 砌筑脚手架工程量计算：

1. 外脚手架按外墙外边线长度，乘以外墙砌筑高度以平方米计算，突出墙外宽度在24cm以内的墙垛，附墙烟囱等不计算脚手架；宽度超过24cm以外时按图示尺寸展开计算，并入外脚手架工程量之内。

2. 里脚手架按墙面垂直投影面积计算。

3. 独立柱按图示柱结构外围周长另加3.6m，乘以砌筑高度以平方米计算，套用相应外脚手架定额。

第3.3.3条 现浇钢筋混凝土框架脚手架工程量计算：

1. 现浇钢筋混凝土柱，按柱图示周长尺寸另加3.6m，乘以柱高以平方米计算，套用相应外脚手架定额。

2. 现浇钢筋混凝土梁、墙，按设计室外地坪或楼板上表面至楼板底之间的高度，乘以梁、墙净长以平方米计算，套用相应双排外脚手架定额。

第3.3.4条 装饰工程脚手架工程量计算：

1. 满堂脚手架，按室内净面积计算，其高度在3.6～5.2m之间时，计算基本层，超过5.2m时，每增加1.2m按增加一层计算，不足0.6m的不计。以算式表示如下：

$$满堂脚手架增加层 = \frac{室内净高度 - 5.2(m)}{1.2(m)}$$

2. 挑脚手架，按搭设长度和层数，以延长米计算。

3. 悬空脚手架，按搭设水平投影面积以平方米计算。

4. 高度超过3.6m墙面装饰不能利用原砌筑脚手架时，可以计算装饰脚手架。装饰脚手架按双排脚手架乘以0.3计算。

第3.3.5条 其他脚手架工程量计算：

1. 水平防护架，按实际铺板的水平投影面积，以平方米计算。

2. 垂直防护架，按自然地坪至最上一层横杆之间的搭设高度，乘以实际搭设长度，以平方米计算。

3. 架空运输脚手架，按搭设长度以延长米计算。

4. 烟囱、水塔脚手架，区别不同搭设高度，以座计算。

5. 电梯井脚手架，按单孔以座计算。

6. 斜道，区别不同高度以座计算。

7. 砌筑贮仓脚手架，不分单筒或贮仓组均按单筒外边线周长，乘以设计室外地坪至贮仓上口之间高度，以平方米计算。

8. 贮水（油）池脚手架，按外壁周长乘以室外地坪至池壁顶面之间高度，以平方米计算。

9. 大型设备基础脚手架，按其外形周长乘以地坪至外形顶面边线之间高度，以平方米计算。

10. 建筑物垂直封闭工程量按封闭面的垂直投影面积计算。

第3.3.6条 安全网工程量计算：

1. 立挂式安全网按架网部分的实挂长度乘以实挂高度计算。

2. 挑出式安全网按挑出的水平投影面积计算。

第四节 砌 筑 工 程

第3.4.1条 砌筑工程量一般规则：

1. 计算墙体时，应扣除门窗洞口、过人洞、空圈、嵌入墙身的钢筋混凝土柱、梁（包括过梁、圈梁、挑梁）、砖平碹，平砌砖过梁和暖气包壁龛及内墙板头的体积，不扣除梁头、外墙板头、檩头、垫木、木楞头、沿椽木、木砖、门窗走头、砖墙内的加固钢筋、木筋、铁件、钢管及每个面积在 $0.3m^2$ 以下的孔洞等所占的体积，突出墙面的窗台虎头砖、压顶线、山墙泛水、烟囱根、门窗套及三皮砖以内的腰线和挑檐等体积亦不增加。

2. 砖垛、三皮砖以上的腰线和挑檐等体积，并入墙身体积内计算。

3. 附墙烟囱（包括附墙通风道、垃圾道）按其外形体积计算，并入所依附的墙体积内，不扣除每一个孔洞横截面在 $0.1m^2$ 以下的体积，但孔洞内的抹灰工程量亦不增加。

4. 女儿墙高度，自外墙顶面至图示女儿墙顶面高度，分别不同墙厚并入外墙计算。

5. 砖平碹平砌砖过梁按图示尺寸以立方米计算。如设计无规定时，砖平碹按门窗洞口宽度两端共加 100mm，乘以高度（门窗洞口宽小于 1500mm 时，高度为 240mm，大于 1500mm 时，高度为 365mm）计算；平砌砖过梁按门窗洞口宽度两端共加 500mm，高度按 440mm 计算。

第3.4.2条 砌体厚度，按如下规定计算：

1. 标准砖以 240mm×115mm×53mm 为准，其砌体计算厚度，按表 3.4.2 计算。

标准砖砌体计算厚度表 表3.4.2

砖数(厚度)	1/4	1/2	3/4	1	1.5	2	2.5	3
计算厚度(mm)	53	115	180	240	365	490	615	740

2. 使用非标准砖时,其砌体厚度应按砖实际规格和设计厚度计算。

第3.4.3条 基础与墙身(柱身)的划分:

1. 基础与墙(柱)身使用同一种材料时,以设计室内地面为界(有地下室者,以地下室室内设计地面为界),以下为基础,以上为墙(柱)身。

2. 基础与墙身使用不同材料时,位于设计室内地面±300mm以内时,以不同材料为分界线,超过±300mm时,以设计室内地面为分界线。

3. 砖、石围墙,以设计室外地坪为界线,以下为基础,以上为墙身。

第3.4.4条 基础长度:外墙墙基按外墙中心线长度计算;内墙墙基按内墙基净长计算。基础大放脚T形接头处的重叠部分以及嵌入基础的钢筋、铁件、管道、基础防潮层及单个面积在0.3m²以内孔洞所占体积不予扣除,但靠墙暖气沟的挑檐亦不增加。附墙垛基础宽出部分体积应并入基础工程量内。

砖砌挖孔桩护壁工程量按实砌体积计算。

第3.4.5条 墙的长度:外墙长度按外墙中心线长度计算,内墙长度按内墙净长线计算。

第3.4.6条 墙身高度按下列规定计算:

1. 外墙墙身高度:斜(坡)屋面无檐口天棚者算至屋面板底;有屋架,且室内外均有天棚者,算至屋架下弦底面另加200mm;无天棚者算至屋架下弦底加300mm,出檐宽度超过600mm时,应按实砌高度计算;平屋面算至钢筋混凝土板底。

2. 内墙墙身高度:位于屋架下弦者,其高度算至屋架底;无屋架者算至天棚底另加100mm;有钢筋混凝土楼板隔层者算至板底;有框架梁时算至梁底面。

3. 内、外山墙,墙身高度:按其平均高度计算。

第3.4.7条 框架间砌体,分别内外墙以框架间的净空面积乘以墙厚计算,框架外表镶贴砖部分亦并入框架间砌体工程量内计算。

第3.4.8条 空花墙按空花部分外形体积以立方米计算,空花部分不予扣除,其中实体部分以立方米另行计算。

第3.4.9条 空斗墙按外形尺寸以立方米计算,墙角、内外墙交接处,门窗洞口立边,窗台砖及屋檐处的实砌部分已包括在定额内,不另行计算,但窗间墙、窗台下,楼板下、梁头下等实砌部分,应另行计算,套零星砌体定额项目。

第3.4.10条 多孔砖、空心砖按图示厚度以立方米计算,不扣除其孔、空心部分体积。

第3.4.11条 填充墙按外形尺寸以立方米计算,其中实砌部分已包括在定额内,不另计算。

第3.4.12条 加气混凝土墙、硅酸盐砌块墙、小型空心砌块墙,按图示尺寸以立方米计算,按设计规定需要镶嵌砖砌体部分已包括在定额内,不另计算。

第3.4.13条 其他砖砌体：

1. 砖砌锅台、炉灶，不分大小，均按图示外形尺寸以立方米计算，不扣除各种空洞的体积。

2. 砖砌台阶（不包括梯带）按水平投影面积以平方米计算。

3. 厕所蹲台、水槽腿、灯箱、垃圾箱、台阶挡墙或梯带、花台、花池、地垄墙及支撑地楞的砖墩，房上烟囱、屋面架空隔热层砖墩及毛石墙的门窗立边、窗台虎头砖等实砌体积，以立方米计算，套用零星砌体定额项目。

4. 检查井及化粪池不分壁厚均以立方米计算，洞口上的砖平拱碹等并入砌体体积内计算。

5. 砖砌地沟不分墙基、墙身合并以立方米计算。石砌地沟按其中心线长度以延长米计算。

第3.4.14条 砖烟囱：

1. 筒身，圆形、方形均按图示筒壁平均中心线周长乘以厚度并扣除筒身各种孔洞、钢筋混凝土圈梁、过梁等体积以立方米计算，其筒壁周长不同时可按下式分段计算。

$$V = \Sigma H \times C \times \pi D$$

式中　V——筒身体积；

　　　H——每段筒身垂直高度；

　　　C——每段筒壁厚度；

　　　D——每段筒壁中心线的平均直径。

2. 烟道、烟囱内衬按不同内衬材料并扣除孔洞后，以图示实体积计算。

3. 烟囱内壁表面隔热层，按筒身内壁并扣除各种孔洞后的面积以平方米计算；填料按烟囱内衬与筒身之间的中心线平均周长乘以图示宽度和筒高，并扣除各种孔洞所占体积（但不扣除连接横砖及防沉带的体积）后以立方米计算。

4. 烟道砌砖：烟道与炉体的划分以第一道闸门为界，炉体内的烟道部分列入炉体工程量计算。

第3.4.15条 砖砌水塔：

1. 水塔基础与塔身划分：以砖砌体的扩大部分顶面为界，以上为塔身，以下为基础，分别套相应基础砌体定额。

2. 塔身以图示实砌体积计算，并扣除门窗洞口和混凝土构件所占的体积，砖平拱碹及砖出檐等并入塔身体积内计算，套水塔砌筑定额。

3. 砖水箱内外壁，不分壁厚，均以图示实砌体积计算，套相应的内外砖墙定额。

第3.4.16条 砌体内的钢筋加固应根据设计规定，以吨计算，套钢筋混凝土章节相应项目。

第五节　混凝土及钢筋混凝土工程

第3.5.1条 现浇混凝土及钢筋混凝土模板工程量，按以下规定计算：

1. 现浇混凝土及钢筋混凝土模板工程量，除另有规定者外，均应区别模板的不同材质，按混凝土与模板接触面的面积，以平方米计算。

2. 现浇钢筋混凝土柱、梁、板、墙的支模高度（即室外地坪至板底或板面至板底之间的高度）以 3.6m 以内为准，超过 3.6m 以上部分，另按超过部分计算增加支撑工程量。

3. 现浇钢筋混凝土墙、板上单孔面积在 0.3m² 以内的孔洞，不予扣除，洞侧壁模板亦不增加；单孔面积在 0.3m² 以外时，应予扣除，洞侧壁模板面积并入墙、板模板工程量之内计算。

4. 现浇钢筋混凝土框架分别按梁、板、柱、墙有关规定计算，附墙柱，并入墙内工程量计算。

5. 杯形基础杯口高度大于杯口大边长度的，套高杯基础定额项目。

6. 柱与梁、柱与墙、梁与梁等连接的重叠部分以及伸入墙内的梁头、板头部分，均不计算模板面积。

7. 构造柱外露面均应按图示外露部分计算模板面积。构造柱与墙接触面不计算模板面积。

8. 现浇钢筋混凝土悬挑板（雨篷、阳台）按图示外挑部分尺寸的水平投影面积计算。挑出墙外的牛腿梁及板边模板不另计算。

9. 现浇钢筋混凝土楼梯，以图示露明面尺寸的水平投影面积计算，不扣除小于 500mm 楼梯井所占面积。楼梯的踏步、踏步板平台梁等侧面模板，不另计算。

10. 混凝土台阶不包括梯带，按图示台阶尺寸的水平投影面积计算，台阶端头两侧不另计算模板面积。

11. 现浇混凝土小型池槽按构件外围体积计算，池槽内、外侧及底部的模板不应另计算。

第 3.5.2 条 预制钢筋混凝土构件模板工程量，按以下规定计算：

1. 预制钢筋混凝土模板工程量，除另有规定者外均按混凝土实体体积以立方米计算。

2. 小型池槽按外型体积以立方米计算。

3. 预制桩尖按虚体积（不扣除桩尖虚体积部分）计算。

第 3.5.3 条 构筑物钢筋混凝土模板工程量，按以下规定计算：

1. 构筑物工程的模板工程量，除另有规定者外，区别现浇、预制和构件类别，分别按第 3.5.1 条和第 3.5.2 条的有关规定计算。

2. 大型池槽等分别按基础、墙、板、梁、柱等有关规定计算并套相应定额项目。

3. 液压滑升钢模板施工的烟筒、水塔塔身、贮仓等，均按混凝土体积，以立方米计算。

预制倒圆锥形水塔罐壳模板按混凝土体积，以立方米计算。

4. 预制倒圆锥形水塔罐壳组装、提升、就位，按不同容积以座计算。

第 3.5.4 条 钢筋工程量，按以下规定计算：

1. 钢筋工程，应区别现浇、预制构件、不同钢种和规格，分别按设计长度乘以单位重量，以吨计算。

2. 计算钢筋工程量时，设计已规定钢筋搭接长度的，按规定搭接长度计算；设计未规定搭接长度的，已包括在钢筋的损耗率之内，不另计算搭接长度。钢筋电渣压力焊接、套筒挤压等接头，以个计算。

3. 先张法预应力钢筋，按构件外形尺寸计算长度，后张法预应力钢筋按设计图规定的预应力钢筋预留孔道长度，并区别不同的锚具类型，分别按下列规定计算：

(1) 低合金钢筋两端采用螺杆锚具时，预应力的钢筋按预留孔道长度减0.35m，螺杆另行计算。

(2) 低合金钢筋一端采用镦头插片。另一端螺杆锚具时，预应力钢筋长度按预留孔道长度计算，螺杆另行计算。

(3) 低合金钢筋一端采用镦头插片，另一端采用帮条锚具时，预应力钢筋增加0.15m，两端均采用帮条锚具时预应力钢筋共增加0.3m计算。

(4) 低合金钢筋采用后张混凝土自锚时，预应力钢筋长度增加0.35m计算。

(5) 低合金钢筋或钢绞线采用JM、XM、QM型锚具，孔道长度在20m以内时，预应力钢筋长度增加1m；孔道长度20m以上时预应力钢筋长度增加1.8m计算。

(6) 碳素钢丝采用锥形锚具时，孔道长在20m以内时，预应力钢筋长度增加1m；孔道长在20m以上时，预应力钢筋长度增加1.8m。

(7) 碳素钢丝两端采用镦粗头时，预应力钢丝长度增加0.35m计算。

第3.5.5条 钢筋混凝土构件预埋铁件工程量，按设计图示尺寸，以吨计算。

第3.5.6条 现浇混凝土工程量，按以下规定计算：

1. 混凝土工程量除另有规定者外，均按图示尺寸实体体积以立方米计算。不扣除构件内钢筋、预埋铁件及墙、板中$0.3m^2$内的孔洞所占体积。

2. 基础：

(1) 有肋带形混凝土基础，其肋高与肋宽之比在4:1以内的按有肋带形基础计算。超过4:1时，其基础底按板式基础计算，以上部分按墙计算。

(2) 箱式满堂基础应分别按无梁式满堂基础、柱、墙、梁、板有关规定计算，套相应定额项目。

(3) 设备基础除块体以外，其他类型设备基础分别按基础、梁、柱、板、墙等有关规定计算，套相应的定额项目计算。

3. 柱：按图示断面尺寸乘以柱高以立方米计算。柱高按下列规定确定：

(1) 有梁板的柱高，应自柱基上表面(或楼板上表面)至上一层楼板上表面之间的高度计算。

(2) 无梁板的柱高，应自柱基上表面(或楼板上表面)至柱帽下表面之间的高度计算。

(3) 框架柱的柱高应自柱基上表面至柱顶高度计算。

(4) 构造柱按全高计算，与砖墙嵌接部分的体积并入柱身体积内计算。

(5) 依附柱上的牛腿，并入柱身体积内计算。

4. 梁：按图示断面尺寸乘以梁长以立方米计算，梁长按下列规定确定：

(1) 梁与柱连接时，梁长算至柱侧面；

(2) 主梁与次梁连接时，次梁长算至主梁侧面。

伸入墙内梁头，梁垫体积并入梁体积内计算。

5. 板：按图示面积乘以板厚以立方米计算，其中：

(1) 有梁板包括主、次梁与板，按梁、板体积之和计算。

(2) 无梁板按板和柱帽体积之和计算。

(3) 平板按板实体体积计算。

(4) 现浇挑檐天沟与板(包括屋面板、楼板)连接时,以外墙为分界线,与圈梁(包括其他梁)连接时,以梁外边线为分界线。外墙边线以外或梁外边线以外为挑檐天沟。

(5) 各类板伸入墙内的板头并入板体积内计算。

6. 墙:按图示中心线长度乘以墙高及厚度以立方米计算,应扣除门窗洞口及 0.3m² 以外孔洞的体积,墙垛及突出部分并入墙体积内计算。

7. 整体楼梯包括休息平台,平台梁、斜梁及楼梯的连接梁,按水平投影面积计算,不扣除宽度小于 500mm 的楼梯井,伸入墙内部分不另增加。

8. 阳台、雨篷(悬挑板),按伸出外墙的水平投影面积计算,伸出外墙的牛腿不另计算。带反挑檐的雨篷按展开面积并入雨篷内计算。

9. 栏杆按净长度以延长米计算。伸入墙内的长度已综合在定额内。栏板以立方米计算,伸入墙内的栏板,合并计算。

10. 预制板补现浇板缝时,按平板计算。

11. 预制钢筋混凝土框架柱现浇接头(包括梁接头)按设计规定断面和长度以立方米计算。

第 3.5.7 条 预制混凝土工程量,按以下规定计算:

1. 混凝土工程量均按图示尺寸实体体积以立方米计算,不扣除构件内钢筋,铁件及小于 300mm×300mm 以内孔洞面积。

2. 预制桩按桩全长(包括桩尖)乘以桩断面(空心桩应扣除孔洞体积)以立方米计算。

3. 混凝土与钢杆件组合的构件,混凝土部分按构件实体积以立方米计算,钢构件部分按吨计算,分别套相应的定额项目。

第 3.5.8 条 固定预埋螺栓、铁件的支架,固定双层钢筋的铁马登、垫铁件,按审定的施工组织设计规定计算,套相应定额项目。

第 3.5.9 条 构筑物钢筋混凝土工程量,按以下规定计算:

1. 构筑物混凝土除另规定者外,均按图示尺寸扣除门窗洞口及 0.3m² 以外孔洞所占体积以实体体积计算。

2. 水塔:

(1) 筒身与槽底以槽底连接的圈梁底为界,以上为槽底,以下为筒身。

(2) 筒式塔身及依附于筒身的边梁、雨篷挑檐等并入筒身体积内计算;柱式塔身、柱、梁合并计算。

(3) 塔顶及槽底,塔顶包括顶板和圈梁,槽底包括底板挑出的斜壁板和圈梁等合并计算。

3. 贮水池不分平底、锥底、坡底,均按池底计算;壁基梁、池壁不分圆形壁和矩形壁,均按池壁计算;其他项目均按现浇混凝土部分相应项目计算。

第 3.5.10 条 钢筋混凝土构件接头灌缝。

1. 钢筋混凝土构件接头灌缝:包括构件座浆、灌缝、堵板孔、塞板梁缝等。均按预制钢筋混凝土构件实体积以立方米计算。

2. 柱与柱基的灌缝,按首层柱体积计算;首层以上柱灌缝按各层柱体积计算。

3. 空心板堵孔的人工材料,已包括在定额内。如不堵孔时每 10m³ 空心板体积应扣除

0.23m³ 预制混凝土块和 2.2 工日。

第六节　构件运输及安装工程

第3.6.1条　预制混凝土构件运输及安装均按构件图示尺寸，以实体积计算；钢构件按构件设计图示尺寸以吨计算，所需螺栓、电焊条等重量不另计算。木门窗以外框面积以平方米计算。

第3.6.2条　预制混凝土构件运输及安装损耗率，按表3.6.2规定计算后并入构件工程量内。其中预制混凝土屋架、桁架、托架及长度在9m以上的梁、板、柱不计算损耗率。

预制钢筋混凝土构件制作、运输、安装损耗率表　　　表3.6.2

名　称	制作废品率	运输堆放损耗	安装（打桩）损耗
各类预制构件	0.2%	0.8%	0.5%
预制钢筋混凝土桩	0.1%	0.4%	1.5%

第3.6.3条　构件运输：

1. 预制混凝土构件运输的最大运输距离取50km以内；钢构件和木门窗的最大运输距离20km以内；超过时另行补充。

2. 加气混凝土板（块）、硅酸盐块运输每立方米折合钢筋混凝土构件体积0.4m³按一类构件运输计算。

第3.6.4条　预制混凝土构件安装：

1. 焊接形成的预制钢筋混凝土框架结构，其柱安装按框架柱计算，梁安装按框架梁计算；节点浇注成形的框架，按连体框架梁、柱计算。

2. 预制钢筋混凝土工字形柱、矩形柱、空腹柱、双肢柱、空心柱、管道支架等安装，均按柱安装计算。

3. 组合屋架安装，以混凝土部分实体体积计算，钢杆件部分不另计算。

4. 预制钢筋混凝土多层柱安装，首层柱按柱安装计算，二层及二层以上按柱接柱计算。

第3.6.5条　钢构件安装：

1. 钢构件安装按图示构件钢材重量以吨计算。

2. 依附于钢柱上的牛腿及悬臂梁等，并入柱身主材重量计算。

3. 金属结构中所用钢板，设计为多边形者，按矩形计算，矩形的边长以设计尺寸中互相垂直的最大尺寸为准。

第七节　门窗及木结构工程

第3.7.1条　各类门、窗制作、安装工程量均按门、窗洞口面积计算。

1. 门、窗盖口条、贴脸、披水条，按图示尺寸以延长米计算，执行木装修项目。

2. 普通窗上部带有半圆窗的工程量应分别按半圆窗和普通窗计算。其分界线以普通窗和半圆窗之间的横框上裁口线为分界线。

3. 门窗扇包镀锌铁皮，按门、窗洞口面积以平方米计算；门窗框包镀锌铁皮，钉橡皮条、钉毛毡按图示门窗洞口尺寸以延长米计算。

第 3.7.2 条 铝合金门窗制作、安装，铝合金、不锈钢门窗、彩板组角钢门窗、塑料门窗、钢门窗安装，均按设计门窗洞口面积计算。

第 3.7.3 条 卷闸门安装按洞口高度增加 600mm 乘以门实际宽度以平方米计算。电动装置安装以套计算，小门安装以个计算。

第 3.7.4 条 不锈钢片包门框按框外表面面积以平方米计算；彩板组角钢门窗附框安装按延长米计算。

第 3.7.5 条 木屋架的制作安装工程量，按以下规定计算：

1. 木屋架制作安装均按设计断面竣工木料以立方米计算，其后备长度及配制损耗均不另外计算。

2. 方木屋架一面刨光时增加 3mm，两面刨光时增加 5mm，圆木屋架按屋架刨光时木材体积每立方米增加 $0.05m^3$ 算。附属于屋架的夹板、垫木等已并入相应的屋架制作项目中，不另计算；与屋架连接的挑檐木、支撑等，其工程量并入屋架竣工木料体积内计算。

3. 屋架的制作安装应区别不同跨度，其跨度应以屋架上下弦杆的中心线交点之间的长度为准。带气楼的屋架并入所依附屋架的体积内计算。

4. 屋架的马尾、折角和正交部分半屋架，应并入相连接屋架的体积内计算。

5. 钢木屋架区分圆、方木，按竣工木料以立方米计算。

第 3.7.6 条 圆木屋架连接的挑檐木、支撑等如为方木时，其方木部分应乘以系数 1.7 折合成圆木并入屋架竣工木料内，单独的方木挑檐，按矩形檩木计算。

第 3.7.7 条 檩木按竣工木料以立方米计算。简支檩长度按设计规定计算，如设计无规定者，按屋架或山墙中距增加 200mm 计算，如两端出山，檩条长度算至博风板；连续檩条的长度按设计长度计算，其接头长度按全部连续檩木总体积的 5% 计算。檩条托木已计入相应的檩木制作安装项目中，不另计算。

第 3.7.8 条 屋面木基层，按屋面的斜面积计算。天窗挑檐重叠部分按设计规定计算，屋面烟囱及斜沟部分所占面积不扣除。

第 3.7.9 条 封檐板按图示檐口外围长度计算，博风板按斜长度计算，每个大刀头增加长度 500mm。

第 3.7.10 条 木楼梯按水平投影面积计算，不扣除宽度小于 300mm 的楼梯井，其踢脚板、平台和伸入墙内部分，不另计算。

第八节 楼地面工程

第 3.8.1 条 地面垫层按室内主墙间净空面积乘以设计厚度以立方米计算。应扣除凸出地面的构筑物、设备基础、室内铁道、地沟等所占体积，不扣除柱、垛、间壁墙、附墙烟囱及面积在 $0.3m^2$ 以内孔洞所占体积。

第 3.8.2 条 整体面层、找平层均按主墙间净空面积以平方米计算。应扣除凸出地面构筑物、设备基础、室内管道、地沟等所占面积，不扣除柱、垛、间壁墙、附墙烟囱及面积在0.3m²以内的孔洞所占面积,但门洞、空圈、暖气包槽、壁龛的开口部分亦不增加。

第3.8.3条 块料面层,按图示尺寸实铺面积以平方米计算,门洞、空圈、暖气包槽和壁龛的开口部分的工程量并入相应的面层内计算。

第3.8.4条 楼梯面层(包括踏步、平台以及小于500mm宽的楼梯井)按水平投影面积计算。

第3.8.5条 台阶面层(包括踏步及最上一层踏步沿300mm)按水平投影面积计算。

第3.8.6条 其他:

1. 踢脚板按延长米计算,洞口、空圈长度不予扣除,洞口、空圈、垛、附墙烟囱等侧壁长度亦不增加。
2. 散水、防滑坡道按图示尺寸以平方米计算。
3. 栏杆、扶手包括弯头长度按延长米计算。
4. 防滑条按楼梯踏步两端距离减300mm以延长米计算。
5. 明沟按图示尺寸以延长米计算。

第九节 屋面及防水工程

第3.9.1条 瓦屋面,金属压型板(包括挑檐部分)均按图3.9.1中尺寸的水平投影面积乘以屋面坡度系数(见表3.9.1),以平方米计算。不扣除房上烟囱、风帽底座、风道、屋面小气窗、斜沟等所占面积,屋面小气窗的出檐部分亦不增加。

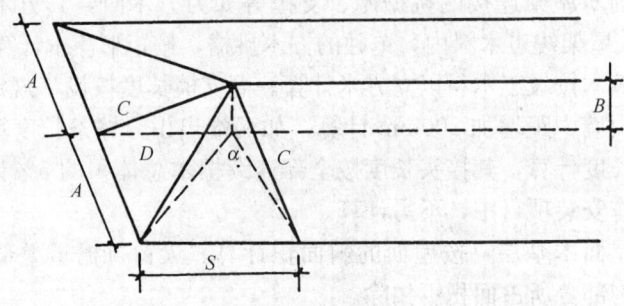

图3.9.1

注: 1. 两坡排水屋面面积为屋面水平投影面积乘以延尺系数C;
  2. 四坡排水屋面斜脊长度=$A \times D$(当$S=A$时);
  3. 沿山墙泛水长度=$A \times C$。

屋面坡度系数表   表3.9.1

坡度 $B(A=1)$	坡度 $B/2A$	坡度角度(α)	延尺系数 $C(A=1)$	隅延尺系数 $D(A=1)$
1	1/2	45°	1.4142	1.7321
0.75		36°52′	1.2500	1.6008
0.70		35°	1.2207	1.5779
0.666	1/3	33°40′	1.2015	1.5620
0.65		33°01′	1.1926	1.5564
0.60		30°58′	1.1662	1.5362
0.577		30°	1.1547	1.5270

续表

坡度 $B(A=1)$	坡度 $B/2A$	坡度角度(α)	延尺系数 $C(A=1)$	隅延尺系数 $D(A=1)$
0.55		28°49′	1.1413	1.5170
0.50	1/4	26°34′	1.1180	1.5000
0.45		24°14′	1.0966	1.4839
0.40	1/5	21°48′	1.0770	1.1697
0.35		19°17′	1.0594	1.4569
0.30		16°42′	1.0440	1.4457
0.25		14°02′	1.0308	1.4362
0.20	1/10	11°19′	1.0198	1.4283
0.15		8°32′	1.0112	1.4221
0.125		7°8′	1.0078	1.4191
0.100	1/20	5°42′	1.0050	1.4177
0.083		4°45′	1.0035	1.4166
0.066	1/30	3°49′	1.0022	1.4157

第3.9.2条 卷材屋面：工程量按以下规定计算：

1. 卷材屋面按图示尺寸的水平投影面积乘以规定的坡度系数(见表3.9.1)以平方米计算。但不扣除房上烟囱、风帽底座、风道、屋面小气窗和斜沟所占的面积，屋面的女儿墙、伸缩缝和天窗等处的弯起部分，按图示尺寸并入屋面工程量计算。如图纸无规定时，伸缩缝、女儿墙的弯起部分可按250mm计算，天窗弯起部分可按500mm计算。

2. 卷材屋面的附加层、接缝、收头、找平层的嵌缝、冷底子油已计入定额内，不另计算。

第3.9.3条 涂膜屋面的工程量计算同卷材屋面。涂膜屋面的油膏嵌缝、玻璃布盖缝、屋面分格缝，以延长米计算。

第3.9.4条 屋面排水工程量按以下规定计算：

1. 铁皮排水按图示尺寸以展开面积计算，如图纸没有注明尺寸时，可按表3.9.4计算。咬口和搭接等已计入定额项目中，不另计算。

2. 铸铁、玻璃钢水落管区别不同直径按图示尺寸以延长米计算，雨水口、水斗、弯头、短管以个计算。

铁皮排水单体零件折算表 表3.9.4

	名 称	单位	水落管(mm)	檐沟(m)	水斗(个)	漏斗(个)	下水口(个)		
铁皮排水	水落管、檐沟、水斗、漏斗、下水口	m²	0.32	0.30	0.40	0.16	0.45		
	天沟、斜沟、天窗窗台泛水、天窗侧面泛水、烟囱泛水、通气管泛水、滴水檐头泛水、滴水	m²	天沟(m)	斜沟天窗窗台泛水(m)	天窗侧面泛水(m)	烟囱泛水(m)	通气管泛水(m)	滴水檐头泛水(m)	滴水(m)
			1.30	0.50	0.70	0.80	0.22	0.24	0.11

第3.9.5条 防水工程工程量按以下规定计算：

1. 建筑物地面防水、防潮层，按主墙间净空面积计算，扣除凸出地面的构筑物、设备基础等所占的面积，不扣除柱、垛、间壁墙、烟囱及 $0.3m^2$ 以内孔洞所占面积。与墙面连接处高度在500mm以内者按展开面积计算，并入平面工程量内，超过500mm时，按立面防水层计算。

2. 建筑物墙基防水、防潮层、外墙长度按中心线，内墙按净长乘以宽度以平方米计算。

3. 构筑物及建筑物地下室防水层，按实铺面积计算，但不扣除 $0.3m^2$ 以内的孔洞面积。平面与立面交接处的防水层，其上卷高度超过500mm时，按立面防水层计算。

4. 防水卷材的附加层、接缝、收头、冷底子油等人工材料均已计入定额内，不另计算。

5. 变形缝按延长米计算。

第十节 防腐、保温、隔热工程

第3.10.1条 防腐工程量按以下规定计算：

1. 防腐工程项目应区分不同防腐材料种类及其厚度，按设计实铺面积以平方米计算。应扣除凸出地面的构筑物、设备基础等所占的面积，砖垛等突出墙面部分按展开面积计算并入墙面防腐工程量之内。

2. 踢脚板按实铺长度乘以高度以平方米计算，应扣除门洞所占面积并相应增加侧壁展开面积。

3. 平面砌筑双层耐酸块料时，按单层面积乘以系数2计算。

4. 防腐卷材接缝、附加层、收头等人工材料，已计入在定额中，不再另行计算。

第3.10.2条 保温隔热工程量按以下规定计算：

1. 保温隔热层应区别不同保温隔热材料，除另有规定者外，均按设计实铺厚度以立方米计算。

2. 保温隔热层的厚度按隔热材料（不包括胶结材料）净厚度计算。

3. 地面隔热层按围护结构墙体间净面积乘以设计厚度以立方米计算，不扣除柱、垛所占的体积。

4. 墙体隔热层，外墙按隔热层中心线、内墙按隔热层净长乘以图示尺寸的高度及厚度以立方米计算。应扣除冷藏门洞口和管道穿墙洞口所占的体积。

5. 柱包隔热层，按图示柱的隔热层中心线的展开长度乘以图示尺寸高度及厚度以立方米计算。

6. 其他保温隔热：

(1) 池槽隔热层按图示池槽保温隔热层的长、宽及其厚度以立方米计算。其中池壁按墙面计算，池底按地面计算。

(2) 门洞口侧壁周围的隔热部门，按图示隔热层尺寸以立方米计算，并入墙面的保温隔热工程量内。

(3) 柱帽保温隔热层按图示保温隔热层体积并入天棚保温隔热层工程量内。

第十一节 装 饰 工 程

第3.11.1条 内墙抹灰工程量按以下规定计算：

1. 内墙抹灰面积，应扣除门窗洞口和空圈所占的面积，不扣除踢脚板、挂镜线、0.3m² 以内的孔洞和墙与构件交接处的面积，洞口侧壁和顶面亦不增加。墙垛和附墙烟囱侧壁面积与内墙抹灰工程量合并计算。

2. 内墙面抹灰的长度，以主墙间的图示净长尺寸计算。其高度确定如下：

（1）无墙裙的，其高度按室内地面或楼面至天棚底面之间距离计算。

（2）有墙裙的，其高度按墙裙顶至天棚底面之间距离计算。

（3）钉板条天棚的内墙面抹灰，其高度按室内地面或楼面至天棚底面另加 100mm 计算。

3. 内墙裙抹灰面积按内墙净长乘以高度计算。应扣除门窗洞口和空圈所占的面积，门窗洞口和空圈的侧壁面积不另增加，墙垛、附墙烟囱侧壁面积并入墙裙抹灰面积内计算。

第3.11.2条 外墙抹灰工程量按以下规定计算：

1. 外墙抹灰面积，按外墙面的垂直投影面积以平方米计算。应扣除门窗洞口，外墙裙和大于 0.3m² 孔洞所占面积，洞口侧壁面积不另增加。附墙垛、梁、柱侧面抹灰面积并入外墙面抹灰工程量内计算。栏板、栏杆、窗台线、门窗套、扶手、压顶、挑檐、遮阳板、突出墙外的腰线等，另按相应规定计算。

2. 外墙裙抹灰面积按其长度乘高度计算，扣除门窗洞口和大于 0.3m² 孔洞所占的面积，门窗洞口及孔洞的侧壁不增加。

3. 窗台线、门窗套、挑檐、腰线、遮阳板等展开宽度在 300mm 以内者，按装饰线以延长米计算，如展开宽度超过 300mm 以上时，按图示尺寸以展开面积计算，套零星抹灰定额项目。

4. 栏板、栏杆（包括立柱、扶手或压顶等）抹灰按立面垂直投影面积乘以系数 2.2 以平方米计算。

5. 阳台底面抹灰按水平投影面积以平方米计算，并入相应天棚抹灰面积内。阳台如带悬臂梁者，其工程量乘系数 1.30。

6. 雨篷底面或顶面抹灰分别按水平投影面积以平方米计算，并入相应天棚抹灰面积内。雨篷顶面带反沿或反梁者，其工程量乘系数 1.20，底面带悬臂梁者，其工程量乘以系数 1.20。雨篷外边线按相应装饰或零星项目执行。

7. 墙面勾缝按垂直投影面积计算，应扣除墙裙和墙面抹灰的面积，不扣除门窗洞口、门窗套、腰线等零星抹灰所占的面积，附墙柱和门窗洞口侧面的勾缝面积亦不增加。独立柱、房上烟囱勾缝，按图示尺寸以平方米计算。

第3.11.3条 外墙装饰抹灰工程量按以下规定计算：

1. 外墙各种装饰抹灰均按图示尺寸以实抹面积计算。应扣除门窗洞口空圈的面积，其侧壁面积不另增加。

2. 挑檐、天沟、腰线、栏杆、栏板、门窗套、窗台线、压顶等均按图示尺寸展开面积以平方米计算，并入相应的外墙面积内。

第3.11.4条 块料面层工程量按以下规定计算：

1. 墙面贴块料面层均按图示尺寸以实贴面积计算。

2. 墙裙以高度在1500mm以内为准，超过1500mm时按墙面计算，高度低于300mm以内时，按踢脚板计算。

第3.11.5条 木隔墙、墙裙、护壁板，均按图示尺寸长度乘以高度按实铺面积以平方米计算。

第3.11.6条 玻璃隔墙按上横档顶面至下横档底面之间高度乘以宽度（两边立挺外边线之间）以平方米计算。

第3.11.7条 浴厕木隔断，按下横档底面至上横档顶面高度乘以图示长度以平方米计算，门扇面积并入隔断面积内计算。

第3.11.8条 铝合金、轻钢隔墙、幕墙，按四周框外围面积计算。

第3.11.9条 独立柱：

1. 一般抹灰、装饰抹灰、镶贴块料按结构断面周长乘以柱的高度以平方米计算。

2. 柱面装饰按柱外围饰面尺寸乘以柱的高以平方米计算。

第3.11.10条 各种"零星项目"均按图示尺寸以展开面积计算。

第3.11.11条 顶棚抹灰工程量按以下规定计算：

1. 顶棚抹灰面积，按主墙间的净面积计算，不扣除间壁墙、垛、柱、附墙烟囱、检查口和管道所占的面积。带梁顶棚，梁两侧抹灰面积，并入顶棚抹灰工程量内计算。

2. 密肋梁和井字梁顶棚抹灰面积，按展开面积计算。

3. 顶棚抹灰如带有装饰线时，区别按三道线以内或五道线以内按延长米计算，线角的道数以一个突出的棱角为一道线。

4. 檐口顶棚的抹灰面积，并入相同的顶棚抹灰工程量内计算。

5. 顶棚中的折线、灯槽线、圆弧形线、拱形线等艺术形式的抹灰，按展开面积计算。

第3.11.12条 各种吊顶顶棚龙骨按主墙间净空面积计算，不扣除间壁墙、检查口、附墙烟囱、柱、垛和管道所占面积。但顶棚中的折线、迭落等圆弧形，高低吊灯槽等面积也不展开计算。

第3.11.13条 顶棚面装饰工程量按以下规定计算：

1. 顶棚装饰面积，按主墙间实铺面积以平方米计算，不扣除间壁墙、检查口、附墙烟囱、附墙垛和管道所占面积，应扣除独立柱及与顶棚相连的窗帘盒所占的面积。

2. 顶棚中的折线：迭落等圆弧形、拱形、高低灯槽及其他艺术形式顶棚面层均按展开面积计算。

第3.11.14条 喷涂、油漆、裱糊工程量按以下规定计算：

1. 楼地面、顶棚面、墙、柱、梁面的喷（刷）涂料、抹灰面、油漆及裱糊工程，均按楼地面、顶棚面、墙、柱、梁面装饰工程相应的工程量计算规则规定计算。

2. 木材面、金属面油漆的工程量分别按表3.11.14-1至表3.11.14-9规定计算，并乘以表列系数以平方米计算。

（1）木材面油漆

单层木门工程量系数表 表3.11.14-1

项目名称	系数	工程量计算方法	项目名称	系数	工程量计算方法
单层木门	1.00	按单面洞口面积	单层全玻门	0.83	按单面洞口面积
双层(一板一纱)木门	1.36		木百页门	1.25	
双层(单裁口)木门	2.00		厂库大门	1.10	

单层木窗工程量系数表 表3.11.14-2

项目名称	系数	工程量计算方法	项目名称	系数	工程量计算方法
单层玻璃窗	1.00	按单面洞口面积	单层组合窗	0.83	按单面洞口面积
双层(一玻一纱)窗	1.36		双层组合窗	1.13	
双层(单裁口)窗	2.00		木百页窗	1.50	
三层(二玻一纱)窗	2.60				

木扶手(不带托板)工程量系数表 表3.11.14-3

项目名称	系数	工程量计算方法	项目名称	系数	工程量计算方法
木扶手(不带托板)	1.00	按延长米	封檐板、顺水板	1.74	按延长米
木扶手(带托板)	2.60		挂衣板、黑板框	0.52	
窗帘盒	2.04		生活园地框、挂镜线、窗帘棍	0.35	

其他木材面工程量系数表 表3.11.14-4

项目名称	系数	工程量计算方法	项目名称	系数	工程量计算方法
木板、纤维板、胶合板顶棚、檐口	1.00	长×宽	屋面板(带檩条)	1.11	斜长×宽
清水板条顶棚、檐口	1.07		木间壁、木隔断	1.90	单面外围面积
木方格吊顶顶棚	1.20		玻璃间壁露明墙筋	1.65	
吸音板、墙面、顶棚面	0.87		木栅栏、木栏杆(带扶手)	1.82	
鱼磷板墙	2.48		木屋架	1.79	跨度(长)×中高×1/2
木护墙、墙裙	0.91		衣柜、壁柜	0.91	投影面积(不展开)
窗台板、筒子板、盖板	0.82		零星木装修	0.87	展开面积
暖气罩	1.28				

木地板工程量系数表 表3.11.14-5

项目名称	系数	工程量计算方法
木地板、木踢脚线	1.00	长×宽
木楼梯(不包括底面)	2.30	水平投影面积

(2) 金属面油漆

单层钢门窗工程量系数表　　　　　　　　　　　表 3.11.14-6

项 目 名 称	系数	工程量计算方法	项 目 名 称	系数	工程量计算方法
单层钢门窗	1.00	洞口面积	射线防护门	2.96	框(扇)外围面积
双层(一玻一纱)钢门窗	1.48		厂库房平开、推拉门	1.70	
钢百页钢门	2.74		铁丝网大门	0.81	
半截百页钢门	2.22		间壁	1.85	长×宽
满钢门或包铁皮门	1.63		平板屋面	0.74	斜长×宽
钢折叠门	2.30		瓦垄板屋面	0.89	斜长×宽
			排水、伸缩缝盖板	0.78	展开面积
			吸气罩	1.63	水平投影面积

其他金属面工程量系数表　　　　　　　　　　　表 3.11.14-7

项 目 名 称	系数	工程量计算方法	项 目 名 称	系数	工程量计算方法
钢屋架、天窗架、挡风架、屋架梁、支撑、檩条	1.00	重量(吨)	钢梁车挡		重量(吨)
墙架(空腹式)	0.50		钢栅栏门、栏杆、窗栅	1.71	
墙架(格板式)	0.82		钢爬梯	1.18	
钢柱、吊车梁、花式梁柱、空花构件	0.63		轻型屋架	1.42	
操作台、走台、制动梁	0.71		踏步式钢扶梯	1.05	
			零星铁件	1.32	

平板屋面涂刷磷化、锌黄底漆工程量系数表　　　　　　　表 3.11.14-8

项 目 名 称	系 数	工程量计算方法
平板屋面	1.00	斜长×宽
瓦垄板屋面	1.20	
排水、伸缩缝盖板	1.05	展开面积
吸气罩	2.20	水平投影面积
包镀锌铁皮门	2.20	洞口面积

(3) 抹灰面油漆、涂料

抹灰面工程量系数表　　　　　　　　　　　表 3.11.14-9

项 目 名 称	系 数	工程量计算方法
槽形底板、混凝土折板	1.30	长×宽
有梁板底	1.10	
密肋、井字梁底板	1.50	
混凝土平板式楼梯底	1.30	水平投影面积

第十二节　金属结构制作工程

第 3.12.1 条　金属结构制作按图示钢材尺寸以吨计算，不扣除孔眼、切边的重量，焊条、铆钉、螺栓等重量，已包括在定额内不另计算。在计算不规则或多边形钢板重量时均以其最大对角线乘最大宽度的矩形面积计算。

第3.12.2条 实腹柱、吊车梁、H型钢按图示尺寸计算，其中腹板及翼板宽度按每边增加25mm计算。

第3.12.3条 制动梁的制作工程量包括制动梁、制动桁架、制动板重量；墙架的制作工程量包括墙架柱、墙架梁及连接柱杆重量；钢柱制作工程量包括依附于柱上的牛腿及悬臂梁重量。

第3.12.4条 轨道制作工程量，只计算轨道本身重量，不包括轨道垫板、压板、斜垫、夹板及联接角钢等重量。

第3.12.5条 铁栏杆制作，仅适用于工业厂房中平台、操作台的钢栏杆。民用建筑中铁栏杆等按本定额其他章节有关项目计算。

第3.12.6条 钢漏斗制作工程量，矩形按图示分片，圆形按图示展开尺寸，并依钢板宽度分段计算，每段均以其上口长度（圆形以分段展开上口长度）与钢板宽度，按矩形计算，依附漏斗的型钢并入漏斗重量内计算。

第十三节　建筑工程垂直运输定额

第3.13.1条 建筑物垂直运输机械台班用量，区分不同建筑物的结构类型及高度按建筑面积以平方米计算。建筑面积按本规则第二章规定计算。

第3.13.2条 构筑物垂直运输机械台班以座计算。超过规定高度时再按每增高1m定额项目计算，其高度不足1m时，亦按1m计算。

第十四节　建筑物超高增加人工、机械定额

第3.14.1条 各项降效系数中包括的内容指建筑物基础以上的全部工程项目，但不包括垂直运输、各类构件的水平运输及各项脚手架。

第3.14.2条 人工降效按规定内容中的全部人工费乘以定额系数计算。

第3.14.3条 吊装机械降效按第六章吊装项目中的全部机械费乘以定额系数计算。

第3.14.4条 其他机械降效按规定内容中的全部机械费（不包括吊装机械）乘以定额系数计算。

第3.14.5条 建筑物施工用水加压增加的水泵台班，按建筑面积以平方米计算。

附录二

《全国统一建筑工程基础定额》
(摘录)

总 说 明

一、建筑工程基础定额(以下简称本定额)是完成规定计量单位分项工程计价的人工、材料、施工机械台班消耗量标准。是统一全国建筑工程预算工程量计算规则、项目划分、计量单位的依据;是编制建筑工程(土建部分)地区单位估价表确定工程造价、编制概算定额及投资估算指标的依据;也可作为制定招标工程标底、企业定额和投标报价的基础。

二、本定额适用于工业与民用建筑的新建、扩建、改建工程。

三、本定额是按照正常的施工条件,目前多数建筑企业的施工机械装备程度,合理的施工工期、施工工艺、劳动组织为基础编制的,反映了社会平均消耗水平。

四、本定额是依据现行有关国家产品标准、设计规范和施工验收规范、质量评定标准、安全操作规程编制的,并参考了行业、地方标准,以及有代表性的工程设计、施工资料和其他资料。

五、人工工日消耗量的确定:

1. 本定额人工工日不分工种、技术等级,一律以综合工日表示。内容包括基本用工、超运距用工、人工幅度差、辅助用工。其中基本用工,参照现行全国建筑安装工程统一劳动定额为基础计算,缺项部分,参考地区现行定额及实际调查资料计算。凡依据劳动定额计算的,均按规定计入人工幅度差;根据施工实际需要计算的,未计人工幅度差。

2. 机械土、石方,桩基础,构件运输及安装等工程,人工随机械产量计算的,人工幅度差按机械幅度差计算。

3. 现行劳动定额允许各省、自治区、直辖市调整的部分,本定额内未予考虑。

六、材料消耗量的确定:

1. 本定额中的材料消耗包括主要材料、辅助材料、零星材料等,凡能计量的材料、成品、半成品均按品种、规格逐一列出数量,并计入了相应损耗,其内容和范围包括:从工地仓库、现场集中堆放地点或现场加工地点至操作或安装地点的运输损耗、施工操作损耗、施工现场堆放损耗。其他材料费以该项目材料费之和的%表示。

2. 混凝土、砌筑砂浆、抹灰砂浆及各种胶泥等均按半成品消耗量以体积(m^3)表示,其配合比是按现行规范规定计算的,各省、自治区、直辖市可按当地材料质量情况调整其配合比和材料用量。

3. 施工措施性消耗部分,周转性材料按不同施工方法、不同材质分别列出一次使用量(在相应章后以附录列出)和一次摊销量。

4. 施工工具用具性消耗材料,归入建筑安装工程费用定额中工具用具使用费项下,不再列入定额消耗量之内。

七、施工机械台班消耗量的确定:

1. 挖掘机械、打桩机械、吊装机械、运输机械(包括推土机、铲运机及构件运输机械等)分别按机械、容量或性能及工作物对象,按单机或主机与配合辅助机械,分别以台班消耗量表示。

2. 随工人班组配备的中小型机械，其台班消耗量列入相应的定额项目内。

3. 定额中的机械类型、规格是按常用机械类型确定的，各省、自治区、直辖市、国务院有关部门如需重新选用机型、规格时，可按选用的机型、规格调整台班消耗量。

4. 定额中均已包括材料、成品、半成品从工地仓库、现场集中堆放地点或现场加工地点至操作定装地点的水平和垂直运输，所需的人工和机械消耗量。如发生再次搬运的，应在建筑安装工程费用定额中二次搬运费项下列支。预制钢筋混凝土构件和钢构件安装是按机械回转半径 15m 以内运距考虑的。

八、本定额除脚手架、垂直运输机械台班定额已注明其适用高度外，均按建筑物檐口高度 20m 以下编制的；檐口高度超过 20m 时，另按本定额建筑物起高增加人工、机械台班定额项目计算。

九、本定额适用海拔高程 2000m 以下，地震烈度七度以下地区，超过上述情况时，可结合高原地区的特殊情况和地震烈度要求，由各省、自治区、直辖市或国务院有关部门制定调整办法。

十、各种材料、构件及配件所需的检验试验应在建筑安装工程费用定额中的检验试验费项下列支，不计入本定额。

十一、本定额的工程内容中已说明了主要的施工工序，次要工序虽未说明，均已考虑在定额内。

十二、本定额中注有"×××以内"或"×××以下"者均包括×××本身，"×××以外"或"×××以上"者，则不包括×××本身。

目 录

第一章 土、石方工程 ·· 372
 说明 ··· 372
 一、人工土石方 ··· 373
 二、机械土石方(略)
第二章 桩基础工程(略)
第三章 脚手架工程 ·· 376
 说明 ··· 376
 一、外脚手架 ··· 376
 二、里脚手架 ··· 377
 三、满堂脚手架 ··· 377
 四、悬空脚手架、挑脚手架、防护架 ··· 379
 五、依附斜道(略)
 六、安全网(略)
 七、烟囱(水塔)脚手架(略)
 八、电梯井字架(略)
 九、架空运输道(略)
第四章 砌筑工程 ·· 380
 说明 ··· 380
 一、砌砖、砌块 ··· 380
 二、砌石(略)
第五章 混凝土及钢筋混凝土工程 ·· 383
 说明 ··· 383
 一、现浇混凝土模板 ··· 384
 二、预制混凝土模板 ··· 391
 三、构筑物混凝土模板(略)
 四、钢筋 ··· 395
 五、现浇混凝土 ··· 400
 六、预制混凝土 ··· 402
 七、构筑特混凝土(略)
 八、钢筋混凝土构件接头灌缝 ··· 404
第六章 构件运输及安装工程 ·· 405
 说明 ··· 405
 一、构件运输 ··· 406

| 二、预制混凝土构件安装 | 409 |

第七章 门窗及木结构工程 412
  说明 412
  一、门窗 413

第八章 楼地面工程 417
  说明 417
  一、垫层 417
  二、找平层 418
  三、整体面层 418
  四、块料面层 421
  五、栏杆、扶手 422

第九章 屋面及防水工程 423
  说明 423
  一、屋面 423
  二、防水(略)
  三、变形缝 425

第十章 防腐、保温、隔热工程 426
  说明 426
  一、防腐(略)
  二、保温隔热 426

第十一章 装饰工程 427
  说明 427
  一、墙、柱面装饰 429
  二、顶棚装饰 434
  三、油漆、涂料、裱糊 436

第十二章 金属结构制作工程 440
  说明 440
  一、钢柱制作(略)
  二、钢屋架、钢托架制作(略)
  三、钢吊车梁、钢制动梁制作(略)
  四、钢吊车轨道制作(略)
  五、钢支撑、钢檩条、钢墙架制作(略)
  六、钢平台、钢梯子、钢栏杆制作 440

第十三章 建筑工程垂直运输定额 442
  说明 442
  一、建筑物垂直运输 443
  二、构筑物垂直运输(略)

第十四章 建筑物超高增加人工、机械定额 444
  说明 444

一、建筑物超高人工、机械降效率 ··· 444
　　二、建筑物超高加压水泵台班 ··· 445
第十五章　附录 ·· 446
　说明 ·· 446
　附录一　混凝土配合比表 ·· 446
　附录二　耐酸、防腐及特种砂浆、混凝土配合比表（略）
　附录三　抹灰砂浆配合比表 ·· 453
　附录四　砌筑砂浆配合比表 ·· 455

第一章 土、石方工程

说 明

一、人工土石方

1. 土壤分类：详见"土壤、岩石分类表"。表列Ⅰ、Ⅱ类为定额中一、二类土壤（普通土）；Ⅲ类为定额中三类土壤（坚土）；Ⅳ类为定额中四类土壤（砂砾坚土）。人工挖地槽、地坑定额深度最深为 6m，超过 6m 时，可另作补充定额。

2. 人工土方定额是按干土编制的，如挖湿土时，人工乘以系数 1.18。干湿的划分，应根据地质勘测资料以地下常水位为准划分，地下常水位以上为干土，以下为湿土。

3. 人工挖孔桩定额，适用于在有安全防护措施的条件下施工。

4. 本定额未包括地下水位以下施工的排水费用，发生时另行计算。挖土方时如有地表水需要排除时，亦应另行计算。

5. 支挡土板定额项目分为密撑和疏撑，密撑是指满支挡土板；疏撑是指间隔支挡土板，实际间距不同时，定额不作调整。

6. 在有挡土板支撑下挖土方时，按实挖体积，人工乘系数 1.43。

7. 挖桩间土方时，按实挖体积（扣除桩体占用体积），人工乘以系数 1.5。

8. 人工挖孔桩，桩内垂直运输方式按人工考虑。如深度超过 12m 时，16m 以内按 12m 项目人工用量乘以系数 1.3；20m 以内乘以系数 1.5 计算。同一孔内土壤类别不同时，按定额加权计算，如遇有流砂、流泥时，另行处理。

9. 场地竖向布置挖填土方时，不再计算平整场地的工程量。

10. 石方爆破定额是按炮眼法松动爆破编制的，不分明炮、闷炮，但闷炮的覆盖材料应另行计算。

11. 石方爆破定额是按电雷管导电起爆编制的，如采用火雷管爆破时，雷管应换算，数量不变。扣除定额中的胶质导线，换为导火索，导火索的长度按每个雷管 2.12m 计算。

二、机械土石方

1. 岩石分类，详见"土壤、岩石分类表"。表列Ⅴ类为定额中松石；Ⅵ—Ⅷ类为定额中次坚石；Ⅸ、Ⅹ类为定额中普坚石；Ⅺ—ⅩⅥ类为特坚石。

2. 推土机推土、推石碴，铲运机铲运土重车上坡时，如果坡度大于 5% 时，其运距按坡度区段斜长乘下列系数计算。

坡度(%)	5~10	15 以内	20 以内	25 以内
系 数	1.75	2.0	2.25	2.50

3. 汽车、人力车，重车上坡降效因素，已综合在相应的运输定额项目中，不再另行计算。

4. 机械挖土方工程量，按机械挖土方90％，人工挖土方10％计算，人工挖土部分按相应定额项目人工乘以系数2。

5. 土壤含水率定额是按天然含水率为准制定；

含水率大于25％时，定额人工、机械乘以系数1.15，若含水率大于40％时另行计算。

6. 推土机推土或铲运机铲土土层平均厚度小于300mm时，推土机台班用量乘以系数1.25；铲运机台班用量乘以系数1.17。

7. 挖掘机在垫板上进行作业时，人工、机械乘以系数1.25，定额内不包括垫板铺设所需的工料、机械消耗。

8. 推土机、铲运机，推、铲未经压实的积土时，按定额项目乘以系数0.73。

9. 机械土方定额是按三类土编制的，如实际土壤类别不同时，定额中机械台班量乘以下列系数。

项 目	一、二类土壤	四类土壤	项 目	一、二类土壤	四类土壤
推土机推土方	0.81	1.18	自行铲运机铲运土方	0.86	1.09
铲运机铲运土方	0.81	1.26	挖掘机挖土方	0.81	1.11

10. 定额中的爆破材料是按炮孔中无地下渗水、积水编制的，炮孔中若出现地下渗水、积水时，处理渗水或积水发生的费用另行计算。定额内未计爆破时所需覆盖的安全网、草袋、架设安全屏障等设施，发生时另行计算。

11. 机械上下行驶坡道上方，合并在上方工程量内计算。

12. 汽车运土运输道路是按一、二、三类道路综合确定的，已考虑了运输过程中，道路清理的人工，如需要铺筑材料时，另行计算。

一、人工土石方

1. 人工挖土方淤泥流砂

工作内容： 1. 挖土、装土、修理边底。
2. 挖淤泥、流砂，装淤泥、流砂，修理边底。

计量单位：100m³

定 额 编 号		1—1	1—2	1—3	1—4
项 目	单 位	挖 土 方			挖淤泥流砂
		深度1.5m以内			
		一、二类土	三类土	四类土	
人 工 综合工日	工 日	18.05	32.64	50.04	110.00

2. 人工挖沟槽基坑

工作内容： 人工挖沟槽、基坑土方，将土置于槽、坑边1m以外自然堆放，沟槽、基坑底夯实。

计量单位：100m³

定额编号		1—5	1—6	1—7	1—8	1—9	1—10
项目	单位	挖沟槽一、二类土深度(m以内)			挖沟槽三类土深度(m以内)		
		2	4	6	2	4	6
人工 综合工日	工日	33.74	43.52	56.08	53.73	66.11	76.19
机械 电动打夯机	台班	0.18	0.08	0.05	0.18	0.08	0.05

定额编号		1—11	1—12	1—13	1—14	1—15	1—16
项目	单位	挖沟槽四类土深度(m以内)			挖基坑一、二类土深度(m以内)		
		2	4	6	2	4	6
人工 综合工日	工日	81.28	88.40	96.80	37.28	49.86	60.17
机械 电动打夯机	台班	0.18	0.08	0.05	0.52	0.25	0.16

定额编号		1—17	1—18	1—19	1—20	1—21	1—22
项目	单位	挖基坑三类土深度(m以内)			挖基坑四类土深度(m以内)		
		2	4	6	2	4	6
人工 综合工日	工日	63.28	73.78	83.57	91.46	99.22	108.84
机械 电动打夯机	台班	0.52	0.25	0.16	0.52	0.25	0.16

3. 人工挖孔桩

工作内容： 挖土方、凿枕石、积岩地基处理，修整边、底、壁、运土、石100m以内以及孔内照明、安全架子搭拆等。

计量单位：10m³

定额编号		1—23	1—24	1—25	1—26	1—27	1—28	1—29	1—30	1—31	1—32	1—33	1—34
项目	单位	挖孔桩二类土深度(m以内)				挖孔桩三类土深度(m以内)				挖孔桩四类土深度(m以内)			
		6	8	10	12	6	8	10	12	6	8	10	12
人工 综合工日	工日	11.50	13.79	15.52	17.25	14.40	17.28	19.45	21.60	21.60	25.92	29.16	32.41
机械 照明及安全费占人工费	%	12	12	12	12	12	12	12	12	12	12	12	12

注：设计要求增设的安全防护措施所用的材料、设备，另行计算。

6. 回填土、打夯、平整场地

工作内容： 1. 回填土5m以内取土。
　　　　　　2. 原土打夯包括碎土、平土、找平、洒水。
　　　　　　3. 平整场地，标高在＋(－)30cm以内的挖土找平。

定额编号		1—45	1—46	1—47	1—48
项目	单位	回填土		原土打夯	平整场地
		松填	夯填		
		100m³			100m²
人工 综合工日	工日	8.57	29.40	1.42	3.15
机械 电动打夯机	台班		7.98	0.56	

7. 土方运输

工作内容：人工运土方、淤泥，包括装、运、卸土、淤泥及平整。

计量单位：100m³

定 额 编 号		1—49	1—50	1—51	1—52
项　　目	单　位	人 工 运 土 方		人 工 运 淤 泥	
		运距 20m 以内	200m 以内每增加 20m	运距 20m 以内	200m 以内每增加 20m
人　工	综合工日	工　日	20.40	4.56	44.00	6.60

第三章 脚手架工程

说 明

一、本定额外脚手架、里脚手架，按搭设材料分为木制、竹制、钢管脚手架；烟囱脚手架和电梯井字脚手架为钢管式脚手架。

二、外脚手架定额中均综合了上料平台，护卫栏杆等。

三、斜道是按依附斜道编制的，独立斜道按依附斜道定额项目人工、材料、机械乘以系数1.8。

四、水平防护架和垂直防护架指脚手架以外单独搭设的，用于车辆通道、人行通道、临街防护和施工与其他物体隔离等的防护。

五、烟囱脚手架综合了垂直运输架、斜道、缆风绳、地锚等。

六、水塔脚手架按相应的烟囱脚手架人工乘以系数1.11，其他不变。

七、架空运输道，以架宽2m为准，如架宽超过2m时，应按相应项目乘以系数1.2，超过3m时按相应项目乘以系数1.5。

八、满堂基础套用满堂脚手架基本层定额项目的50%计算脚手架。

九、外架全封闭材料按竹席毛席考虑，如采用竹笆板时，人工乘以系数1.10；采用纺织布时，人工乘以系数0.80。

十、高层钢管脚手架是按现行规范为依据计算的，如采用型钢平台加固时，由各地市自行补充。

一、外脚手架

工作内容：平土、挖坑、安底座、打缆风桩、拉缆风绳、场内外材料运输、搭拆脚手架、上料平台、挡脚板、护身栏杆、上下翻板子和拆除后的材料堆放整理等。

计量单位：100m²

定额编号			3—1	3—2	3—3	3—4
项 目		单位	木 架			竹 架
			15m以内		30m以内	15m以内
			单 排	双 排	双 排	双 排
人 工	综合工日	工日	5.97	8.19	9.71	5.51
材 料	木脚手杆10	m³	0.436	0.596	0.695	—
	竹脚手杆75	根	—	—	—	10.71
	竹脚手杆90	根	—	—	—	11.62
	木脚手板	m³	0.090	0.119	0.254	0.071
	竹脚手板	m³				1.83
	镀锌铁丝8#	kg	67.96	113.66	121.92	0.66
	铁钉	kg	0.53	0.64	0.64	0.90
	钢丝绳8	kg			0.36	
	竹篾	百根				11.60
机 械	载重汽车6t	台班	0.26	0.36	0.34	0.10

续表

定额编号		3—5	3—6	3—7	3—8
项目	单位	钢管架			
		15m以内		24m以内	30m以内
		单 排	双 排	双 排	
人工 综合工日	工日	6.11	7.19	8.61	10.49
材料 钢管 φ48×3.5	kg	40.18	64.92	70.51	83.90
直角扣件	个	8.33	12.93	12.88	13.89
对接扣件	个	1.06	1.82	2.39	3.23
回转扣件	个	0.52	0.52	0.74	3.05
底座	个	0.24	0.37	0.26	0.26
木脚手板	m³	0.081	0.093	0.123	0.160
垫木 60×60×60	块	2.13	2.13	2.42	1.39
镀锌铁丝 8#	kg	4.13	4.75	5.32	6.15
铁钉	kg	0.40	0.55	0.66	0.77
防锈漆	kg	3.77	5.60	6.10	7.25
油漆溶剂油	kg	0.43	0.63	0.70	0.82
钢丝绳 8	kg	0.25	0.25	0.26	0.46
缆风桩木	m³	0.003	0.003	0.002	0.004
机械 载重汽车6t	台班	0.11	0.17	0.13	0.17

定额编号		3—9	3—10	3—11	3—12
项目	单位	钢管架			
		50m以内	70m以内	90m以内	110m以内
人工 综合工日	工日	12.61	16.34	23.10	38.30
材料 钢管 φ48×3.5	kg	125.84	247.98	317.42	412.90
直角扣件	个	20.83	45.23	59.16	78.06
对接扣件	个	4.84	8.57	11.36	15.10
回转扣件	个	4.58	5.46	6.66	8.30
底座	个	0.38	0.28	0.28	0.28
木脚手板	m³	0.240	0.363	0.471	0.540
垫木 60×60×60	块	2.08	18.46	23.78	30.60
镀锌铁丝 8#	kg	6.15	4.16	6.11	5.47
铁钉	kg	0.77	0.73	0.98	1.10
防锈漆	kg	10.89	21.47	27.50	35.63
油漆溶剂油	kg	1.24	2.44	0.13	4.05
钢丝绳 8	kg	1.27	2.75	3.52	5.63
缆风桩木	m³	0.006	0.013	0.015	0.020
机械 载重汽车6t	台班	0.16	0.19	0.20	0.16

二、里脚手架

工作内容： 平土、挖坑、安底座、选料、材料的内外运输、搭拆架子、脚手板、拆除后材料堆放等。

三、满堂脚手架

工作内容： 平土、挖坑、安底座、选料、材料场内外运输、搭拆架子、铺拆脚手板等。

计量单位：100m²

定额编号			3—13	3—14	3—15
项目		单位	木架	竹架	钢管架
人工	综合工日	工日	3.87	3.16	3.46
材料	木脚手杆10	m³	0.035	—	—
	钢管 φ48×3.5	kg	—	—	1.19
	竹脚手杆75	根	—	2.60	—
	竹脚手杆90	根	—	2.60	—
	木脚手板	m³	0.045	0.019	0.011
	直角扣件	个	—	—	0.24
	对接扣件	个	—	—	0.01
	镀锌铁丝8#	kg	3.90	0.56	0.60
	铁钉	kg	0.06	—	2.04
	竹篾	百根	—	4.60	—
	防锈漆	kg	—	—	0.10
	油漆溶剂油	kg	—	—	0.01
机械	载重汽车6t	台班	0.12	0.11	0.02

计量单位：100m²

定额编号			3—16	3—17	3—18	3—19
项目		单位	木架		竹架	
			基本层	增加层1.2m	基本层	增加层1.2m
人工	综合工日	工日	8.17	3.08	6.81	2.42
材料	木脚手杆10	m³	0.076	0.025	—	—
	竹脚手杆75	根	—	—	3.08	1.23
	木脚手板	m³	0.056	—	0.085	—
	镀锌铁丝8#	kg	50.95	16.98	20.00	—
	铁钉	kg	1.94	—	1.94	—
	挡脚板	m³	0.003	—	0.003	—
	垫木	块	48.41	—	—	—
	竹篾	百根	—	—	7.80	2.60
机械	载重汽车6t	台班	0.06	0.02	0.03	0.01

定额编号			3—20	3—21
项目		单位	钢管架	
			基本层	增加层
人工	综合工日	工日	9.36	3.56
材料	钢管 φ48×3.5	kg	10.06	3.35
	直角扣件	个	1.46	0.49
	对接扣件	个	0.28	0.09
	回转扣件	个	0.46	0.15
	底座	个	0.20	—
	木脚手板	m³	0.056	—
	镀锌铁丝8#	kg	22.41	—
	铁钉	kg	1.94	—
	防锈漆	kg	0.87	0.29
	油漆溶剂油	kg	0.10	0.03
	挡脚板	m³	0.005	—
机械	载重汽车6t	台班	0.05	0.01

四、悬空脚手架、挑脚手架、防护架

工作内容：选料、绑拆架子、护身栏杆、铺拆板子、安全挡板、挂卸安全网、材料场内运输等。

计量单位：100m²

定额编号		3—22	3—23	3—24	3—25
项目	单位	悬空脚手架		挑脚手架	
		木架	钢管架	木架	钢管架
		100m²		100延长米	
人工 综合工日	工日	5.03	4.78	25.76	23.32
材料 木脚手杆10	m³	0.038	—	0.20	—
钢管 φ48×3.5	kg	—	2.19	—	13.37
直角扣件	个	—	0.24	—	1.97
对接扣件	个	—	—	—	0.47
回转扣件	个	—	—	—	0.11
木脚手板	m³	0.053	0.053	0.119	0.119
镀锌铁丝8#	kg	13.55	2.06	79.10	5.28
铁钉	kg				
防锈漆	kg	—	—	—	1.12
油漆溶剂油	kg	—	—	—	0.14
机械 载重汽车6t	台班	0.04	0.03	0.15	0.02

定额编号		3—26	3—27
项目	单位	水平防护架	垂直防护架
		钢管架	
人工 综合工日	工日	6.75	2.76
材料 钢管φ48×3.5	kg	70.78	43.78
直角扣件	个	3.34	1.83
对接扣件	个	0.67	0.37
回转扣件	个	3.33	0.67
底座	个	0.83	0.77
钢木脚手板	m³	15.87	—
黄席 2000×1000	床	—	5.00
其他材料费占材料费	%	3%	8%
机械 载重汽车6t	台班	0.24	0.06

第四章 砌 筑 工 程

说　明

一、砌砖、砌块

1. 定额中砖的规格，是按标准砖编制的；砌块、多孔砖规格是按常用规格编制的。规格不同时，可以换算。

2. 砖墙定额中已包括先立门窗框的调直用工以及腰线、窗台线、挑檐等一般出线用工。

3. 砖砌体均包括了原浆勾缝用工，加浆勾缝时，另按相应定额计算。

4. 填充墙以填炉渣、炉渣混凝土为准，如实际使用材料与定额不同时允许换算，其他不变。

5. 墙体必需放置的拉接钢筋，应按钢筋混凝土章节另行计算。

6. 硅酸盐砌块、加气混凝土砌块墙是按水泥混合砂浆编制的，如设计使用水玻璃矿渣等粘结剂为胶合料时，应按设计要求另行换算。

7. 圆形烟囱基础按砖基础定额执行，人工乘以系数1.2。

8. 砖砌挡土墙，2砖以上执行砖基础定额；2砖以内执行砖墙定额。

9. 零星项目系指砖砌小便池槽、明沟、暗沟、隔热板带砖墩、地板墩等。

10. 项目中砂浆系按常用规格、强度等级列出，如与设计不同时，可以换算。

二、砌石

1. 定额中粗、细料石（砌体）墙按400mm×220mm×200mm，柱按450mm×220mm×200mm，踏步石按400mm×200mm×100mm规格编制的。

2. 毛石墙镶砖墙身按内背镶1/2砖编制的，墙体厚度为600mm。

3. 毛石护坡高度超过4m时，定额人工乘以系数1.15。

4. 砌筑圆弧形石砌体基础、墙（含砖石混合砌体）按定额项目人工乘以系数1.1。

一、砌砖

1. 砖基础、砖墙

工作内容： 砖基础：调运砂浆、铺砂浆、运砖、清理基槽坑、砌砖等。砖墙：调、运、铺砂浆，运砖；砌砖包括窗台虎头砖、腰线、门窗套；安放木砖、铁件等。

计量单位：10m³

定额编号		4—1	4—2	4—3	4—4
项目	单位	砖基础	单面清水砖墙		
			1/2墙	3/4墙	1砖
人工 综合工日	工日	12.18	21.97	21.63	18.87
材料 水泥砂浆 M5	m³	2.36	—	—	—
水泥砂浆 M10	m²	—	1.96	2.13	—

续表

定额编号		4—1	4—2	4—3	4—4
项目	单位	砖基础	单面清水砖墙		
			1/2砖	3/4砖	1砖
材料 水泥混合砂浆 M2.5	m³	—	—	—	2.25
材料 普通粘土砖	千块	5.236	5.641	5.510	5.314
材料 水	m³	1.05	1.13	1.10	1.06
机械 灰浆搅拌机 200L	台班	0.39	0.33	0.35	0.38

定额编号		4—5	4—6
项目	单位	单面清水砖墙	
		1砖半	2砖及2砖以上
人工 综合工日	工日	17.83	17.14
材料 水泥混合砂浆 M2.5	m³	2.40	2.45
材料 普通粘土砖	千块	5.35	5.31
材料 水	m³	1.07	1.06
机械 灰浆搅拌机 200L	台班	0.40	0.41

定额编号		4—7	4—8	4—9
项目	单位	混水砖墙		
		1/4砖	1/2砖	3/4砖
人工 综合工日	工日	28.17	20.14	19.64
材料 水泥砂浆 M10	m³	1.18	—	—
材料 水泥砂浆 M5	m³	—	1.95	2.13
材料 普通粘土砖	千块	6.158	5.641	5.510
材料 水	m³	1.23	1.13	1.10
机械 灰浆搅拌机 200L	台班	0.20	0.33	0.35

定额编号		4—10	4—11	4—12
项目	单位	混水砖墙		
		1砖	1砖半	2砖及2砖以上
人工 综合工日	工日	16.08	15.63	15.46
材料 水泥混合砂浆 M2.5	m³	2.25	2.40	2.45
材料 普通粘土砖	千块	5.314	5.350	5.309
材料 水	m³	1.06	1.07	1.06
机械 灰浆搅拌机 200L	台班	0.38	0.40	0.41

定额编号		4—13	4—14	4—15	4—16
项目	单位	弧形砖墙			
		单面清水		混水	
		1砖	1砖半	1砖	1砖半
人工 综合工日	工日	20.36	19.33	17.58	17.12
材料 水泥混合砂浆 M5	m³	2.25	2.40	2.25	2.40
材料 普通粘土砖	千块	5.418	5.450	5.418	5.450
材料 水	m³	1.08	1.09	1.08	1.09
机械 灰浆搅拌机 200L	台班	0.38	0.40	0.38	0.40

8. 其他

计量单位：10m³

定额编号			4—54	4—55	4—56	4—57
项目		单位	砖砌台阶	砖砌锅台	砖砌炉灶	砖砌化粪池
			10m²		10m³	
人工	综合工日	工日	4.86	36.48	29.76	13.22
材料	水泥砂浆 M5	m³	0.55	—	—	2.39
	普通粘土砖	千块	1.192	4.590	4.386	5.323
	水泥 425#	kg	—	289	289	—
	粘土	m³	—	2.00	1.70	—
	麻刀	kg	—	2.00	—	—
	砂	m³	—	1.39	1.29	—
	生石灰	kg	—	70.00	—	—
	铁钉	kg	—	—	6.00	—
	镀锌铁丝 10#	kg	—	—	8.40	—
	水	m³	0.23	2.20	2.20	1.07
机械	灰浆搅拌机 200L	台班	0.09	0.23	0.21	0.40

定额编号			4—58	4—59
项目		单位	砖砌检查井	
			圆形	矩形
人工	综合工日	工日	19.09	19.09
材料	水泥砂浆 M5	m³	2.34	2.28
	普通粘土砖	千块	5.463	5.397
	水	m³	1.10	1.08
机械	灰浆搅拌机 200L	台班	0.39	0.38

定额编号			4—60	4—61
项目		单位	零星砌体	砖地沟
			10m³	10m³
人工	综合工日	工日	23.00	12.44
材料	水泥混合砂浆 M5	m³	2.11	2.28
	普通粘土砖	千块	5.514	5.396
	水	m³	1.10	1.07
机械	灰浆搅拌机 200L	台班	0.35	0.38

第五章 混凝土及钢筋混凝土工程

说 明

一、模板

1. 现浇混凝土模板按不同构件，分别以组合钢模板、钢支撑、木支撑、复合木模板、钢支撑、木支撑、木模板、木支撑配制，模板不同时，可以编制补充定额。

2. 预制钢筋混凝土模板，按不同构件分别以组合钢模板、复合木模板、木模板、定型钢模、长线台钢拉模，并配制相应的砖地模、砖胎模、长线台混凝土地模编制的，使用其他模板时，可以换算。

3. 本定额中框架轻板项目，只适用于全装配式定型框架轻板住宅工程。

4. 模板工作内容包括：清理、场内运输、安装、刷隔离剂、浇灌混凝土时模板维护、拆模、集中堆放、场外运输。木模板包括制作（预制包括刨光，现浇不刨光），组合钢模板、复合木模板包括装箱。

5. 现浇混凝土梁、板、柱、墙是按支模高度（地面至板底）3.6m编制的，超过3.6m时按超过部分工程量另按超高的项目计算。

6. 用钢滑升模板施工的烟囱、水塔及贮仓是按无井架施工计算的，并综合了操作平台。不再计算脚手架及竖井架。

7. 用钢滑升模板施工的烟囱、水塔、提升模板使用的钢爬杆用量是按100%摊销计算的，贮仓是按50%摊销计算的，设计要求不同时，另行换算。

8. 倒锥壳水塔塔身钢滑升模板项目，也适用于一般水塔塔身滑升模板工程。

9. 烟囱钢滑升模板项目均已包括烟囱筒身、牛腿、烟道口；水塔钢滑升模板均已包括直筒、门窗洞口等模板用量。

10. 组合钢模板、复合木模板项目，未包括回库维修费用。应按定额项目中所列摊销量的模板、零星夹具材料价格的8%计入模板预算价格之内。回库维修费的内容包括：模板的运输费、维修的人工、机械、材料费用等。

二、钢筋

1. 钢筋工程按钢筋的不同品种、不同规格，按现浇构件钢筋、预制构件钢筋、预应力钢筋及箍筋分别列项。

2. 预应力构件中的非预应力钢筋按预制钢筋相应项目计算。

3. 设计图纸未注明的钢筋接头和施工损耗的，已综合在定额项目内。

4. 绑扎铁丝、成型点焊和接头焊接用的电焊条已综合在定额项目内。

5. 钢筋工程内容包括：制作、绑扎、安装以及浇灌混凝土时维护钢筋用工。

6. 现浇构件钢筋以手工绑扎，预制构件钢筋以手工绑扎、点焊分别列项，实际施工与定额不同时，不再换算。

7. 非预应力钢筋不包括冷加工，如设计要求冷加工时，另行计算。

8. 预应力钢筋如设计要求人工时效处理时，应另行计算。

9. 预制构件钢筋，如用不同直径钢筋点焊在一起时，按直径最小的定额项目计算，如粗细筋直径比在两倍以上时，其人工乘以系数1.25。

10. 后张法钢筋的锚固是按钢筋帮条焊、U型插垫编制的，如采用其他方法锚固时，应另行计算。

11. 下表所列的构件，其钢筋可按表列系数调整人工、机械用量。

项 目	预制钢筋		现浇钢筋		构 筑 物			
系数范围	拱梯型屋架	托架梁	小型构件	小型池槽	烟囱	水塔	贮仓	
							矩形	圆形
人工、机械调整系数	1.16	1.05	2	2.52	1.7	1.7	1.25	1.50

三、混凝土

1. 混凝土的工作内容包括：筛砂子、筛洗石子、后台运输、搅拌，前台运输、清理、润湿模板、浇灌、捣固、养护。

2. 毛石混凝土，系按毛石占混凝土体积20%计算的。如设计要求不同时，可以换算。

3. 小型混凝土构件，系指每件体积在0.05m³以内的未列出定额项目的构件。

4. 预制构件厂生产的构件，在混凝土定额项目中考虑了预制厂内构件运输、堆放、码垛、装车运出等的工作内容。

5. 构筑物混凝土按构件选用相应的定额项目。

6. 轻板框架的混凝土梅花柱按预制异型柱；叠合梁按预制异型梁；楼梯段和整间大楼板按相应预制构件定额项目计算。

7. 现浇钢筋混凝土柱、墙定额项目，均按规范规定综合了底部灌注1:2水泥砂浆的用量。

8. 混凝土已按常用列出强度等级，如与设计要求不同时，可以换算。

一、现浇混凝土模板

1. 基础

工作内容： 1. 木模板制作。
2. 模板安装、拆除、整理堆放及场内外运输。
3. 清理模板粘结物及模内杂物，刷隔离剂等。

计量单位：100m²

定 额 编 号			5—1	5—2	5—3	5—4
项 目		单 位	带 形 基 础			
			毛 石 混 凝 土			
			组合钢模板		复合木模板	
			钢支撑	木支撑	钢支撑	木支撑
人 工	综合工日	工日	27.38	27.38	23.47	23.47
材 料	组合钢模板	kg	63.38	63.38	0.92	0.92
	复合木模板	m²	—	—	2.06	2.06

续表

项目		单位	定额编号			
			5—1	5—2	5—3	5—4
			带 形 基 础			
			毛 石 混 凝 土			
			组合钢模板		复合木模板	
			钢支撑	木支撑	钢支撑	木支撑
材料	模板板方材	m³	0.145	0.145	0.145	0.145
	支撑钢管及扣件	kg	19.10	—	19.10	—
	支撑方木	m³	0.185	0.607	0.185	0.607
	零星卡具	kg	30.41	22.70	30.41	22.70
	铁钉	kg	9.61	21.77	9.61	21.77
	镀锌铁丝8#	kg	36.00	—	36.00	—
	铁件	kg	31.13		31.13	
	尼龙帽	个	139	—	139	—
	草板纸80#	张	30.00	30.00	30.00	30.00
	隔离剂	kg	10.00	10.00	10.00	10.00
	水泥砂浆1:2	m³	0.012	0.012	0.012	0.012
	镀锌铁丝22#	kg	0.18	0.18	0.18	0.18
机械	载重汽车6t	台班	0.25	0.27	0.25	0.27
	汽车式起重机5t以内	台班	0.12	0.04	0.12	0.04
	木工圆锯机500mm以内	台班	0.03	0.04	0.03	0.04

项目		单位	定额编号			
			5—5	5—6	5—7	5—8
			带 形 基 础			
			无 筋 混 凝 土			
			组合钢模板		复合木模板	
			钢支撑	木支撑	钢支撑	木支撑
人工	综合工日	工日	27.23	27.19	23.32	23.28
材料	组合钢模板	kg	63.55	63.55	0.91	0.91
	复合木模板	m²	—	—	2.06	2.06
	模板板方材	m³	0.144	0.144	0.144	0.144
	支撑钢管及扣件	kg	18.94		18.94	—
	支撑方木	m³	0.239	0.601	0.239	0.601
	零星卡具	kg	29.68	22.04	29.68	22.04
	铁钉	kg	9.72	20.94	9.72	20.94
	镀锌铁丝8#	kg	26.22	—	26.22	—
	铁件	kg	24.39		24.39	
	尼龙帽	个	129		129	
	草板纸80#	张	30.00	30.00	30.00	30.00
	隔离剂	kg	10.00	10.00	10.00	10.00
	水泥砂浆1:2	m³	0.012	0.012	0.012	0.012
	镀锌铁丝22#	kg	0.18	0.18	0.18	0.18
机械	载重汽车6t	台班	0.26	0.27	0.26	0.27
	汽车式起重机5t以内	台班	0.12	0.08	0.12	0.08
	木工圆锯机500mm	台班	0.03	0.04	0.03	0.04

单位计量：100m²

定额编号		5—17	5—18
项目	单位	独立基础	
		组合钢模板	复合木模板
		木支撑	
人工 综合工日	工日	26.45	22.91
材料 组合钢模板	kg	69.66	2.06
复合木模板	m²	—	2.09
模板板方材	m³	0.095	0.095
支撑方木	m³	0.645	0.645
零星卡具	kg	25.89	25.89
铁钉	kg	12.72	12.72
镀锌铁丝8#	kg	51.99	51.99
草板纸80#	张	30.00	30.00
隔离剂	kg	10.00	10.00
水泥砂浆1:2	m³	0.012	0.012
镀锌铁丝22#	kg	0.18	0.18
机械 载重汽车6t	台班	0.28	0.28
汽车式起重机5t以内	台班	0.08	0.08
木工圆锯机500mm以内	台班	0.07	0.07

定额编号		5—31	5—32	5—33	5—34
项目	单位	满堂基础		混凝土基础垫层	人工挖孔桩井壁
		有梁式			
		复合木模板		木模板	木模板木支撑
		钢支撑	木支撑		
人工 综合工日	工日	27.67	27.58	12.84	60.08
材料 组合钢模板	kg	2.40	2.40	—	
复合木模板	m²	2.01	2.01		
模板板方材	m³	0.018	0.027	0.445	1.220
支撑钢管及扣件	kg	17.75	—		
支撑方木	m³	0.042	0.401	—	0.019
零星卡具	kg	31.98	26.57		
铁钉	kg	1.98	9.99	19.73	22.31
镀锌铁丝8#	kg	22.54	29.61		
铁件	kg	40.52	—		
草板纸80#	张	30.00	30.00		
隔离剂	kg	10.00	10.00	10.00	10.00
尼龙帽	个	184	—		
现浇混凝土	m³	0.590	0.590		
水泥砂浆1:2	m³	0.012	0.012	0.012	
镀锌铁丝22#	kg	0.18	0.18	0.18	—
机械 载重汽车6t	台班	0.20	0.18	0.11	0.10
汽车式起重机5t以内	台班	0.13	0.08		
木工圆锯机500mm以内	台班	0.02	0.02	0.16	2.14

2. 柱

工作内容： 1. 木模板制作。
2. 模板安装、拆除、整理堆放及场内外运输。
3. 清理模板粘结物及模内杂物、刷隔离剂等。

计量单位：100m²

定额编号		5—58	5—59	5—60	5—61
项目	单位	矩 形 柱			
		组合钢模板		复合木模板	
		钢支撑	木支撑	钢支撑	木支撑
人工 综合工日	工日	41.00	41.00	34.80	34.80
材料 组合钢模板	kg	78.09	78.09	10.34	10.34
复合木模板	m²	—	—	1.84	1.84
模板板方材	m³	0.064	0.064	0.064	0.064
支撑钢管及扣件	kg	45.94	—	45.94	—
支撑方木	m³	0.182	0.519	0.182	0.519
零星卡具	kg	66.74	60.50	66.74	60.50
铁钉	kg	1.80	4.02	1.80	4.02
铁件	kg	—	11.42	—	11.42
草板纸80#	张	30.00	30.00	30.00	30.00
隔离剂	kg	10.00	10.00	10.00	10.00
机械 载重汽车6t	台班	0.28	0.28	0.28	0.28
汽车式起重机5t以内	台班	0.18	0.11	0.18	0.11
木工圆锯机500mm以内	台班	0.06	0.06	0.06	0.06

3. 梁

工作内容： 1. 木模板制作。
2. 模板安装、拆除、整理堆放及场内外运输。
3. 清理模板粘结物及模内杂物、刷隔离刊等。

计量单位：100m²

定额编号		5—69	5—70	5—71	5—72
项目	单位	基 础 梁			
		组合钢模板		复合木模板	
		钢支撑	木支撑	钢支撑	木支撑
人工 综合工日	工日	33.93	34.06	29.65	29.79
材料 组合钢模板	kg	76.67	76.67	5.33	5.33
复合木模板	m²	—	—	2.05	2.05
支撑方木	m³	0.281	0.613	0.281	0.613
模板板方材	m³	0.043	0.043	0.043	0.043
零星卡具	kg	31.82	31.82	31.82	31.82
梁卡具	kg	17.15	—	17.15	—
铁钉	kg	21.92	39.44	21.92	39.44
镀锌铁丝8#	kg	17.22	38.63	17.22	38.63
草板纸80#	张	30.00	30.00	30.00	30.00
隔离剂	kg	10.00	10.00	10.00	10.00
水泥砂浆1:2	m³	0.012	0.012	0.012	0.012
镀锌铁丝22#	kg	0.18	0.18	0.18	0.18
机械 载重汽车6t	台班	0.23	0.26	0.23	0.26
汽车式起重机5t以内	台班	0.11	0.07	0.11	0.07
木工圆锯机500mm以内	台班	0.04	0.04	0.04	0.04

计量单位：100m²

定额编号		5—73	5—74	5—75	5—76
项目	单位	单梁、连续梁			
		组合钢模板		复合木模板	
		钢支撑	木支撑	钢支撑	木支撑
人工 综合工日	工日	49.61	49.84	43.13	43.36
材料 组合钢模板	kg	77.34	77.34	7.23	7.23
复合木模板	m²	—	—	2.06	2.06
模板板方材	m³	0.017	0.017	0.017	0.017
支撑钢管及扣件	kg	69.48	—	69.48	—
支撑方木	m³	0.029	0.914	0.029	0.914
梁卡具	kg	26.19	—	26.19	—
铁钉	kg	0.47	36.24	0.47	36.24
镀锌铁丝 8#	kg	16.07	—	16.07	—
零星卡具	kg	41.10	36.55	41.10	36.55
铁件	kg	—	4.15	—	4.15
草板纸 80#	张	30.00	30.00	30.00	30.00
隔离剂	kg	10.00	10.00	10.00	10.00
尼龙帽	个	37	37	37	37
水泥砂浆 1:2	m³	0.012	0.012	0.012	0.012
镀锌铁丝 22#	kg	0.18	0.18	0.18	0.18
机械 载重汽车 6t	台班	0.33	0.38	0.33	0.38
汽车式起重机 5t 以内	台班	0.20	0.10	0.20	0.10
木工圆锯机 500mm 以内	台班	0.04	0.37	0.04	0.37

定额编号		5—77	5—78	5—79	5—80
项目	单位	过梁		拱形梁	弧形梁
		组合钢模板	复合木模板	木模板	
		木支撑			
人工 综合工日	工日	58.61	51.12	65.71	54.18
材料 组合钢模板	kg	73.80	—	—	—
复合木模板	m³	—	2.10	—	—
模板板方材	m³	0.193	0.193	0.993	1.183
支撑方木	m³	0.835	0.835	0.788	1.087
铁钉	kg	63.16	63.16	46.18	73.74
零星卡具	kg	12.02	12.02	—	—
镀锌铁丝 8#	kg	12.04	12.04	26.70	33.21
草板纸 80#	张	30.00	30.00	—	—
隔离剂	kg	10.00	10.00	10.00	10.00
嵌缝料	kg	—	—	10.00	10.00
水泥砂浆 1:2	m³	0.012	0.012	0.012	0.012
镀锌铁丝 22#	kg	0.18	0.18	0.18	0.18
机械 载重汽车 6t	台班	0.31	0.31	0.41	0.31
汽车式起重机 5t 以内	台班	0.08	0.08	—	—
木工圆锯机 500mm 以内	台班	0.63	0.63	1.61	1.61

计量单位：100m²

定　额　编　号		5—81	5—82	5—83	5—84
项　目	单　位	TL+I异形梁	圈　梁		弧　形
			直　形		
		木模板	组合钢模板	复合木模板	木模板
		木　支　撑			
人工 综合工日	工日	54.18	36.09	31.12	60.73
材料 组合钢模板	kg	—	76.50	—	—
复合木模板	m²	—	—	2.21	—
模板板方材	m³	0.910	0.014	0.014	2.004
支撑方材	m³	1.087	0.109	0.109	0.170
铁钉	kg	61.54	32.97	32.97	56.48
镀锌铁丝8#	kg	—	64.54	64.54	—
草板纸80#	张	—	30.00	30.00	—
嵌缝料	kg	10.00	—	—	10.00
隔离剂	kg	10.00	10.00	10.00	10.00
水泥砂浆1:2	m³	0.003	0.003	0.003	0.003
镀锌铁丝22#	kg	0.18	0.18	0.18	0.18
机械 载重汽车6t	台班	0.31	0.15	0.15	0.21
汽车式起重机5t以内	台班	—	0.08	0.08	—
木工圆锯机500mm以内	台班	0.89	0.01	0.01	1.53

5. 板

工作内容： 1. 木模板制作。
2. 模板安装、拆除、整理堆放及场内运输。
3. 清理模板粘结物及模内杂物、刷隔离剂等。

计量单位：100m²

定　额　编　号		5—100	5—101	5—102	5—103
项　目	单　位	有　梁　板			
		组合钢模板		复合木模板	
		钢支撑	木支撑	钢支撑	木支撑
人工 综合工日	工日	42.86	44.03	36.73	37.93
材料 组合钢模板	kg	72.05	72.05	14.74	14.74
复合木模板	m²	—	—	1.71	1.71
模板板方材	m³	0.066	0.066	0.066	0.066
支撑钢管及扣件	kg	58.04	—	58.04	—
梁卡具	kg	5.46	—	5.46	—
支撑方材	m³	0.193	0.911	0.193	0.911
零星卡具	kg	35.25	35.25	35.25	35.25
铁钉	kg	1.70	30.25	1.70	30.25
镀锌铁丝8#	kg	22.14	32.48	22.14	32.48
草板纸80#	张	30.00	30.00	30.00	30.00
隔离剂	kg	10.00	10.00	10.00	10.00
水泥砂浆1:2	m³	0.007	0.007	0.007	0.007
镀锌铁丝22#	kg	0.18	0.18	0.18	0.18
机械 载重汽车6t	台班	0.42	0.37	0.42	0.37
汽车式起重机5t以内	台班	0.24	0.09	0.24	0.09
木工圆锯机500mm以内	台班	0.04	0.13	0.04	0.13

计量单位：m²

定额编号			5—104	5—105	5—106	5—107
项目		单位	无梁板			
			组合钢模板		复合木模板	
			钢支撑	木支撑	钢支撑	木支撑
人工	综合工日	工日	39.38	39.39	34.15	34.15
材料	组合钢模板	kg	56.71	56.71	—	—
	复合木模板	m²	—	—	1.69	1.69
	模板板方材	m³	0.182	0.182	0.182	0.182
	支撑钢管及扣件	kg	34.75	—	34.75	—
	支撑方木	m³	0.303	0.811	0.303	0.811
	零星卡具	kg	26.09	26.09	26.09	26.09
	铁钉	kg	9.10	19.96	9.10	19.96
	草板纸80#	张	30.00	30.00	30.00	30.00
	隔离剂	kg	10.00	10.00	10.00	10.00
	水泥砂浆 1:2	m³	0.003	0.003	0.003	0.003
	镀锌铁丝22#	kg	0.18	0.18	0.18	0.18
机械	载重汽车6t	台班	0.31	0.32	0.31	0.32
	汽车式起重机5t以内	台班	0.15	0.07	0.15	0.07
	木工圆锯机500mm以内	台班	0.25	0.25	0.25	0.25

定额编号			5—108	5—109	5—110	5—111
项目		单位	平板			
			组合钢模板		复合木模板	
			钢支撑	木支撑	钢支撑	木支撑
人工	综合工日	工日	36.19	36.35	31.33	31.49
材料	组合钢模板	kg	68.28	68.28	—	—
	复合木模板	m²	—	—	2.03	2.03
	模板板方材	m³	0.051	0.051	0.051	0.051
	支撑钢管及扣件	kg	48.01	—	48.01	—
	支撑方木	m³	0.231	1.050	0.231	1.050
	零星卡具	kg	27.66	27.66	27.66	27.66
	铁钉	kg	1.79	19.79	1.79	19.79
	草板纸80#	张	30.00	30.00	30.00	30.00
	隔离剂	kg	10.00	10.00	10.00	10.00
	水泥砂浆 1:2	m³	0.003	0.003	0.003	0.003
	镀锌铁丝22#	kg	0.18	0.18	0.18	0.18
机械	载重汽车6t	台班	0.34	0.38	0.34	0.38
	汽车式起重机5t以内	台班	0.20	0.08	0.20	0.08
	木工圆锯机500mm以内	台班	0.09	0.09	0.09	0.09

8. 其他

工作内容： 1. 木模板制作。
   2. 模板安装、拆除、整理堆放及场内外运输。
   3. 清理模板粘结物及模内杂物、刷脱膜剂等。

计量单位：10m² 投影面

定额编号		5—119	5—120	5—121	5—122	5—123
项目	单位	楼梯		悬挑板（阳台、雨篷）		台阶
		直形	圆弧形	直形	圆弧形	
		木 模 板 木 支 撑				
人工 综合工日	工日	10.63	14.29	7.44	8.13	2.58
材料 模板板方材	m³	0.178	0.253	0.102	0.137	0.065
支撑方木	m³	0.168	0.152	0.211	0.253	0.010
铁钉	kg	10.68	12.98	11.60	12.24	1.48
嵌缝料	kg	2.04	1.61	1.55	1.16	0.50
隔离剂	kg	2.04	1.61	1.55	1.16	0.50
机械 木工圆锯机 500mm 以内	台班	0.50	0.56	0.35	0.28	0.02
载重汽车 6t	台班	0.05	0.06	0.06	0.04	0.01

定额编号		5—128	5—129	5—130
项目	单位	暖气沟电缆沟	挑檐天沟	小型构件
		木 模 板 木 支 撑		
人工 综合工日	工日	27.50	53.57	45.53
材料 模板板方材	m³	1.475	0.841	1.733
支撑方木	m³	0.243	0.387	0.500
铁钉	kg	17.96	42.04	76.09
镀锌铁丝 8#	kg	24.49	—	—
铁件	kg	7.97		
零星卡具	kg	1.51	—	—
嵌缝料	kg	10.00	10.00	10.00
隔离剂	kg	10.00	10.00	10.00
机械 木工圆锯机 500mm 以内	台班	0.33	2.06	0.98
载重汽车 6t	台班	0.17	0.20	0.32

定额编号		5—131	5—132
项目	单位	扶手	小型池槽
		木 模 板 木 支 撑	
		每 100 延长米	每 10m³ 外形体积
人工 综合工日	工日	23.89	51.29
材料 模板板方材	m³	0.324	1.320
支撑方木	m³	0.423	0.340
铁钉	kg	20.73	45.10
嵌缝料	kg	3.30	7.30
隔离剂	kg	3.30	7.30
机械 木工圆锯机 500mm 以内	台班	0.92	0.76
载重汽车 6t	台班	0.11	0.42

二、预制混凝土模板

1. 桩

工作内容：1. 工具式钢模板、复合木模板安装。
    2. 木模板制作、安装。
    3. 清理模板、刷隔离剂。
    4. 拆除模板，整理堆放，装箱运输。

计量单位：10m³ 混凝土体积

定额编号		5—133	5—134	5—135	5—136	5—137
项目	单位	方 桩				桩 尖
		实 心		空 心		10m³ 混凝土虚体积
		组合钢模板	复合木模板	组合钢模板	木模板	
人工 综合工日	工日	11.86	10.35	13.05	14.11	9.94
材料 模板板方材	m³	0.050	0.050	0.060	0.060	0.530
支撑方木	m³	0.010	0.010	0.070	0.070	—
组合钢模板	kg	12.88	0.09	0.06	10.29	—
复合木模板	m²	—	0.51	0.43	—	—
零星卡具	kg	5.01	5.01	3.49	3.49	—
梁卡具	kg	15.15	15.15	4.13	4.13	—
铁钉	kg	1.12	1.12	4.06	4.06	3.04
镀锌铁丝 22#	kg	0.16	0.16	0.13	0.13	0.10
橡胶管内模	m	—	—	6.24	6.24	—
混凝土地模	m²	0.55	0.55	0.28	0.28	—
隔离剂	kg	7.90	7.90	6.42	6.42	4.94
草板纸 80#	张	15.97	15.97	13.09	13.09	—
水泥砂浆 1∶2	m³	0.01	0.01	0.01	0.01	0.01
机械 木工圆锯机 500mm 以内	台班	0.02	0.02	0.02	0.02	0.03
木工压刨床单面 600mm 以内	台班	—	—	—	—	0.30
载重汽车 6t	台班	0.09	0.09	0.06	0.06	—
汽车式起重机 5t 以内	台班	0.07	0.07	0.05	0.05	—

2. 柱

工作内容：1. 工具式钢模板、复合木模板安装。
2. 木模板制作、安装。
3. 清理模板、刷隔离剂。
4. 拆除模板、整理堆放，装箱运输。

计量单位：10m³ 混凝土体积

定额编号		5—138	5—139	5—140	5—141
项目	单位	矩 形 柱		工 形 柱	
		组合钢模板	复合木模板	组合钢模板	复合木模板
人工 综合工日	工日	14.95	13.51	16.72	14.94
材料 模板板方材	m³	0.090	0.090	0.150	0.150
支撑方木	m³	0.090	0.090	0.210	0.210
组合钢模板	kg	11.32	0.74	10.59	0.41
复合木模板	m²	—	0.44	—	0.45
零星卡具	kg	5.90	5.90	5.55	5.55
梁卡具	kg	11.74	11.74	4.44	4.44
铁钉	kg	4.27	4.27	7.26	7.26
镀锌铁丝 8#	kg	20.49	20.49	13.99	13.99
镀锌铁丝 22#	kg	0.17	0.17	0.19	0.19
砖胎模	m²	—	—	58.59	58.59
砖地模	m²	59.02	59.02	—	—
隔离剂	kg	7.99	7.99	9.21	9.21
草板纸 80#	张	15.14	15.14	14.33	14.33
水泥砂浆 1∶2	m³	0.01	0.01	0.01	0.01
机械 木工圆锯机 500mm 以内	台班	0.02	0.02	0.02	0.02
载重汽车 6t	台班	0.10	0.10	0.17	0.17
汽车式起重机 5t 以内	台班	0.08	0.08	0.06	0.06

3．梁

工作内容：1．工具式钢模板、复合木模板安装。
　　　　　　2．木模板制作、安装。
　　　　　　3．清理模板、刷隔离剂。
　　　　　　4．拆除模板，整理堆放，装箱运输。

计量单位：10m³ 混凝土体积

	定 额 编 号		5—147	5—148	5—149	5—150
	项　目	单位	矩 形 梁		异 形 梁	过 梁
			组合钢模板	复合木模板	木 模 板	
人工	综 合 工 日	工日	36.62	33.00	19.78	18.35
材料	模板板方材	m³	0.070	0.070	1.711	0.440
	支撑方木	m³	1.310	1.310	—	—
	组合钢模板	kg	31.57	4.93	—	—
	复合木模板	m²	—	1.12	—	—
	零星卡具	kg	20.92	20.92	—	—
	梁卡具	kg	11.18	11.18	—	—
	铁钉	kg	9.20	9.20	9.85	7.22
	镀锌铁丝8#	kg	23.42	23.42	—	—
	镀锌铁丝22#	kg	0.25	0.25	0.20	0.35
	混凝土地模	m²	—	—	—	1.60
	隔离剂	kg	14.29	14.29	9.96	17.64
	草板纸80#	张	36.78	36.78	—	—
	水泥砂浆1∶2	m³	0.02	0.02	0.01	0.01
机械	木工圆锯机 500mm 以内	台班	0.21	0.21	0.33	0.05
	木工压刨床单面 600mm 以内	台班	—	—	0.33	0.05
	载重汽车 6t	台班	0.20	0.20	0.33	—
	汽车式起重机 5t 以内	台班	0.16	0.16	—	—

5．板

工作内容：1．定型钢模、钢拉模安装。
　　　　　　2．木模制作、安装。
　　　　　　3．清理模板、刷隔离剂。
　　　　　　4．拆除模板、整理堆放。

计量单位：10m³ 混凝土体积

	定 额 编 号		5—169	5—170	5—171	5—172	5—173
	项　目	单位	预应力空心板			平　板	
			板厚(mm以内)				
			120	180	240	木模板	定型钢侧模
			长线台预应力钢拉模				
人工	综 合 工 日	工日	17.33	16.82	6.40	6.23	6.15
材料	模板板方材	m³	—	—	—	0.144	—
	定型钢模	kg	—	—	—	—	4.69
	铁钉	kg	—	—	—	2.47	—
	镀锌铁丝22#	kg	0.42	0.33	0.30	0.36	0.35

续表

定额编号		5—169	5—170	5—171	5—172	5—173
项目	单位	预应力空心板			平 板	
		板厚(mm 以内)				
		120	180	240	木模板	定型钢侧模
		长线台预应力钢拉模				
材料	混凝土地模 m²	1.90	1.23	1.04	1.28	1.28
	隔离剂 kg	49.20	31.15	21.11	17.19	17.19
	钢拉模 kg	37.09	25.95	24.40	—	—
	水泥砂浆1:2 m³	0.03	0.02	0.02	0.02	0.02
机械	木工圆锯机500mm以内 台班	—	—	—	0.03	—
	木工压刨床单面600mm以内 台班	—	—	—	0.30	—
	卷扬机单筒慢速3t以内 台班	0.41	0.31	0.29	—	—
	塔式起重机6t以内 台班	—	—	—	—	0.33

工作内容：安装、清理、刷隔离剂、拆除、整理、堆放。

计量单位 10m³ 混凝土体积

定额编号		5—174	5—175	5—176	5—177	5—178
项目	单位	槽形板	F形板	大型屋面板	双T板	单肋板
		定型钢模				
人工	综合工日 工日	15.79	14.12	17.36	14.14	18.96
材料	定型钢模 kg	33.54	26.41	31.25	23.09	36.15
	镀锌铁丝22# kg	0.51	0.80	0.66	0.53	1.18
	隔离剂 kg	25.00	25.96	32.14	26.03	35.15
	水泥砂浆1:2 m³	0.03	0.05	0.04	0.03	0.07
机械	龙门式起重机10t以内 台班	0.23	0.25	0.22	0.24	0.22

工作内容：制作、安装、清理、刷隔离剂、拆除、整理、堆放。

计量单位：10m³ 混凝土体积

定额编号		5—183	5—184	5—185	5—186	5—187
项目	单位	窗台板	隔板	架空隔热板	栏板	遮阳板
		木 模 板				
人工	综合工日 工日	15.20	11.38	11.95	11.57	21.01
材料	模板板方材 m³	0.474	0.345	0.240	0.320	0.330
	铁钉 kg	9.26	5.48	3.40	5.54	2.85
	镀锌铁丝22# kg	0.85	0.89	0.82	0.54	0.36
	混凝土地模 m²	4.49	2.98	4.38	1.63	3.09
	隔离剂 kg	44.38	44.12	40.00	25.75	17.99
	水泥砂浆1:2 m³	0.05	0.05	0.05	0.03	0.02
机械	木工圆锯机500mm以内 台班	0.09	0.05	0.04	0.06	0.24
	木工压刨床单面600以内 台班	0.09	0.05	0.04	0.06	0.24

7. 其他

工作内容：1. 定型钢模安装。

2. 木模制作、安装。

3. 清理模板、刷隔离剂。

4. 拆除模板、整理堆放。

计量单位：10m³ 混凝土体积

定额编号		5—212	5—213	5—214	5—215	5—216
项目	单位	漏空花格	门窗框	小型构件	楼梯段	
					空心板	实心板
		木 模 板			定 型 钢 模	
人工 综合工日	工日	113.53	30.65	49.81	45.45	27.89
材料 模板板方材	m³	4.452	0.688	1.799	—	—
定型钢模	kg	—	—	—	25.02	21.89
铁钉	kg	81.61	14.16	20.72	—	—
镀锌铁丝22#	kg	0.98	0.45	1.01	0.62	0.35
混凝土地模	m²	—	1.44	4.88	—	—
隔离剂	kg	49.15	21.62	49.55	9.32	17.45
水泥砂浆1:2	m³	0.06	0.03	0.06	0.04	0.02
机械 木工圆锯机500mm以内	台班	1.05	0.13	0.55	—	—
木工压刨床单面600mm以内	台班	1.05	0.13	0.55	—	—
龙门式起重机10t以内	台班	—	—	—	0.30	0.27

定额编号		5—221	5—222	5—223	5—224
项目	单位	扶手	井盖	井圈	一般支撑
		木 模 板			
人工 综合工日	工日	15.66	15.61	30.55	13.49
材料 模板板方材	m³	0.386	0.787	1.520	0.281
铁钉	kg	6.20	2.37	13.76	3.99
镀锌铁丝22#	kg	0.60	0.88	0.38	0.33
混凝土地模	m²	2.95	1.24	2.26	1.16
隔离剂	kg	30.27	43.46	18.68	16.11
水泥砂浆1:2	m³	0.04	0.05	0.02	0.02
机械 木工圆锯机500mm以内	台班	0.10	0.07	0.23	0.04
木工压刨床单面600mm以内	台班	0.10	0.07	0.23	0.04

四、钢筋

1. 现浇构件圆钢筋

工作内容： 钢筋制作、绑扎、安装。

计量单位：t

定额编号		5—294	5—295	5—296	5—297
项目	单位	φ6.5	φ8	φ10	φ12
人工 综合工日	工日	22.63	14.75	10.90	9.54
材料 钢筋φ10以内	t	1.02	1.02	1.02	—
钢筋φ10以上	t	—	—	—	1.045
镀锌铁丝22#	kg	15.67	8.80	5.64	4.62
电焊条	kg	—	—	—	7.20
水	m³	—	—	—	0.150
机械 卷场机单筒慢速5t以内	台班	0.37	0.32	0.30	0.28
钢筋切断机φ40以内	台班	0.12	0.12	0.10	0.09
钢筋弯曲机φ40以内	台班	—	0.36	0.31	0.26
直流电焊机30kW以内	台班	—	—	—	0.45
对焊机75kVA以内	台班	—	—	—	0.09

计量单位：t

定额编号		5—298	5—299	5—300	5—301
项目	单位	φ14	φ16	φ18	φ20
人工 综合工日	工日	8.25	7.32	6.45	5.79
材料 钢筋 φ10 以上	t	1.045	1.045	1.045	1.045
镀锌铁丝 22#	kg	3.39	2.60	2.05	1.67
电焊条	kg	7.20	7.20	9.60	9.60
水	m³	0.150	0.150	0.120	0.120
机械 卷扬机单筒慢速 5t 以内	台班	0.20	0.17	0.16	0.15
钢筋切断机 φ40 以内	台班	0.09	0.10	0.09	0.08
钢筋弯曲机 φ40 以内	台班	0.21	0.23	0.20	0.17
直流电焊机 30kW 以内	台班	0.45	0.45	0.42	0.42
对焊机 75kVA 以内	台班	0.09	0.09	0.07	0.70

定额编号		5—302	5—303	5—304	5—305	5—306
项目	单位	φ22	φ25	φ28	φ30	φ32
人工 综合工日	工日	5.32	4.69	4.50	4.30	4.18
材料 钢筋 φ10 以上	t	1.045	1.045	1.045	1.045	1.045
镀锌铁丝 22#	kg	1.37	1.07	0.87	0.87	0.87
电焊条	kg	9.60	12.00	12.00	12.00	12.00
水	m³	0.080	0.080	0.120	0.120	0.120
机械 卷扬机单筒慢速 5t 以内	台班	0.13	—	—	—	—
钢筋切断机 φ40 以内	台班	0.08	0.13	0.13	0.13	0.13
钢筋弯曲机 φ40 以内	台班	0.20	0.18	0.18	0.18	0.18
直流电焊机 30kW 以内	台班	0.39	0.39	0.39	0.39	0.39
对焊机 75kVA 以内	台班	0.05	0.05	0.07	0.07	0.07

2. 现浇构件螺纹钢筋

工作内容：制作、绑扎、安装。

计量单位：t

定额编号		5—307	5—308	5—309	5—310
项目	单位	φ10	φ12	φ14	φ16
人工 综合工日	工日	11.86	10.77	9.03	8.16
材料 螺纹钢筋	t	1.045	1.045	1.045	1.045
镀锌铁丝 22#	kg	5.64	4.62	3.39	2.60
电焊条	kg	—	7.20	7.20	7.20
水	m³	—	0.150	0.150	0.150
机械 卷扬机单筒慢速 5t 以内	台班	0.33	0.31	0.22	0.19
钢筋切断机 φ40 以内	台班	0.11	0.10	0.10	0.11
钢筋弯曲机 φ40 以内	台班	0.31	0.26	0.21	0.23
直流电焊机 30kW 以内	台班	—	0.53	0.53	0.53
对焊机 75kVA 以内	台班	—	0.11	0.11	0.11

计量单位：t

定额编号		5—311	5—312	5—313	5—314
项目	单位	φ18	φ20	φ22	φ25
人工 综合工日	工日	7.06	6.49	5.80	5.19
材料 螺纹钢筋	t	1.045	1.045	1.045	1.045
镀锌铁丝 22#	kg	3.02	2.05	1.67	1.07
电焊条	kg	9.60	9.60	9.60	12.00
水	m³	0.120	0.120	0.080	0.080
机械 卷扬机单筒慢速 5t 以内	台班	0.17	0.16	0.14	
钢筋切断机 φ40 以内	台班	0.10	0.09	0.09	0.09
钢筋弯曲机 φ40 以内	台班	0.20	0.17	0.20	0.18
直流电焊机 30kW 以内	台班	0.50	0.50	0.46	0.46
对焊机 75kVA 以内	台班	0.09	0.10	0.06	0.06

3. 预制构件圆钢筋

工作内容：制作、绑扎、安装、点焊、拼装。

计量单位：t

定额编号		5—320	5—321	5—322	5—323	5—324
项目	单位	冷拔低碳钢丝 φ5 以下		φ6		φ8
		绑扎	点焊	绑扎	点焊	绑扎
人工 综合工日	工日	40.87	32.14	21.43	17.17	13.99
材料 冷拔低碳钢丝 φ5 以下	t	1.090	1.090	—	—	—
钢筋 φ10 以内	t	—	—	1.015	1.015	1.015
镀锌铁丝 22#	kg	15.67	2.14	15.67	1.10	8.80
水	m³	—	5.270	—	4.540	—
机械 钢筋调直机 φ14 以内	台班	0.73	0.73	—	—	—
钢筋切断机 φ40 以内	台班	0.44	0.44	0.11	0.11	0.10
点焊机长臂 75kVA 以内	台班	—	2.18	—	1.88	—
卷扬机单筒慢速 5t 以内	台班	—	—	0.33	0.33	0.29
钢筋弯曲机 φ40 以内	台班	—	—	—	—	0.32

定额编号		5—325	5—326	5—327	5—328	5—329
项目	单位	φ8	φ10		φ12	
		点焊	绑扎	点焊	绑扎	点焊
人工 综合工日	工日	11.94	10.33	9.59	9.04	8.46
材料 钢筋 φ10 以内	t	1.015	1.015	1.015	—	—
钢筋 φ10 以上	t	—	—	—	1.035	1.035
镀锌铁丝 22#	kg	0.82	5.64	0.54	4.62	0.39
电焊条	kg	—	—	—	7.20	7.20
水	m³	3.070	—	2.700	0.150	2.060
机械 卷扬机单筒慢速 5t 以内	台班	0.29	0.27	0.27	0.25	0.25
钢筋切断机 φ40 以内	台班	0.10	0.09	0.09	0.08	0.08
钢筋弯曲机 φ40 以内	台班	0.12	0.27	0.12	0.23	0.10
点焊机长臂 75kVA 以内	台班	1.27	—	1.12	—	0.79
直流电焊机 30kW 以内	台班	—	—	—	0.44	0.44
对焊机 75kVA 以内	台班	—	—	—	0.09	0.09

计量单位：t

定额编号		5—330	5—331	5—332	5—333	5—334
项目	单位	φ14		φ16		φ18
		绑扎	点焊	绑扎	点焊	
人工 综合工日	工日	7.82	8.21	6.91	7.13	6.09
材料 钢筋 φ10以上	t	1.035	1.035	1.035	1.035	1.035
镀锌铁丝 22#	kg	3.39	0.29	2.60	0.20	2.05
电焊条	kg	7.20	7.20	7.20	7.20	9.60
水	m³	0.150	2.420	0.150	1.840	0.120
机械 卷扬机单筒慢速 5t以内	台班	0.17	0.17	0.15	0.15	0.14
钢筋切断机 φ40以内	台班	0.08	0.08	0.09	0.09	0.08
钢筋弯曲机 φ40以内	台班	0.18	0.08	0.20	0.08	0.18
点焊机长臂 75kVA以内	台班	—	0.94	—	0.70	—
直流电焊机 30kW以内	台班	0.44	0.44	0.44	0.44	0.42
对焊机 75kVA以内	台班	0.09	0.09	0.09	0.09	0.07

4. 预制构件螺纹钢筋

工作内容：制作、绑扎、安装。

计量单位：t

定额编号		5—341	5—342	5—343	5—344
项目	单位	φ10	φ12	φ14	φ16
人工 综合工日	工日	11.08	10.22	8.57	7.74
材料 螺纹钢筋	t	1.035	1.035	1.035	1.035
镀锌铁丝 22#	kg	5.64	4.62	4.22	2.60
电焊条	kg	—	7.20	7.20	7.20
水	m³	—	0.150	0.150	0.150
机械 卷扬机单筒慢速 5t以内	台班	0.29	0.27	0.20	0.16
钢筋切断机 φ40以内	台班	0.09	0.09	0.09	0.09
钢筋弯曲机 φ40以内	台班	0.27	0.23	0.18	0.20
直流电焊机 30kW以内	台班	—	0.53	0.53	0.53
对焊机 75kVA以内	台班	—	0.11	0.11	0.11

5. 箍筋

工作内容：制作、绑扎、安装。

计量单位：t

定额编号		5—354	5—355	5—356	5—357	5—358
项目	单位	φ5以内	φ6	φ8	φ10	φ12
人工 综合工日	工日	40.87	28.88	18.67	13.27	10.26
材料 钢筋 φ10以内	t	1.02	1.02	1.02	1.02	—
钢筋 φ10以上	t	—	—	—	—	1.02
镀锌铁丝 22#	kg	15.67	15.67	8.80	5.64	4.62
机械 卷扬机单筒慢速 5t以内	台班	—	0.37	0.32	0.30	0.28
钢筋切断机 φ40以内	台班	0.44	0.19	0.18	0.12	0.09
钢筋弯曲机 φ40以内	台班	—	—	1.23	0.85	0.65
钢筋调直机 φ14以内	台班	0.73	—	—	—	—

6. 先张法预应力钢筋

工作内容： 制作、张拉、放张、切断等。

计量单位：t

定额编号		5—359	5—360	5—361
项目	单位	$\phi5$ 以内	$\phi12$	$\phi14$
人工 综合工日	工日	18.62	9.44	8.62
材料 冷拔低碳钢丝 $\phi5$ 以下	t	1.090	—	—
材料 螺纹钢筋	t	—	1.060	1.060
材料 水	m³	—	0.900	0.770
材料 张拉机具	kg	39.61	46.60	34.27
材料 冷拉机具及其他材料	kg	—	45.00	33.10
机械 对焊机 75kVA 以内	台班	—	0.56	0.48
机械 钢筋切断机 $\phi40$ 以内	台班	0.08	0.08	0.08
机械 卷扬机单筒慢速 5t 以内	台班	—	0.75	0.67
机械 预应力钢筋拉伸机 65t 以内	台班	1.58	0.72	0.69
机械 钢筋调直机 $\phi14$ 以内	台班	0.75	—	—

9. 铁件及电渣压力焊接

工作内容： 安装埋设、焊接固定。

计量单位：t

定额编号		5—382	5—383
项目	单位	铁件	电渣压力焊接 每10个接头
人工 综合工日	工日	24.50	1.20
材料 铁件	t	1.010	—
材料 预埋铁件	t	(1.010)	—
材料 电焊条	kg	36.00	0.11
材料 焊剂	kg	—	4.35
材料 钢筋	kg	—	1.24
材料 石棉垫	kg	—	0.36
材料 其他材料费占材料费	%	—	6.01
机械 直流电焊机 30kW 以内	台班	4.39	0.01
机械 电渣焊机	台班	—	0.22

10. 成型钢筋运输

计量单位：t

定额编号		5—384	5—385	5—386	5—387	5—388
项目	单位	载重汽车运输人装人卸（运距）				
		1000m 以内	3000m 以内	5000m 以内	1000m 以内	每增加 1000m
人工 综合工日	工日	1.96	2.40	2.80	3.85	0.21
机械 载重汽车 6t	台班	0.49	0.60	0.70	0.96	0.05

定额编号		5—389	5—390	5—391
项目	单位	马车运输成型钢筋（运距）		
		500m 以内	1000m 以内	每增加 500m
人工 综合工日	工日	0.77	0.98	0.21
机械 马车	台班	0.77	0.98	0.21

五、现浇混凝土

1. 基础

工作内容： 1. 混凝土水平运输。
2. 混凝土搅拌、捣固、养护。

计量单位：10m³

定额编号			5—392	5—393	5—394
项目		单位	人工挖土桩护井壁混凝土	带型基础	
				毛石混凝土	混凝土
人工	综合工日	工日	18.69	8.37	9.56
材料	现浇混凝土 C20	m³	10.15	8.63	10.15
	草袋子	m²	2.30	2.39	2.52
	水	m³	9.39	7.89	9.19
	毛石	m³	—	2.72	—
机械	混凝土搅拌机 400L	台班	1.00	0.33	0.39
	混凝土振捣器(插入式)	台班	2.00	0.66	0.77
	机动翻斗车 1t	台班	—	0.66	0.78
定额编号			5—395	5—396	5—397
项目		单位	独立基础		杯型基础
			毛石混凝土	混凝土	
人工	综合工日	工日	3.65	10.58	9.94
材料	现浇混凝土 C20	m³	8.63	10.15	10.15
	草袋子	m²	3.17	3.26	3.67
	水	m³	7.62	9.31	9.38
	毛石	m³	2.72	—	—
机械	混凝土搅拌机 400L	台班	0.33	0.39	0.39
	混凝土振捣器(插入式)	台班	0.66	0.77	0.77
	机动翻斗车 1t	台班	0.66	0.78	0.78

2. 柱

工作内容： 1. 混凝土水平运输。
2. 混凝土搅拌、捣固、养护。

计量单位：10m³

定额编号			5—401	5—402	5—403	5—404
项目		单位	柱			升板柱帽
			矩形	圆形多边形	构造型	
人工	综合工日	工日	21.64	22.43	25.62	30.90
材料	现浇混凝土 C25	m³	9.86	9.86	9.86	9.86
	草袋子	m²	1.00	0.86	0.84	
	水	m³	9.09	8.91	8.99	8.52
	水泥砂浆 1:2	m³	0.31	0.31	0.31	0.31
机械	混凝土搅拌机 400L	台班	0.62	0.62	0.62	0.62
	混凝土振捣器(插入式)	台班	1.24	1.24	1.24	1.24
	灰浆搅拌机 200L	台班	0.04	0.04	0.04	0.04

3. 梁

工作内容： 1. 混凝土水平运输。

2. 混凝土搅拌、捣固、养护。

计量单位：10m³

定额编号		5—405	5—406	5—407	5—408
项目	单位	基础梁	单梁连续梁	异形梁	圈梁
人工 综合工日	工日	13.34	15.51	16.23	24.10
材料 现浇混凝土C25	m³	10.15	10.15	10.15	10.15
草袋子	m²	6.03	5.95	7.23	8.26
水	m³	10.14	10.19	9.32	9.84
机械 混凝土搅拌机400L	台班	0.63	0.63	0.63	0.39
混凝土振动器（插入式）	台班	1.25	1.25	1.25	0.77

定额编号		5—409	5—410
项目	单位	过梁	弧形拱形梁
人工 综合工日	工日	26.10	24.10
材料 现浇混凝土C25	m³	10.15	10.15
草袋子	m²	18.57	9.98
水	m³	13.17	10.9
机械 混凝土搅拌机400L	台班	0.63	0.63
混凝土振捣器（插入式）	台班	1.25	1.25

5. 板

工作内容：1. 混凝土水平运输。
2. 混凝土搅拌、捣固、养护。

计量单位：10m³

定额编号		5—417	5—418	5—419	5—420
项目	单位	有梁板	无梁板	平板	拱板
人工 综合工日	工日	13.07	12.21	13.51	19.58
材料 现浇混凝土C20	m³	10.15	10.15	10.15	10.15
草袋子	m²	10.99	10.51	14.22	4.50
水	m³	12.04	11.65	12.89	10.09
机械 混凝土搅拌机400L	台班	0.63	0.63	0.63	0.63
混凝土振捣器（插入式）	台班	0.63	0.63	0.63	0.63
混凝土振捣器（平板式）	台班	0.63	0.63	0.63	0.63

6. 其他

工作内容：1. 混凝土水平运输。
2. 混凝土搅拌、捣固、养护。

定额编号		5—421	5—422	5—423	5—424
项目	单位	楼梯 直形	楼梯 弧形	悬挑板	地沟电缆沟
		10m² 投影面积			10m³
人工 综合工日	工日	5.75	4.88	2.48	15.08
材料 现浇混凝土C20	m³	2.60	1.78	1.07	10.15
草袋子	m²	2.18	2.31	2.29	5.11
水	m³	2.90	2.24	1.66	10.35

续表

定额编号			5—421	5—422	5—423	5—424
项 目		单位	楼 梯		悬挑板	地沟电缆沟
			直 形	弧 形		
			10m² 投影面积			10m³
机械	混凝土搅拌机 400L	台班	0.26	0.17	0.10	1.00
	混凝土振捣器(插入式)	台班	0.52	0.35	0.13	2.00

定额编号			5—425	5—526	5—427	5—428
项 目		单位	拦 板	扶 手	门 框	柱接柱及框架柱接头
人工	综合工日	工日	30.69	53.27	22.65	30.02
材料	现浇混凝土 C20	m³	10.15	10.15	10.15	10.15
	草袋子	m²	2.35	18.4	2.37	—
	水	m³	11.19	15.87	9.40	9.12
机械	混凝土搅拌机 400L	台班	1.00	1.00	1.00	1.00
	混凝土振捣器(插入式)	台班	—	—	2.00	—

定额编号			5—429	5—430	5—431	5—432	5—433
项 目		单位	小型构件	天沟挑檐	台 阶	压 顶	小型池槽
人工	综合工日	工日	30.14	24.88	17.73	26.48	30.05
材料	现浇混凝土 C20	m³	10.15	10.15	10.15	10.15	10.15
	草袋子	m²	67.39	17.04	16.77	38.34	16.83
	水	m³	27.45	14.20	13.52	20.52	15.46
机械	混凝土搅拌机 400L	台班	1.00	1.00	1.00	1.00	1.00
	混凝土振捣器(插入式)	台班	—	2.00	2.00	—	—

六、预制混凝土

5. 板

工作内容: 1. 混凝土水平运输。
2. 混凝土搅拌、捣固、养护。
3. 成品堆放。

计量单位：10m³

定额编号			5—451	5—452	5—453	5—454
项 目		单位	F形板	平板	空心板	槽形板
人工	综合工日	工日	12.45	15.20	15.33	14.40
材料	预制混凝土 C25	m³	10.15	10.15	10.15	10.15
	二等板方材	m³	0.019	0.055	0.034	0.014
	草袋子	m²	22.37	3.25	13.45	11.63
	水	m³	32.55	10.21	21.78	25.70
机械	塔式起重机 6t 以内	台班	0.13	0.13	0.13	0.13
	混凝土搅拌机 400L	台班	0.25	0.25	0.25	0.25
	混凝土振捣器(插入式)	台班	0.50	0.50	0.50	0.50
	皮带运输机运距 15m	台班	0.25	0.25	0.25	0.25
	机动翻斗车 1t	台班	0.63	0.63	0.63	0.63
	龙门式起重机 10t 以内	台班	0.13	0.13	0.13	0.13

计量单位：10m³

定 额 编 号		5—467	5—468	5—469	5—470
项 目	单位	架空隔热板	天窗端壁板	地沟盖板	井盖板
人工	综合工日	工日	16.68	12.44	15.27	19.60
材料	预制混凝土 C25	m³	10.15	10.15	10.15	10.15
	二等板方材	m³	0.107	0.120	0.071	0.051
	草袋子	m²	36.80	22.04	9.02	8.05
	水	m³	30.80	23.31	14.56	13.28
机械	塔式起重机 6t 以内	台班	0.13	0.13	0.13	0.13
	混凝土搅拌机 400L	台班	0.25	0.25	0.25	0.25
	混凝土振捣器（平板式）	台班	0.50	0.50	0.50	0.50
	皮带运输机运距 15m	台班	0.25	0.25	0.25	0.25
	机动翻斗车 1t	台班	0.63	0.63	0.63	0.63
	龙门式起重机 10t 以内	台班	0.13	0.13	0.13	0.13

6. 其他

工作内容： 1. 混凝土水平运输。

2. 混凝土搅拌、捣固、养护。

3. 成品堆放。

计量单位：10m³

定 额 编 号		5—471	5—472	5—473	5—474
项 目	单位	檩条	雨篷	阳台	烟道 垃圾道 通风道
人工	综合工日	工日	12.36	14.18	14.18	24.63
材料	预制混凝土 C25	m³	10.15	10.15	10.15	10.15
	二等板方材	m³	0.032	0.031	0.019	0.016
	草袋子	m²	10.46	7.00	8.81	1.15
	水	m³	17.66	13.60	13.77	9.73
机械	塔式起重机 6t 以内	台班	0.13	0.13	0.13	0.13
	混凝土搅拌机 400L	台班	0.25	0.25	0.25	0.25
	混凝土振捣器（插入式）	台班	0.50	0.50	0.50	0.50
	皮带运输机运距 15m	台班	0.25	0.25	0.25	0.25
	机动翻斗车 1t	台班	0.63	0.63	0.63	0.63
	龙门式起重机 10t 以内	台班	0.13	0.13	0.13	0.13

定 额 编 号		5—475	5—476	5—477	5—478
项 目	单位	楼梯段		楼梯斜梁	楼梯踏步
		实心板	空心板		
人工	综合工日	工日	13.42	14.16	13.30	16.94
材料	预制混凝土 C25	m³	10.15	10.15	10.15	10.15
	二等板方材	m³	0.019	0.220	0.019	0.110
	草袋子	m²	9.02	10.87	12.30	21.68
	水	m³	14.78	9.41	14.89	23.45
机械	塔式起重机 6t 以内	台班	0.13	0.13	0.13	0.13
	混凝土搅拌机 400L	台班	0.25	0.25	0.25	0.25
	混凝土振捣器（插入式）	台班	0.50	0.50	0.50	0.50
	皮带运输机运距 15m	台班	0.25	0.25	0.25	0.25
	机动翻斗车 1t	台班	0.63	0.63	0.63	0.63
	龙门式起重机 10t 以内	台班	0.13	0.13	0.13	0.13

计量单位：10m³

定额编号		5—479	5—480	5—481
项目	单位	漏空花格	门窗框	小型构件
人工 综合工日	工日	19.03	21.23	22.45
材料	预制混凝土 C25	m³	10.15	10.15	10.15
	二等板方材	m³	0.556	0.030	1.398
	草袋子	m²	54.63	3.32	12.19
	水	m³	46.13	10.69	17.27
机械	塔式起重机 6t 以内	台班	0.25	0.25	0.25
	混凝土搅拌机 400L	台班	0.25	0.25	0.25
	混凝土振捣器（插入式）	台班	0.50	0.50	0.50
	皮带运输机运距 15m	台班	0.25	0.25	0.25
	机动翻斗车 1t	台班	0.63	0.63	0.63

八、钢筋混凝土构件接头灌缝

工作内容：清理基层、空心板堵孔、模板制作、安装、拆除、混凝土搅拌、浇捣、养护。

计量单位：10m³ 构件

定额编号		5—528	5—529	5—530
项目	单位	平板	空心板	槽形板
人工 综合工日	工日	13.87	6.36	5.69
材料	细石混凝土 C25	m³	0.52	0.54	1.22
	水泥砂浆 1:2	m³	0.67	0.32	0.17
	草袋子	m²	2.88	2.45	3.02
	水	m³	1.27	1.71	1.75
	预制混凝土块	m³	—	0.230	—
	模板板方材	m³	0.180	0.020	0.050
	镀锌铁丝 8#	kg	12.09	4.40	3.00
	钢筋 φ10 以内	kg	—	10.00	7.00
机械	混凝土搅拌机 400L	台班	0.05	0.054	0.22
	灰浆搅拌机 200L	台班	0.11	0.03	0.03
	木工圆锯机 φ500mm 以内	台班	0.45	0.18	0.22
	载重汽车 6t	台班	0.02	0.01	0.01

第六章 构件运输及安装工程

说 明

一、构件运输

1. 本定额包括混凝土构件运输，金属结构构件运输及木门窗运输。
2. 本定额适用于由构件堆放场地或构件加工厂至施工现场的运输。
3. 本定额按构件的类型和外形尺寸划分。混凝土构件分为六类；金属结构构件分为三类。见下附表：

预制混凝土构件分类

类别	项　目
1	4m以内空心板、实心板
2	6m以内的桩、屋面板、工业楼板、进深梁、基础梁、吊车梁、楼梯休息板、楼梯段、阳台板
3	6m以上至14m梁、板、柱、桩，各类屋架、桁架、托架(14m以上另行处理)
4	天窗架、挡风架、侧板、端壁板、天窗上下档、门框及单件体积在0.1m³以内小构件
5	装配式内、外墙板、大楼板、厕所板
6	隔墙板(高层用)

金属结构构件分类

类别	项　目
1	钢柱、屋架、托架梁、防风桁架
2	吊车梁、制动梁、型钢檩条、钢支撑、上下档、钢拉杆栏杆、盖板、垃圾出灰门、倒灰门、箅子、爬梯、零星构件平台、操作台、走道休息台、扶梯、钢吊车梯台、烟囱紧固箍
3	墙架、挡风架、天窗架、组合檩条、轻型屋架、滚动支架、悬挂支架、管道支架

4. 本定额综合考虑了城镇、现场运输道路等级、重车上下坡等各种因素，不得因道路条件不同而修改定额。
5. 构件运输过程中，如遇路桥限载(限高)，而发生的加固、拓宽等费用及有电车线路和公安交通管理部门的保安护送费用，应另行处理。

二、构件安装

1. 本定额是按单机作业制定的。
2. 本定额是按机械起吊点中心回转半径15m以内的距离计算的。如超出15m时，应另按构件1km运输定额项目执行。
3. 每一工作循环中，均包括机械的必要位移。

4. 本定额是按履带式起重机、轮胎式起重机、塔式起重机分别编制的。如使用汽车式起重机时，按轮胎式起重机相应定额项目计算，乘以系数1.05。

5. 本定额不包括起重机械、运输机械行驶道路的修整、铺垫工作的人工、材料和机械。

6. 柱接柱定额未包括钢筋焊接。

7. 小型构件安装系指单体小于0.1m³的构件安装。

8. 升板预制柱加固系指预制柱安装后，至楼板提升完成期间，所需的加固搭设费。

9. 定额内未包括，金属构件拼接和安装所需的连接螺栓。

10. 钢屋架单榀重量在1t以下者，按轻钢屋架定额计算。

11. 钢柱、钢屋架、天窗架安装定额中，不包括拼装工序，如需拼装时，按拼装定额项目计算。

12. 凡单位一栏中注有"‰"者，均指该项费用占本项定额总价的百分数。

13. 预制混凝土构件若采用砖模制作时，其安装定额中的人工、机械乘以系数1.1。

14. 预制混凝土构件和金属构件安装定额均不包括为安装工程所搭设的临时性脚手架，若发生应另按有关规定计算。

15. 定额中的塔式起重机台班均已包括在垂直运输机械费定额中。

16. 单层房屋盖系统构件必须在跨外安装时，按相应的构件安装定额的人工、机械台班乘系数1.18，用塔式起重机、卷扬机时，不乘此系数。

17. 本定额综合工日不包括机械驾驶人工工日。

18. 钢柱安装在混凝土柱上，其人工、机械乘以系数1.43。

19. 钢构件的安装螺栓均为普通螺栓，若使用其他螺栓时，应按有关规定进行调整。

20. 预制混凝土构件、钢构件，若需跨外安装时，其人工、机械乘以系数1.18。

21. 钢网架拼装定额不包括拼装后所用材料，使用本定额时，可按实际施工方案进行补充。

22. 钢网架定额是按焊接考虑的，安装是按分体吊装考虑的，若施工方法与定额不同时，可另行补充。

一、构件运输

1. 预制混凝土构件运输

计量单位：10m³

定额编号			6—8	6—9	6—10	6—11	6—12
项目		单位	1类预制混凝土构件运距(km以内)				
			30	35	40	45	50
人工	综合工日	工日	9.86	11.02	11.76	13.04	13.72
材料	二等板方材	m³	0.010	0.010	0.010	0.010	0.010
	加固钢丝绳	kg	0.31	0.31	0.31	0.31	0.31
	镀锌铁丝8#	kg	1.50	1.50	1.50	1.50	1.50
机械	载重汽车6t	台班	3.71	4.14	4.41	4.89	5.15
	汽车式起重机5t以内	台班	2.47	2.76	2.94	3.26	3.43

计量单位：10m³

定额编号		6—13	6—14	6—15	6—16
项目	单位	2类预制混凝土构件运距（km以内）			
		1	3	5	10
人工 综合工日	工日	2.16	3.00	3.16	3.92
材料 二等板方材	m³	0.010	0.010	0.010	0.010
加固钢丝绳	kg	0.32	0.32	0.32	0.32
镀锌铁丝8#	kg	3.14	3.14	3.14	3.14
机械 载重汽车8t	台班	0.81	1.12	1.19	1.47
汽车式起重机5t以内	台班	0.54	0.75	0.79	0.98

定额编号		6—17	6—18	6—19
项目	单位	2类预制混凝土构件运距（km以内）		
		15	20	25
人工 综合工日	工日	5.12	5.48	6.36
材料 二等板方材	m³	0.010	0.010	0.010
加固钢丝绳	kg	0.32	0.32	0.32
镀锌铁丝8#	kg	3.14	3.14	3.14
机械 载重汽车8t	台班	1.92	2.05	2.38
汽车式起重机8t以内	台班	1.28	1.37	1.59

定额编号		6—20	6—21	6—22	6—23	6—24
项目	单位	2类预制混凝土构件运距（km以内）				
		30	35	40	45	50
人工 综合工日	工日	6.88	7.56	8.04	9.00	9.04
材料 二等板方材	m³	0.010	0.010	0.010	0.010	0.010
加固钢丝绳	kg	0.32	0.32	0.32	0.32	0.32
镀锌铁丝8#	kg	3.14	3.14	3.14	3.14	3.14
机械 载重汽车8t	台班	2.58	2.84	3.01	3.38	3.52
汽车式起重机8t以内	台班	1.72	1.89	2.01	2.25	2.35

定额编号		6—25	6—26	6—27	6—28
项目	单位	3类预制混凝土构件运距（km以内）			
		1	3	5	10
人工 综合工日	工日	3.00	4.38	4.50	6.30
材料 二等板方材	m³	0.020	0.020	0.020	0.020
加固钢丝绳	kg	0.25	0.25	0.25	0.25
镀锌铁丝8#	kg	2.40	2.40	2.40	2.40
钢支架摊销	kg	2.13	2.13	2.13	2.13
机械 平板拖车组20t	台班	0.75	1.10	1.12	1.58
汽车式起重机12t以内	台班	0.50	0.73	0.75	1.05

定额编号		6—29	6—30	6—31
项目	单位	3类预制混凝土构件运距（km以内）		
		15	20	25
人工 综合工日	工日	8.28	10.02	11.34
材料 二等板方材	m³	0.020	0.020	0.020
加固钢丝绳	kg	0.25	0.25	0.25
镀锌铁丝8#	kg	2.40	2.40	2.40
钢支架摊销	kg	2.13	2.13	2.13
机械 平板拖车组20t	台班	2.07	2.50	2.84
汽车式起重机12t以内	台班	1.38	1.67	1.89

计量单位：10m³

定额编号			6—32	6—33	6—34	6—35	6—36
项目		单位	3类预制混凝土构件运距(km以内)				
			30	35	40	45	50
人工	综合工日	工日	12.36	13.86	14.46	15.90	16.14
材料	二等板方材	m³	0.020	0.020	0.020	0.020	0.020
	加固钢丝绳	kg	0.25	0.25	0.25	0.25	0.25
	镀锌铁丝8#	kg	2.40	2.40	2.40	2.40	2.40
	钢支架摊销	kg	2.13	2.13	2.13	2.13	2.13
机械	平板拖车组20t	台班	3.09	3.47	3.62	3.97	4.03
	汽车起重机12t以内	台班	2.06	2.31	2.41	2.65	2.69

定额编号			6—37	6—38	6—39	6—40
项目		单位	4类预制混凝土构件运距(km以内)			
			1	3	5	10
人工	综合工日	工日	3.64	4.72	4.92	5.84
材料	二等板方材	m³	0.050	0.050	0.050	0.050
	加固钢丝绳	kg	0.53	0.53	0.53	0.53
	镀锌铁丝8#	kg	5.25	5.25	5.25	5.25
机械	载重汽车8t	台班	1.37	1.77	1.85	2.19
	汽车式起重机5t以内	台班	0.91	1.18	1.23	1.46

2. 金属结构构件运输

计量单位：10t

定额编号			6—76	6—77	6—78
项目		单位	1类金属结构构件运距(km以内)		
			10	15	20
人工	综合工日	工日	2.64	3.42	4.20
材料	二等板方材	m³	0.030	0.030	0.030
	钢支架摊销	kg	1.58	1.58	1.58
	绑扎钢丝绳	kg	0.18	0.18	0.18
	镀锌铁丝8#	kg	1.79	1.79	1.79
机械	平板拖车组20t	台班	0.66	0.86	1.05
	汽车式起重机16t以内	台班	0.44	0.57	0.71

3. 木门窗运输

工作内容：装车、绑扎、运输，按指定地点卸车、堆放。

计量单位：100m²

定额编号			6—91	6—92	6—93
项目		单位	木门窗运距(km以内)		
			1	3	5
人工	综合工日	工日	0.84	1.16	1.24
机械	载重汽车6t	台班	0.42	0.58	0.62

计量单位:100m²

定额编号		6—94	6—95	6—96
项目	单位	木门窗运距(km 以内)		
		10	15	20
人工	综合工日	工日	0.76	1.01	1.07
机械	载重汽车 6t	台班	1.52	2.02	2.14

二、预制混凝土构件安装

4. 梁安装

计量单位:10m³

定额编号			6—171	6—172	6—173	6—174	6—175
项目		单位	楼板梁		连系梁	过梁	
			安装高度				
			六层以内				
			每个构件单体(m³ 以内)				
			0.8	1.6	0.8	0.4	0.8
			塔式起重机				
人工	综合工日	工日	4.52	3.28	4.14	16.51	4.61
材料	方垫木	m³	0.014	0.009	0.001	0.023	0.014
	麻绳	kg	0.05	0.05	0.05	0.05	0.05
	电焊条	kg	5.63	3.43	4.25	4.68	2.84
	垫铁	kg	11.40	6.94	8.75	18.49	11.19
机械	交流电焊机 30kVA	台班	0.70	0.52	0.69	—	—

定额编号			6—176	6—177	6—178
项目		单位	连系梁	过梁	
			安装高度		
			三层以内		
			每个构件单体(m³ 以内)		
			0.8	0.4	0.8
			塔式起重机		
人工	综合工日	工日	3.38	13.40	3.54
材料	方垫木	m³	0.001	0.023	0.014
	麻绳	kg	0.05	0.05	0.05
	电焊条	kg	4.25	4.68	2.84
	垫铁	kg	8.75	18.49	11.19
机械	交流电焊机 30kVA	台班	0.56	—	—

7. 板安装

计量单位：10m³

定额编号			6—304	6—305
项 目		单位	大型屋面板	槽形板
			每块构件体积(m³ 以内)	
			0.6	1.2
			卷扬机	
人工	综 合 工 日	工日	11.72	11.01
材料	电焊条	kg	7.78	2.61
	垫铁	kg	12.51	11.84
	方垫土	m³	0.062	0.008
	麻绳	kg	0.05	0.05
机械	交流电焊机 30kVA	台班	0.77	0.97

定额编号			6—322	6—323	6—324	6—325
项 目		单位	空 心 板			
			焊 接		不 焊 接	
			每块构件体积(m³ 以内)			
			0.2	0.3	0.2	0.3
			塔 式 起 重 机			
人工	综 合 工 日	工日	7.14	5.57	5.74	4.17
材料	电焊条	kg	9.10	5.89	—	—
	垫铁	kg	29.91	19.35	—	—
	方垫木	m³	0.026	0.026	0.026	0.026
	麻绳	kg	0.05	0.05	0.05	0.05
机械	交流电焊机 30kVA	台班	0.96	0.70	—	—

定额编号			6—326	6—327	6—328	6—329
项 目		单位	长 向 空 心 板			
			焊 接		不 焊 接	
			每块构件体积(m³ 以内)			
			0.6	1.2	0.6	1.2
			塔 式 起 重 机			
人工	综 合 工 日	工日	4.01	3.17	2.61	1.77
材料	电焊条	kg	2.87	1.38	—	—
	木螺丝 4×30	百个	9.43	4.52	—	—
	方垫木	m³	0.008	0.004	0.008	0.004
	麻绳	kg	0.05	0.05	0.05	0.05
机械	交流电焊机 30kVA	台班	0.43	0.30	—	—

定额编号			6—330	6—331	6—332	6—333
项 目		单位	空 心 板			
			焊 接		不 焊 接	
			每块构件体积(m³ 以内)			
			0.2	0.3	0.2	0.3
			卷 扬 机			
人工	综 合 工 日	工日	14.73	12.16	9.31	6.84
材料	电焊条	kg	11.74	7.60	—	—
	垫铁	kg	40.38	26.12	—	—
	方垫木	m³	0.034	0.022	0.034	0.022
	麻绳	kg	0.05	0.05	0.05	0.05
机械	交流电焊机 30kVA	台班	1.61	1.18	—	—

计量单位：10m³

定额编号		6—334	6—335	6—336	6—337
项 目	单位	平 板			
		焊 接		不 焊 接	
		每块构件体积（m³ 以内）			
		0.2	0.3	0.2	0.3
		卷 扬 机			
人工　综 合 工 日	工日	15.28	12.68	9.96	7.36
材料　电焊条	kg	12.46	8.32	—	—
垫铁	kg	42.39	27.99	—	—
方垫木	m³	0.036	0.024	0.036	0.024
麻绳	kg	0.05	0.05	0.05	0.05
机械　交流电焊机 30kVA	台班	1.70	1.26	—	—

定额编号		6—370	6—371
项 目	单位	小 型 构 件	
		构件体积（0.1m³ 以内）	
		焊 接	不 焊 接
		卷 扬 机	
人工　综 合 工 日	工日	7.63	4.74
材料　电焊条	kg	15.31	—
垫铁	kg	26.43	—
方垫木	m³	0.010	0.010
麻绳	kg	0.05	0.05
机械　交流电焊机 30kVA	台班	1.50	—

第七章 门窗及木结构工程

说 明

一、本定额是按机械和手工操作综合编制的。不论实际采取何种操作方法,均按定额执行。

二、本定额木材木种分类如下:

一类:红松、水桐木、樟子松。

二类:白松(方杉、冷杉)、杉木、杨木、柳木、椴木。

三类:青松、黄花松、秋子木、马尾松、东北榆木、柏木、苦楝木、梓木、黄菠萝、椿木、楠木、柚木、樟木。

四类:栎木(柞木)、檀木、色木、槐木、荔木、麻栗木(麻栎、青刚)、桦木、荷木、水曲柳、华北榆木。

三、本章木材木种均以一、二类木种为准,如采用三、四类木种时,分别乘以下列系数:木门窗制作,按相应项目人工和机械乘以系数1.3;木门窗安装,按相应项目的人工和机械乘以系数1.16;其他项目按相应项目人工和机械乘以系数1.35。

四、定额中木材以自然干燥条件下含水率为准编制的,需人工干燥时,其费用可列入木材价格内由各地区另行确定。

五、本定额板、方材规格,分类如下:

项 目	按宽厚尺寸比例分类	按板材厚度、方材宽、厚乘积			
板 材	宽≥3×厚	名 称	薄 板	中 板	厚 板	特厚板
		厚度(mm)	<18	19—35	36—65	≥66
方 材	宽<3×厚	名 称	小 方	中 方	大 方	特大方
		宽×厚 cm²	<54	55—100	101—225	≥225

六、定额中所注明的木材断面或厚度均以毛料为准。如设计图纸注明的断面或厚度为净料时,应增加刨光损耗;板、方材一面刨光增加3mm;两面刨光增加5mm;圆木每立方米材积增加$0.05m^3$。

七、定额中木门窗框、扇断面取定如下:

无纱镶板门框:60mm×100mm

有纱镶板门框:60mm×120mm

无纱窗框:60mm×90mm

有纱窗框:60mm×110mm

无纱镶板门窗:45mm×100mm

有纱镶板门扇：45mm×100mm+35mm×100mm

无纱窗扇：45mm×60mm

有纱窗扇：45mm×60mm+35mm×60mm

胶合板门扇：38mm×60mm

定额取定的断面与设计规定不同时，应按比例换算。框断面以边框断面为准（框裁口如为钉条者加贴条的断面）；扇料以主挺断面为准。换算公式为：

$$\frac{设计断面（加刨光损耗）}{定额断面}×定额材积$$

八、定额所附普通木门窗小五金表，仅作备料参考。

九、弹簧门、厂库大门、钢木大门及其他特种门，定额所附五金铁件表均按标准图用量计算列出，仅作备料参考。

十、保温门的填充料与定额不同时，可以换算，其他工料不变。

十一、厂库房大门及特种门的钢骨架制作，以钢材重量表示，已包括在定额项目中，不再另列项目计算。

十二、木门窗不论现场或附属加工厂制作，均执行本定额，现场外制作点至安装地点的运输另行计算。

十三、本定额普通木门窗、天窗，按框制作、框安装、扇制作、扇安装分列项目；厂库房大门、钢木大门及其他特种门按扇制作、扇安装分列项目。

十四、定额中的普通木窗、钢窗、铝合金窗、塑料窗、彩板组角钢窗等适用于平开式，推拉式，中转式，上、中、下悬式。

十五、铝合金门窗制作兼安装项目，是按施工企业附属加工厂制作编制的。加工厂至现场堆放点的运输，另行计算。

十六、铝合金地弹门制作(框料)型材是按101.6mm×44.5mm，厚1.5mm方管编制的；单扇平开门，双扇平开窗是按38系列编制的；推拉窗按90系列编制的。如型材断面尺寸及厚度与定额规定不同时，可按附表调整铝合金型材用量，附表中"（ ）"内数量为定额取定量。

十七、铝合金卷闸门（包括卷筒、导轨）、彩板组角钢门窗、塑料门窗、钢门窗安装以成品安装编制的。由供应地至现场的运杂费，应计入预算价格中。

十八、玻璃厚度、颜色、密封油膏、软填料，如设计与定额不同时可以调整。

十九、铝合金门窗、彩板组角钢门窗、塑料门窗和钢门窗成品安装，如每100m^2门窗实际用量超过定额含量1%以上时，可以换算，但人工、机械用量不变。门窗成品包括五金配件在内。

二十、钢门，钢材含量与定额不同时，钢材用量可以换算，其他不变。

二十一、铝合金门窗制作、安装（7—259～283项）综合机械台班是以机械折旧费68.26元、大修理费5元、经常修理费12.83元、电力183.94kW·h组成。

一、门窗

1. 普通木门

（1）镶板门、胶合板门

计量单位：100m²

定额编号			7—57	7—58	7—59	7—60
项目		单位	无纱胶合板门单扇带亮			
			门框制作	门框安装	门扇制作	门扇安装
人工	综合工日	工日	8.56	14.68	23.72	15.28
材料	一等木方＜54cm²	m³	0.065	—	1.880	—
	一等木方 55～100cm²	m³	1.972	0.383	—	—
	胶合板(三夹)	m²	—	—	158.72	—
	玻璃 3mm	m²	—	—	—	14.96
	油灰	kg	—	—	—	16.79
	铁钉	kg	0.97	10.40	3.97	0.06
	乳白胶	kg	0.60	—	11.89	—
	麻刀石灰浆	m³	—	0.24	—	—
	防腐油	kg	—	28.29	—	—
	木楔	m³	0.003	—	0.009	—
	垫木	m³	0.001	—	0.001	—
	清油	kg	0.46	—	1.29	—
	油漆溶剂油	kg	0.27	—	0.74	—
	板条 1000×30×8	百根	—	2.47	—	—
机械	木工圆锯机 500mm 以内	台班	0.17	0.06	0.51	—
	木工平刨床 450mm	台班	0.54	—	1.53	—
	木工压刨床三面 400mm	台班	0.46	—	1.53	—
	木工打眼机 50mm	台班	0.60	—	2.25	—
	木工开榫机 160mm	台班	0.28	—	2.25	—
	木工裁口机多面 400mm	台班	0.24	—	0.60	—

定额编号			7—65	7—66	7—67	7—68
项目		单位	无纱胶合板门单扇无亮			
			门框制作	门框安装	门扇制作	门扇安装
人工	综合工日	工日	8.39	17.14	27.63	9.65
材料	一等木方＜54cm²	m³	0.095	—	1.937	—
	一等木方 55～100cm²	m³	2.019	0.369	—	—
	胶合板(三夹)	m²	—	—	201.36	—
	铁钉	kg	1.40	10.18	5.02	—
	乳白胶	kg	0.60	—	11.89	—
	麻刀石灰浆	m³	—	0.28	—	—
	防腐油	kg	—	30.83	—	—
	木楔	m³	0.003	—	0.009	—
	垫木	m³	0.001	—	0.001	—
	清油	kg	0.46	—	1.29	—
	油漆溶剂油	kg	0.27	—	0.74	—
	板条 1000×30×8	百根	—	3.57	—	—
机械	木工圆锯机 500mm 以内	台班	0.21	0.06	0.59	—
	木工平刨床 450mm	台班	0.56	—	1.76	—
	木工压刨床三面 400mm	台班	0.44	—	1.76	—
	木工打眼机 50mm	台班	0.44	—	2.82	—
	木工开榫机 160mm	台班	0.20	—	2.82	—
	木工裁口机多面 400mm	台班	0.25	—	0.70	—

5. 铝合金、不锈钢门窗安装

工作内容： 现场搬运、安装框扇、校正、安装玻璃及配件、周边塞口、清扫等。

计量单位：100m²

定额编号			7—286	7—287	7—288	7—289
项 目		单位	地弹门	不锈钢双扇全玻地弹门	平开门	推拉窗
人工	综 合 工 日	工日	87.01	104.00	74.00	75.71
材料	玻璃 6mm	m²	100.00	100.00	100.00	100.00
	玻璃胶	支	43.70	43.70	59.48	50.20
	密封毛条	m	151.56	151.56	—	413.29
	密封胶条	m	—	—	606.44	—
	地脚	个	391.00	391.00	724.00	498.00
	膨胀螺栓	套	781.20	781.20	1448.70	995.60
	螺钉	百个	8.68	8.68	—	—
	密封油膏	kg	27.63	27.63	52.51	36.67
	软填料	kg	31.77	31.77	24.54	39.75
	不锈钢全玻地弹门	m²	—	96.68	—	—
	铝合金地弹门	m²	96.69	—	—	—
	铝合金平开窗门	m²	—	—	92.51	—
	铝合金推拉窗	m²	—	—	—	94.64
	不锈钢上下帮	m	—	47.11	—	—
	其他材料费占材料费	%	0.13	0.13	0.13	0.13
机械	安装综合机械占材料费	%	0.01	0.01	0.01	0.01

注：地弹门、双扇全玻地弹门包括不锈钢上下帮地弹簧、玻璃门、拉手、玻璃胶及安装所需辅助材料。

计量单位：100m²

定额编号			7—290	7—291
项 目		单 位	固 定 窗	平 开 窗
人工	综 合 工 日	工日	42.10	76.00
材料	玻璃 4mm	m²	101.00	100.00
	玻璃胶	支	72.72	70.99
	密封胶条	m	—	899.10
	地脚	个	778.00	1091.00
	膨胀螺栓	套	1556.00	2182.00
	螺钉	百个	13.33	—
	密封油膏	kg	53.40	68.89
	软填料	kg	66.71	32.19
	铝合金固定窗	m²	92.640	—
	铝合金平开窗	m²	—	95.04
	其他材料费占材料费	%	0.13	0.13
机械	安装综合机械占材料费	%	0.01	0.01

7. 塑料门窗安装

工作内容： 校正框扇、安装门窗、裁安玻璃、装配五金配件、周边塞缝等。

计量单位：100m²

定额编号		7—302	7—303	7—304	7—305
项目	单位	塑料门		塑料窗	
		带亮	不带亮	单层	带纱
人工 综合工日	工日	25.00	25.00	25.00	42.00
材料 玻璃 6mm	m²	17.07	—	—	—
玻璃 4mm	m²	—	—	77.15	77.15
塑料纱	m²	—	—	—	80.63
塑料压条	m	119.00	—	474.00	946.00
密封油膏	kg	53.40	51.62	47.46	47.46
软填料	kg	50.03	48.77	52.53	52.53
地脚	个	657.00	694.00	1001.00	1001.00
膨胀螺栓	套	657.00	694.00	1001.00	1001.00
螺钉	百个	6.57	6.94	10.01	10.01
塑料门带亮	m²	96.20	—	—	—
塑料门不带亮	m²	—	96.20	—	—
塑料窗单层	m²	—	—	94.80	—
塑料窗单层带纱	m²	—	—	—	94.80
机械 安装综合机械占材料费	%	0.01	0.01	0.01	0.01

8. 钢门窗安装

工作内容：包括解捆、划线定位、调直、凿洞、吊正、埋铁件、塞缝、安纱门扇、纱窗扇、拼装组合、钉胶条、小五金安装等全部操作过程。

计量单位：100m²

定额编号		7—306	7—307	7—308	7—309
项目	单位	普通钢门		普通钢窗	
		单层	单层带纱	单层	单层带纱
人工 综合工日	工日	27.60	36.53	28.05	42.12
材料 普通钢门	m²	96.20	—	—	—
钢门带纱扇	m²	—	96.20	—	—
普通钢窗	m²	—	—	94.80	—
钢窗带纱窗	m²	—	—	—	94.80
铁纱	m²	—	96.20	—	94.80
电焊条	kg	2.94	5.06	2.84	6.16
现浇混凝土	m³	0.20	0.20	0.20	0.20
水泥砂浆 1:2	m³	0.15	0.15	0.24	0.24
预埋铁件	kg	29.71	29.71	29.20	29.20
机械 交流电焊机 40kVA	台班	0.95	1.57	1.09	1.73

注：1. 钢门窗安装按成品件考虑（包括五金配件和铁脚在内）。
2. 钢天窗安装角铁横档及连接件，设计与定额用量不同时，可以调正，损耗按6％。
3. 实腹式或空腹式钢门窗均执行本定额。

第八章 楼地面工程

说 明

一、本章水泥砂浆、水泥石子浆、混凝土等的配合比,如设计规定与定额不同时,可以换算。

二、整体面层、块料面层中的楼地面项目,均不包括踢脚板工料;楼梯不包括踢脚板、侧面及板底抹灰,另按相应定额项目计算。

三、踢脚板高度是按150mm编制的。超过时材料用量可以调整,人工、机械用量不变。

四、菱苦土地面、现浇水磨石定额项目已包括酸洗打蜡工料,其余项目均不包括酸洗打蜡。

五、扶手、栏杆、栏板适用于楼梯、走廊、回廊及其他装饰性栏杆、栏板。扶手不包括弯头制安,另按弯头单项定额计算。

六、台阶不包括牵边、侧面装饰。

七、定额中的"零星装饰"项目,适用于小便池、蹲位、池槽等。本定额未列的项目,可按、墙、柱面中相应项目计算。

八、木地板中的硬、杉、松木板,是按毛料厚度25mm编制的,设计厚度与定额厚度不同时,可以换算。

九、地面伸缩缝按第九章相应项目及规定计算。

十、碎石、砾石灌沥青垫层按第十章相应项目计算。

十一、钢筋混凝土垫层按混凝土垫层项目执行,其钢筋部分按第五章相应项目及规定计算。

十二、各种明沟平均净空断面(深×宽)均按190mm×260mm计算的,断面不同时允许换算。

一、垫层

工作内容:拌和、铺设、找平、夯实

定额编号		8—12	8—13	8—14	8—15
项 目	单位	原土夯砾石	炉(矿)渣		
			干 铺	水泥石灰拌合	石灰拌合
		100m²	10m³		
人工 综合工日	工日	5.52	3.83	13.23	13.23
材料 砾石40	m³	5.08	—	—	—
炉(矿)渣	m³	—	12.18	—	—
水泥石灰炉(矿)渣	m³	—	—	10.10	—
石灰炉(炉)渣	m³	—	—	—	10.10
水	m³	—	2.00	2.00	2.00

工作内容： 混凝土搅拌、捣固、养护。

计量单位：10m³

定 额 编 号		单位	8—16	8—17
项 目			混凝土	炉（矿）渣混凝土
人工	综 合 工 日	工日	12.25	9.08
材料	混凝土C10	m³	10.10	—
	炉（矿）渣混凝土	m³	—	10.20
	水	m³	5.00	4.00
机械	混凝土搅拌机400L	台班	1.01	1.02
	混凝土震动器（平板式）	台班	0.79	0.79

注：混凝土垫层按不分格考虑，分格者另行处理。

二、找平层

工作内容： 1. 清理基层、调运砂浆、抹平、压实。
2. 清理基层、混凝土搅拌、捣平、压实。
3. 刷素水泥浆。

计量单位：100m²

定 额 编 号		单位	8—18	8—19	8—20	8—21	8—22
项 目			水 泥 砂 浆			细石混凝土	
			混凝土或硬基层上 20mm	在填充材料上 20mm	每增减 5mm	30mm	每增减 5mm
人工	综 合 工 日	工日	7.80	8.00	1.41	8.12	1.41
材料	水泥砂浆1:3	m³	2.02	2.53	0.51	—	—
	素水泥浆	m³	0.10	—	—	0.10	—
	水	m³	0.60	0.60	—	0.60	—
	细石混凝土C20	m³	—	—	—	3.03	0.51
机械	灰浆搅拌机200L	台班	0.34	0.42	0.09	—	—
	混凝土搅拌机400L	台班	—	—	—	0.30	0.05
	混凝土震动器（平板式）	台班	—	—	—	0.24	0.04

三、整体面层

工作内容： 清理基层、调运砂浆、刷素水泥浆、抹面、压光、养护。

计量单位：100m²

定 额 编 号		单位	8—23	8—24	8—25	8—26	8—27
项 目			水 泥 砂 浆				
			楼地面 20mm	楼梯 20mm	台阶 20mm	加浆抹光随捣随抹 5mm	踢脚板底 12mm 面8mm 100m
人工	综 合 工 日	工日	10.27	39.63	28.09	7.53	5.00
材料	水泥砂浆1:2.5	m³	2.02	2.69	2.99	—	0.12
	水泥砂浆1:3	m³	—	—	—	—	0.18
	素水泥浆	m³	0.10	0.13	0.15	—	—
	水泥砂浆1:1	m³	—	—	—	0.51	—
	水	m³	3.80	5.05	5.62	3.80	0.57
	草袋子	m²	22.00	29.26	32.56	22.00	—
机械	灰浆搅拌机200L	台班	0.34	0.45	0.50	0.09	0.05

注：水泥砂浆楼地面面层厚度每增减5mm，按水泥砂浆找平层每增减5mm项目执行。

工作内容：清扫基层、调制石子浆、刷素水泥浆、找平抹面、磨光、补砂眼、理光、上草酸、打蜡、擦光、嵌条、调色，彩色镜面水磨石还包括油石抛光。

计量单位：100m²

定额编号		8—28	8—29	8—30	8—31
项目	单位	水磨石楼地面			
		不嵌条	嵌条	分格调色	彩色镜面
		15mm			20mm
人工 综合工日	工日	47.12	56.46	60.10	92.84
材料 水泥白石子浆 1:2.5	m³	1.73	1.73	—	—
白水泥色石子浆 1:2.5	m³	—	—	1.73	2.49
素水泥浆	m³	0.10	0.10	0.10	0.10
水泥	kg	26.00	26.00	26.00	26.00
金刚石三角	块	30.00	30.00	30.00	45.00
金刚石 200×75×50	块	3.00	3.00	3.00	5.00
玻璃 3mm	m²	—	5.38	5.38	5.38
草酸	kg	1.00	1.00	1.00	1.00
硬白蜡	kg	2.65	2.65	2.65	2.65
煤油	kg	4.00	4.00	4.00	4.00
油漆溶剂油	kg	0.53	0.53	0.53	0.53
清油	kg	0.53	0.53	0.53	0.53
棉纱头	kg	1.10	1.10	1.10	1.10
草袋子	m²	22.00	22.00	22.00	22.00
油石	块	—	—	—	63.00
水	m³	5.60	5.60	5.60	8.90
机械 灰浆搅拌机 200L	台班	0.29	0.29	0.29	0.42
平面磨面机	台班	10.78	10.78	10.78	28.05

注：彩色镜面磨石系指高级水磨石，除质量要求达到规范要求外，其操作工序一般应按"五浆五磨"研磨，七道"抛光"工序施工。

工作内容：清理基层、调运砂浆、刷素水泥浆、抹面。

计量单位：100m²

定额编号		8—37	8—38	8—39
项目	单位	水泥豆石浆		
		地面 15mm	楼梯底 20mm 面 15mm	每增减 5mm
人工 综合工日	工日	17.93	69.96	1.41
材料 水泥豆石浆 1:1.25	m³	1.52	2.01	0.51
水泥砂浆 1:2.5	m³	—	2.96	—
素水泥浆	m³	0.10	0.13	—
草袋子	m²	22.00	29.26	—
水	m³	3.80	5.05	—
机械 灰浆搅拌机 200L	台班	0.25	0.78	0.09

工作内容：明沟包括土方、混凝土垫层、砌砖或浇捣混凝土、水泥砂浆面层。

计量单位：100m²

定额编号			8—40	8—41	8—42
项目		单位	明 沟		
			混凝土	砖	
				靠 墙	离 墙
人工	综 合 工 日	工日	4.64	4.44	3.97
材料	水泥砂浆1:2.5(抹面用)	m³	0.12	0.15	0.16
	混凝土 C10	m³	0.31	0.50	0.48
	混凝土 C15	m³	0.44	—	—
	普通黏土砖	千块	—	0.37	0.45
	砂浆 M5.0(砌筑用)	m³	—	0.14	0.17
	模板板方材	m³	0.06	—	—
	铁钉	kg	0.56	—	—
	水	m³	0.2	0.60	0.60
	草袋子	m²	1.21	1.71	1.38
	水泥弯头 φ100	个	1.00	1.00	1.00
机械	灰浆搅拌机 200L	台班	0.02	0.03	0.03
	混凝土搅拌机 400L	台班	0.07	0.05	0.05

工作内容：清理基层、浇捣混凝土、面层抹灰压实。
菱苦土地面包括调制菱苦土砂浆、打蜡等。

计量单位：100m²

定额编号			8—43	8—44	8—45
项目		单位	混凝土散水面层一次抹光厚60mm	水泥砂浆防滑坡道	菱苦土地面底15mm 面10mm
人工	综 合 工 日	工日	16.45	14.39	20.18
材料	混凝土 C15	m³	7.11	—	—
	水泥砂浆1:1	m³	0.51	—	—
	水泥砂浆1:2	m³	—	2.58	—
	素水泥浆	m³	—	0.10	—
	菱苦土	kg	—	—	1252.00
	氯化镁	kg	—	—	909.00
	粗砂	m³	0.01	—	0.50
	石油沥青 30#	kg	1.11	—	—
	木柴	kg	0.40	—	—
	模板板方材	m³	0.04	—	—
	锯木屑	m³	0.60	—	2.63
	草袋子	m²	22.00	22.44	—
	色粉	kg	—	—	76.00
	硬白蜡	kg	—	—	2.65
	煤油	kg	—	—	3.96
	油漆溶剂油	kg	—	—	2.00
	清油	kg	—	—	6.00
	水	m³	3.80	3.88	—
机械	灰浆搅拌机 200L	台班	0.09	0.43	—
	混凝土搅拌机 400L	台班	0.71	—	—

四、块料面层

4. 彩釉砖

工作内容： 清理基层、锯板磨边、贴彩釉砖、擦缝、清理净面。
　　　　　　调制水泥砂浆、刷素水泥浆。

计量单位：100m²

定 额 编 号			8—72	8—73	8—74
项　　目		单位	楼地面（每块周长 mm）		
			600 以内	800 以内	800 以外
			水　泥　砂　浆		
人工	综 合 工 日	工日	37.17	32.70	28.97
材料	彩釉砖	m²	102.00	102.00	102.00
	水泥砂浆 1∶2	m³	1.01	1.01	1.01
	素水泥浆	m³	0.10	0.10	0.10
	白水泥	kg	10.00	10.00	10.00
	棉纱头	kg	1.00	1.00	1.00
	锯木屑	m³	0.60	0.60	0.60
	石料切割锯片	片	0.32	0.32	0.32
	水	m³	2.60	2.60	2.60
机械	灰浆搅拌机 200L	台班	0.17	0.17	0.17
	石料切割机	台班	1.26	1.26	1.26

工作内容： 清理基层、锯板磨边、贴彩釉砖、擦缝、清理净面。
　　　　　　调制粘结剂。

计量单位：100m²

定 额 编 号			8—75	8—76	8—77
项　　目		单位	楼地面（每块周长 mm）		
			600 以内	800 以内	800 以外
			干　粉　型　粘　结　剂		
人工	综 合 工 日	工日	40.41	35.29	30.99
材料	彩釉砖	m²	102.00	102.00	102.00
	干粉型粘结剂	kg	400.00	400.00	400.00
	白水泥	kg	20.00	20.00	20.00
	棉纱头	kg	1.00	1.00	1.00
	锯木屑	m²	0.60	0.60	0.60
	石料切割锯片	片	0.32	0.32	0.32
	水	m³	2.60	2.60	2.60
机械	灰浆搅拌机 200L	台班	0.17	0.17	0.17
	石料切割机	台班	1.26	1.26	1.26

五、栏杆、扶手

3. 塑料、钢管扶手

工作内容：焊接、安装、弯头制作、安装。

	定 额 编 号		8—151	8—152	8—153	8—154
			塑料扶手	钢管扶手	塑料	钢管
	项 目	单位	型钢栏杆		弯 头	
			10m		10 个	
人工	综 合 工 日	工日	2.46	2.46	0.92	1.72
材料	塑料扶手	m	10.60	—	—	—
	钢管 $\phi 50$	m	—	10.60	—	—
	塑料堵头	只	0.29	—	—	—
	扁钢	kg	47.80	34.72	—	—
	圆钢 $\phi 18$	kg	54.39	55.04	—	—
	木螺丝 4×30	百只	1.04	—	—	—
	电焊条	kg	2.50	2.50	—	0.42
	乙炔气	m³	2.46	2.46	—	0.41
	塑料粘结剂	kg	—	—	0.24	—
机械	交流电焊机 30kVA	台班	1.53	1.53	—	0.28
	管子切割机 $\phi 60$ 以内	台班	0.62	0.95	—	0.50

第九章 屋面及防水工程

说 明

一、水泥瓦、黏土瓦、小青瓦、石棉瓦规格与定额不同时，瓦材数量可以换算，其他不变。

二、高分子卷材厚度，再生橡胶卷材按1.5mm；其他均按1.2mm取定。

三、防水工程也适用于楼地面、墙基、墙身、构筑物、水池、水塔及室内厕所、浴室等防水，建筑物±0.00以下的防水、防潮工程按防水工程相应项目计算。

四、三元乙丙丁基橡胶卷材屋面防水，按相应三元乙丙橡胶卷材屋面防水项目计算。

五、氯丁冷胶"二布三涂"项目，其"三涂"是指涂料构成防水层数并非指涂刷数；每一层"涂层"刷二遍至数遍不等。

六、本定额中沥青、玛琋脂均指石油沥青、石油沥青玛琋脂。

七、变形缝填缝：建筑油膏聚氯乙烯胶泥断面取定3cm×2cm；油浸木丝板取定为2.5cm×15cm；紫铜板止水带系2mm厚，展开宽45cm；氯丁橡胶宽30cm，涂刷式氯丁胶贴玻璃止水片宽35cm；其余均为15cm×3cm。如设计断面不同时，用料可以换算，人工不变。

八、盖缝：木板盖缝断面为20cm×2.5cm，如设计断面不同时，用料可以换算，人工不变。

九、屋面砂浆找平层，面层按楼地面相应定额项目计算。

一、屋面

工作内容： 1. 塑料油膏玻璃纤维布：包括刷冷底子油，找平层分格缝嵌油膏，贴防水附加层，铺贴玻璃纤维布，表面撒粒砂保护层。

2. 屋面分格缝：支座处干铺油毡一层，清理缝、熬制油膏、油膏灌缝；沿缝上做二毡三油一砂。

3. 涂膜屋面

定 额 编 号			9—45	9—46	9—47
项 目		单位	塑料油膏玻璃纤维布		屋面分格缝
			一布二油	每增一布一油	
			100m²		100m
人工	综 合 工 日	工日	3.45	2.17	9.90
材料	玻璃纤维布1.8mm	m²	120.45	112.18	—
	塑料油膏	kg	872.26	324.94	303.68
	木柴	kg	271.56	101.15	218.11
	石油沥青油毡350#	m²	—	—	232.10
	玛琋脂	m³	—	—	0.49
	冷底子油30：70	kg	—	—	38.85
	粒砂	m³	—	—	0.41

4. 屋面排水

工作内容: 1. 单屋面排水管系统:埋设管卡箍、截管、涂胶、接口。
2. 屋面阳台雨水管系统:埋设管卡箍、截管、涂胶、安三通、伸缩节、管等。

计量单位:10m

	定 额 编 号		9—66	9—67	9—68	9—69
			玻璃钢排水管(直径 mm)			
	项 目	单位	单屋面排水管系统		屋面阳台雨水管系统	
			φ110	φ160	φ110	φ160
人工	综 合 工 日	工日	2.89	3.21	2.98	3.21
材料	玻璃钢排水管 110×1500	m	10.54	—	10.18	—
	卡箍膨胀螺栓 110	套	7.14	—	7.14	—
	玻璃钢排水管 160×1500	m	—	10.61	—	10.15
	卡箍膨胀螺栓 160	套	—	7.14	—	5.10
	排水管连接件 160×135	个	—	—	—	3.16
	排水管连接件 110×115	个	—	—	3.16	—
	玻璃钢三通 160×50	个	—	—	—	3.16
	玻璃钢三通 110×50	个	—	—	3.16	—
	排水管检查口 110	个	1.11	—	1.11	—
	排水管检查口 160	个	—	1.11	—	1.11
	排水管伸缩节 110	个	1.01	—	1.01	—
	排水管伸缩节 160	个	—	1.01	—	1.01
	密封胶	kg	0.12	0.20	0.28	0.48

工作内容: 1. 水斗:细石混凝土填缝、涂胶、接口。
2. 弯头及短管:涂胶、接口

计量单位:10个

	定 额 编 号		9—70	9—71	9—72	9—73
			玻璃钢排水部件			
	项 目	单位	水斗(带罩)直径		弯头 90°	短管
			φ110	φ160	φ50	φ50
人工	综 合 工 日	工日	3.01	3.14	1.31	1.31
材料	玻璃钢水斗 110 带罩	个	10.10	—	—	—
	玻璃钢水斗 160 带罩	个	—	10.10	—	—
	密封胶	kg	0.31	0.50	0.10	0.10
	细石混凝土 C20	m³	0.03	0.05	—	—
	玻璃钢弯头 50	个	—	—	10.10	—
	玻璃钢短管 50	个	—	—	—	10.10

三、变形缝

1. 填缝

工作内容： 1. 石灰麻刀：调制石灰麻刀，石灰麻刀嵌缝，缝上贴二毡二油条一层。
2. 建筑油膏、沥青砂浆：熬制油膏、沥青，拌和沥青砂浆，沥青砂浆或建筑油膏嵌缝。

计量单位：100m

	定 额 编 号		9—140	9—141	9—142	9—143
	项 目	单位	石 灰 麻 刀		建筑油膏	沥青砂浆
			平 面	立 面		
人工	综 合 工 日	工日	6.95	7.92	5.56	6.58
材料	建筑油膏	kg	—	—	87.77	—
	沥青砂浆	m³	—	—	—	0.48
	石油沥青油毡350#	m²	17.00	17.00	—	—
	生石灰	kg	180.00	180.00	—	—
	麻刀	kg	108.00	108.00	—	—
	木柴	kg	24.00	24.00	27.00	198.00
	石油沥青30#	kg	65.00	65.00	—	—

第十章 防腐、保温、隔热工程

说 明

一、耐酸防腐

1. 整体面层、隔离层适用于平面、立面的防腐耐酸工程，包括沟、坑、槽。
2. 块料面层以平面砌为准，砌立面者按平面砌相应项目，人工乘以系数1.38，踢脚板人工乘以系数1.56，其他不变。
3. 各种砂浆、胶泥、混凝土材料的种类，配合比及各种整体面层的厚度，如设计与定额不同时，可以换算，但各种块料面层的结合层砂浆或胶泥厚度不变。
4. 本章的各种面层，除软聚氯乙烯塑料地面外，均不包括踢脚板。
5. 花岗岩板以六面剁斧的板材为准。如底面为毛面者，水玻璃砂浆增加 $0.38m^3$；耐酸沥青砂浆增加 $0.44m^3$。

二、保温隔热

1. 本定额适用于中温、低温及恒温的工业厂（库）房隔热工程，以及一般保温工程。
2. 本定额只包括保温隔热材料的铺贴，不包括隔气防潮、保护层或衬墙等。
3. 隔热层铺贴，除松散稻壳、玻璃棉、矿渣棉为散装外，其他保温材料均以石油沥青（30#）作胶结材料。
4. 稻壳已包括装前的筛选、除尘工序，稻壳中如需增加药物防虫时，材料另行计算，人工不变。
5. 玻璃棉、矿渣棉包装材料和人工均已包括在定额内。
6. 墙体铺贴块体材料，包括基层涂沥青一遍。

二、保温隔热

工作内容：清扫基层、铺砌保温层。

计量单位：100m³

定额编号			10—200	10—201	10—202	10—203
项 目		单位	屋 面 保 温			
			水泥蛭石块	现浇水泥珍珠岩	现浇水泥蛭石	干铺蛭石
人工	综 合 工 日	工日	5.61	7.19	7.19	3.62
材 料	水泥蛭石块	m³	10.40	—	—	—
	水泥珍珠岩	m³	—	10.40	—	—
	水泥蛭石	m³	—	—	10.40	—
	蛭石	m³	—	—	—	12.48
	水	m³	—	7.00	7.00	—

第十一章 装 饰 工 程

说　明

一、墙、柱面装饰

1. 本章定额凡注明砂浆种类、配合比、饰面材料型号规定的（含型材）如与设计规定不同时，可按设计规定调整，但人工数量不变。

2. 墙面抹石灰砂浆分二遍、三遍、四遍，其标准如下：

（1）二遍：一遍底层，一遍面层。

（2）三遍：一遍底层，一遍中层，一遍面层。

（3）四遍：一遍底层，一遍中层，二遍面层。

3. 抹灰等级与抹灰遍数、工序、外观质量的对应关系如下：

名　称	普通抹灰	中级抹灰	高级抹灰
遍数	二遍	三遍	四遍
主要工序	分层找平、修整、表面压光	阳角找方、设置标筋、分层找平、修整、表面压光	阳角找方、设置标筋、分层找平、修整、表面压光
外观质量	表面光滑、洁净、接槎平整	表面光滑、洁净、接槎平整、压线清晰、顺直	表面光滑、洁净、颜色均匀、无抹纹压线、平直方正、清晰美观

4. 抹灰厚度，如设计与定额取定不同时，除定额项目有注明可以换算外，其他一律不作调整，抹灰厚度，按不同的砂浆分别列在定额项目中，同类砂浆列总厚度，不同砂浆分别列出厚度，如定额项目中18＋6mm即表示两种不同砂浆的各自厚度。

5. 圆弧形、锯齿形、不规则墙面抹灰、镶贴块料、饰面，按相应项目人工乘以系数1.15。

6. 外墙贴块料釉面砖、劈离砖和金属面砖项目灰缝宽分密缝、10mm以内和20mm以内列项，其人工、材料已综合考虑。如灰缝超过20mm以上者，其块料及灰缝材料用量允许调整，其他不变。

7. 定额木材种类除注明者外，均以一、二类木种为准，如采用三、四类木种，其人工及木工机械乘以系数1.3。

8. 面层、隔墙（间壁）、隔断定额内，除注明者外均未包括压条、收边、装饰线（板），如设计要求时，应按本章相应定额计算。

9. 面层、木基层均未包括刷防火涂料，如设计要求时，另按相应定额计算。

10. 幕墙、隔墙（间壁）、隔断所用的轻钢、铝合金龙骨，如设计要求与定额规定不同时允许按设计调整，但人工不变。

11. 块料镶贴和装饰抹灰的"零星项目"适用于挑檐、天沟、腰线、窗台线、门窗套、压顶、栏板、扶手、遮阳板、雨篷周边等。一般抹灰的"零星项目"适用于各种壁柜、碗柜、过人洞、暖气壁龛、池槽、花台以及 $1m^2$ 以内的抹灰。抹灰的"装饰线条"适用于门窗套、挑檐腰线、压顶、遮阳板、楼梯边梁、宣传栏边框等凸出墙面或灰面展开宽度小于 300mm 以内的竖、横线条抹灰。超过 300mm 的线条抹灰按"零星项目"执行。

12. 压条、装饰条以成品安装为准。如在现场制作木压条者，每 10m 增加 0.25 工日。木材按净断面加刨光损耗计算。如在木基层天棚面上钉压条、装饰条者，其人工乘以系数 1.34；在轻钢龙骨天棚板面钉压装饰条者，其人工乘以系数 1.68；木装饰条做图案者，人工乘以系数 1.8。

13. 木龙骨基层是按双向计算的，设计为单向时，材料、人工用量乘以系数 0.55；木龙骨基层用于隔断、隔墙时每 $100m^2$ 木砖改按木材 $0.07m^3$ 计算。

14. 玻璃幕墙、隔墙如设计有平、推拉窗者，扣除平、推拉窗面积，另按门窗工程相应定额执行。

15. 木龙骨如采用膨胀螺栓固定者，均按定额执行。

16. 墙柱面积灰、装饰项目均包括 3.6m 以下简易脚手架的搭设及拆除。

二、顶棚面装饰

1. 本定额凡注明了砂浆种类和配合比、饰面材料型号规格的，如与设计不同时，可按设计规定调整。

2. 本章龙骨是按常用材料及规格组合编制的，如与设计规定不同时，可以换算，人工不变。

3. 定额中木龙骨规格，大龙骨为 50mm×70mm，中、小龙骨为 50mm×50mm，吊木筋为 50mm×50mm，设计规格不同时，允许换算，人工及其他材料不变。

4. 顶棚面层在同一标高者为一级顶棚；顶棚面层不在同一标高者，且高差在 200mm 以上者为二级或三级顶棚。

5. 顶棚骨架、顶棚面层分别列项，按相应项目配套使用。对于二级或三级以上造型的顶棚，其面层人工乘以系数 1.3。

6. 吊筋安装，如在混凝土板上钻眼、挂筋者，按相应项目每 $100m^2$ 增加人工 3.4 工日；如在砖墙上打洞搁放骨架者，按相应顶棚项目 $100m^2$ 增加人工 1.4 工日。上人型顶棚骨架吊筋为射钉者，每 $100m^2$ 减少人工 0.25 工日，吊筋 3.8kg；增加钢板 27.6kg，射钉 585 个。

7. 装饰顶棚项目已包括 3.6m 以下简易脚手架搭设及拆除。

三、油漆、喷涂、裱糊

1. 本定额刷涂、刷油采用手工操作，喷塑、喷涂、喷油采用机械操作，操作方法不同时不另调整。

2. 油漆浅、中、深各种颜色已综合在定额内，颜色不同，不另调整。

3. 本定额在同一平面上的分色及门窗内外分色已综合考虑。如需做美术图案者另行计算。

4. 定额规定的喷、涂、刷遍数，如与设计要求不同时，可按每增加一遍定额项目进行调整。

5. 喷塑(一塑三油)：底油、装饰漆、面油，其规格划分如下：
(1) 大压花：喷点压平，点面积在 1.2cm² 以上；
(2) 中压花：喷点压平，点面积在 1～1.2cm²；
(3) 喷中点、幼点：喷点面积在 1cm² 以下。

一、墙、柱面装饰

1. 一般抹灰

(1) 石灰砂浆

定额编号		11—21	11—22	11—23	11—24
项 目	单位	抹 石 灰 砂 浆			
		35mm	16mm	零星项目	装饰线条
		毛石墙面	墙面一遍成活		
		100m²			100m
人工 综合工日	工日	21.91	11.09	61.52	13.15
材料 石灰砂浆 1:3	m³	3.94	1.80	—	—
混合砂浆 1:3:9	m³			2.00	
石灰麻刀砂浆 1:3	m³				0.40
水泥砂浆 1:2	m³	0.06	0.03		
纸筋石灰浆	m³	0.22		0.21	0.04
水	m³	0.90	0.70	0.77	0.15
松厚板	m³	0.005	0.005	—	—
机械 灰浆搅拌机 200L	台班	0.70	0.31	0.37	0.07

(2) 水泥砂浆

工作内容： 1. 清理、修补、湿润基层表面、堵墙眼、调运砂浆、清扫落地灰。
2. 分层抹灰找平、刷浆、洒水湿润、罩面压光(包括门窗洞口侧壁抹灰)。

计量单位：100m²

定额编号		11—25	11—26	11—27	11—28
项 目	单位	墙面、墙裙抹水泥砂浆			
		14+6mm	12+8mm	24+6mm	14+6mm
		砖 墙	混凝土墙	毛石墙	钢板网墙
人工 综合工日	工日	14.49	15.64	18.69	17.08
材料 水泥砂浆 1:3	m³	1.62	1.39	2.77	1.62
水泥砂浆 1:2.5	m³	0.69	0.92	0.69	0.69
素水泥浆	m³	—	0.11	—	0.11
107胶	kg	—	2.48	—	2.48
水	m³	0.70	0.70	0.83	0.70
松厚板	m³	0.005	0.005	0.005	0.005
机械 灰浆搅拌机 200L	台班	0.39	0.39	0.58	0.39

计量单位：100m²

定 额 编 号		单位	11—29	11—30	11—31
项 目			水 泥 砂 浆		
			14+6mm	6+14mm	装饰线条
			轻质墙墙面、墙裙	零星项目	
			100m²	100m²	100m
人工	综合工日	工日	14.78	65.62	15.71
材料	水泥砂浆 1:3:9	m³	1.62	—	—
	水泥砂浆 1:2.5	m³	0.69	0.67	0.18
	水泥砂浆 1:3	m³	—	1.55	0.18
	水泥砂浆 1:2	m²	—	—	0.13
	素水泥浆	m³	—	0.10	—
	107胶	kg	—	2.21	—
	水	m³	0.69	0.79	0.16
	松厚板	m³	0.005	—	—
机械	灰浆搅拌机 200L	台班	0.39	0.37	0.08

工作内容： 1. 清理、修补、湿润基层表面、调运砂浆、清扫落地灰。
2. 分层抹灰找平、刷浆、洒水湿润、罩面压光。

计量单位：100m²

定 额 编 号		单位	11—32	11—33	11—34	11—35
项 目			独立柱面抹水泥砂浆			
			多边形圆形砖柱面	多边形圆形混凝土柱面	矩形砖柱	矩形混凝土柱
人工	综合工日	工日	28.36	29.51	19.09	21.52
材料	水泥砂浆 1:3	m³	1.55	1.33	1.55	1.33
	水泥砂浆 1:2.5	m³	0.67	0.89	0.67	0.89
	素水泥浆	m³	—	0.10	—	0.10
	107胶	kg	—	2.21	—	2.21
	水	m³	0.79	0.79	0.79	0.79
	松厚板	m³	0.005	0.005	0.005	0.005
机械	灰浆搅拌机 200L	台班	0.37	0.37	0.37	0.37

（3）混合砂浆

工作内容： 1. 清理、修补、湿润基层表面、堵墙眼、调运砂浆、清扫落地灰。
2. 分层抹灰找平、刷浆、洒水湿润、罩面压光（包括门窗洞口侧壁）及（护角线抹灰）。

计量单位：100m²

定额编号			11—36	11—37	11—38	11—39
项目		单位	墙面、墙裙抹混合砂浆			
			14+6mm	12+8mm	24+6mm	14+6mm
			砖墙	混凝土墙	毛石墙	钢板网墙
人工	综合工日	工日	13.73	17.93	18.70	16.21
材料	混合砂浆 1:1:6	m³	1.62	1.39	2.77	1.62
	混合砂浆 1:1:4	m³	0.69	0.94	0.69	0.69
	素水泥浆	m³	—	0.11	—	0.11
	107胶	kg	—	2.48	—	2.48
	水	m³	0.69	0.70	0.83	0.70
	松厚板	m³	0.005	0.005	0.005	0.005
机械	灰浆搅拌机 200L	台班	0.39	0.39	0.58	0.39

定额编号			11—40	11—41	11—42
项目		单位	抹混合砂浆		
			14+6mm		
			轻质墙墙面、墙裙	零星项目	装饰线条
			100m²	100m²	100m
人工	综合工日	工日	13.73	65.61	15.76
材料	混合砂浆 1:1:6	m³	1.62	1.55	0.36
	混合砂浆 1:1:4	m³	0.69	0.67	0.13
	水	m³	0.69	0.79	0.18
	松厚板	m³	0.005	—	—
机械	灰浆搅拌机 200L	台班	0.39	0.37	0.08

工作内容：1. 清理、修补、湿润基层表面、调运砂浆、清扫落地灰。
2. 分层抹灰找平、刷浆、洒水湿润、罩面压光。

计量单位：100m²

定额编号			11—43	11—44	11—45	11—46
项目		单位	独立柱面抹混合砂浆			
			多边形圆形砖柱面	多边形圆形混凝土柱面	矩形砖柱	矩形混凝土桩
人工	综合工日	工日	27.21	28.37	18.59	20.18
材料	混合砂浆 1:1:6	m³	1.55	1.33	1.55	1.33
	混合砂浆 1:1:4	m³	0.67	0.89	0.67	0.89
	素水泥浆	m³	—	0.10	—	0.10
	107胶	kg	—	2.21	—	2.21
	水	m³	0.77	0.79	0.77	0.79
	松厚板	m³	0.005	0.005	0.005	0.005
机械	灰浆搅拌机 200L	台班	0.37	0.37	0.37	0.37

(5) 一般抹灰砂浆厚度调整

工作内容：调运砂浆

计量单位：100m²

定额编号			11—57	11—58	11—59	11—60
项　目		单位	抹灰层每增减 1mm			
			石灰砂浆	水泥砂浆	混合砂浆	石膏砂浆
人工	综合工日	工日	0.35	0.38	0.52	0.43
材料	石灰砂浆	m³	0.11	—	—	—
	水泥砂浆	m³	—	0.12	—	—
	混合砂浆	m³	—	—	0.12	—
	石膏砂浆	m³	—	—	—	0.11
	水	m³	0.01	0.01	0.01	0.01
机械	灰浆搅拌机 200L	台班	0.02	0.02	0.02	0.02

2. 装饰抹灰

(1) 水刷石

工作内容：1. 清理、修补、湿润墙面、堵墙眼、调运砂浆、清扫落地灰、翻移脚手板。
　　　　　　2. 分层抹灰、刷浆、找平、起线拍平、压实、刷面（包括门窗侧壁抹灰）。

计量单位：100m²

定额编号			11—68	11—69	11—70	11—71
项　目		单位	水 刷 豆 石			
			12+12mm	18+12mm	柱　面	零星项目
			砖、混凝土墙面	毛石墙面		
人工	综合工日	工日	36.59	38.13	48.89	89.30
材料	水泥砂浆 1:3	m³	1.39	2.08	1.33	1.33
	水泥豆石浆 1:1.25	m³	1.39	1.39	1.33	1.33
	素水泥浆	m³	0.11	0.11	0.10	0.10
	107 胶	kg	2.48	2.48	2.21	2.21
	水	m³	2.88	3.00	2.86	3.86
机械	灰浆搅拌机 200L	台班	0.46	0.58	0.44	0.44
定额编号			11—72	11—73	11—74	11—75
项　目		单位	水 刷 白 石 子			
			12+10mm	20+10mm	柱　面	零星项目
			砖、混凝土墙面	毛石墙面		
人工	综合工日	工日	37.93	38.04	48.62	89.19
材料	水泥砂浆 1:3	m³	1.39	2.31	1.33	1.33
	水泥白石子浆 1:1.5	m³	1.15	1.15	1.11	1.11
	素水泥浆	m³	0.11	0.11	0.10	0.10
	107 胶	kg	2.48	2.48	2.21	2.21
	水	m³	2.84	3.00	2.82	2.82
机械	灰浆搅拌机 200L	台班	0.42	0.58	0.41	0.41

3. 镶贴块料面层

（7）瓷板

工作内容： 1. 清理修补基层表面、打底抹灰、砂浆找平
2. 选料、抹结合层砂浆、贴瓷板、擦缝、清洁表面。

计量单位：100m²

定 额 编 号			11—168	11—169	11—170
项 目		单位	瓷板（砂浆粘贴）		
			墙面、墙裙	柱（梁）面	零星项目
人工	综 合 工 日	工日	64.33	67.54	81.51
材料	水泥砂浆 1:3	m³	1.11	1.17	1.23
	混合砂浆 1:0.2:2	m³	0.82	0.86	0.91
	瓷板 152×152	千块	4.48	4.70	4.96
	素水泥浆	m³	0.10	0.11	0.11
	白水泥	kg	15.00	16.00	17.00
	阴阳角瓷片	千块	0.38	0.40	0.42
	压顶瓷片	千块	0.47	0.49	0.52
	107胶	kg	2.21	2.32	2.45
	石料切割锯片	片	0.96	1.01	1.07
	棉纱头	kg	1.00	1.05	1.11
	水	m³	0.81	0.99	1.21
	松厚板	m³	0.005	0.005	
机械	灰浆搅拌机 200L	台班	0.32	0.34	0.36
	石料切割机	台班	1.48	1.64	1.65

（8）釉面砖

工作内容： 1. 清理修补基层表面、打底抹灰、砂浆找平。
2. 选料、抹结合层砂浆、贴面砖、擦缝、清洁表面。

计量单位：100m²

定 额 编 号			11—174	11—175	11—176
项 目		单位	墙面、墙裙（砂浆粘贴）		
			面砖密缝	面 砖 灰 缝	
				100mm内	20mm内
人工	综 合 工 日	工日	56.83	62.16	62.09
材料	水泥砂浆 1:3	m³	0.89	0.89	0.89
	水泥砂浆 1:1	m³	—	0.16	0.28
	混合砂浆 1:0.2:2	m³	1.22	1.22	1.22
	面砖 150×75	千块	9.11	7.54	6.35
	素水泥浆	m³	0.10	0.10	0.10
	YJ-302粘结剂	kg	15.75	13.03	10.97
	107胶	kg	2.21	2.21	2.21
	棉纱头	kg	1.00	1.00	1.00
	水	m³	0.90	0.91	0.91
机械	灰浆搅拌机 200L	台班	0.35	0.38	0.40

工作内容： 1. 清理修补基层表面、打底抹灰、砂浆找平。
2. 选料、刷粘合剂、贴面砖、擦缝、清洁表面。

计量单位：100m²

定 额 编 号			11—177	11—178	11—179
项 目		单位	墙面、墙裙（干粉型粘结剂粘贴）		
			面砖密缝	面 砖 灰 缝	
				10mm内	20mm内
人工	综 合 工 日	工日	62.24	69.57	69.49
材料	水泥砂浆 1：3	m³	0.89	0.89	0.89
	面砖 150×75	千块	9.11	7.54	6.35
	干粉型粘结剂	kg	420.0	502.72	560.32
	水泥砂浆 1：2.5	m³	0.10	0.10	0.10
	107胶	kg	2.21	2.21	2.21
	棉纱头	kg	1.00	1.00	1.00
	水	m³	0.70	0.70	0.70
机械	灰浆搅拌机 200L	台班	0.35	0.38	0.40

工作内容： 1. 清理修补基层表面、打底抹灰、砂浆找平。
2. 选料、抹结合层砂浆、贴面砖、擦缝、清洁表面。

计量单位：100m²

定 额 编 号			11—180	11—181	11—182
项 目		单位	零星项目（砂浆粘贴）		
			面砖密缝	面 砖 灰 缝	
				10mm内	20mm内
人工	综 合 工 日	工日	71.90	87.33	87.25
材料	水泥砂浆 1：3	m³	1.00	1.00	1.00
	水泥砂浆 1：1	m³	—	0.18	0.31
	混合砂浆 1：0.2：2	m³	1.37	1.37	1.37
	面砖 150×75	千块	10.24	8.48	7.14
	素水泥浆	m³	0.11	0.11	0.11
	YJ-302粘结剂	kg	17.70	14.65	12.33
	107胶	kg	2.48	2.48	2.48
	棉纱头	kg	1.12	1.12	1.12
	水	m³	1.36	1.39	1.41
机械	灰浆搅拌机 200L	台班	0.40	0.43	0.45

二、顶棚装饰

1. 抹灰面层

工作内容： 1. 清理修补基层表面、堵眼、调运砂浆、清扫落地灰。
2. 抹灰找平、罩面及压光，包括小圆角抹光。

计量单位：100m²

定额编号		11—286	11—287	11—288	11—289
项目	单位	混凝土面顶棚			
		混合砂浆		水泥砂浆	
		现浇	预制	现浇	预制
人工 综合工日	工日	13.91	15.19	15.82	17.71
材料 素水泥浆	m³	0.10	0.10	0.10	0.10
纸筋石灰浆	m³	0.20	0.20	—	—
混合砂浆1:3:9	m³	0.62	0.72	—	—
混合砂浆1:0.5:1	m³	0.90	1.12	—	—
水泥砂浆1:2.5	m³			0.72	0.82
水泥砂浆1:3	m³			1.01	1.23
107胶	kg	2.76	2.76	2.76	2.76
水	m³	0.19	0.19	0.19	0.19
松厚板	m³	0.016	0.016	0.016	0.016
机械 砂浆搅拌机200L	台班	0.29	0.34	0.29	—

工作内容： 1. 清理修补基层表面、堵眼、调运砂浆、清扫落地灰。
2. 抹灰找平、罩面及压光，包括小圆角抹光。

计量单位：100m²

定额编号		11—290	11—291	11—292
项目	单位	混凝土面顶棚		
		一次抹灰	预制板底勾缝	
		混合砂浆	混合砂浆	水泥砂浆
人工 综合工日	工日	11.62	3.58	3.57
材料 混合砂浆1:1:6	m³	1.13	—	—
水泥砂浆1:2	m³		0.07	0.07
水	m³	0.19	0.19	0.19
松厚板	m³	0.016	0.016	0.016
机械 砂浆搅拌机200L	台班	0.19	0.01	0.01

2. 送(回)风口

工作内容： 截料、弹线、拼装格棚、钉铁钉、安装铁钩及不锈钢管等。

计量单位：100m²

定额编号		11—408
项目	单位	木方格吊顶天棚
人工 综合工日	工日	15.50
材料 一等硬木方材	m³	1.801
不锈钢管25	m	297.02
铁件	kg	28.00
铁钉	kg	2.59
XY401胶	kg	3.72
膨胀螺栓	套	149.00
螺栓	百个	2.97
机械 木工圆锯机500mm以内	台班	0.29
木工压刨机三面400mm	台班	1.70
木工裁口机多面400mm	台班	2.80

三、油漆、涂料、裱糊

1. 木材面油漆

工作内容： 清扫、磨砂纸、点漆片、刮腻子、刷底油一遍、调和漆二遍等。

计量单位：100m²

定 额 编 号		单位	11—409	11—410	11—411	11—412
项 目			底油一遍，刮腻子，调和漆二遍			
			单层木门	单层木窗	木扶手 不带托板 100m	其他木材面
人工	综 合 工 日	工日	17.69	17.69	4.35	12.20
材 料	熟桐油	kg	4.25	3.54	0.41	2.14
	油漆溶剂油	kg	11.14	9.28	1.07	5.62
	石膏粉	kg	5.04	4.20	0.48	2.54
	无光调和漆	kg	24.96	20.80	2.39	12.58
	调和漆	kg	22.01	18.34	2.11	11.10
	清油	kg	1.75	1.46	0.17	0.88
	漆片	kg	0.07	0.06	0.01	0.04
	酒精	kg	0.43	0.36	0.04	0.22
	催干剂	kg	1.03	0.86	0.10	0.52
	砂纸	张	42.00	35.00	4.00	21.00
	白布 0.9m	m²	0.25	0.25	0.06	0.17

工作内容： 清扫、刷臭油水一遍。

计量单位：100m²

定 额 编 号		单 位	11—573
项 目			木材面刷臭油水一遍
人工	综 合 工 日	工 日	2.24
材料	臭油水	kg	24.50
	煤油	kg	2.60

2. 金属面油漆

工作内容： 除锈、清扫、刷调和漆等。

定 额 编 号		单位	11—574	11—575	11—576	11—577
项 目			调 和 漆			
			二 遍		每增加一遍	
			单层 钢门窗 100m²	其他 金属面 t	单层 钢门窗 100m²	其他 金属面 t
人工	综 合 工 日	工日	9.65	1.80	5.02	0.86
材 料	调和漆	kg	22.46	6.32	11.23	3.16
	油漆溶剂油	kg	2.38	0.66	1.18	0.34
	催干剂	kg	0.41	0.11	0.20	0.06
	砂纸	张	11.00	3.00	5.00	2.00
	白布 0.9m	m²	0.14	0.03	0.07	0.01

工作内容：清扫、清除铁锈、擦掉油污、刷漆等。

定 额 编 号		单位	11—594	11—595
项 目			红丹防锈漆一遍	
			单层钢门窗	其他金属面
			100m²	t
人工	综 合 工 日	工日	3.87	0.98
材料	红丹防锈漆	kg	16.52	4.65
	油漆溶剂油	kg	1.72	0.48
	砂布	张	27.00	8.00

工作内容：清扫、磨纱纸、刷银粉漆二遍等。

定 额 编 号		单位	11—596	11—597
项 目			银粉漆二遍	
			单层钢门窗	其他金属面
			100m²	t
人工	综 合 工 日	工日	11.42	2.26
材料	清油	kg	10.34	2.91
	清漆溶剂油	kg	27.58	7.76
	银粉	kg	2.55	0.72
	砂纸	张	8.00	2.00
	催干剂	kg	0.66	0.19
	白布 0.9m	m²	0.16	0.03

3. 抹灰面油漆

工作内容：清扫、磨砂纸、刮腻子、刷底油一遍、调和漆二遍等。

计量单位：100m²

定 额 编 号		单位	11—602	11—603	11—604	11—605
项 目			抹灰面调和漆墙、柱、天棚面			拉毛面调和漆
			底油一遍 调和漆二遍	底油一遍 调和漆三遍	每增加 一遍调和漆	底油一遍 调和漆二遍
人工	综 合 工 日	工日	6.00	7.45	1.27	6.18
材料	石膏粉	kg	2.99	2.90	—	
	滑石粉	kg	13.86	13.86	—	
	羧甲基纤维素	kg	0.31	0.31	—	0.48
	聚醋酸乙烯乳液	kg	1.55	1.55		2.39
	熟桐油	kg	2.18	2.18		3.36
	清油	kg	1.55	1.55		2.39
	油漆溶剂油	kg	7.51	7.51	0.46	9.45
	调和漆	kg	9.27	9.27	—	14.27
	无光调和漆	kg	9.27	17.10	9.27	14.27
	酒精	kg	0.02	0.02		
	砂纸	张	7.00	7.00	1.00	
	催干剂	kg	0.48	0.48	0.16	
	白布 0.9m	m²	0.08	0.10		

工作内容：清扫、配浆、刮腻子、磨砂纸、刷乳胶漆等。

计量单位：100m²

定额编号			11—606	11—607	11—608	11—609
项 目		单位	乳 胶 漆			
			抹 灰 面		拉 毛 面	砖 墙 面
			二 遍	三 遍	二 遍	二 遍
人工	综 合 工 日	工日	3.80	4.90	4.80	2.87
材 料	石膏粉	kg	2.05	2.05	—	—
	滑石粉	kg	13.86	13.86	—	—
	羧甲基纤维素	kg	0.34	0.34	—	—
	聚醋酸乙烯乳液	kg	1.70	1.70	—	—
	大白粉	kg	1.43	1.43	—	—
	乳胶漆	kg	27.81	43.26	55.62	36.15
	砂纸	张	6.00	8.00	—	—
	白布 0.9m	m²	0.05	0.07	—	—

4．涂料、裱糊

（2）喷（刷）涂料

工作内容：基层清理、补小孔洞、调料遮盖不应喷处、喷涂料、压平、清铲、清理被喷污的位置等。

计量单位：100m²

定额编号			11—624	11—625	11—626
项 目		单位	外墙 JH801 涂料		
			砖 墙	混凝土墙	加气混凝土墙
人工	综 合 工 日	工日	6.58	6.58	6.58
材 料	107胶	kg	—	34.60	31.80
	色粉	kg	—	3.40	—
	JH801涂料	kg	100.00	100.00	100.00
	水	m³	0.70	0.14	1.20
	其他材料费占材料费	%	1.46	1.38	1.48
机械	电动空气压缩机 6m³	台班	0.55	0.55	0.55

工作内容：基层清理、补小孔洞、配料、刮腻子、磨砂纸、刮仿瓷涂料二遍。

计量单位：100m²

定额编号			11—627
项 目		单 位	仿瓷涂料二遍
人工	综 合 工 日	工 日	11.20
材 料	双飞粉	kg	200.00
	117胶	kg	80.00
	其他材料费占材料费	%	3.19

工作内容：清扫、配浆、刮腻子、磨砂纸、刷浆等。

计量单位：100m²

定额编号		11—635	11—636	11—637	11—638
项目	单位	抹 灰 面			
		106 涂料		803 涂料	
		二遍	三遍	二遍	三遍
人工　综合工日	工日	3.81	4.80	3.81	4.80
材料　石膏粉	kg	2.05	2.05	2.05	2.05
大白粉	kg	1.51	1.51	1.51	1.51
熟桐油	kg	0.63	0.63	0.63	0.63
血料	kg	3.30	3.30	3.30	3.30
106 涂料	kg	38.48	59.28	—	—
803 涂料	kg	—	—	35.56	56.32
砂纸	张	6.00	8.00	6.00	8.00
白布 0.9m	m²	0.05	0.07	0.05	0.07

第十二章 金属结构制作工程

说 明

一、本定额适用于现场加工制作，亦适用于企业附属加工厂制作的构件。

二、本定额的制作，均按焊接编制的。

三、构件制作，包括分段制作和整体预装配的人工材料及机械台班用量，整体预装配用的螺栓及锚固杆件用的螺栓，已包括在定额内。

四、本定额除注明者外，均包括现场内(工厂内)的材料运输，号料、加工、组装及成品堆放、装车出厂等全部工序。

五、本定额未包括加工点至安装点的构件运输，应另按第六章构件运输定额相应项目计算。

六、本定额构件制作项目中，均已包括刷一遍防锈漆工料。

七、钢筋混凝土组合屋架钢拉杆，按屋架钢支撑计算。

八、定额编号12—1至12—45项，其他材料费(以 * 表示)均以下列材料组成：木脚手板 0.03m³；木垫块 0.01m³；铁丝 8# 0.40kg；砂轮片 0.2g 片；铁砂布 0.07 张；机油 0.04 公斤；洗油 0.03kg；铅油 0.80kg；棉纱头 0.11kg。其他机械费(以 * 表示)由下列机械组成：座式砂轮机 0.56 台班；手动砂轮机 0.56 台班；千斤顶 0.56 台班；手动葫芦 0.56 台班；手电钻 0.56 台班。各部门、地区编制价格表时以此计入。

六、钢平台、钢梯子、钢栏杆制作
工作内容： 同前。

计量单位：t

定额编号		12—37	12—38	12—39
项目	单位	钢梯子		
		踏步式	爬式	螺旋式
人工	综合工日	工日	31.68	32.07	23.83
材料	钢管 159×12	t	—	—	0.330
	钢管 36×3	t	—	—	0.047
	角钢∟75×8	t	0.019	0.024	—
	角钢∟50×6	t	—	0.173	—
	圆钢 ϕ22	t	0.262	—	—
	圆钢 ϕ20	kg	—	—	0.19
	圆钢 ϕ18	kg	—	0.296	—
	圆钢 ϕ10	t	0.013	—	—
	钢板 10	t	—	—	0.162
	钢板 6	t	0.406	0.567	—
	钢板 4	t	0.360	—	—
	钢纹板 6	t	—	—	0.333
	螺栓	kg	1.74	—	1.741
	电焊条	kg	24.99	24.99	42.29
	氧气	m³	6.16	3.08	6.16

计量单位：t

定额编号		单位	12—37	12—38	12—39
项 目			钢 梯 子		
			踏 步 式	爬 式	螺 旋 式
材料	乙炔气	m³	2.68	1.34	2.68
	防锈漆	kg	11.60	11.60	11.60
	汽油	kg	3.00	3.00	3.00
	其他材料费	元	*	*	*
机械	龙门式起重机 10t 以内	台班	0.45	0.45	0.45
	龙门式起重机 20t 以内	台班	0.17	0.17	0.17
	轨道平车 10t 以内	台班	0.28	0.28	0.28
	空气压缩机 9m³/min	台班	0.08	0.08	0.08
	型钢剪断机 500mm 以内	台班	0.11	0.11	0.11
	剪板机 40×3100	台班	0.02	0.02	0.02
	型钢校正机	台班	0.11	0.11	0.11
	钢板校平机 30×2600	台班	0.02	0.02	0.02
	刨边机 12000 以内	台班	0.03	0.03	0.03
	交流电焊机 40kVA 以内	台班	4.52	5.15	3.20
	摇臂钻床 φ50	台班	0.14	0.14	0.14
	焊条烘干箱	台班	0.89	0.89	0.89
	恒温箱	台班	0.89	0.89	0.89
	其他机械费	元	*	*	*

工作内容：同前。

计量单位：t

定额编号		单位	12—40	12—41	12—42
项 目			钢 栏 杆		
			型钢为主	钢管为主	圆(方)钢为主
人工	综 合 工 日	工日	29.59	35.88	24.15
材料	角钢 ∟40×4	t	0.765	—	—
	钢管 33.5×3.25	t	—	0.590	—
	圆钢 φ22	t	—	—	0.794
	钢板 4	t	0.152	0.235	0.133
	钢板 3	t	—	0.235	—
	钢板 2	t	0.152	—	0.133
	电焊条	kg	24.99	24.99	24.99
	氧气	m³	3.08	3.08	3.08
	乙炔气	m³	1.34	1.34	1.34
	防锈漆	kg	11.60	11.60	11.60
	汽油	kg	3.00	3.00	3.00
	其他材料费	元	*	*	*
机械	龙门式起重机 10t 以内	台班	0.45	0.45	0.45
	龙门式起重机 20t 以内	台班	0.17	0.17	0.17
	轨道平车 10t 以内	台班	0.28	0.28	0.28
	空气压缩机 9m³/min	台班	0.08	0.08	0.08
	型钢剪断机 500mm 以内	台班	0.11	0.11	0.11
	剪板机 40×3100	台班	0.02	0.02	0.02
	型钢校正机	台班	0.11	0.11	0.11
	钢板校平机 30×2600	台班	0.02	0.02	0.02
	刨边机 12000 以内	台班	0.03	0.03	0.03
	交流电焊机 40kVA 以内	台班	3.70	5.60	3.40
	摇臂钻床 φ50	台班	0.14	0.14	0.14
	焊条烘干箱	台班	0.89	0.89	0.89
	恒温箱	台班	0.89	0.89	0.89
	其他机械费	元	*	*	*

第十三章 建筑工程垂直运输定额

说 明

一、建筑物垂直运输

1. 檐高是指设计室外地坪至檐口的高度,突出主体建筑屋顶的电梯间、水箱间等不计入檐口高度之内。

2. 本定额工作内容,包括单位工程在合理工期内完成全部工程项目所需的垂直运输机械台班,不包括机械的场外往返运输、一次安拆及路基铺垫和轨道铺拆等的费用。

3. 同一建筑物多种用途(或多种结构),按不同用途(或结构)分别计算。分别计算后的建筑物檐高均应以该建筑物总檐高为准。

4. 本定额中现浇框架系指柱、梁全部为现浇的钢筋混凝土框架结构,如部分现浇时按现浇框架定额乘以 0.96 系数;如楼板也为现浇混凝土时,按现浇框架定额乘以 1.04 系数。

5. 预制钢筋混凝土柱、钢屋架的单层厂房按预制排架定额计算。

6. 单身宿舍按住宅定额乘以 0.9 系数。

7. 本定额是按 Ⅰ 类厂房为准编制的, Ⅱ 类厂房定额乘以 1.14 系数。厂房分类如下表:

Ⅰ 类	Ⅱ 类
机加工、机修、五金缝纫、一般纺织(粗纺、制条、洗毛等)及无特殊要求的车间	厂房内设备基础及工艺要求较复杂、建筑设备或建筑标准较高的车间。如铸造、锻压、电镀、酸碱、电子、仪表、手表、电视、医药、食品等车间

注:建筑标准较高的车间,指车间有吊顶或油漆的顶棚、内墙面贴墙纸(布)或油漆墙面、水磨石地面等三项,其中一项所占建筑面积达到全车间建筑面积 50% 及以上者,即为建筑标准较高的车间。

8. 服务用房系指城镇、街道、居民区具有较小规模综合服务功能的设施。其建筑面积不超过 1000m²,层数不超过三层的建筑,如副食、百货、饮食店等。

9. 檐高 3.6m 以内的单层建筑,不计算垂直运输机械台班。

10. 本定额项目划分是以建筑物的檐高及层数两个指标同时界定的,凡檐高达到上限而层数未达到时,以檐高为准;如层数达到上限而檐高未达到时,以层数为准。

11. 本定额是按全国统一《建筑安装工程工期定额》中规定的 Ⅱ 类地区标准编制的, Ⅰ、Ⅲ 类地区按相应定额乘以下表规定系数。

项 目	Ⅰ 类 地 区	Ⅲ 类 地 区
建筑物	0.95	1.10
构筑物	1	1.11

二、构筑物垂直运输

构筑物的高度,从设计室外地坪至构筑物的顶面高度为准。

一、建筑物垂直运输

1. 20m(6层)以内卷扬机施工

工作内容：包括单位工程在合理工期内完成全部工程项目所需要的卷扬机台班。

计量单位：100m²

定额编号			13—1	13—2	13—3	13—4
项目		单位	住宅		教学及办公用房	
			混合结构	现浇框架	混合结构	现浇框架
人工	综合工日	工日	—	—	—	—
机械	卷扬机单筒快速2t以内	台班	11.70	15.60	12.00	17.70
定额编号			13—5	13—6	13—7	13—8
项目		单位	医院、宾馆、图书馆		影剧院	
			混合结构	现浇框架	混合结构	现浇框架
人工	综合工日	工日	—	—	—	—
机械	卷扬机单筒快速2t以内	台班	18.90	23.10	39.75	40.50

计量单位：100m²

定额编号			13—17	13—18	13—19
项目		单位	单层厂房		
			混合结构	现浇框架	预制排架
人工	综合工日	工日	—	—	—
机械	卷扬机单筒快速2t以内	台班	11.00	22.00	19.50

2. 20m(6层)以内塔式起重机施工

工作内容：包括单位工程在合理工期内完成全部工程项目所需要的塔吊、卷扬机台班费用。

计量单位：100m²

定额编号			13—20	13—21	13—22
项目		单位	住宅		
			混合结构	现浇框架	壁板全装配
人工	综合工日	工日	—	—	—
机械	塔式起重机6t以内	台班	2.34	3.12	1.98
	卷扬机单筒快速2t以内	台班	7.80	10.40	6.60

第十四章 建筑物超高增加人工、机械定额

说　明

一、本定额适用于建筑物檐高 20m（层数 6 层）以上的工程。

二、檐高是指设计室外地坪至檐口的高度。突出主体建筑屋顶的电梯间、水箱间等不计入檐高之内。

三、同一建筑物高度不同时，按不同高度的建筑面积，分别按相应项目计算。

四、加压水泵选用电动多级离心清水泵，规格如下表：

建筑物檐高	水泵规格
20m 以上～40m 以内	φ50m 以内
40m 以上～80m 以内	φ100m 以内
80m 以上～120m 以内	φ150m 以内

一、建筑物超高人工、机械降效率

工作内容： 1. 工人上下班降低工效、上楼工作前休息及自然休息增加的时间。
　　　　　2. 垂直运输影响的时间。
　　　　　3. 由于人工降效引起的机械降效。

定额编号		14—1	14—2	14—3	14—4
项目	降效率	檐　高　（层数）			
		30m(7～10)以内	40m(11～13)以内	50m(14～16)以内	60m(17～19)以内
人工降效	%	3.33	6.00	9.00	13.33
吊装机械降效	%	7.67	15.00	22.20	34.00
其他机械降效	%	3.33	6.00	9.00	13.33
定额编号		14—5	14—6	14—7	14—8
项目	降效率	檐　高　（层数）			
		70m(20～22)以内	80m(23～25)以内	90m(26～28)以内	100m(29～31)以内
人工降效	%	17.86	22.50	27.22	35.20
吊装机械降效	%	46.43	59.25	72.33	85.60
其他机械降效	%	17.386	22.50	27.22	35.20
定额编号		14—9		14—10	
项目	降效率	檐　高　（层数）			
		110m(32～34层)以内		120m(35～37层)以内	
人工降效	%	40.91		45.83	
吊装机械降效	%	99.00		112.50	
其他机械降效	%	40.91		45.83	

二、建筑物超高加压水泵台班

工作内容：包括由于水压不足所发生的加压用水泵台班。

计量单位：100m²

定额编号		14—11	14—12	14—13	14—14
项目	单位	檐 高（层数）			
		30m(7～10)以内	40m(11～13)以内	50m(14～16)以内	60m(17～19)以内
人工　综合工日	工日	—	—	—	—
机械　加压用水泵	台班	1.14	1.74	2.14	2.48
加压用水泵停滞	台班	1.14	1.74	2.14	2.48
定额编号		14—15	14—16	14—17	14—18
项目	单位	檐 高（层数）			
		70m(20～22)以内	80m(23～25)以内	90m(26～28)以内	100m(29～31)以内
人工　综合工日	工日	—	—	—	—
机械　加压用水泵	台班	2.77	3.02	3.26	3.57
加压用水泵停滞	台班	2.77	3.02	3.26	3.57
定额编号		14—19	14—20		
项目	单位	檐 高（层数）			
		110m(32～34层)以内	120m(35～37层)以内		
人工　综合工日	工日	—	—		
机械　加压用水泵	台班	3.80	4.01		
加压用水泵停滞	台班	3.80	4.01		

第十五章 附 录

说 明

一、各种配合比是根据现行规范、标准编制的,作为确定定额消耗量的基础。由于材质或已有现行地区标准与定额不同,可以进行调整。

二、配合比制作未包括人工和机械用量。

三、配合比材料用量,均以凝固后的密实体积计算,配制损耗已计入材料用量中。

四、砂取用干燥状态下的净砂。

附录一 混凝土配合比表

(一)半干硬性混凝土

适用范围: 适用于预制厂预制构件、基础、垫层等。

计量单位:m³

定额编号		15—1	15—2	15—3	15—4
项 目	单位	砾 石 粒 径 10mm			
		C20		C25	
材料	水泥425#	kg	356.00	—	408.00	—
	水泥525#	kg	—	314.00	—	356.00
	砂	m³	0.47	0.52	0.42	0.47
	砾石10	m³	0.82	0.82	0.82	0.83
	水	m³	0.19	0.19	0.19	0.19

定额编号		15—5	15—6	15—7	15—8	15—9
项 目	单位	砾 石 粒 径 10mm				
		C30		C35	C40	C50
材料	水泥425#	kg	446.00	—	—	—	—
	水泥525#	kg	—	384.00	426.00	457.00	534.00
	砂	m³	0.41	0.46	0.42	0.34	0.33
	砾石10	m³	0.83	0.83	0.84	0.84	0.84
	水	m³	0.19	0.19	0.19	0.19	0.19

定额编号		15—10	15—11	15—12	15—13
项 目	单位	砾 石 粒 径 20mm			
		C20		C25	
材料	水泥425#	kg	318.00	—	366.00	—
	水泥525#	kg	—	280.00	—	318.00
	砂	m³	0.46	0.51	0.42	0.46
	砾石20	m³	0.87	0.88	0.89	0.87
	水	m³	0.17	0.17	0.17	0.17

计量单位：m³

定额编号			15—14	15—15	15—16	15—17	15—18
项 目		单位	砾 石 粒 径 20mm				
			C30	C35	C40	C50	
材料	水泥425#	kg	399.00	—	—	—	—
	水泥525#	kg	—	344.00	374.00	409.00	477.00
	砂	m³	0.37	0.43	0.41	0.37	0.32
	砾石20	m³	0.90	0.88	0.88	0.90	0.90
	水	m³	0.71	0.71	0.71	0.71	0.71

定额编号			15—19	15—20	15—21	15—22
项 目		单位	砾 石 粒 径 40mm			
			C20		C25	
材料	水泥425#	kg	299.00	—	344.00	—
	水泥525#	kg	—	265.00	—	299.00
	砂	m³	0.45	0.48	0.41	0.47
	砾石40	m³	0.90	0.89	0.90	0.88
	水	m³	0.16	0.16	0.16	0.16

定额编号			15—23	15—24	15—25	15—26	15—27
项 目		单位	砾 石 粒 径 40mm				
			C30	C35	C40	C50	
材料	水泥425#	kg	376.00	—	—	—	—
	水泥525#	kg	—	323.00	352.00	385.00	448.00
	砂	m³	0.38	0.43	0.41	0.38	0.34
	砾石40	m³	0.92	0.90	0.90	0.91	0.91
	水	m³	0.16	0.16	0.16	0.16	0.16

定额编号			15—28	15—29	15—30	15—31
项 目		单位	碎 石 粒 径 15mm			
			C20		C25	
材料	水泥425#	kg	377.00	—	440.00	—
	水泥525#	kg	—	328.00	—	377.00
	砂	m³	0.50	0.53	0.47	0.50
	碎石15	m³	0.77	0.78	0.76	0.77
	水	m³	0.20	0.20	0.20	0.20

定额编号			15—32	15—33	15—34	15—35	15—36
项 目		单位	碎 石 粒 径 15mm				
			C30	C35	C40	C50	
材料	水泥425#	kg	451.00	—	—	—	—
	水泥525#	kg	—	414.00	440.00	453.00	575.00
	砂	m³	0.40	0.44	0.42	0.39	0.36
	砾石15	m³	0.80	0.80	0.80	0.80	0.78
	水	m³	0.20	0.20	0.20	0.20	0.20

计量单位：m³

定额编号		15—37	15—38	15—39	15—40
项目	单位	碎石粒径 20mm			
		C20		C25	
材料	水泥 425# (kg)	339.00	—	398.00	—
	水泥 525# (kg)	—	297.00	—	340.00
	砂 (m³)	0.48	0.50	0.45	0.48
	碎石 15 (m³)	0.83	0.81	0.82	0.83
	水 (m³)	0.18	0.18	0.18	0.18

定额编号		15—41	15—42	15—43	15—44	15—45
项目	单位	碎石粒径 20mm				
		C30	C35		C40	C50
材料	水泥 425# (kg)	434.00	—	—	—	—
	水泥 525# (kg)	—	374.00	398.00	444.00	519.00
	砂 (m³)	0.43	0.45	0.44	0.40	0.35
	砾石 20 (m³)	0.81	0.83	0.83	0.83	0.88
	水 (m³)	0.18	0.18	0.18	0.18	0.18

定额编号		15—46	15—47	15—48	15—49
项目	单位	碎石粒径 40mm			
		C10		C15	
材料	水泥 425# (kg)	249.00	—	282.00	—
	水泥 525# (kg)	—	217.00	—	242.00
	砂 (m³)	0.51	0.51	0.47	0.52
	碎石 40 (m³)	0.85	0.83	0.88	0.86
	水 (m³)	0.17	0.17	0.17	0.17

定额编号		15—50	15—51	15—52	15—53
项目	单位	碎石粒径 40mm			
		C20		C25	
材料	水泥 425# (kg)	312.00	—	366.00	—
	水泥 525# (kg)	—	273.00	—	312.00
	砂 (m³)	0.43	0.43	0.41	0.43
	碎石 40 (m³)	0.89	0.89	0.88	0.89
	水 (m³)	0.17	0.17	0.17	0.17

工作内容：同前。

计量单位：m³

定额编号		15—54	15—55	15—56	15—57	15—58
项目	单位	碎石粒径 40mm				
		C30	C35		C40	C50
材料	水泥 425# (kg)	399.00	—	—	—	—
	水泥 525# (kg)	—	340.00	366.00	409.00	477.00
	砂 (m³)	0.40	0.42	0.42	0.40	0.36
	砾石 40 (m³)	0.86	0.88	0.87	0.85	0.89
	水 (m³)	0.17	0.17	0.17	0.17	0.17

（二）低流动混凝土

适用范围：适用于现浇梁、板、柱等。

计量单位：m³

定额编号		15—59	15—60	15—61	15—62
项目	单位	砾石粒径 10mm			
		C20		C25	
材料	水泥 425#	kg	374.00	—	429.00	—
	水泥 525#	kg	—	331.00	—	374.00
	砂	m³	0.46	0.49	0.42	0.44
	砾石 10	m³	0.82	0.83	0.82	0.85
	水	m³	0.20	0.20	0.20	0.20

定额编号		15—63	15—64	15—65	15—66
项目	单位	砾石粒径 10mm			
		C30	C35		C40
材料	水泥 425#	kg	470.00	—	—	—
	水泥 525#	kg	—	404.00	439.00	481.00
	砂	m³	0.38	0.42	0.41	0.41
	砾石 10	m³	0.84	0.84	0.83	0.83
	水	m³	0.20	0.20	0.20	0.20

定额编号		15—67	15—68	15—69	15—70
项目	单位	砾石粒径 20mm			
		C15	C20		C25
材料	水泥 425#	kg	303.00	336.00	—	386.00
	水泥 525#	kg	—	—	298.00	—
	砂	m³	0.47	0.42	0.49	0.41
	砾石 20	m³	0.86	0.89	0.85	0.88
	水	m³	0.18	0.18	0.18	0.18

定额编号		15—71	15—72	15—73	15—74	15—75
项目	单位	砾石粒径 20mm				
		C25	C30		C35	C40
材料	水泥 425#	kg	—	423.00	—	—	—
	水泥 525#	kg	337.00	—	364.00	395.00	434.00
	砂	m³	0.42	0.36	0.43	0.40	0.36
	砾石 20	m³	0.89	0.89	0.86	0.87	0.88
	水	m³	0.18	0.18	0.18	0.18	0.18

定额编号		15—76	15—77	15—78	15—79
项目	单位	砾石粒径 40mm			
		C15	C20		C25
材料	水泥 425#	kg	286.00	318.00	—	366.00
	水泥 525#	kg	—	—	282.00	—
	砂	m³	0.47	0.45	0.49	0.40
	砾石 40	m³	0.88	0.88	0.86	0.89
	水	m³	0.17	0.17	0.17	0.17

计量单位：m³

定额编号		15—80	15—81	15—82	15—83
项目	单位	砾 石 粒 径 40mm			
		C25	C30	C35	C40
材料 水泥425#	kg	318.00	344.00	—	—
水泥525#	kg	—	—	374.00	409.00
砂	m³	0.45	0.42	0.40	0.37
砾石40	m³	0.89	0.89	0.90	0.91
水	m³	0.17	0.17	0.17	0.17

定额编号		15—84	15—85	15—86	15—87
项目	单位	碎 石 粒 径 15mm			
		C20		C25	
材料 水泥425#	kg	395.00	—	461.00	—
水泥525#	kg	—	345.00	—	395.00
砂	m³	0.46	0.48	0.40	0.46
碎石15	m³	0.79	0.80	0.80	0.79
水	m³	0.21	0.21	0.21	0.21

定额编号		15—88	15—89	15—90	15—91
项目	单位	碎 石 粒 径 15mm			
		C30		C35	C40
材料 水泥425#	kg	505.00	—	—	—
水泥525#	kg	—	434.00	462.00	517.00
砂	m³	0.38	0.42	0.40	0.39
碎石15	m³	0.79	0.80	0.80	0.79
水	m³	0.21	0.21	0.21	0.21

定额编号		15—92	15—93	15—94	15—95
项目	单位	碎 石 粒 径 20mm			
		C15	C20		C25
材料 水泥425#	kg	323.00	359.00	—	419.00
水泥525#	kg	—	—	310.00	—
砂	m³	0.49	0.46	0.51	0.42
碎石20	m³	0.82	0.83	0.80	0.83
水	m³	0.19	0.19	0.19	0.19

定额编号		15—96	15—97	15—98	15—99	15—100
项目	单位	碎 石 粒 径 20mm				
		C20	C30		C35	C40
材料 水泥425#	kg		452.00			
水泥525#	kg	359.00		394.00	419.00	451.00
砂	m³	0.43	0.38	0.43	0.40	0.32
碎石20	m³	0.84	0.83	0.83	0.83	0.84
水	m³	0.19	0.19	0.19	0.19	0.19

计量单位：m³

定额编号		15—101	15—102	15—103	15—104
项　　目	单位	碎石粒径 40mm			
		C15	C20		C25
材料	水泥 425#	kg	291.00	321.00	—	376.00
	水泥 525#	kg	—	—	281.00	—
	砂	m³	0.49	0.46	0.48	0.43
	碎石 40	m³	0.86	0.87	0.87	0.87
	水	m³	0.17	0.17	0.17	0.17

工作内容： 同前。

计量单位：m³

定额编号		15—105	15—106	15—107	15—108	15—109
项　　目	单位	碎石粒径 40mm				
		C25	C30	C35		C40
材料	水泥 425#	kg	—	411.00	—	—	—
	水泥 525#	kg	321.00	—	354.00	384.00	421.00
	砂	m³	0.46	0.39	0.43	0.43	0.37
	碎石 40	m³	0.87	0.88	0.89	0.86	0.89
	水	m³	0.17	0.17	0.17	0.17	0.17

（三）塑性混凝土

适用范围： 适用于薄壁、漏斗、筒仓、细柱等密肋构件。

计量单位：m³

定额编号		15—110	15—111	15—112	15—113
项　　目	单位	砾石粒径 10mm			
		C20		C25	
材料	水泥 425#	kg	393.00	—	451.00	—
	水泥 525#	kg	—	343.00	—	393.00
	砂	m³	0.46	0.48	0.41	0.46
	砾石 10	m³	0.81	0.82	0.82	0.81
	水	m³	0.21	0.21	0.21	0.21

定额编号		15—114	15—115
项　　目	单位	砾石粒径 10mm	
		C30	C35
材料	水泥 525#	kg	424.00	461.00
	砂	m³	0.41	0.39
	碎石 10	m³	0.83	0.83
	水	m³	0.21	0.21

计量单位：100m³

定额编号		15—116	15—117	15—118
项目	单位	砾石粒径 20mm		
		C20		C25
材料	水泥 425#	kg	356.00	—	408.00
	水泥 525#	kg	—	306.00	—
	砂	m³	0.47	0.50	0.42
	碎石 20	m³	0.83	0.84	0.85
	水	m³	0.19	0.19	0.19

定额编号		15—119	15—120	15—121
项目	单位	砾石粒径 20mm		
		C25	C30	C35
材料	水泥 525#	kg	356.00	384.00	417.00
	砂	m³	0.43	0.42	0.40
	碎石 20	m³	0.87	0.86	0.86
	水	m³	0.19	0.19	0.19

定额编号		15—122	15—123	15—124
项目	单位	碎石粒径 15mm		
		C20		C25
材料	水泥 425#	kg	414.00	—	484.00
	水泥 525#	kg	—	361.00	—
	砂	m³	0.45	0.40	0.41
	碎石 15	m³	0.79	0.79	0.77
	水	m³	0.22	0.22	0.22

定额编号		15—125	15—126	15—127
项目	单位	碎石粒径 15mm		
		C25	C30	C35
材料	水泥 525#	kg	414.00	455.00	484.00
	砂	m³	0.41	0.43	0.40
	碎石 15	m³	0.78	0.78	0.79
	水	m³	0.22	0.22	0.22

定额编号		15—128	15—129	15—130
项目	单位	碎石粒径 20mm		
		C20		C25
材料	水泥 425#	kg	377.00	—	440.00
	水泥 525#	kg	—	329.00	—
	砂	m³	0.45	0.49	0.40
	碎石 20	m³	0.82	0.81	0.81
	水	m³	0.20	0.20	0.20

附录三 抹灰砂浆配合比表

计量单位：m³

定额编号		15—213	15—214	15—215	15—216	15—217
项目	单位	水泥砂浆				
		1:1	1:1.5	1:2	1:2.5	1:3
材料 水泥425#	kg	765.00	644.00	557.00	490.00	408.00
粗砂	m³	0.64	0.81	0.94	1.03	1.03
水	m³	0.30	0.30	0.30	0.30	0.30

定额编号		15—218	15—219	15—220	15—221
项目	单位	石灰砂浆		石膏砂浆	豆石浆
		1:2.5	1:3	1:3	1:1.25
材料 水泥425#	kg	—	—	473	1135
白石子	kg	—	—	—	—
粗砂	m³	1.03	1.03	—	—
石灰膏	m³	0.40	0.36	—	—
石膏	kg	—	—	1586	—
小豆石	m³	—	—	—	0.69
水	m³	0.60	0.60	0.30	0.30

定额编号		15—222	15—223	15—224	15—225	15—226
项目	单位	素水泥浆	白水泥浆	素石膏浆	混合砂浆	
					0.5:1:3	1:3:9
材料 水泥425#	kg	1517.00	—	—	185.00	130.00
白水泥	kg	—	1532.00	—	—	—
石膏	kg	—	—	867.00	—	—
石灰膏	m³	—	—	—	0.31	0.32
粗砂	m³	—	—	—	0.94	0.99
水	m³	0.52	0.52	0.60	0.60	0.60

定额编号		15—227	15—228	15—229	15—230	15—231
项目	单位	混合砂浆				
		1:2:1	1:0.5:4	1:1:2	1:1:6	1:0.5:1
材料 水泥425#	kg	340.00	306.00	382.00	204.00	583.00
石灰膏	m³	0.56	0.13	0.32	0.17	0.24
粗砂	m³	0.29	1.03	0.64	1.03	0.49
水	m³	0.60	0.60	0.60	0.60	0.60

定额编号		15—232	15—233	15—234	15—235
项目	单位	水泥白石子浆			
		1:1.5	1:2	1:2.5	1:3
材料 水泥425#	kg	945	709	567	473
白石子	kg	1189	1376	1519	1600
水	m³	0.30	0.30	0.30	0.30

注：白水泥、彩色石浆配合比同本配合比相同。白水泥替换水泥，彩色石子替换白石子。

计量单位：m³

定额编号		15—236	15—237	15—238	15—239
项目	单位	混合砂浆			
		1:0.5:3	1:1:4	1:0.5:2	1:0.2:2
材料	水泥425#	kg	371.00	278.00	453.00	510.00
	石灰膏	m³	0.15	0.23	0.19	0.08
	粗砂	m³	0.94	0.94	0.76	0.86
	水	m³	0.60	0.60	0.60	0.60

定额编号		15—240	15—241	15—242
项目	单位	纸筋石灰浆	麻刀石灰浆	石灰麻刀砂浆
				1:3
材料	石灰膏	m³	1.01	1.01	0.34
	纸筋	kg	48.60	—	—
	麻刀	kg	—	12.12	16.60
	粗砂	m³	—	—	1.03
	水	m³	0.50	0.50	0.60

定额编号		15—243	15—244	15—245
项目	单位	107胶混合砂浆	TG胶素水泥浆	水泥石英混合砂浆
		1:0.5:2	1:4:1.5	1:0.2:1.5
材料	水泥425#	kg	453.00	300.00	613.00
	107胶	kg	33.00	—	—
	石灰膏	m³	0.19	—	0.10
	粗砂	m³	0.76	—	0.64
	TG胶	kg	—	200.00	—
	石英砂	kg	—	—	0.22
	水	m³	0.58	0.78	0.30

定额编号		15—246	15—247	15—248
项目	单位	水泥珍珠岩	水泥玻璃渣	TG砂浆
		1:8	1:1.25	1:6:0.2
材料	水泥425#	kg	170.00	1134.00	264.00
	珍珠岩	m³	1.16	—	—
	玻璃渣	kg	—	1076.00	—
	TG胶	kg	—	—	53.00
	粗砂	m³	—	—	1.02
	水	m³	0.40	0.30	0.30

附录四 砌筑砂浆配合比表

计量单位：m³

定额编号		15—249	15—250	15—251	15—252	15—253
项目	单位	水泥砂浆				
		中砂				
		M2.5	M5	M7.5	M10	M15
材料	水泥325# (kg)	(169)	(246)	—	—	—
	水泥425# (kg)	150	210	268	331	445
	中砂(干净) (m³)	1.02	1.02	1.02	1.02	1.02
	水 (m³)	0.22	0.22	0.22	0.22	0.22

定额编号		15—254	15—255	15—256	15—257	15—258
项目	单位	混合砂浆				
		中砂				
		M1	M2.5	M5	M7.5	M10
材料	水泥325# (kg)	82	(147)	—	—	—
	水泥425# (kg)	—	117	194	261	326
	中砂(干净) (m³)	1.02	1.02	1.02	1.02	1.02
	石灰膏 (m³)	0.23	0.18	0.14	0.09	0.04
	水 (m³)	0.60	0.60	0.40	0.40	0.40

定额编号		15—259	15—260	15—261
项目	单位	其他砂浆		
		石灰砂浆 1:3	石灰砂浆 1:4	石灰黏土砂浆 1:0.3:4
石灰膏	m³	0.34	0.25	0.25
黏土膏	m³	—	—	0.05
中砂(干净)	m³	0.96	0.98	0.98
水	m³	0.60	0.60	0.80

定额编号		15—262	15—263	15—264
项目	单位	其他砂浆		
		黏土砂浆 1:4	大泥浆	大玻璃磨细矿渣粉粘结剂 1:1:4
黏土膏	m³	0.26	1.01	—
中砂(干净)	m³	1.02	—	1.02
水玻璃	kg	—	—	363
磨细矿渣粉	kg	—	—	381
水	m³	0.40	0.30	—

参 考 文 献

1. 建设工程工程量清单计价规范(GB 50500—2008). 北京：中国计划出版社，2008
2. 建筑工程建筑面积计算规范. 北京：中国计划出版社，2006
3. 袁建新编著. 工程量清单计价(第二版). 北京：中国建筑工业出版社，2007
4. 袁建新、迟晓明编著. 建筑工程预算(第三版). 北京：中国建筑工业出版社，2007